"十二五"职业教育国家规划教材

经全国职业教育教材审定委员会审定

全国高等职业教育示范专业规划教材

浙江省"十一五"重点规划教材

过程检测与控制技术应用

主　编　金文兵

副主编　刘哲纬　程文锋

　　　　俞文光　颜建军

参　编　胡维庆

主　审　陈岁生

机械工业出版社

本书是"十二五"职业教育国家规划教材，经全国职业教育教材审定委员会审定。本书以实际控制系统为例讲述过程控制中温度、流量、压力、物位等传感器和调节阀门等执行器的工作原理及选用原则。共分九个项目，项目一介绍过程检测与控制技术基本知识，项目二至项目七分别介绍恒温控制、流量控制、恒压供水控制、物位控制、温度串级控制、锅炉三冲量控制等系统的设计与安装调试，项目八介绍其他控制系统，项目九介绍安全检测与控制的相关知识。本书可作为高职高专自动化类专业教材，也可以作为医药、化工等专业的教材。

为方便教学，本书配有免费电子课件、思考与练习题详解、模拟试卷及答案等，凡选用本书作为授课教材的学校，均可来电免费索取。咨询电话：010-88379375；Email：cmpgaozhi@sina.com。

图书在版编目（CIP）数据

过程检测与控制技术应用/金文兵主编. —北京：机械工业出版社，2015.8（2023.7重印）

"十二五"职业教育国家规划教材　全国高等职业教育示范专业规划教材

ISBN 978-7-111-50882-3

Ⅰ.①过… Ⅱ.①金… Ⅲ.①自动检测-高等职业教育-教材②过程控制-高等职业教育-教材　Ⅳ.①TP27

中国版本图书馆 CIP 数据核字（2015）第 162639 号

机械工业出版社（北京市百万庄大街22号　邮政编码100037）
策划编辑：于　宁　责任编辑：于　宁　冯睿娟　责任校对：张晓蓉
封面设计：鞠　杨　责任印制：常天培
北京机工印刷厂有限公司印刷
2023 年 7 月第 1 版第 4 次印刷
184mm×260mm·19.5 印张·480 千字
标准书号：ISBN 978-7-111-50882-3
定价：48.00 元

前　言

　　本教材与浙江中控联合开发，是国家精品课程及国家精品资源共享课配套教材。教材按照高职学生的认知规律对课程教学内容进行了构建，并进行了课程教学内容项目化设计，按照精选的通用性强的工程项目展开，保证了教材的普适性。本书既可作为高职高专自动化类、医药、化工等专业教材，也可以作为相关技术人员的参考用书。

　　教学内容具体设计如下：

❖ 项目一　学习过程检测与控制技术基本知识
❖ 项目二　恒温控制系统的集成与安装调试
❖ 项目三　流量控制系统的集成与安装调试
❖ 项目四　恒压供水控制系统的集成与安装调试
❖ 项目五　物位控制系统的集成与安装调试
❖ 项目六　温度串级控制系统的集成与安装调试
❖ 项目七　锅炉三冲量控制系统的设计
❖ 项目八　学习其他控制系统
❖ 项目九　学习安全检测与控制

　　本教材适合采用传统教学法、学练一体、课程项目化教学等方法授课。更适合采用课程项目化教学方法授课，实现专业核心能力与职业核心能力培养并举。职业核心能力主要包括与人交流、信息处理、与人合作、解决问题、自我学习、创新革新及解决问题等能力。本课程的项目化教学建议实施步骤为：

　　1）按照传统方法学习过程检测与控制的基本知识。

　　2）在项目二至项目八教学时，首先给学生一个与教学内容相应的控制系统小项目，让学生在课前预习相关内容（培养自我学习能力）。学生按每小组3~5人（培养与人合作的能力）在课余查找资料合作完成这个实际项目的设计、元器件选型、安装调试方案设计、控制规律选择及工程整定方法等（培养信息处理、解决问题的能力），并制作PPT汇报（培养与人交流沟通表达的能力），讲清楚设计思路：为什么要这样设计？还有其他方法吗？各种方法有些什么优缺点？（培养创新革新能力）。

　　3）上课时学生分组汇报各自设计方案（培养与人交流沟通表达的能力），其他同学提问，并给提问者加分。被提问者答不出来或答错了，给提问的人加3分；被提问者答不完整，给提问的人加2分；被提问者答对了，给提问的人加1分（培养学生创新意识和创新思维）。从而实现以学生为主体，教师为主导的目的。

　　4）老师根据学生汇报的情况，对各组的方案进行点评，学生修改完善设计方案（培养学生创新革新能力）。

　　5）学生分组到实验室安装调试（培养学生的合作能力和实践动手能力）。

　　由于编者水平所限，书中存在的不足和缺点恳请读者批评指正。

编　者

目　录

项目一

学习过程检测与控制技术基本知识

任务一 学习仪表基础知识

1.1.1 仪表分类

过程检测与控制仪表（通常称为自动化仪表）分类方法很多，根据不同原则可以进行相应的分类。例如按仪表所使用的能源分类，可以分为气动仪表、电动仪表和液动仪表（很少见）；按仪表组合形式分类，可以分为基地式仪表、单元组合仪表和综合控制仪表；按仪表安装形式分类，可以分为现场仪表、盘装仪表和架装仪表；随着微处理机的蓬勃发展，根据仪表有否引入微处理机（器）又可以分为智能仪表与非智能仪表；根据仪表信号的形式不同可分为模拟仪表和数字仪表。

过程检测与控制仪表最通用的分类，是按仪表在测量与控制系统中的作用进行划分，一般分为检测仪表、显示仪表、调节（控制）仪表和执行器4大类。

检测仪表根据其被测变量不同，根据流程行业生产5大参量又可分为温度检测仪表、流量检测仪表、压力检测仪表、物位检测仪表和分析仪表。

显示仪表根据记录和指示、模拟与数字等功能，又可以分为记录仪表和指示仪表、模拟仪表和数显仪表，其中记录仪表又可分为单点记录和多点记录（指示亦可以有单点和多点），另外还有有纸记录和无纸记录，若是有纸纪录又分笔录和打印记录。

调节仪表可以分为基地式调节仪表和单元组合式调节仪表。由于微处理机的引入，又有可编程调节器与固定程序调节器之分。

执行器由执行机构和调节阀两部分组成。执行机构按能源划分有气动执行器、电动执行器和液动执行器，按结构形式可以分为薄膜式、活塞式（气缸式）和长行程执行机构。调节阀可根据其结构特点和流量特性不同进行分类，按结构特点分通常有直通单座、直通双座、三通、角形、隔膜、蝶形、球阀、偏心旋转、套筒（笼式）和阀体分离等，按流量特性分有直线、对数（等百分比）、抛物线和快开等。

以上分类方法相对比较合理，仪表覆盖面也比较广，但任何一种分类方法均不能将所有仪表分门别类地划分得井井有条，它们之间互相渗透，彼此沟通。例如变送器具有多种功能，温度变送器可以划归温度检测仪表，差压变送器可以划归流量检测仪表，压力变送器可以划归压力检测仪表。另外单元组合仪表中的计算和辅助单元也很难归并。

1.1.2　检测仪表概述

在生产过程自动化中要通过检测元件获取生产工艺变量，最常见的变量是温度、压力、流量和物位。检测元件又称为敏感元件、传感器，它直接响应工艺变量，并转化成一个与之成对应关系的输出信号。这些输出信号包括位移、电压、电流、电阻、频率和气压等。如热电偶测温时，将被测温度转化为热电动势信号；热电阻测温时，将被测温度转化为电阻信号；节流装置测流量时，将被测流量的变化转化为压差信号。由于检测元件的输出信号种类繁多，且信号较弱不易察觉，一般都需要将其经过变送器处理，转换成标准统一的电气信号（如 $4\sim20\text{mA}$ 或 $0\sim10\text{mA}$ 直流电流信号，$20\sim100\text{kPa}$ 气压信号）送往显示仪表，以指示或记录工艺变量，或同时送往控制器对被控变量进行控制。有时将检测元件、变送器及显示装置统称为检测仪表，或者将检测元件称为一次仪表，将变送器和显示装置称为二次仪表。

检测技术的发展是推动信息技术发展的基础，离开检测技术这一基本环节，就不能构成自动控制系统，再好的信息网络技术也无法用于生产过程。检测技术在理论和方法上与物理、化学、生物学、材料科学、光学、电子学以及信息科学密切相关。目前生产规模不断扩大，技术日趋复杂，需要采集的过程信息种类越来越多。除了需要检测常见的过程变量外，还要检测物料或产品的组分、物性、环境噪声、机械振动、火焰、颗粒尺寸及分布等。还有一些变量如转化率、催化剂活性等无法直接检测，但近年来出现了一种新型检测技术——软测量技术，专门用于解决一些难以检测的问题。

在检测技术发展的同时，各种传感器、变送器等也在不断发展，既有传统的模拟量检测，又有日渐流行的数字量检测。特别是在检测仪表中融入了微型计算机技术，丰富了检测仪表的功能，提高了检测的准确性和操作的方便性。

对于检测仪表来说，检测、变送与显示可以是三个独立部分，也可以只用到其中两个部分。例如热电偶测温所得毫伏信号可以不通过变送器，直接送到电子电位差计显示。当然检测、变送与显示可以有机地结合在一起成为一体，例如单圈弹簧管压力表。

过程控制对检测仪表有以下 3 条基本的要求：

1）测量值 $y(t)$ 要正确反映被控变量 $x(t)$ 的值，误差不超过规定的范围。

2）在允许环境条件下能长期工作，保证测量值 $y(t)$ 的可靠性。

3）测量值 $y(t)$ 必须迅速反映被控变量 $x(t)$ 的变化，即动态响应比较迅速。

第一条基本要求与仪表的精确度等级和量程有关，并与安装、使用仪表正确与否有关；第二条基本要求与仪表的类型、元件材质以及防护措施等有关；第三条基本要求与检测元件的动态特性有关。

1. 测量与测量误差

（1）测量　测量是以确定量值为目的的一种操作。这种"操作"就是测量中的比较过程——将被测参数与其相应的测量单位进行比较的过程。实现比较的工具就是测量仪器仪表（简称仪表）。

检测是意义更为广泛的测量，它包含测量和检验的双重含义。过程参数检测就是用专门的技术工具（仪表），依靠能量的变换、实验和计算找到被测量的值。一个完整的检测过程应包括：

1）信息的获取——用传感器完成。

2）信号的放大、转换与传输——用中间转换装置完成。

3）信号的显示与记录——用显示器、指示器或记录仪完成。

4）信号的处理与分析——用计算机、分析仪等完成。

在生产过程中对各种参数进行检测时，尽管检测技术和检测仪表有所不同，但从测量过程的本质上看，却有共同之处。一个检测系统主要由被测对象、传感器、变送器和显示装置等部分组成，如图1-1所示。对某一个具体的检测系统而言，被测对象、传感器和显示装置部分总是必需的，而其他部分则视具体系统的结构而异。

传感器又称为检测元件或敏感元件，它直接响应被测变量，经能量转换并转化成一个与被测变量具有一定对应关系的便于传送和处理的输出信号

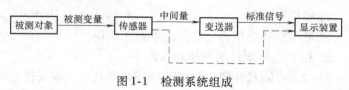

图1-1　检测系统组成

（中间量），如电压、电流、电阻、频率、位移和力等。再经过变送器转变为标准信号后送显示装置显示。有些时候，传感器的输出可以不经过变送环节，直接通过显示装置把被测量显示出来。

从自动控制的角度来看，由于传感器的输出信号种类很多，而且信号往往很微弱，一般都需要经过变送环节的进一步处理，把传感器的输出信号转换成如 0 ~ 10mA、4 ~ 20mA 等标准统一的模拟量信号或者满足特定标准的数字量信号，这种检测仪表称为变送器。变送器的输出信号送到显示装置以指针、数字、曲线等形式把被测量显示出来，或者同时送到控制器对其实现控制。

一般来说，检测、变送和显示可以是三个独立的部分，当然检测和其他部分也可以有机地结合在一起成为一体。有一点需要提出的是，在目前的检测或控制系统中，除了如弹簧管压力表等就地指示仪表之外，传统的显示仪表更多地被数码显示仪表、光柱显示仪表、无笔无纸记录仪和计算机监控系统所替代。

（2）测量误差　由于在测量过程中使用的仪表本身的准确性有高低之分，检测环境等因素发生变化也会影响测量结果的准确性，使得从检测仪表获得的测量值与被测变量的真实值之间会存在一定的差异，这一差异称为测量误差。

测量误差有绝对误差和相对误差之分。

1）绝对误差。绝对误差 Δ 在理论上是指测量值 x 与被测量的真值 x_i 之间的差值，即

$$\Delta = x - x_i \tag{1-1}$$

由于 x_i 是指被测量客观存在的真实数值，但它是无法真正得到的。因此，在一台检测仪表的量程范围内，各点读数的绝对误差是指该检测仪表（精确度较低）与标准表（精确度较高）同时对同一被测量进行测量时得到的两个读数之差。把式（1-1）中的真实值 x_i 用标准表读数 x_0 来代替，则绝对误差可以表示成

$$\Delta = x - x_0 \tag{1-2}$$

绝对误差是可正可负的，而不是误差的绝对值；绝对误差还有量纲，它的单位与被测量的单位相同。

测量误差可能由多个误差分量组成。引起测量误差的原因通常包括：测量装置的基本误差；非标准工作条件下所增加的附加误差；所采用的测量原理以及根据该原理在实施测量中

运用和操作的不完善引起的方法误差；标准工作条件下，被测量随时间的变化；影响量（不是被测量，但对测量结果有影响的量）引起的误差；与观测人员有关的误差因素等。

2）相对误差。为了能够反映测量工作的精细程度，常用测量误差除以被测量的真值，即用相对误差来表示。相对误差也具有正、负号，但无量纲，用"%"表示。由于真值不能确定，实际上是用约定真值。在测量中，由于所引用真值的不同，相对误差有以下两种表示方法，即实际相对误差和标称相对误差。

实际相对误差 $\qquad\qquad \delta_{实} = \Delta/x_i \times 100\%$ （1-3）

标称相对误差 $\qquad\qquad \delta_{标} = \Delta/x_0 \times 100\%$ （1-4）

测量误差是对某一次具体测量好坏的评价。

2. 仪表的基本技术性能和术语

在讨论过测量和测量数据的处理评价之后，现在讨论和介绍测量仪表的评价和常用术语的含义，这也是使用测量仪表应该具备的基本知识。

测量仪表的性能指标包括静态性能、动态性能、可靠性和经济性等，这里主要讨论和介绍静态性能中常用的技术性能和术语，如准确度、稳定性和输入输出特性等。

我国已根据国际上有关文件制定出"通用计量术语及定义"，在自动化仪表方面对于一些常用术语也有规定，在应用时要确切理解其含义。只有评价的指标和含义一致时才能进行比较。

（1）测量仪表的误差

1）测量仪表的示值误差。测量仪表的示值就是测量仪表所给出的量值，测量仪表的示值误差定义为"测量仪表的示值与对应输入量的真值之差"，它实际是仪表某一次测量的误差。由于真值不能确定，实际上用的是约定真值。此概念主要应用于与参考标准相比较的仪器，就实物量具而言，示值就是赋予它的值。在不易与其他称呼混淆时也简称为测量仪表的误差。

2）测量仪表的最大允许误差。定义是"对给定的测量仪表，规范、规程等所允许的误差极限值"。有时也称为测量仪表的允许误差限，或简称允许误差（$\delta_{允}$）。

3）测量仪表的固有误差。常称为测量仪表的基本误差。定义是"在参考条件下确定的测量仪表的误差"。此参考条件也称标准条件，是指为测量仪表的性能试验或为测量结果的相互比较而规定的使用条件，一般包括作用于测量仪表的各影响量的参考值或参考范围。

4）附加误差。附加误差是指测量仪表在非标准条件时所增加的误差，它是由于影响量存在和变化而引起的，如温度附加误差、压力附加误差等。

（2）测量范围和量程 测量范围是指"测量仪器的误差处在规定极限内的一组被测量的值"，也就是被测量可按规定的准确度进行测量的范围。

量程是指测量范围的上限值和下限值的代数差。例如：测量范围为 0 ~ 100℃时，量程为100℃；测量范围为 20 ~ 100℃时，量程为80℃；测量范围为 - 20 ~ 100℃时，量程为120℃。

（3）精确度（简称精度）

1）引用误差。测量仪表的示值误差可以用来表示某次测量结果的准确度，但若用来表示测量仪表的准确度则不太合适。因为测量仪表是用来测量某一规定范围（测量范围）内的被测量，而不是只测量某一固定大小的被测量的。同一个仪表的基本误差，在整个测量范围内变化不大，但测量示值的变化可能很大，这样示值的相对误差变化也很大。所以，用测量仪表的示值相对误差来衡量仪表测量的准确性是不方便的。通常用引用误差来衡量仪表的准确性能，引用误差则用测量仪表的示值的绝对误差 Δ 与仪表的量程之比的百分数来表示，即

引用误差（或相对百分误差）　　$\delta_{引} = \Delta / 仪表量程 \times 100\%$　　　　　　　　　(1-5)

2）仪表误差。仪表的准确度是用仪表误差的大小来说明其指示值与被测量真值之间的符合程度，误差越小，准确度越高。

仪表的准确度用仪表的最大引用误差 $\delta_{\max}$（即仪表的最大允许误差 $\delta_{允}$）来表示，即

$$\delta_{\max} = \Delta_{\max} / 量程 \times 100\%　　　　　　　　　(1-6)$$

式中，$\Delta_{\max}$ 为仪表在测量范围内的最大绝对误差；量程为仪表测量上限减去仪表测量下限。

仪表误差是对仪表在其测量范围内测量好坏的整体评价。

3）仪表精度等级（去掉仪表误差的"±"号和"%"号）。仪表精度等级是按国家统一规定的允许误差大小（去掉仪表误差的"±"号和"%"号）来划分成若干等级的。仪表的精度等级数越小，仪表的测量准确度越高。目前中国生产的仪表的精度等级有

$$\alpha = \underset{\text{I 级标准表}}{\underline{0.005, 0.02, 0.05}}, \quad \underset{\text{II 级标准表}}{\underline{0.1, 0.2, (0.4), 0.5}}, \quad \underset{\text{工业用表}}{\underline{1.0, 1.5, 2.5, (4.0)}}, \cdots$$

括号内等级必要时采用。

4）仪表的基本误差

$$\Delta_{\max} = 仪表量程 \times \alpha\%$$

称为仪表在测量范围内的基本误差，也即其测量最大绝对误差。

（4）仪表变差　　仪表变差又称升降变差，简称变差，是指在相同条件下，使用同一仪表对某一参数进行正、反行程测量时，对应于同一测量值所得的仪表示值不等，正、反行程示值之差的绝对值称为仪表变差，如图 1-2 所示，即

$$仪表变差 = |正行程示值 - 反行程示值|$$

仪表变差也用最大引用误差表示，即

$$仪表变差 = |正行程示值 - 反行程示值|_{\max} / 量程 \times 100\%$$

$$(1-7)$$

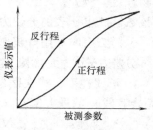

图 1-2　测量仪表的变差

必须注意，仪表变差不能超出仪表的允许误差（或基本误差）。

例　某压力测量仪表的测量范围为 $0 \sim 10\text{MPa}$，校验该表时得到的最大绝对误差为 $\pm 0.08\text{MPa}$，试确定该仪表的精度等级。

解：该仪表的精度为

$$\delta_{\max} = \Delta_{\max} / 量程 \times 100\% = \pm 0.08 / (10 - 0) \times 100\% = \pm 0.8\%$$

由于国家规定的精度等级中没有 0.8 级仪表，而该仪表的精度又超过了 0.5 级仪表的允许误差，所以，这台仪表的精度等级应定为 1.0 级。

例　某台测温仪表的测量范围为 $0 \sim 1000\text{℃}$，根据工艺要求，温度指示值的误差不允许超过 $\pm 7\text{℃}$，试问应如何选择仪表的精度等级才能满足以上要求？

解： 根据工艺要求，仪表精度应满足为

$$\delta_{\max} = \Delta_{\max}/量程 \times 100\% = \pm 7/(1000-0) \times 100\% = \pm 0.7\%$$

此精度介于 0.5 级和 1.0 级之间，若选择精度等级为 1.0 级的仪表，其允许最大绝对误差为 $\pm 10℃$，这就超过了工艺要求的允许误差，故应选择 0.5 级的精度才能满足工艺要求。

由以上两个例子可以看出，根据仪表校验数据来确定仪表精度等级和根据工艺要求来选择仪表精度等级，要求是不同的。根据仪表校验数据来确定仪表精度等级时，仪表的精度等级值应选不小于由校验结果所计算的精度值；根据工艺要求来选择仪表精度等级时，仪表的精度等级值应不大于工艺要求所计算的精度值。

仪表的精度等级是衡量仪表质量优劣的重要指标之一，它反映了仪表的准确度和精密度。仪表的精度等级一般用圈内数字等形式标注在仪表面板或铭牌上。

（5）灵敏度

$$s = \Delta\alpha/\Delta x \tag{1-8}$$

式中，s 为仪表的灵敏度；$\Delta\alpha$ 为仪表指针的线位移或角位移；Δx 为引起 $\Delta\alpha$ 的被测参数变化量。

仪表的灵敏度，在数值上等于单位被测参数变化量所引起的仪表指针移动的距离（或转角）。

测量仪表的灵敏度可以用增大仪表转换环节放大倍数的方法来提高。仪表灵敏度提高，仪表示值读数精度也可以提高。但是必须指出，仪表的性能指标主要取决于仪表的基本误差，如果想单纯地通过提高灵敏度来达到更准确的测量是不合理的。单纯增加灵敏度，反而会出现虚假的高精度现象。因此，通常规定仪表标尺刻度上的最小分格值不能小于仪表允许最大绝对误差值。

（6）分辨力与分辨率　分辨力是指仪表可能检测到的被测信号最小变化的能力，也就是使仪表示值产生变化的被测量的最小改变量。通常仪表分辨力的数值应不大于仪表允许绝对误差的一半。数字式仪表的分辨力是指仪表在最低量程上最末一位数字改变一个字所表示的物理量。例如：3 位半（最大显示值为 1999）数字电压表，若在最低量程时满度值为 2V，则该数字式电压表的分辨力为 1mV。数字仪表能稳定显示的位数越多，则分辨力越高。

分辨力有时又用分辨率表示，分辨率是分辨力与仪表量程之比的百分数。

分辨力又称为灵敏限，是灵敏度的一种反映。一般说仪表的灵敏度高，则其分辨力同样也高。

（7）线性度　线性度是指实际测得的输出-输入特性曲线（称为校准曲线）与理论直线（拟合直线）的最大偏差（如图 1-3 所示）与测量仪表的量程之比的百分数，即

$$\delta_L = \Delta_{\max}/仪表量程 \times 100\% \tag{1-9}$$

（8）反应时间　表示仪表对被测量变化响应的快慢程度。表示方法：当仪表的输入信号突然变化一个数值（阶跃变化）后，仪表的输出信号（即示值）由开始变化到新稳态值的 63.2% 所用时间，也可称为仪表的时间常数 T_m。

3. 仪表的计量检定

（1）仪表的标定与校准　通过试验，建立仪表的输出-输入特性及其误差关系。

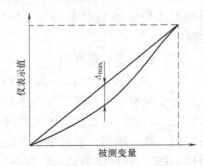

图 1-3　测量仪表的线性度

（2）仪表的标定与校准方法　标准设备产生一已知的输入量，测试被标定仪表相应的输出量，并与输入量比较，做出标定图表。

（3）仪表的标定

1）静态标定——标定静态特性，如灵敏度、线性度、精度等。

2）动态标定——动态特性参数（T、ω_n、ξ）测试。

3）动态标定信号——阶跃信号或正弦信号。

（4）仪表的标定与校准的目的　保证测量的准确、统一和法制性。

例　压力表的校验。测量范围为 $0 \sim 1.6\text{MPa}$，精度等级为 1.5 级的普通弹簧管压力表，校验结果见表 1-1，判断该表是否合格。

表 1-1　压力表的校验数据及其数据处理结果

被校表读数/MPa	0.0	0.4	0.8	1.2	1.6	最大误差
标准表上行程读数/MPa	0.000	0.385	0.790	1.210	1.595	
标准表下行程读数/MPa	0.000	0.405	0.810	1.215	1.595	
升降变差/MPa	0.000	0.020	0.020	0.005	0.000	0.020
标准表上、下行程读数平均值/MPa	0.000	0.395	0.800	1.2125	1.595	
绝对误差 Δ/MPa	0.000	0.005	0.000	-0.013	0.005	-0.013

解：校验数据处理如表 1-1 所示，仪表的最大引用误差（从绝对误差和升降变差中选取绝对值最大者作为 $\Delta_{\max}$，来求仪表的最大引用误差）

$$\delta_{\max} = \pm\Delta_{\max}/p_{\text{F.S}} \times 100\% = \pm 0.020/1.6 \times 100\% = \pm 1.25\%$$

所以，这台仪表为 1.5 级的精度等级，合格。式中，$p_{\text{F.S}}$ 为压力表量程。

任务二　学习过程控制的基本概念

1.2.1　工业自动化的主要内容

实现工业生产过程自动化，一般要包括自动检测、自动保护、自动操纵和自动控制等方面的内容，现分别予以介绍。

1. 自动检测系统

利用各种检测仪表对主要工艺参数进行测量、指示或记录，称为自动检测系统。它代替了操作人员对工艺参数的不断观察与记录，因此起到人眼睛的作用。

2. 自动信号和联锁保护系统

生产过程中，由于一些偶然因素的影响，导致工艺参数超出允许的变化范围而出现不正常情况时，就有引起事故的可能。为此，常对某些关键性参数设有自动信号和联锁装置。当工艺参数超过了允许范围，在事故即将发生以前，自动信号系统就自动地发出声光报警信号，告诫操作人员注意，并及时采取措施。如工况已到达危险状态时，自动联锁保护系统立即自动采取紧急措施，打开安全阀或切断某些通路，必要时紧急停车，以防止事故的发生和扩大。它是生产过程中的一种安全装置。例如某反应器的反应温度超过了允许极限值，自动信号系统就会发出声光信号，报警给工艺操作人员以及时处理生产事故。由于生产过程的强化，仅靠操作人员处理事故是不切实际的，因为在一个强化的生产过程中，事故常常会在几秒钟内发生，由操作人员直接处理是根本来不及的。自动联锁保护系统可以圆满地解决这类问题，如当反应器的温度或压力进入危险限时，自动联锁保护系统可立即采取应急措施，加大冷却剂量或关闭进料阀门，减缓或停止反应，从而可避免引起爆炸等生产事故。

3. 自动操纵及自动开停车系统

自动操纵系统可以根据预先规定的步骤自动地对生产设备进行某种周期性操作。例如合成氨造气车间的煤气发生炉，要求按照吹风、上吹、下吹制气、吹净等步骤周期性地接通空气和水蒸气，利用自动操纵机可以代替人工自动地按照一定的时间程序扳动空气和水蒸气的阀门，使它们交替地接通煤气发生炉，从而极大地减轻了操作工人的重复性体力劳动。自动开停车系统可以按照预先规定的步骤，将生产过程自动地投入运行或自动停车。

4. 自动控制系统

生产过程中各种工艺条件不可能是一成不变的，特别是石油、化工生产等连续性生产过程，各设备相互关联。当其中某一设备的工艺条件发生变化时，都可能引起其他设备中某些参数或多或少地波动，偏离正常的工艺条件。为此，就需要用一些自动控制装置，对生产中某些关键性参数进行自动控制，使它们在受到外界干扰（扰动）的影响而偏离正常状态时，能自动地回到规定的数值范围内，为此目的而设置的系统就是自动控制系统。

由以上所述可以看出，自动检测系统只能完成"了解"生产过程进行情况的任务；自动信号和联锁保护系统只能在工艺条件进入某种极限状态时，才会采取安全措施以避免生产事故的发生；自动操纵系统只能按照预先规定好的步骤进行某种周期性操纵；只有自动控制系统才能自动地排除各种干扰因素对工艺参数的影响，使它们始终保持在预先规定的数值上，保证生产维持在正常或最佳的工艺操作状态。因此，自动控制系统是自动化生产中的核心部分，是学习的重点。

1.2.2 自动控制系统的组成和分类

自动控制系统是在人工控制的基础上产生和发展起来的，下面通过分析人工操作，并与自动控制相比较，从而了解和分析一般的自动控制系统，掌握其在生产中的应用。

1. 人工控制与自动控制

图 1-4 所示是一个液体储槽，生产要求液位控制在某一高度 h_0。当流入量 Q_i（或流出量 Q_0）波动时会引起槽内液位的波动，严重时会溢出或抽空，解决这个问题的最简单办法就是以储槽液位为操作指标，以改变出口阀门开度为控制手段，如图 1-4a 所示。当流入量 Q_i 等于流出量 Q_0 时，整个系统处于平衡状态，液位 $h = h_0$。如 Q_i 发生变化，液位 h 也会变化。当 Q_i 增大使液位 h 上升时，超过要求的液位值 h_0，操作人员应将出口阀门开大，液位上升越多，出口阀门开得越大；反之，当 Q_i 减小使液位下降时，将出口阀门关小，液位下降越多，出口阀门关得越小。为了使储槽液位上升和下降都有足够的余地，选择玻璃管液位计中间的某一点为正常工作时的液位高度，通过控制出口阀门开度而使液位保持在这一高度上，这样就不会出现事故。

（1）人工控制　上述控制过程如果由人工来完成，则液位人工控制的过程如图 1-4 所示。在储槽上可装一只玻璃管液位计，随时指示储槽的液位。当储槽受到外界的某些扰动，液位发生变化时，操作人员实施的人工控制的步骤如下。

1）观察（检测）：用眼睛观察玻璃液位计中液位高度，并将信息通过神经系统传递给

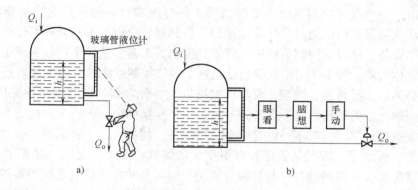

图1-4 液位人工控制

大脑中枢。

2）思考（运算）、命令：大脑将观测到的液位与工艺要求的液位加以比较，计算出偏差；然后根据此偏差的大小和正负以及操作经验，经思考、决策后发出操作指令。

3）执行：根据大脑发出的指令，通过手去改变出口阀门的开度，以改变出口流量，进而改变液位。

上述过程不断重复，直到液位回到所规定的高度为止。在上述控制过程中，控制的指标是液位，所以也称为液位控制。在人工控制中，操作人员的眼、脑、手三个器官分别担负了检测、运算和执行三个任务，完成了控制全过程。但由于受到生理上的限制，人工控制满足不了现代化生产的需要，为了减轻劳动强度和提高控制精度，可以用自动化装置来代替上述人工操作，从而使人工控制变为自动控制。

（2）自动控制　为了完成人工控制过程中操作人员的眼、脑、手三个器官的任务，自动化装置主要包括三部分，分别用来模拟人的眼、脑、手功能，如图1-5所示（图中省略了测量元件）。

1）测量元件与变送器。用于测量液位，并将测得的液位转化成统一的标准信号（气压信号或电流、电压信号）输出。

2）控制器。接收测量变送器送来的信号，并与工艺要求的液位高度进行比较，计算出偏差的大小，并按某种运算规律算出结果，再将此结果用标准信号（即操作指令信号）发送至执行器。

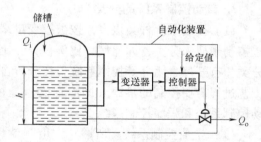

图1-5 液位自动控制系统

3）执行器。通常指控制阀。它接受控制器传来的操作指令信号，改变阀门的开度以改变物料或能量的大小，从而起到控制作用。

在自动控制过程中，储槽液位可以在没有人的参与下自动地维持在规定值。这样自动化装置在一定程度上代替了人的劳动，但在自动控制过程中，自动化装置只能按照人们预先的安排来动作，而不能代替人的全部劳动。

2. 自动控制系统的组成

图1-5所示的储槽、液位变送器、控制器及执行器构成了一个完整的自动控制系统。从

图中可以看出，一个自动控制系统主要是由两大部分组成：一部分是起控制作用的全套仪表，称为自动化装置，包括测量元件及变送器、控制器、执行器等；另一部分是自动化装置所控制的生产设备。在自动控制系统中，将需要控制其工艺参数的生产设备或生产过程称为被控对象，简称对象。图1-5所示的储槽就是这个液位控制系统的被控对象。石油、化工生产中，各种分离器、换热器、塔器、泵与压缩机以及各种容器、储罐都是常见的被控对象，甚至一段被控制流量的管道也是一个被控对象。一个复杂的生产设备上可能有好几个控制系统，这时确定被控对象时，就不一定是整个生产设备。例如，一个精馏塔、吸收塔往往塔顶需要控制温度、压力等，塔底又需要控制温度、塔釜液位等，有时中部还需要控制进料流量，在这种情况下，只有塔的某一与控制有关的相应部分才是该控制系统的被控对象。

在一个自动控制系统中，以上两部分是必不可少的，除此之外，还有一些附属（辅助）装置，如给定装置、转换装置及显示仪表等。

图1-6是石油天然气生产过程中，进行油、水或气、液分离的分离器液位控制系统结构示意图。

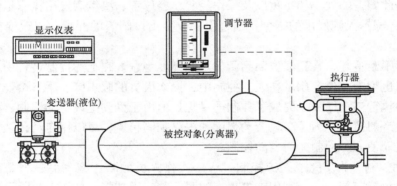

图1-6　液位控制系统结构示意图

3. 自动控制系统的分类

自动控制系统种类很多，按被控变量来分类，如温度、流量、压力、液位等控制系统；按控制规律来分类，如比例、比例积分、比例微分、比例积分微分等控制系统；按基本结构分类，有开环、闭环等控制系统；在分析自动控制系统特性时，最常用的是将控制系统按照工艺过程需要控制的参数（即给定值）是否变化和如何变化来分类，有定值控制系统、随动控制系统和程序控制系统三类。

（1）定值控制系统　所谓"定值"就是给定值恒定的简称。工艺生产中，如果要求控制系统使被控制的工艺参数保持在一个生产技术指标上不变，或者说要求工艺参数的给定值不变，那么就需要采用定值控制系统。图1-5所讨论的储罐液位控制系统就是定值控制系统的例子，这个控制系统的目的是使储罐的液位保持在给定值上不变。在石油、化工生产自动控制系统中要求的大都是这种类型的控制系统。后面所讨论的，如果未加特别说明，都是指定值控制系统。

（2）随动控制系统（自动跟踪系统）　这类系统的特点是给定值不断地变化，而且这种变化不是预先规定好的，也就是说，给定值是随机变化的。随动控制系统的目的就是使所控制的工艺参数准确而快速地跟随给定值的变化而变化。在油田自动化中，有些比值控制系统就属于随动控制系统。例如要求甲流体的流量和乙流体的流量保持一定的比值，当乙流体的流量变化时，要求甲流体的流量能快速而准确地随之变化。原油破乳剂是油田和炼油厂必不可少的化学药剂之一，通过表面活性作用，降低乳状液的油水界面张力，使水滴脱离乳状液束缚，再经聚结过程，达到破乳、脱水的目的。为了取得好的脱水效果，在确定最佳加药比之后，破乳剂的用量就与处理液的量成比例，处理量越大，加入的破乳剂就相应成比例地增加。由于生产中原油处理量可能是随机变化的，所以破乳剂用量的给定值也是随机的，故属于随动控制系统。

（3）程序控制系统（顺序控制系统）　这类系统的给定值也是变化的，但它是一个已知的时间函数，即生产技术指标需按一定的时间序列变化。这类系统在间歇生产过程中应用比较普遍，如冶金工业上金属热处理温度的控制。近年来，程序控制系统应用日益广泛，一些定型的或非定型的程序装置越来越多地被应用到生产中，微型计算机的广泛应用也为程序控制系统提供了良好的技术工具与有利条件。

4. 工业自动化仪表的分类

工业自动化仪表是生产过程自动化必要的物质技术基础——自动化装置。工业自动化仪表种类繁多，一般分类如下。

（1）按仪表使用的能源分类

①电动仪表（电能）；②气动仪表（压缩空气）；③液动仪表（少用）。

（2）按信息的获得、传递、反映和处理的过程分类

①检测仪表；②显示仪表；③集中控制装置；④控制仪表；⑤执行器。

（3）按仪表的组成形式分类

1）基地式仪表。基地式仪表集变送、显示、控制各部分功能于一体，单独构成一个固定的控制系统。

2）单元组合仪表。单元组合仪表将变送、控制、显示等功能制成各自独立的仪表单元，各单元间用统一的输入、输出信号相联系，可以根据实际需要选择某些单元进行适当的组合、搭配，组成各种测量系统或控制系统，因此单元组合仪表使用方便、灵活。单元组合仪表按工作能源的不同，可分为气动单元组合仪表和电动单元组合仪表两大类。单元组合仪表命名与性能：

① QDZ（"气"、"单"、"组"）——气动单元组合仪表

统一标准气源压力：0. 14MPa。

统一标准信号：0. 02～0. 1MPa（20～100kPa）。

气路导管：ϕ6mm×1mm 纯铜管、塑料管、尼龙单管和管缆。

精度：1. 0级、1. 5级。

② DDZ（"电"、"单"、"组"）Ⅱ——Ⅱ型电动单元组合仪表

统一标准电源：交流220V。

统一标准信号：现场传输信号0～10mA；控制室联络信号0～2V。

精度：0. 5级、1. 0级、1. 5级。

③ DDZ（"电"、"单"、"组"）Ⅲ——Ⅲ型电动单元组合仪表

统一标准电源：24V 直流。

统一标准信号：现场传输信号4～20mA；控制室联络信号1～5V。

精度：0.2级、0.5级、1.0级、1.5级。

④ DDZ-S第四代电动单元组合式仪表，是带CPU芯片的智能仪表

统一标准电源：24V直流。

统一标准信号：现场传输信号4~20mA；控制室联络信号1~5V。

精度：0.2级、0.5级、1.0级、1.5级。

（4）按防爆能力分类　在石油、化工生产过程中，广泛存在着各种易燃、易爆物质，这些生产环境对仪表的防爆能力尤为重视，现场仪表的防爆能力已成为仪表性能的重要指标。除气动仪表已应用在易燃、易爆场合外，电动仪表的设计者也考虑了各种防爆措施。按防爆能力分类，有普通型、隔爆型和安全火花型等类仪表。

1）普通型。凡是未采取防爆措施的仪表，只能应用在非危险场所。

2）隔爆型。采取隔离措施以防止引燃引爆事故的仪表。

3）安全火花型仪表。这类仪表采用低压直流小功率电源供电，并且对电路中的储能元件（例如电容、电感）严加限制，使电路在故障下所产生的火花微弱到不足以点燃周围的易燃气体。安全火花型仪表是电动仪表中防爆性能最好的一类。

1.2.3　自动控制系统框图

在研究自动控制系统时，为了能更清楚地表示出一个自动控制系统中各个组成环节之间的相互影响和信号联系，便于对系统分析研究，一般都用框图来表示控制系统的组成和作用。例如图1-5所示的液位自动控制系统可以用图1-7所示的框图来表示。每个方块表示组成系统的一个部分，称为"环节"。两个方块之间用一条带有箭头的线条表示其信号的相互关系，箭头指向方块表示为这个环节的输入，箭头离开方块表示为这个环节的输出。线旁的字母表示相互间的作用信号。图1-5的储槽在图1-7中用一个"被控对象"方块来表示，其液位就是生产过程中所要保持恒定的变量，在自动控制系统中称为被控变量（被调参数），用 y 来表示。在框图中，被控变量 y 就是对象的输出。影响被控变量 y 的因素来自进料流量的改变，这种引起被控变量波动的外来因素，在自动控制系统中称为干扰作用（扰动作用），用 f 表示。干扰作用是作用于对象的输入信号。与此同时，出料流量的改变是由于执行器（控制阀、调节阀）动作所致，如果用一方块表示执行器，那么，出料流量即为执行器方块的输出信号。出料流量 q 的变化也是影响液位变化的因素，所以也是被控对象的输入信号。出料流量信号 q 在框图中把执行器和对象连接在一起。

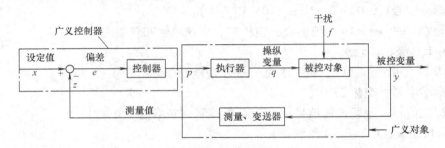

图1-7　液位自动控制系统框图

储槽液位信号 y 是测量、变送器的输入信号，而变送器的输出信号 z 进入比较机构与工

艺上希望保持的被控变量数值，即给定值（设定值）x 进行比较，得出偏差信号（$e = x - z$），并送往控制器。比较机构实际上只是控制器的一个组成部分，不是一个独立的仪表，在图中把它单独画出来（一般框图中是以〇或⊗表示），为的是能更清楚地说明其比较作用。控制器（调节器）根据偏差信号的大小，按一定的规律运算后，发出信号 p 送至控制阀（执行器），使控制阀的开度发生变化，从而改变出料流量以克服干扰对被控变量（液位）的影响。控制阀的开度变化起着控制作用，具体实现控制作用的变量叫作操纵变量，如图 1-5 中流过控制阀的出料流量就是操纵变量。用来实现控制作用的物料一般称为操纵介质或操纵剂，如上述的流过控制阀的流体就是操纵介质。

用同一种形式的框图可以代表不同的控制系统。例如图 1-8 所示的蒸汽加热器温度控制系统，当进料流量或温度变化等因素引起出口物料温度变化时，可以将该温度变化测量后送至温度控制器 TC。温度控制器的输出送至控制阀，以改变加热蒸汽量来维持出口物料的温度不变。这个控制系统同样可以用图 1-7 的框图来表示。这时被控对象是加热器，被控变量 y 是出口物料的温度。干扰作用可能是进料流量、进料温度的变化、加热蒸汽压力的变化、加热器内部传热系数或环境温度的变化等。而控制阀的输出信号即操纵变量 q 是加热蒸汽量的变化，在这里，加热蒸汽是操纵介质或操纵剂。

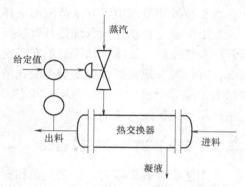

图 1-8　蒸汽加热器温度控制系统

必须指出，框图中的每一个方块都代表一个具体的装置。方块与方块之间的连接线只是代表方块之间的信号联系，并不代表方块之间的物料联系。方块之间连接线的箭头也只是代表信号作用的方向，与工艺流程图上的物料线是不同的。工艺流程图上的物料线是代表物料从一个设备进入另一个设备，而框图上的线条及箭头方向有时并不与流体流向相一致。例如对于控制阀来说，它控制着操纵介质的流量（即操纵变量），从而把控制作用施加于被控对象去克服干扰的影响，以维持被控变量为给定值。所以控制阀的输出信号 q，任何情况下都是指向被控对象的。然而控制阀所控制的操纵介质却可以是流入对象的（例如图 1-8 中的加热蒸汽），也可以是由对象流出的（例如图 1-5 中的出口流量）。这说明框图上控制阀的引出线只是代表施加到对象的控制作用，并不是具体流入或流出对象的流体。如果这个物料确实是流入对象的，那么信号与流体的方向才是一致的。

对于任何一个简单的自动控制系统，只要按照上面的原则去绘制它们的框图，就会发现，不论它们在表面上有多大差别，它们的各个组成部分在信号传递关系上都形成一个闭合的环路。其中任何一个信号，只要沿着箭头方向前进，通过若干个环节后，最终又会回到原来的起点。所以，自动控制系统是一个闭环系统。

再看图 1-7 中，系统的输出变量是被控变量，但是它经过测量元件和变送器后，又返回到系统的输入端，与给定值进行比较。这种把系统（或环节）的输出信号直接或经过一些环节重新返回到输入端的做法称为反馈。从图 1-7 还可以看到，在反馈信号 z 旁有一个负号" $-$ "，而在给定值 x 旁有一个正号" $+$ "（正号可以省略）。这里正和负的意思是在比较时，以 x 作为正值，以 z 作为负值，也就是到控制器的偏差信号 $e = x - z$。因为图 1-7 中的反馈信

号 z 取负值，所以叫负反馈，负反馈的信号能够使原来的信号减弱。如果反馈信号取正值，反馈信号使原来的信号加强，那么就叫正反馈。在这种情况下，框图中反馈信号 z 旁则要用正号"＋"，此时偏差 $e = x + z$。在自动控制系统中都采用负反馈。因为当被控变量 y 受到干扰的影响而升高时，测量值 z 也升高，只有负反馈才能使经过比较到控制器去的偏差信号 e 降低，此时控制器将发出信号而使控制阀的开度发生变化，变化的方向为负，从而使被控变量降回到给定值，这样就达到了控制的目的。如果采用正反馈，那么控制作用不仅不能克服干扰的影响，反而是推波助澜，即当被控变量 y 受到干扰升高时，z 亦升高，控制阀的动作方向是使被控变量进一步升高，而且只要有一点微小的偏差，控制作用就会使偏差越来越大，直至被控变量超出了安全范围而破坏生产。所以控制系统绝对不能单独采用正反馈。

综上所述，自动控制系统是具有被控变量负反馈的闭环系统。它与自动检测、自动操纵等开环系统比较，最本质的区别就在于自动控制系统有负反馈。它可以随时了解被控对象的情况，有针对性地根据被控变量的变化情况来改变控制作用的大小和方向，从而使系统的工作状态始终等于或接近于所希望的状态，这是闭环系统的优点。开环系统中，被控（工艺）变量是不反馈到输入端的。

1.2.4 工艺管道及控制流程图

在工艺流程确定以后，工艺人员和自控设计人员应共同研究确定控制方案。控制方案的确定包括流程中各测量点的选择、控制系统的确定及有关自动信号、联锁保护系统的设计等。在控制方案确定以后，根据工艺设计给出的流程图，按其流程顺序标注出相应的测量点、控制点、控制系统及自动信号与联锁保护系统等，便成了工艺管道及控制流程图（PID图）。由 PID 图可以清楚地了解生产的工艺流程与自控方案。

图 1-9 所示是简化了的乙烯生产过程中脱乙烷塔的管道及控制流程图。从脱甲烷塔出来的釜液进入脱乙烷塔脱除乙烷。从脱乙烷塔塔顶出来的 C_2H_6、C_2H_4 等馏分经塔顶冷凝器冷凝后，部分作为回流，其余则去乙炔加氢反应器进行加氢反应。从脱乙烷塔底出来的釜液，一部分经再沸器后返回塔底，其余则去脱丙烷塔脱除丙烷。

在绘制控制流程图时，图中所采用的图例符号要按有关的技术规定进行，可参见 GB/T 2625—1981《过程检测和控制流程图用图形符号和文字代号》、化工部设计标准 HG/T 20505—2000《过程测量与控制仪表的功能标志及图形符号》。下面结合图 1-9 对其中一些常用的统一规定做简要介绍。

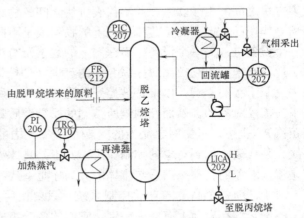

图 1-9 脱乙烷塔的管道及控制流程图

1. 图形符号

（1）测量点 测量点（包括检测元件、取样点）是由工艺设备轮廓线或工艺管线引到仪表圆圈的连接线的起点，一般无特定的图形符号，如图 1-10 所示。图 1-9 中的塔顶取压点和加热蒸汽管线上的取压点都属于这种情形。必要时检测元件也可以用象形或图形符号表示。例如流量检测采用孔板时，检测点也可用图 1-9 中脱乙烷塔的进料管线上的符号表示。

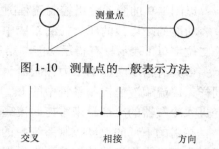

图 1-10　测量点的一般表示方法

（2）连接线　通用的仪表信号线均以细实线表示。连接线表示交叉或相接时，采用图 1-11 的形式。必要时也可用加箭头的方式表示信号的方向。在需要时，信号线也可按气信号、电信号、导压毛细管等不同的表示方式以示区别。

图 1-11　连接线的表示法

（3）仪表　仪表（包括检测、显示、控制仪表）的图形符号是一个细实线圆圈，直径约 10mm，不同的仪表安装位置对应不同图形符号，如表 1-2 所示。

表 1-2　仪表安装位置的图形符号

序号	安装位置	图形符号	备注	序号	安装位置	图形符号	备注
1	就地安装仪表	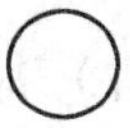 ○		3	就地仪表盘面安装仪表	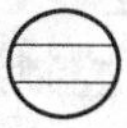 ⊖	
		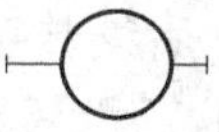 ⊢○⊣	嵌在管道中	4	集中仪表盘后安装仪表	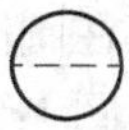 ⊜	
2	集中仪表盘面安装仪表	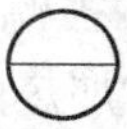 ⊖		5	就地仪表盘后安装仪表	 ⊜	

对于同一检测点，若具有两个或两个以上的被测变量，且具有相同或不同功能的复式仪表时，可用两个相切的圆或分别用细实线圆与细虚线圆相切表示（测量点在图样上距离较远或不在同一图样上），如图 1-12 所示。

2. 字母代号

在控制流程图中，用来表示仪表的小圆圈的上半圆内，一般写有两位（或两位以上）字母，第一位字母表示被测变量，后续字母表示仪表的功能，常用被测变量和仪表功能的字母代号见表 1-3。

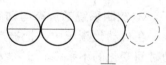

图 1-12　复式仪表的表示方法

表 1-3　被测变量和仪表功能的字母代号

字母	第一位字母		后续字母	字母	第一位字母		后续字母
	被测变量	修饰词	功能		被测变量	修饰词	功能
A	分析		报警	P	压力		
C	电导率		控制	Q	数量	积分	累积
D	密度	差		R	放射性		记录
E	电压			S	速度	安全	开关
F	流量	比		T	温度		传送
I	电流		指示	V	黏度		阀
K	时间			W	力		
L	物位			Y			执行机构
M	水分			Z	位置		

注：供选用的字母（例如表中 Y），指的是在个别设计中反复使用，而本表内未列入含意的字母，使用时字母含意需在具体工程的设计图例中作出规定，第一位字母是一种含意，而作为后继字母，则为另一种含意。

以图 1-9 的脱乙烷塔控制流程图为例，来说明如何以字母代号的组合来表示被测变量和仪表功能的。塔顶的压力控制系统中的 PIC-207，其中第一位字母 P 表示被测变量为压力，第二位字母 I 表示具有指示功能，第三位字母 C 表示具有控制功能，因此，PIC 的组合就表示一台具有指示功能的压力控制器。该控制系统是通过改变气相采出量来维持塔压稳定的。同样，回流罐液位控制系统中的 L。IC-202 是一台具有指示功能的液位控制器，它是通过改变进入冷凝器的冷剂量来维持回流罐中液位稳定的。

在塔的下部的温度控制系统中的 TRC-210 表示一台具有记录功能的温度控制器，它是通过改变进入再沸器的加热蒸汽量来维持塔底温度恒定的。当一台仪表同时具有指示、记录功能时，只需标注字母代号"R"，不标"I"，所以 TRC-210 可以同时具有指示、记录功能。同样，在进料管线上的 FR-212 可以表示同时具有指示、记录功能的流量仪表。

在塔底的液位控制系统中的 LICA-202 代表一台具有指示、报警功能的液位控制器，它是通过改变塔底采出量来维持塔釜液位稳定的。仪表圆圈外标有"H"、"L"字母，表示该仪表同时具有高、低限报警，在塔釜液位过高或过低时，会发出声、光报警信号。

3. 仪表位号

在检测、控制系统中，构成一个回路的每个仪表（或元件）都应有自己的仪表位号。仪表位号由字母代号组合和阿拉伯数字编号两部分组成。字母代号的意义前面已经解释过。阿拉伯数字编号写在圆圈的下半部，其第一位数字表示工段号，后续数字（第二位或第三位）表示仪表序号。图 1-9 中仪表的数字编号第一位都是 2，表示脱乙烷塔在乙烯生产中属于第二工段。通过控制流程图，可以看出其上每台仪表的测量点位置、被测变量、仪表功能、工段号、仪表序号和安装位置等。例如图 1-9 中的 PI-206 表示测量点在加热蒸汽管线上的蒸汽压力指示仪表，该仪表为就地安装，工段号为 2，仪表序号为 06。而 TRC-210 表示同一工段的一台温度记录控制仪，其温度的测量点在塔的下部，仪表安装在集中仪表盘面上。

1.2.5　自动控制系统的过渡过程和品质指标

1. 控制系统的静态与动态

在自动化领域中，把被控变量不随时间变化的平衡状态称为系统的静态，而把被控变量随时间变化的不平衡状态称为系统的动态。

当控制系统处于平衡状态即静态时，其输入（给定值和干扰）和输出均恒定不变，系统的各个组成环节如变送器、控制器、控制阀都不改变其原先的状态，如图 1-5 所示的液位自动控制系统，当流入量等于流出量时，液位就不改变。此时，系统就达到了平衡状态，亦即处于静态。由此可知，自动控制系统中的静止是指各参数（或信号）的变化率为零，这不同于习惯上的静止不动的概念。一旦给定值有了改变或干扰进入系统，平衡状态将被破坏，被控变量开始偏离给定值，因此，控制器、控制阀采取相应动作，改变原来平衡时所处的状态，产生控制作用以克服干扰的影响，使系统恢复新的平衡状态。从干扰的发生、经过控制、直到系统重新建立平衡的这段时间中，整个系统的各个部分（环节）和输入、输出参数都处于变动状态之中，这种变动状态就是动态。

在自动化工作中，了解系统的静态是必要的，但是了解系统的动态更为重要。因为在生产过程中，干扰是客观存在的，是不可避免的，例如生产过程中前后工序的相互影响，负荷的改变，电压、气压的波动，气候的影响等。这些干扰是破坏系统平衡状态引起被控变量发生变化的外界因素。在一个自动控制系统投入运行时，时时刻刻都有干扰作用于控制系统，从而破坏了正常的工艺生产状态。因此，就需要通过自动化装置不断地施加控制作用去对抗或抵消干扰作用的影响，从而使被控变量保持在工艺生产所要求控制的技术指标上。所以，一个自动控制系统在正常工作时，总是处于一波未平，一波又起，波动不止，往复不息的动态过程中。显然，静态是自动控制系统的目的，动态是研究自动控制系统的重点。

2. 控制系统的过渡过程

图 1-13 是简单控制系统的框图。假定系统原先处于平衡状态，系统中的各信号不随时间而变化。在某一个时刻 t_0，有一干扰作用于对象，于是系统的输出 y 就要变化，系统进入动态过程。由于自动控制系统的负反馈作用，经过一段时间以后，系统应该重新恢复平衡。系统由一个平衡状态过渡到另一个平衡状态的过程，称为系统的过渡过程。

系统在过渡过程中，被控变量是随时间变化的。了解过渡过程中被控变量的变化规律对于研究自动控制系统是十分重要的。显然，被控变量随时间的变化规律首先取决于作用于系统的干扰形式。在生产中，出现的干扰是没有固定形式的，且多半属于随机性质，在分析和设计控制系统时，为了安全和方便，常选择一些定型的干扰形式，其中常用的是阶跃干扰，如图 1-14 所示。由图可以看出，所谓阶跃干扰就是在某一瞬间 t_0，干扰（即输入量）突然阶跃式地加到系统上，并继续保持在一个幅度。采取阶跃干扰的形式来研究自动控制系统是因为这种形式的干扰比较突然，比较危险，它对被控变量的影响也最大。如果一个控制系统能够有效地克服这种类型的干扰，那么对于其他比较缓和的干扰也一定能很好地克服，同时，这种干扰的形式简单，容易实现，便于分析、实验和计算。

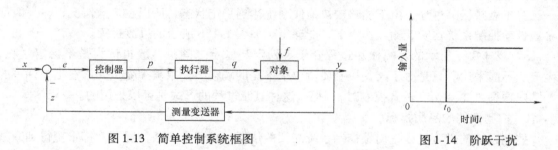

图 1-13　简单控制系统框图　　　　　　　图 1-14　阶跃干扰

一般来说，自动控制系统在阶跃干扰作用下的过渡过程有图 1-15 所示的几种基本形式。

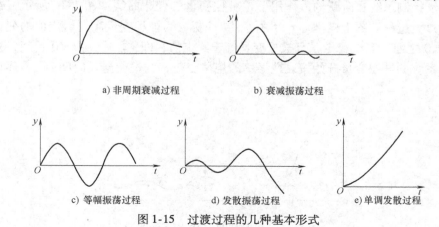

a) 非周期衰减过程　　b) 衰减振荡过程

c) 等幅振荡过程　　d) 发散振荡过程　　e) 单调发散过程

图 1-15　过渡过程的几种基本形式

（1）非周期衰减过程 被控变量在给定值的某一侧作缓慢变化，没有来回波动，最后稳定在某一数值上，这种过渡过程形式为非周期衰减过程，如图 1-15a 所示。

（2）衰减振荡过程 被控变量上下波动，但幅度逐渐减小，最后稳定在某一数值上，这种过渡过程形式为衰减振荡过程，如图 1-15b 所示。

（3）等幅振荡过程 被控变量在给定值附近来回波动，且波动幅度保持不变，这种情况称为等幅振荡过程，如图 1-15c 所示。

（4）发散振荡过程 被控变量来回波动，且波动幅度逐渐变大，即偏离给定值越来越远，这种情况称为发散振荡过程，如图 1-15d 所示。

（5）单调发散过程 被控变量虽不振荡，但偏离原来的平衡点越来越远，如图 1-15e 所示。

以上过渡过程的五种形式可以归纳为如下三类。

1）图 1-15d、e 所示的过渡过程是发散的，称为不稳定的过渡过程，其被控变量在控制过程中，不但不能达到平衡状态，而且逐渐远离给定值，它将导致被控变量超越工艺允许范围，严重时会引起事故，这是生产上所不允许的，应竭力避免。

2）图 1-15a、b 所示的过渡过程都是衰减的，称为稳定过程。被控变量经过一段时间后，逐渐趋向原来的或新的平衡状态，这是所希望的。

对于非周期的衰减过程，由于这种过渡过程变化较慢，被控变量在控制过程中长时间地偏离给定值，而不能很快恢复平衡状态，所以一般不采用，只是在生产上不允许被控变量有波动的情况下才采用。

对于衰减振荡过程，由于能够较快地使系统达到稳定状态，所以在多数情况下，一般都希望自动控制系统在阶跃输入作用下，能够得到如图 1-15b 所示的过渡过程。

3）图 1-15c 所示的等幅振荡过程介于不稳定与稳定之间，一般也认为是不稳定过程，生产上不能采用。只是对于某些控制质量要求不高的场合，如果被控变量允许在工艺许可的范围内振荡（主要指在位式控制时），那么这种过渡过程的形式是可以采用的。

3. 控制系统的品质指标

控制系统的过渡过程是衡量控制系统品质的依据。由于在多数情况下，都希望得到衰减振荡过程，所以以衰减振荡的过渡过程形式来讨论控制系统的品质指标。

假定自动控制系统在阶跃输入作用下，被控变量的变化曲线如图 1-16 所示，这是属于衰减振荡的过渡过程。图上横坐标 t 为时间，纵坐标 y 为被控变量离开给定值的变化量。假定在时间 $t=0$ 之前，系统稳定，且被控变量等于给定值，即 $y=0$；在 $t=0$ 瞬间，外加阶跃干扰作用，系统的被控变量开始按衰减振荡的规律变化，经过相当长时间后，y 逐渐稳定在 C 值上，即 $y(\infty)=C$。

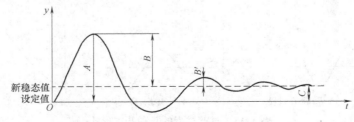

图 1-16 过渡过程品质指标示意图

对于图 1-16 所示的过渡过程，一般采用下列几个品质指标来评价控制系统的质量。

（1）最大偏差 A 或超调量 B 最大偏差是指在过渡过程中，被控变量偏离给定值的最大数值。在衰减振荡过程中，最大偏差就是第一个波的峰值，在图 1-16 中以 A 表示。最大偏差表示系统瞬间偏离给定值的最大程度。若偏离越大，偏离的时间越长，即表明系统离开规定的工艺参数指标就越远，这对稳定正常生产是不利的。因此最大偏差可以作为衡量系统质量的一个品质指标。一般来说，最大偏差当然是小一些为好，特别是对于一些有约束条件的系统，如化学反应器的化合物爆炸极限、触媒烧结温度极限等，都会对最大偏差的允许值有所限制。同时考虑到干扰会不断出现，当第一个干扰还未清除时，第二个干扰可能又出现了，偏差有可能是叠加的，这就更需要限制最大偏差的允许值。所以，在决定最大偏差允许值时，要根据工艺情况慎重选择。

有时也可以用超调量来表征被控变量偏离给定值的程度。在图 1-16 中超调量以 B 表示。从图中可以看出，超调量 B 是第一个峰值 A 与新稳定值 C 之差，即 $B = A - C$。对于无差控制系统，系统的新稳定值等于给定值，那么最大偏差 A 也就与超调量 B 相等了。

（2）衰减比 n 虽然前面已提及一般希望得到衰减振荡的过渡过程，但是衰减快慢的程度多少为适当呢？表示衰减程度的指标是衰减比，它是前后相邻两个峰值的比。在图 1-16 中衰减比 $n = B:B'$，习惯上表示为 $n:1$。$n > 1$ 时，过渡过程是衰减振荡过程；$n = 1$ 时，过渡过程是等幅振荡过程；$n < 1$ 时，过渡过程是发散振荡过程。

要满足控制要求，n 必须大于 1。假如 n 只比 1 稍大一点，显然过渡过程的衰减程度很小，接近于等幅振荡过程，由于这种过程不易稳定、振荡过于频繁、不够安全，因此一般不采用。如果还很大，则又太接近于非振荡过程，过渡过程过于缓慢，通常这也是不希望的。一般以取 4 ~ 10 之间为宜。因为衰减比在 4:1 到 10:1 之间时，过渡过程开始阶段的变化速度比较快，被控变量在同时受到干扰作用和控制作用的影响后，能比较快地达到一个峰值，然后马上下降，又较快地达到一个低峰值，而且第二个峰值远远低于第一个峰值。当操作人员看到这种现象后，心里就比较踏实，因为他知道被控变量再振荡数次后就会很快稳定下来，并且最终的稳态值必然在两峰值之间，决不会出现太高或太低的现象，更不会远离给定值以至造成事故。尤其在反应比较缓慢的情况下，衰减振荡过程的这一特点尤为重要。对于这种系统，如果过渡过程是或接近于非振荡的衰减过程，操作人员很可能在较长时间内，都只看到被控变量一直上升（或下降），似乎很自然地怀疑被控变量会继续上升（或下降）不止，由于这种焦急的心情，很可能会导致去拨动给定值指针或仪表上的其他旋钮。一旦出现这种情况，那么就等于对系统施加了人为的干扰，有可能使被控变量离开给定值更远，使系统处于难于控制的状态。所以，选择衰减振荡过程并规定衰减比在 4:1 至 10:1 之间，完全是操作人员多年操作经验的总结。

（3）余差 C 当过渡过程终了时，被控变量所达到的新的稳态值与给定值之间的偏差叫作余差，或者说余差就是过渡过程终了时的残余偏差，在图 1-16 中以 C 表示。偏差的数值可正可负。在生产中，给定值是生产的技术指标，所以，被控变量越接近给定值越好，即余差越小越好。但在实际生产中，也并不是要求任何系统的余差都很小，如一般储槽的液位调节要求就不高，这种系统往往允许液位有较大的变化范围，余差就可以大一些。又如化学反应器的温度控制，一般要求比较高，应当尽量消除余差。所以，对余差大小的要求，必须结合具体系统作具体分析，不能一概而论。

有余差的控制过程称为有差控制（有差调节），相应的系统称为有差系统。没有余差的控制过程称为无差控制（无差调节），相应的系统称为无差系统。

（4）过渡时间 t_0　从干扰作用发生的时刻起，直到系统重新建立新的平衡时止，过渡过程所经历的时间叫过渡时间，一般可用 t_0 表示。严格地讲，对于具有一定衰减比的衰减振荡过渡过程来说，要完全达到新的平衡状态需要无限长的时间。实际上，由于仪表灵敏度的限制，当被控变量接近稳态值时，指示值就基本上不再改变了。因此，一般是在稳态值的上下规定一个小的范围，当被控变量进入这一范围并不再越出时，就认为被控变量已经达到新的稳态值，或者说过渡过程已经结束。这个范围一般定为稳态值的 ±5%（也有的规定为 ±2%）。按照这个规定，过渡时间就是从干扰开始作用之时起，直至被控变量进入新稳态值的 ±5%（或 ±2%）的范围内且不再越出时所经历的时间。过渡时间短，表示过渡过程进行得比较迅速，这时即使干扰频繁出现，系统也能适应，系统控制质量就高；反之，过渡时间太长，第一个干扰引起的过渡过程尚未结束，第二个干扰就已经出现，这样，几个干扰的影响叠加起来，就可能使系统满足不了生产的要求。

（5）振荡周期 T 或频率 f　过渡过程同向两波峰（或波谷）之间的间隔时间叫振荡周期或工作周期，其倒数称为振荡频率。在衰减比相同的情况下，周期与过渡时间成正比，一般希望振荡周期短一些为好。

（6）其他指标　还有一些次要的品质指标，如振荡次数，它是指在过渡过程内被控变量振荡的次数。所谓"理想过渡过程两个波"，就是指过渡过程振荡两次就能稳定下来，它在一般情况下，可认为是较为理想的过程。此时的衰减比约相当于 4:1。上升时间也是一个品质指标，它是指从干扰开始作用起至第一个波峰时所需要的时间，显然，上升时间短一些为宜。

综上所述，过渡过程的品质指标主要有：最大偏差、衰减比、余差、过渡时间、振荡周期等。这些指标在不同的系统中各有其重要性，且相互之间既有矛盾，又有联系。因此，应根据具体情况分清主次，区别轻重，对那些对生产过程有决定性意义的主要品质指标应优先予以保证。

例　某换热器的温度调节系统在单位阶跃干扰作用下的过渡过程曲线如图 1-17 所示。试分别求出最大偏差、余差、衰减比、振荡周期和过渡时间（给定值为 200℃）。

解： 最大偏差 $A = 230℃ - 200℃ = 30℃$

余差 $C = 205℃ - 200℃ = 5℃$

由图 1-17 可以看出，第一个波峰值 $B = 230℃ - 205℃ = 25℃$，第二个波峰值 $B' = 210℃ - 205 = 5℃$，故衰减比 $n = B:B' = 25:5 = 5:1 = 5$。

振荡周期为同向两波峰之间的时间间隔，故周期 $T = 20min - 5min = 15min$。

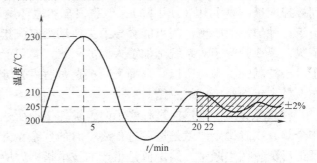

图 1-17　温度调节系统过渡过程曲线

过渡时间与规定的被控变量的限制范围大小有关，假定被控变量进入额定值的 ±2%，就可以认为过渡过程已经结束，那么限制范围为 $205℃ × (±2\%) ≈ ±4℃$，这时，可在新稳态值（205℃）两侧以宽度为 ±4℃画一区域，图 1-17 中以画有阴影线的区域表示，只要被控变量进入这一区域且不再越出，过渡过程就可以认为已经结束。因此，从图上可以看出，过渡时间 $t_0 = 22\text{min}$。

4. 影响控制系统过渡过程品质的主要因素

从前面的讨论中可知，一个自动控制系统可以概括成两大部分，即工艺过程部分（被控对象）和自动化装置部分。前者并不是泛指整个工艺流程，而是指与该自动控制系统有关的部分。以图 1-8 所示的蒸汽加热器温度控制系统为例，其工艺过程部分指的是与被控变量温度 T 有关的工艺参数和设备结构、材质等因素，也就是前面讲的被控对象。自动化装置部分指的是为实现自动控制所必需的自动化仪表设备，通常包括测量与变送装置、控制器和执行器三部分。对于一个自动控制系统，过渡过程品质的好坏，在很大程度上取决于对象的性质。例如在前所述的温度控制系统中，属于对象性质的主要因素有：热交热器的负荷大小，热交换器的结构、尺寸、材质等，热交换器内的换热情况、散热情况及结垢程度等。自动化装置应按对象性质加以选择和调整，两者要很好地配合。自动化装置的选择和调整不当，也会直接影响控制质量。此外，在控制系统运行过程中，自动化装置的性能一旦发生变化，如阀门失灵、测量失真，也要影响控制质量。总之，影响自动控制系统过渡过程品质的因素是很多的，在系统设计和运行过程中都应充分注意。

1.2.6 自动控制系统基本控制规律

控制器就像人的大脑，按照一定的控制要求（给定值）根据检测的数据（眼睛看到的或感触到的），进行一定的运算判断（控制规律），运算结果通过手（执行器）去操作力求满足控制要求。在过程控制系统中，控制器或称调节器是整个控制系统的核心，它将被控变量与给定值进行比较，得到偏差 $e(t)$，然后按不同规律进行运算，产生一个能使偏差至零或很小值的控制信号 $u(t)$。所谓控制器的控制规律就是指控制器的输入 $e(t)$ 与输出 $u(t)$ 的关系，即

$$u(t) = f[e(t)] \tag{1-10}$$

在生产过程常规控制系统中，应用的基本控制规律主要有位式控制、比例控制、积分控制和微分控制。

1. 位式控制

（1）双位控制　双位控制是位式控制的最简单形式。双位控制的规律是：当测量值大于给定值时，控制器的输出最大（或最小）；而当测量值小于给定值时，则控制器的输出为最小（或最大）。其偏差 e 与输出 u 间的关系为：

当 $e > 0$ 或 $e < 0$ 时，$u = u_{max}$；当 $e < 0$ 或 $e > 0$ 时，$u = u_{min}$。

双位控制只有两个输出值，相应的执行器也只有两个极限位置："开"或"关"，而且从一个位置到另一个位置是极其迅速的，这种特性又称继电特性。理想的双位控制特性图如图 1-18 所示。

图 1-19 是一个典型的双位控制系统。它利用电极式液位计来控制电磁阀的开启与关闭，从而使储槽液位维持在给定值上下很小一个范围内。

（2）具有中间区的双位控制　图 1-18 所示的是理想的双位控制特性。在自动控制系统中，控制器若要按上述规律动作，则执行器动作非常频繁，这样就会使系统中的运动部件

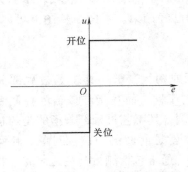

图 1-18　理想的双位控制特性图

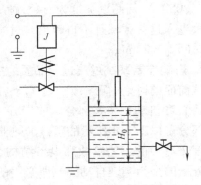

图 1-19　双位控制示例

（如上例中的继电器、电磁阀等）因动作频繁而损坏，因而很难保持双位控制系统安全、可靠地工作。实际生产中被控变量与给定值之间总是允许有一定偏差，因此，实际应用的双位控制器都有一个中间区（有时就是仪表的不灵敏区）。带中间区的双位控制规律是：当被控变量上升时，必须在测量值高于给定值某一数值后，阀门才"关"（或"开"）；而当被控变量下降时，必须在测量值低于给定值某一数值后，阀门才"开"（或"关"）。在中间区域，阀门是不动作的。这样，就可以大大降低执行器开闭阀门的频繁程度。实际的带中间区的双位控制规律如图 1-20 所示。

只要将图 1-19 所示的双位控制装置中的测量装置及继电器线路稍加改变，则可构成一个具有中间区的双位控制系统，它的控制过程如图 1-21 所示。图中上面的曲线是控制器输出（例如通过电磁阀的流体流量 Q）与时间 t 的关系；下面的曲线是被控变量（液位）在中间区内随时间变化的曲线。当液位低于下限值时，电磁阀是开的，流体流入量大于流出的流体流量，故液位上升；当液位上升到上限值时，阀门关闭，流体停止流入。由于此时流体仍在流出，故液位下降，直到液位下降至下限值时，电磁阀才重新开启，液位又开始上升。因此，带中间区的双位控制过程是被控变量在它的上限值与下限值之间的等幅振荡过程。

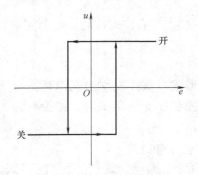

图 1-20　带中间区的双位控制规律

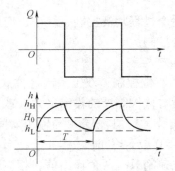

图 1-21　带中间区的双位控制过程

对于双位控制过程，一般均采用振幅与周期（或频率）作为品质指标。如图 1-21 中振幅为 $(h_H - h_L)$，周期为 T。如果生产工艺允许被控变量在一个较宽的范围内波动，控制器的中间区就可以适当设计得大一些，这样振荡周期就会较长，可使系统中的控制元器件、调节阀的动作次数减少，可动部件也不易磨损，减少维修工作量，有利于生产。对于同一个双位控制系统来说，过渡过程的振幅与周期是有矛盾的。若要求振幅小，则周期必然短；若要求周期长，则振幅必然大。然而，通过合理地选择中间区，可以使两者得到兼顾。在设计双位控制系统时，应该使振幅在允许的偏差范围内，尽可能地使周期延长。

双位控制器结构简单、成本较低、易于实现，因此应用很普遍。常见的双位控制器有带电触头的压力表、带电触头的水银温度计、双金属片温度计、动圈式双位指示调节仪等。在工业生产中，如对控制质量要求不高，且允许进行位式控制时，可采用双位控制器构成双位控制系统。如空气压缩机储罐的压力控制，恒温箱、电烘箱、管式加热炉的温度控制等就常采用双位控制系统。

（3）多位控制　双位控制的特点是：控制器只有最大与最小两个输出值；执行器只有"开"与"关"两个极限位置。因此，对象中物料量或能量总是处于严重的不平衡状态，被控变量总是剧烈振荡，得不到比较平稳的控制过程。为了改善这种特性，控制器的输出可以增加一个中间值，即当被控变量在某一个范围内时，执行器可以处于某一中间位置，以使系统中物料量或能量的不平衡状态得到缓和，这就构成了三位控制规律。如图 1-22 是三位控制器的特性示意图。显然它的控制效果要比双位式控制得好一些。假如位数更多，则控制效果还会更好。当然，增加位数就会使控制器的复杂程度增加。因此在多位控制中，常用的是三位控制。例如，在加热炉中，可以采用 XCT 型动圈式三位指示调节仪进行温度的三位控制。

三位指示调节仪有三个指针。其中一个为指示指针，另外两个为给定指针。给定指针的位置可以由面板上的两个给定指针调节旋钮分别调整在任意指示刻度上。图 1-23 表示电炉加热三位控制系统的示意图。表 1-4 说明该系统的工作情况。当温度低于下限值时，"总-低"接通，则继电器 K_1 的控制绕组有电流通过，K_1 的常开触头闭合，K_2 的控制绕组无电流通过，K_2 的常闭触头闭合，因此这时甲、乙两组加热器同时通电加热；当温度上升至下限值与上限值之间的中间带时，"总-中"接通，则 K_1、K_2 控制

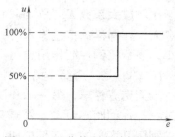

图 1-22　三位控制器特性示意图

绕组皆无电流通过，K_1 的常开触头断开，K_2 的常闭触头闭合，这时乙组加热器通电加热，甲组不加热，温度可以维持在这一范围内缓慢变化；当温度高于上限值时，仪表内"总-高"接通，则 K_1 控制绕组无电流通过，K_2 控制绕组有电流通过，K_1 常开触头断开，K_2 常闭触头也断开，甲、乙两组加热器同时切断电源，故温度下降。

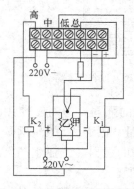

图 1-23　电炉加热三位控制系统

表 1-4　电炉加热三位控制系统工作情况表

指针位置	继电器工作情况	
	K_1	K_2
	闭合	闭合
	断开	闭合
	断开	断开

2. 比例控制

（1）比例控制规律　比例控制规律（P）可以用下列数学式来表示：

$$\Delta u = K_c e \tag{1-11}$$

式中，Δu 是控制器输出变化量；e 是控制器的输入，即偏差；K_c 是控制器的比例增益或比例放大系数。

由上式可以看出，比例控制器的输出变化量与输入偏差成正比，在时间上是没有延滞的。或者说，比例控制器的输出是与输入一一对应的，比例控制规律如图 1-24 所示。

当输入为一阶跃信号时，比例控制器的输入输出特性如图 1-25 所示。

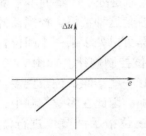

图 1-24　比例控制规律

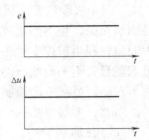

图 1-25　比例控制器的阶跃响应

比例放大系数 K_c 是可调的，所以比例控制器实际上是一个放大系数可调的放大器。K_c 值愈大，在同样的偏差输入时，控制器的输出愈大，因此比例控制作用愈强；反之，K_c 值愈小，表示比例控制作用愈弱。

图 1-26 是一个简单的比例控制系统。被控变量是水槽的液位。O 为杠杆的支点，杠杆的一端固定着浮球，另一端和调节阀阀杆相连接。浮球能随液位的波动而升降，浮球的升降通过杠杆带动阀芯运动。浮球升高，阀门关小，输入流量减小，从而使液位下降；浮球下降，阀门开大，输入流量增加，从而使液位上升。由于根据液位的高低，能够自动改变输入的流体流量，因此，能够使液位自动维持在给定值附近。

由图 1-26 可以推得：

$$\Delta u = \frac{b}{a} e = K_c e \tag{1-12}$$

$$K_c = \frac{b}{a}$$

式中，Δu 是阀杆位移，相当于控制器的输出；e 是液位的变化量；K_c 是比例放大系数。

K_c 的数值可以通过改变支点 O 的位置加以调整。

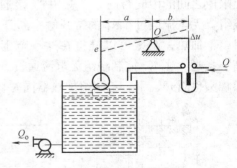

图 1-26　比例控制系统

（2）比例度及其对控制过程的影响

1）比例度。比例放大系数 K_c 值的大小，可以反映比例作用的强弱。但对于使用在不同情况下的比例控制器，由于控制器的输入与输出是不同的物理量，因而 K_c 的量纲是不同的。这样，就不能直接根据 K_c 数值的大小来判断控制器比例作用的强弱。工业生产上所用的控制器，一般都用比例度（或称比例范围）δ 来表示比例作用的强弱。

比例度是控制器输入的相对变化量与相应的输出相对变化量之比的百分数。用数学式可

表示为

$$\delta = \frac{\dfrac{e}{Z_{\max} - Z_{\min}}}{\dfrac{\Delta u}{U_{\max} - U_{\min}}} \times 100\% \tag{1-13}$$

式中，$Z_{\max} - Z_{\min}$ 是控制器输入的变化范围，即测量仪表的量程；$U_{\max} - U_{\min}$ 是控制器输出的变化范围。

由式（1-13）看出，控制器的比例度可理解为：要使输出信号作全范围的变化，输入信号必须改变全量程的百分数。控制器的比例度的大小与输入输出的关系如图 1-27 所示。从图中可以看出，比例度愈小，使输出变化全范围时所需的输入变化区间也就愈小；反之亦然。比例度 δ 与比例放大系数 K_{c} 的关系为

$$\delta = \frac{K}{K_{\mathrm{c}}} \times 100\% \tag{1-14}$$

式中，$K = \dfrac{U_{\max} - U_{\min}}{Z_{\max} - Z_{\min}}$。

由于 K 为常数，因此控制器的比例度 δ 与比例放大系数 K_{c} 成反比关系。比例度 δ 越小，则放大系数 K_{c} 越大，比例控制作用越强；反之，当比例度 δ 越大时，表示比例控制作用越弱。

在单元组合仪表中，控制器的输入信号来自变送器，而控制器和变送器的输出信号都是统一的标准信号，因此常数 $K = 1$。所以在单元组合仪表中，δ 与 K_{c} 互为倒数关系，即

$$\delta = \frac{1}{K_{\mathrm{c}}} \times 100\% \tag{1-15}$$

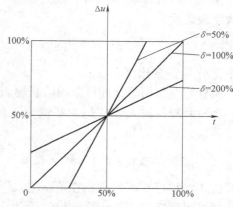

图 1-27　比例度的大小与输入输出的关系

2）比例度对过渡过程品质的影响。一个比例控制系统，由于被控对象特性的不同和控制器比例度的不同，往往会得到各种不同的过渡过程形式。为获得所要求的过渡过程形式，这就要分析比例度 δ 的大小对过渡过程品质指标的影响。

① 比例度对余差的影响。在比例控制系统中，$\Delta u = K_{\mathrm{c}}e$，当负荷改变时，为了能够获得使执行器做相应动作的控制信号 Δu，就必然存在偏差 e。因此，当过渡过程终了后比例控制系统必然存在余差。相应的系统称为有差控制系统。

比例度对余差的影响是：比例度 δ 越大，K_{c} 越小，由于 $\Delta u = K_{\mathrm{c}}e$，要获得同样大小的控制作用，所需的偏差就越大。因此，在同样的负荷变化下，控制过程终了时的余差就越大；反之，减小比例度，余差也随之减小。

余差的大小反映了系统的稳态精度。为了获得较高的稳态精度，应适当减小比例度。

② 比例度对系统稳定性的影响。它与被控对象的特性有关，其影响如图 1-28 所示。比例度很大时，由于控制作用很弱，因此过渡过程变化缓慢，过渡过程曲线很平稳（图 1-28 中的曲线 5、6）。减小比例度，由于控制作用增强，过渡过程曲线出现振荡（图中曲线 3、

4）。当比例度很小时，由于控制作用过强，过渡过程曲线可能出现等幅振荡，这时的比例度称为临界比例度 δ_k，其相应的曲线如图 1-28 中曲线 2 所示。当比例度继续减小至 δ_k 以下时，系统可能出现发散振荡（图中曲线 1），这时系统就不能进行正常的控制了。因此，减小比例度会减小系统的稳定性，反之，增大比例度会增强系统的稳定性。

③ 比例控制系统特点及其应用场合。在比例控制系统中，控制器的比例控制规律比较简单，控制比较及时，一旦有偏差出现，马上就有相应的控制作用。因此，比例控制规律是一种最基本最常用的控制规律。但是，由于比例控制作用 Δu 与偏差 e 成一一对应关系，因此当负荷改变以后，比例控制系统的控制结果存在余差。比例控制系统适用于干扰较小且不频繁、对象滞后较小而时间常数较大、控制准确度要求不高的场合。

3. 积分控制及比例积分控制

（1）积分控制规律 当控制器的输出变化量 Δu 与输入偏差 e 的积分成比例时，就是积分控制规律（I）。其数学表达式为

$$\Delta u = K_I \int_0^t e\mathrm{d}t \tag{1-16}$$

式中，K_I 是积分比例系数。

积分控制作用的特性可以用阶跃输入下的输出来说明。当控制器的输入偏差是一幅值为 A 的阶跃信号时，式（1-16）就可写为

$$\Delta u = K_I \int_0^t e\mathrm{d}t = K_I A t \tag{1-17}$$

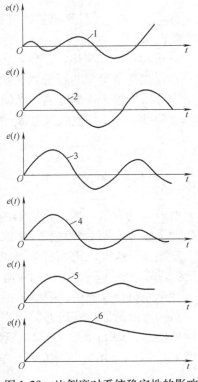

图 1-28 比例度对系统稳定性的影响
1—δ 小于临界值　2—δ 等于临界值
3—δ 偏小　4—δ 适当
5—δ 偏大　6—δ 太大

由式（1-17）可以画出在阶跃输入作用下的输出变化曲线（见图 1-29）。由图 1-29 可看出：当积分控制器的输入是一常数 A 时，输出是一直线，其斜率为 $K_I A$，K_I 的大小与积分速度有关。从图中还可以看出，只要偏差存在，积分控制器的输出随着时间不断增大（或减小）。

从图 1-29 可以看出，积分控制器输出的变化速度与偏差成正比。这就说明了积分控制规律的特点是：只要偏差存在，控制器的输出就会变化，执行器就要动作，系统就不可能稳定。只有当偏差消除（即 $e=0$）时，输出信号不再变化，执行器停止动作，系统才可能稳定下来。积分控制作用达到稳定时，偏差等于零，这是它的一个显著特点，也是它的一个主要优点。由积分控制器构成的积分控制系统是一个无差系统。

式（1-16）也可以改写为

$$\Delta u = \frac{1}{T_I} \int_0^t e\mathrm{d}t$$

式中，T_I 是积分时间。

由于积分控制器输出总是滞后于输入，故积分控制

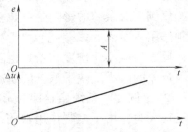

图 1-29 积分控制器输出特性曲线

过程比较缓慢，控制作用不够及时，过渡过程中被控变量波动较大，不易稳定。因此，积分控制作用一般不单独使用。

（2）比例积分控制规律　比例积分控制规律（PI）是比例与积分两种控制规律的结合，其数学表达式为

$$\Delta u = K_c \left(e + \frac{1}{T_I} \int_0^t e\mathrm{d}t \right) \tag{1-18}$$

当输入偏差是一幅值为 A 的阶跃变化时，比例积分控制器的输出是比例和积分两部分之和，其输出特性曲线如图 1-30 所示。由图可以看出，Δu 的变化开始是一阶跃变化，其值为 $K_c A$（比例作用），然后随时间逐渐上升（积分作用）。比例作用是即时的、快速的，而积分作用是缓慢的、渐变的。

由于比例积分控制规律是在比例控制的基础上加上积分控制，所以既具有比例控制作用及时、快速的特点，又具有积分控制能消除余差的性能，因此是生产上常用的控制规律。

（3）积分时间及其对过渡过程的影响　当比例积分控制器的输入偏差为一幅值为 A 的阶跃信号时，式（1-18）可写为

$$\Delta u = K_c A + \frac{K_c}{T_I} A t = \Delta u_P + \Delta u_I \tag{1-19}$$

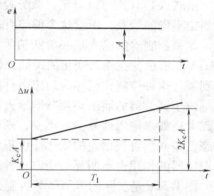

图 1-30　比例积分控制器输出特性曲线

式中，$\Delta u_P = K_c A$ 表示比例作用的输出；$\Delta u_I = \dfrac{K_c}{T_I} A t$ 表示积分作用的输出。在时间 $t = T_I$ 时，有

$$\Delta u = \Delta u_P + \Delta u_I = K_c A + \frac{K_c}{T_I} A t = 2\Delta u_P = 2K_c A \tag{1-20}$$

上式说明，当总的输出等于比例作用输出的两倍时，其时间恰好等于积分时间 T_I。应用这个关系，可以用控制器的阶跃响应作为测定放大系数 K_c（或比例度 δ）和积分时间 T_I 的依据（见图 1-30）。

当缩短积分时间、加强积分控制作用时，一方面克服余差的能力增加，这是有利的一面；但另一方面会使过程振荡加剧、稳定性降低，积分时间越短，振荡倾向越强烈，甚至会出现不稳定的发散振荡，这是不利的一面。

在同样的比例度下，积分时间对过渡过程的影响如图 1-31 所示，积分时间过大或过小均不合适。积分时间过大，积分作用太弱，余差消除很慢（曲线 3），当 $T_I \to \infty$ 时，成为纯比例控制器，余差得不到消除（曲线 4）；积分时间太小，过渡过程振荡太剧烈（曲线

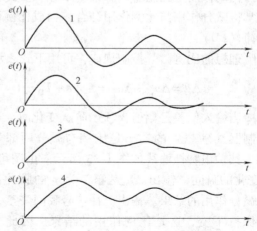

图 1-31　积分时间及其对过渡过程的影响
1—T_I 太小　2—T_I 适当　3—T_I 太大　4—$T_I \to \infty$

1），只有当 T_I 适当时，过渡过程能较快地衰减而且没有余差（曲线 2）。

因为积分作用会加剧振荡，这种振荡对于滞后大的对象更为明显。所以，控制器的积分时间应按对象的特性来选择，对于管道压力、流量等滞后不大的对象，T_I 可选得小些；对温度对象，一般滞后较大，T_I 可选大些。

4. 微分控制及比例微分控制

（1）微分控制规律　具有微分控制规律（D）的控制器，其输出 Δu 与偏差 e 的关系可用下式表示：

$$\Delta u = T_D \frac{de}{dt} \tag{1-21}$$

式中，T_D 是微分时间。

由式（1-21）可以看出，微分控制作用的输出大小与偏差变化的速度成正比。对于一个固定不变的偏差，不管这个偏差有多大，微分作用的输出总是零，这是微分作用的特点。

如果控制器的输入是一阶跃信号如图 1-32a 所示，按式（1-21），微分控制器的输出如图 1-32b 所示，在输入变化的瞬间，输出趋于 ∞。在此以后，由于输入不再变化，输出立即降到零。这种控制作用称为理想微分控制作用。

由于调节器的输出与调节器输入信号的变化速度有关，变化速度越快，调节器的输出就越大；如果输入信号恒定不变，则微分调节器就没有输出，因此微分调节器不能用来消除静态偏差。而且当偏差的变化速度很慢时，输入信号即使经过时间的积累达到很大的值，微分调节器的作用也不明显。所以这种理想微分控制作用一般不能单独使用，也很难实现。

图 1-32c 是实际的近似微分控制作用。在阶跃输入发生时刻，输出 Δu 突然上升到一个较大的有限数值（一般为输入幅值的 5 倍或更大），然后呈指数曲线衰减至某个数值（一般等于输入幅值）并保持不变。

理想微分控制规律的输出超前于输入，故是超前控制，适用于滞后比较大的对象。

（2）比例微分控制规律　由于微分控制规律对恒定不变的偏差没有克服能力，因此一般不单独使用。因为比例作用是控制作用中最基本最主要的作用，所以常将微分作用与比例作用结合，构成比例微分控制规律（PD）。

理想的比例微分控制规律，可用下式表示：

$$\Delta u = \Delta u_p + \Delta u_D = K_c \left(e + T_D \frac{de}{dt} \right) \tag{1-22}$$

当输入偏差是幅值为 A 的阶跃变化时，比例微分控制器（理想）的输出是比例与微分两部分输出之和，其输出特性曲线如图 1-33 所示。由图可以看出，e 变化的瞬间，输出 Δu 是幅值为 ∞ 的脉冲信号，这是微分作用的结果。输出脉冲信号瞬间降至 $K_c A$ 值并将保持不变，这是比例作用的结果。因此，理论上 PD 调节器控制作用迅速、无滞后，并有很强地抑制动态偏差过大的能力。

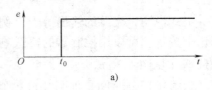

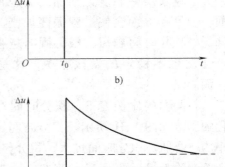

图 1-32　微分控制器输出特性曲线

（3）实际比例微分控制规律及微分时间　理想的比例微分运算规律缺乏抗干扰能力，如果偏差信号中含有高频干扰时，则输出会有大幅度的变化，这样容易引起执行器的误动作。因此，理想的比例微分运算规律在实际的比例微分控制器中是不存在的，实际的比例微分控制器中都要限制微分环节输出的幅度，使之具有饱和特性。其输入输出特性曲线如图1-34所示。图中显示，微分作用具有饱和特性，其作用时间也拉长了，因此不仅对高频信号干扰起到了抑制，同时改善了控制器的控制质量。

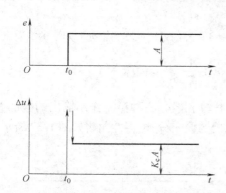

图1-33　比例微分控制器输出特性曲线

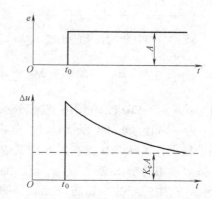

图1-34　实际比例微分控制器输入输出特性曲线

当 $T_D \to \infty$ 时，微分控制作用已经消失，其输出 $\Delta u(\infty)$ 为比例控制作用的输出。实际的比例微分控制器，其比例放大系数 K_c（或比例度 δ）及微分时间 T_D 都是可以调整的。微分控制的超前作用，能够增加系统的稳定性，改善控制系统的品质指标。对于一些滞后较大的对象（如温度）特别适用。但是，由于微分作用对高频信号特别敏感，因此，在噪声比较严重的系统中，采用微分作用要特别慎重。

5. 比例微分控制的特点

在稳态下，$de/dt = 0$，PD控制器的微分部分输出为零，因此PD控制也是有差控制，与P控制相同。微分控制动作总是力图抑制被控变量的振荡，它有提高控制系统稳定性的作用。适度引入微分动作可以允许稍微减小比例带，同时保持衰减率不变。图1-35表示同一被控对象分别采用P控制器和PD控制器并整定到相同的衰减率时，两者阶跃响应的比较。从图中可以看到，适度引入微分动作后，由于可以采用较小的比例带，结果不但减小了余差，而且也减小了短期最大偏差并提高了振荡频率。微分控制动作也有一些不利之处。首先，微分动作太强容易导致控制阀开度向两端饱和，因此在PD控制中总是以比例动作为主，微分动作只能起辅助控制作用。其次，PD控制器的抗干扰能力很差，这只能应用于被控变量的变化非常平稳的过程，一般不用于流量和液位控制系统。再次，微分控制动作对于纯迟延过程显然是无效的。应当特别指出，引入微分动作要适度。这是因为大多数PD控制系统随着微分时间的增大，其稳定性提高，但某些特殊系统也有例外，当其超出某一上限值后，系统反而变得不稳定了。图1-36为PD控制系统在不同微分时间下的响应过程。

6. 比例积分微分控制规律

比例积分微分控制规律（PID）的输入输出关系可用下列公式表示：

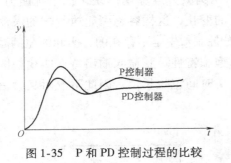

图 1-35 P 和 PD 控制过程的比较

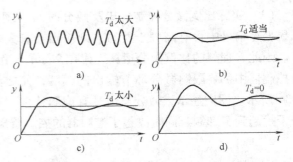

图 1-36 PD 控制系统在不同微分时间下的响应过程

$$\Delta u = \Delta u_P + \Delta u_I + \Delta u_D = K_c \left(e + \frac{1}{T_I} \int_0^t e \mathrm{d}t + T_D \frac{\mathrm{d}e}{\mathrm{d}t} \right) \tag{1-23}$$

由上式可见，PID 控制作用的输出分别是比例、积分和微分三种控制作用输出的叠加。当输入偏差 e 为一幅值为 A 的阶跃信号时，实际 PID 控制器的输入/输出特性曲线如图 1-37 所示。

图中显示，实际 PID 控制器在阶跃输入下，开始时，微分作用的输出变化最大，使总的输出大幅度地变化，产生强烈的"超前"控制作用，这种控制作用可看成为"预调"。然后微分作用逐渐消失，积分作用的输出逐渐占主导地位，只要余差存在，积分输出就不断增加，这种控制作用可看成为"细调"，一直到余差完全消失，积分作用才有可能停止。而在 PID 控制器的输出中，比例作用的输出是自始至终与偏差相对应的，它一直是一种最基本的控制作用。在实际 PID 控制器中，微分环节和积分环节都具有饱和特性。PID 控制器可以调整的参数是 K_c、T_I、T_D。适当选取这三个参数的数值，可以获得较好的控制质量。一般来说，T_I 不宜过小，T_D

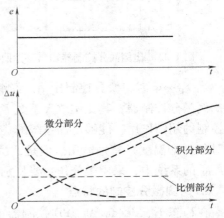

图 1-37 PID 控制器输入/输出特性曲线

不宜过大，以便使系统既能保证足够的稳定性，又能满足稳态准确度的要求。

由于 PID 控制规律综合了比例、积分、微分三种控制规律的优点，具有较好的控制性能，因而应用范围更广，在温度和成分控制系统中得到了更为广泛的应用。但是并不表示在任何情况下采用 PID 控制都是最佳的。

任务三　学习简单控制系统的基本知识

随着生产过程自动化水平的日益提高，控制系统的类型越来越多，复杂程度的差异也越来越大。但是简单控制系统是使用最普遍、结构最简单的一种自动控制系统。

1.3.1　简单控制系统的结构与组成

所谓简单控制系统，通常是指由一个测量元件、一个变送器、一个控制器、一个控制阀和一个对象所构成的单闭环控制系统，因此也称为单回路控制系统。

　　图 1-38 的液位控制系统与图 1-39 的温度控制系统都是简单控制系统的例子。

　　图 1-38 的液位控制系统中，储槽是被控对象，液位是被控变量，变送器 LT 将反映液位高低的信号送往液位控制器 LC。控制器的输出信号送往执行器，改变控制阀开度使储槽输出流量发生变化以维持液位稳定。

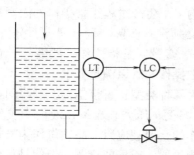

图 1-38　液位控制系统

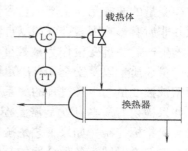

图 1-39　温度控制系统

　　图 1-39 所示的温度控制系统通过改变进入换热器的载热体流量，来维持换热器出口物料的温度于工艺规定的数值上。

　　需要说明的是在本系统中绘出了变送器 LT（液位检测变送）及 TT（温度检测变送）这个环节，根据前文中所介绍的控制流程图，按自控设计规范，测量变送环节是被省略不画的，所以在本书以后的控制系统图中，也将不再画出测量、变送环节，但要注意在实际的系统中总是存在这一环节，只是在画图时被省略罢了。

　　图 1-40 是简单控制系统的典型框图。由图可知，简单控制系统由四个基本环节组成，即被控对象（简称对象）、测量变送装置、控制器和执行器。对于不同对象的简单控制系统（例如图 1-38 和图 1-39 所示的系统），尽管其具体装置与变量不相同，但都可以用相同的方块图来表示，便于对它们的共性进行研究。

　　由图 1-40 还可以看出，在该系统中有着一条从系统的输出端引向输入端的反馈路线，也就是说该系统中的控制器是根据被控变量的测量值与给定值的偏差来进行控制的，这是简单反馈控制系统的又一特点。

　　简单控制系统的结构比较简单，所需的自动化装置数量少，投资低，操作维护也比较方便，而且在一般情况下，都能满足控制质量的要求。因此，这种控制系统在工业生产过程中得到了广泛的应用。

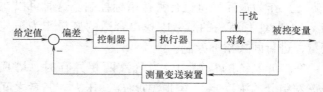

图 1-40　简单控制系统的典型框图

据某大型化肥厂统计，简单控制系统约占控制系统总数的 85% 左右。

　　由于简单控制系统是最基本的、应用最广泛的系统，因此，学习和研究简单控制系统的结构、原理及使用是十分必要的。同时，简单控制系统是复杂控制系统的基础，学会了简单控制系统的分析，将会给复杂控制系统的分析和研究提供很大的方便。

1.3.2　简单控制系统的设计

1. 被控变量的选择

生产过程中希望借助自动控制系统来保持恒定值（或按一定规律变化）的变量称为被

控变量。在构成一个自动控制系统时，被控变量的选择十分重要，它关系到系统能否达到稳定操作、增加产量、提高质量、改善劳动条件、保证安全等目的，关系到控制方案的成败。如果被控变量选择不当，不论组成什么形式的控制系统，或是配备最好最先进的工业自动化装置，都不能达到预期的控制效果。

被控变量的选择是与生产工艺密切相关的，而影响一个生产过程正常操作的因素是很多的，但并非所有影响因素都要加以自动控制。所以，必须深入实际，调查研究，分析工艺，找出影响生产的关键变量作为被控变量。所谓"关键"变量，是指这样一些变量：它们对产品的产量、质量以及安全具有决定性的作用，而人工操作又难以满足要求。

根据被控变量与生产过程的关系，控制形式可分为两种类型：直接指标控制与间接指标控制。如果被控变量本身就是需要控制的工艺指标（温度、压力、流量、液位、成分等），则称为直接指标控制；如果工艺是按质量指标进行操作的，照理应以产品质量作为被控变量进行控制，但有时缺乏各种合适的获取质量信号的检测手段，或虽能检测，但信号很微弱或滞后很大，这时可选取与直接质量指标有单值对应关系而反应又快的另一变量，如温度、压力等作为间接控制指标，进行间接指标控制。

被控变量的选择有时是一件十分复杂的工作，除了前面所说的要找出关键变量外，还要考虑许多其他因素，下面先举一个例子来略加说明，然后再归纳出选择被控变量的一般原则。

图 1-41 是精馏过程的示意图。它利用被分离物各组分的挥发度不同，把混合物中的各组分进行分离。假定该精馏塔的操作是要使塔顶（或塔底）馏出物达到规定的纯度，那么塔顶（或塔底）馏出物的组分 x_D（或 x_w）应作为被控变量，因为它就是工艺上的质量指标。

如果检测塔顶（或塔底）馏出物的组分 x_D（或 x_w）尚有困难，或滞后太大，那么就不能直接以 x_D（或 x_w）作为被控变量进行直接指标控制。这时可以在与 x_D（或 x_w）有关的参数中找出合适的变量作为被控变量，进行间接指标控制。

在二元系统的精馏中，当气液两相并存时，塔顶易挥发组分的浓度 x_D、塔顶温度 T_D、压力 p 三者之间有一定的关系。当压力恒定时，组分 x_D 和温度 T_D 之间存在有单值对应的关系。图 1-42 所示为苯-甲苯二元

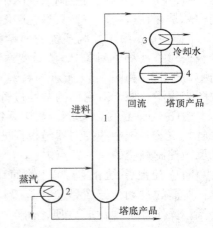

图 1-41 精馏过程示意图
1—精馏塔 2—蒸汽加热器
3—冷凝器 4—回流罐

系统中易挥发组分苯的百分浓度与温度之间的关系。易挥发组分的浓度越高，对应的温度越低；相反，易挥发组分的浓度越低，对应的温度越高。

当温度 T_D 恒定时，组分 x_D 和压力 p 之间也存在着单值对应关系，如图 1-43 所示。易挥发组分浓度越高，对应的压力也越高；反之，易挥发组分的浓度越低，对应的压力也越低。由此可见，在组分、温度、压力三个变量中，只要固定温度或压力中的一个，另一个变量就可以代替 x_D 作为被控变量。在温度和压力中，究竟应选哪一个参数作为被控变量呢？

从工艺合理性考虑，常常选择温度作为被控变量。这是因为；第一，在精馏塔操作中，

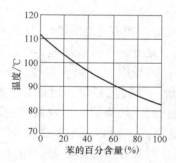

图 1-42　苯-甲苯二元系统的 T-x 图

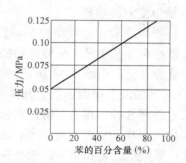

图 1-43　苯-甲苯二元系统的 p-x 图

压力往往需要固定。只有将塔操作在规定的压力下，才易于保证塔的分离纯度，保证塔的效率和经济性。如塔压波动，就会破坏原来的气液平衡，影响相对挥发度，使塔处于不良工况。同时，随着塔压的变化，往往还会引起与之相关的其他物料量的变化，影响塔的物料平衡，引起负荷的波动。第二，在塔压固定的情况下，精馏塔各层塔板上的压力基本上是不变的，这样各层塔板上的温度与组分之间就有一定的单值对应关系。由此可见，固定压力，选择温度作为被控变量是可能的，也是合理的。

在选择被控变量时，还必须使所选变量有足够的灵敏度。在上例中，当 x_D 变化时，温度 T_D 的变化必须灵敏，且有足够大的变化，容易被测量元器件所感受，且使相应的测量仪表比较简单、便宜。

此外，还要考虑简单控制系统被控变量间的独立性。假如在精馏操作中，塔顶和塔底的产品纯度都需要控制在规定的数值，据以上分析，可在固定塔压的情况下，塔顶与塔底分别设置温度控制系统。但这样一来，由于精馏塔各塔板上物料温度相互之间有一定联系，塔底温度提高，上升蒸汽温度升高，塔顶温度相应亦会提高；同样，塔顶温度提高，回流液温度升高，会使塔底温度相应提高。也就是说，塔顶的温度与塔底的温度之间存在关联问题。因此，以两个简单控制系统分别控制塔顶温度与塔底温度，势必造成相互干扰。使两个系统都不能正常工作。所以采用简单控制系统时，通常只能保证塔顶或塔底一端的产品质量。工艺要求保证塔顶产品质量，则选塔顶温度为被控变量；若工艺要求保证塔底产品质量，则选塔底温度为被控变量。如果工艺要求塔顶和塔底产品纯度都要保证，则通常需要组成复杂控制系统，增加解耦装置，解决相互关联问题。

从上面举例中可以看出，要正确地选择被控变量，必须了解工艺过程和工艺特点对控制的要求，仔细分析各变量之间的相互关系。选择被控变量时，一般要遵循下列原则。

1）被控变量应能代表一定的工艺操作指标或能反映工艺操作状态，一般都选择工艺过程中比较重要的变量。

2）被控变量在工艺操作过程中经常要受到一些干扰的影响而变化。为维持被控变量的恒定，需要较频繁的调节。

3）尽量采用直接指标作为被控变量。当无法获得直接指标信号，或其测量和变送信号滞后很大时，可选择与直接指标有单值对应关系的间接指标作为被控变量。

4）被控变量应能被测量出来，并具有足够大的灵敏度。

5）选择被控变量时，必须考虑工艺合理性和国内仪表产品现状。

6）被控变量应是独立可控的。

2. 操纵变量的选择

（1）操纵变量　在自动控制系统中，把用来克服干扰对被控变量的影响，实现控制作用的变量称为操纵变量。最常见的操纵变量是介质的流量。此外，也有以转速、电压等作为操纵变量的系统。在图1-38所示的液位控制系统例子中，其操纵变量是出口流体的流量；图1-39所示的温度控制系统，其操纵变量是载热体的流量。当被控变量选定以后，接下去应对工艺进行分析，找出有哪些因素会使被控变量发生变化。一般来说，影响被控变量的外部输入往往有若干个而不是一个，在这些输入中，有些是可控（可以调节）的，有些是不可控的。原则上，是在诸多影响被控变量的输入中选择一个对被控变量影响显著而且可控性良好的输入，作为操纵变量，而其他未被选中的所有输入量则视为系统的干扰。下面举一实例加以说明。

图1-44是炼油和化工厂中常见的精馏塔流程图。如果根据工艺要求，选择提馏段某块塔板（一般为温度变化最灵敏的板，称为灵敏板）的温度作为被控变量。那么，自动控制系统的任务就是通过维持灵敏板上温度恒定，来保证塔底产品的成分，以满足工艺要求。

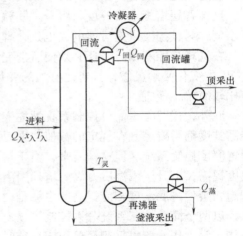

图1-44　精馏塔流程图

从工艺分析可知，影响提馏段灵敏板温度 $T_灵$ 的因素主要有：进料的流量（$Q_入$）、成分（$x_入$）、温度（$T_入$）、回流的流量（$Q_回$）、回流液温度（$T_回$）、加热蒸汽流量（$Q_蒸$）、冷凝器冷却温度及塔压等。这些因素都会引起被控变量（$T_灵$）的变化，如图1-45所示。现在的问题是选择哪一个变量作为操纵变量。为此，可先将这些影响因素分为两大类，即可控的和不可控的。从工艺角度看，本例中只有回流量和蒸汽流量为可控因素，其他一般为不可控因素。当然，在不可控因素中，有些也是可以调节的，例如 $Q_入$、塔压等，只是工艺上一般不允许用这些变量去控制塔的温度（因为 $Q_入$ 的波动意味着生产负荷的波动；塔压的波动意味着塔的工况不稳定，并会破坏温度与成分的单值对应关系，这些都是不允许的。因此，将这些影响因素也看成是不可控因素）。在两个可控因素中，蒸汽流量对提馏段温度影响比起回流量对提馏段温度影响来说更及时、更显著。同时，从节能角度来讲，控制蒸汽流量比控制回流量消耗的能量要小，所以通常应选择蒸汽流量作为操纵变量。

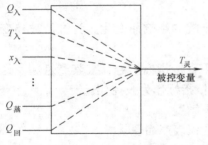

图1-45　影响提馏段温度的各种因素示意图

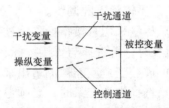

图1-46　干扰通道与控制通道的关系

（2）对象特性对选择操纵变量的影响　前面已经说过，在诸多影响被控变量的因素中，一旦选择了其中一个作为操纵变量，那么其余的影响因素都成了干扰变量。操纵变量与干扰变量作用在对象上，都会引起被控变量变化的。图 1-46 是其示意图。干扰变量由干扰通道施加在对象上，起着破坏作用，使被控变量偏离给定值；操纵变量由控制通道施加到对象上，使被控变量恢复到给定值，起着校正作用。这是一对相互矛盾的变量，它们对被控变量的影响都与对象特性有密切的关系。因此在选择操纵变量时，要认真分析对象特性，以提高控制系统的控制质量。

1）对象静态特性的影响。在选择操纵变量构成自动控制系统时，一般希望控制通道的放大系数 K_0 要大些，这是因为 K_0 的大小表征了操纵变量对被控变量的影响程度。K_0 越大，表示控制作用对被控变量影响越显著，使控制作用更为有效。所以从控制的有效性来考虑，K_0 要越大越好。当然，有时 K_0 若过大，则系统会过于灵敏，使控制系统不稳定，这也是要引起注意的。

另一方面，对象干扰通道的放大系数 K_f，则越小越好。K_f 小，表示干扰对被控变量的影响不大，过渡过程的超调量不大，故确定控制系统时，也要考虑干扰通道的静态特性。

总之，在诸多变量都要影响被控变量时，从静态特性考虑，应该选择其中放大系数大的可控变量作为操纵变量。

2）对象动态特性的影响

① 控制通道时间常数的影响。控制器的控制作用，是通过控制通道施加于对象去影响被控变量的。所以控制通道的时间常数不能过大，否则会使操纵变量的校正作用迟缓、超调量大、过渡时间长。对象控制通道的时间常数 T 小一些，可使之反应灵敏、控制及时，从而获得良好的控制质量。例如在前面列举的精馏塔提馏段温度控制中，由于回流量对提馏段温度影响的通道长，时间常数大，而加热蒸汽量对提馏段温度影响的通道短，时间常数小，因此选择蒸汽量作为操纵变量是合理的。

② 控制通道纯滞后 τ_0 的影响。控制通道的物料输送或能量传递都需要一定的时间。这样造成的纯滞后 τ_0 对控制质量是有影响的。图 1-47 所示为纯滞后对控制质量影响的示意图。图中 C 表示被控变量在干扰作用下的变化曲线（此时无校正作用）；A 和 B 分别表示无纯滞后和有纯滞后

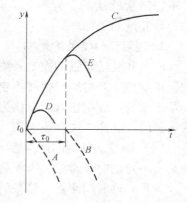

图 1-47　纯滞后 τ_0 对控制质量的影响

时操纵变量对被控变量的校正作用；D 和 E 分别表示无纯滞后和有纯滞后情况下被控变量在干扰作用与校正作用同时作用下的变化曲线。

对象控制通道无纯滞后时，当控制器在 t_0 时间接收正偏差信号而产生校正作用 A 时，使被控变量从 t_0 以后沿曲线 D 变化；当对象有纯滞后 τ_0 时，控制器虽在 τ_0 时间后发出了校正作用，但由于纯滞后的存在，使之对被控变量的影响推迟了 τ_0 时间，即对被控变量的实际校正作用是沿曲线 B 发生变化的。因此被控变量则是沿曲线 E 变化的。比较 E、D 曲线，可见纯滞后使超调量增加；反之，当控制器接收负偏差时所产生的校正作用，由于存在纯滞后，使被控变量继续下降，可能造成过渡过程的振荡加剧，以致时间变长，稳定性变

差。所以，在选择操纵变量构成控制系统时，应使对象控制通道的纯滞后时间 τ_0 尽量小。

③ 干扰通道时间常数的影响。干扰通道的时间常数 T_f 越大，表示干扰对被控变量的影响越缓慢，这是有利于控制的。所以，在确定控制方案时，应设法使干扰到被控变量的通道长些，即时间常数要大一些。

④ 干扰通道纯滞后 τ_f 的影响。如果干扰通道存在纯滞后 τ_f，即干扰对被控变量的影响推迟了 τ_f，因而，控制作用也推迟了 τ_f，使整个过渡过程曲线也推迟了 τ_f，只要控制通道不存在纯滞后，通常是不会影响控制质量的，如图 1-48 所示。

（3）操纵变量的选择原则　根据以上分析，概括来说，操纵变量的选择原则主要有以下几条。

1）操纵变量应是可控的，即工艺上允许调节的变量。

2）操纵变量一般应比其他干扰对被控变量的影响更加灵敏。为此，应通过合理选择操纵变量，使控制通道的放大系数适当大、时间常数适当小（但不宜过小，否则易引起振荡）、纯滞后时间尽量小。为使其他干扰对被控变量的影响减小，应使干扰通道的放大系数尽可能小、时间常数尽可能大。

3）在选择操纵变量时，除了从自动化角度考虑外，还要考虑工艺的合理性与生产的经济性。一般说来，不宜选择生产负荷作为操纵变量，因为生产负荷直接关系到产品的产量，是不宜经常波动的。另外，从经济性考虑，应尽可能地降低物料与能量的消耗。

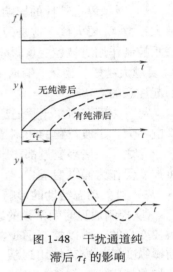

图 1-48　干扰通道纯滞后 τ_f 的影响

3. 测量元件特性的影响

测量和变送装置是控制系统中获取信息的装置，也是系统进行控制的依据。所以，要求它能正确地、及时地反映被控变量的状况。假如测量不准确，使操作人员把不正常工况误认为是正常的，或把正常工况认为不正常，形成混乱，甚至会处理错误造成事故。测量不准确或不及时，会产生失调或误调，影响之大不容忽视。

（1）测量元件的时间常数　测量元件，特别是测温元件，由于存在热阻和热容，它本身具有一定的时间常数，因而造成测量滞后。

测量元件时间常数对测量的影响，如图 1-49 所示。若被控变量 y 作阶跃变化时，测量值 z 慢慢靠近 y，如图 1-49a 所示，显然，前一段两者差距很大；若 y 作递增变化，而 z 则一直跟不上去，总存在着偏差，如图 1-49b 所示；若 y 作周期性变化，z 的振荡幅值将比 y 减小，而且落后一个相位，如图 1-49c 所示。测量元件的时间常数越大，以上现象愈加显著。假如将一个时间常数大的测量元件用于控制系统，那么，当被控变量变化的时候，由于测量值不等于被控变量的真实值，所以控制器接收到的是一个失真信号，它不能发挥正确的校正作用，控制质量无法达到要求。因此，控制系统中的测量元件时间常数不能太大，最好选用惰性小的快速测量元件，例如用快速热电偶代替工业用普通热电偶或温包。必要时也可以在测量元件之后引入微分作用，利用它的超前作用来补偿测量元件引起的动态误差。

当测量元件的时间常数 T_m 小于对象时间常数的 1/10 时，对系统的控制质量影响不大。这时就没有必要盲目追求太小时间常数的测量元件。

有时，测量元件安装是否正确，维护是否得当，也会影响测量与控制。特别是流量测量

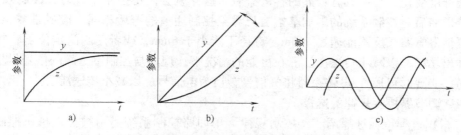

图 1-49 测量元件时间常数对测量的影响

元件和温度测量元件，例如工业用的孔板、热电偶和热电阻元件等。如安装不正确，往往会影响测量精度，不能正确地反映被控变量的变化情况，这种测量失真的情况当然会影响控制质量。同时，在使用过程中要经常注意维护、检查，特别是在使用条件比较恶劣的情况（如介质腐蚀性强、易结晶、易结焦等）下，更应该经常检查，必要时进行清理、维修或更换。例如当用热电偶测量温度时，有时会因使用一段时间后，热电偶表面结晶或结焦，使时间常数大大增加，以致严重地影响控制质量。

（2）测量元件的纯滞后　当测量存在纯滞后时，也和对象控制通道存在纯滞后一样，会严重地影响控制质量。测量的纯滞后有时是由于测量元件安装位置引起的。例如图 1-50 中的 pH 值控制系统，如果被控变量是中和槽内出口溶液的 pH 值，但作为测量元件的测量电极却安装在远离中和槽的出口管道处，并且电极安装在流量较小、流速很慢的副管道（取样管道）上。这样一来，电极所测得的信号与中和槽内溶液的 pH 值在时间上就延迟了一段时间 τ_0，其大小为

$$\tau_0 = \frac{l_1}{v_1} + \frac{l_2}{v_2}$$

式中，l_1、l_2 分别为电极离中和槽的主、副管道的长度；v_1、v_2 分别为主、副管道内流体的流速。

这一纯滞后使测量信号不能及时反映中和槽内溶液 pH 值的变化，因而降低了控制质量。目前，以物性作为被控变量时往往都有类似问题，这时引入微分作用是徒劳的，

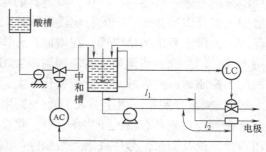

图 1-50　pH 值控制系统示意图

加得不好，反而会导致系统不稳定。所以在测量元件的安装上，一定要注意尽量减小纯滞后。对于大纯滞后的系统，简单控制系统往往是无法满足控制要求的，需采用复杂控制系统。

（3）信号的传送滞后　信号传送滞后通常包括测量信号传送滞后和控制信号传送滞后两部分。

测量信号传送滞后是指由现场测量变送装置的信号传送到控制室的控制器所引起的滞后。对于电信号来说，可以忽略不计，但对于气信号来说，由于气动信号管线具有一定的容量，所以，会存在一定的传送滞后。

控制信号传送滞后是指由控制室内控制器的输出控制信号传送到现场执行器所引起的滞后。对于气动薄膜控制阀来说，由于膜头空间具有较大的容量，所以控制器的输出变化到引

起控制阀开度变化，往往具有较大的容量滞后，这样就会使得控制不及时，控制效果变差。信号的传送滞后对控制系统的影响基本上与对象控制通道的滞后相同，应尽量减小。所以，一般气压信号管路长度不能超过300m，直径不能小于6mm，或者用阀门定位器、气动继动器增大输出功率，以减小传送滞后。在可能的情况下，现场与控制室之间的信号尽量采用电信号传递，必要时可用气-电转换器将气信号转换为电信号，以减小传送滞后。

4. PID 调节器控制规律的选择

（1）根据过程特性选择调节器控制规律　单回路控制系统是由被控对象、控制器、执行器和测量变送装置四大基本部分组成的。被控对象、执行器和测量变送装置合并在一起称为广义对象。在广义对象特性已确定，不能任意改变的情况下，只能通过控制规律的选择来提高系统的稳定性与控制质量。

目前工业上常用的控制规律主要有：位式控制、比例控制、比例积分控制、比例微分控制和比例积分微分控制等。

1）位式控制。这是一种简单的控制方式，一般适用于对控制质量要求不高的、被控对象是单容的且容量较大、滞后较小、负荷变化不大也不太激烈、工艺允许被控变量波动范围较大的场合。

2）比例控制。比例控制克服干扰能力强、控制及时、过渡时间短。在常用的控制规律中，是最基本的控制规律。但纯比例作用在过渡过程终了时存在余差。负荷变化越大，余差越大。比例作用适用于控制通道滞后较小、负荷变化不大、工艺允许被控变量存在余差的场合。

3）比例积分控制。由于在比例作用的基础上引入了积分作用，而积分作用的输出与偏差的积分成正比，只要偏差存在，控制器的输出就会不断变化，直至消除偏差为止。所以，虽然加上积分作用会使系统的稳定性降低，但系统在过渡过程结束时无余差，这是积分作用的优点。为保证系统的稳定性，在增加积分作用的同时，加大比例度，使系统的稳定性基本保持不变，但系统的超调量、振荡周期都会相应增大，过渡时间也会相应增加。比例积分作用适用于控制通道滞后较小、负荷变化不大、工艺不允许被控变量存在余差的场合。

4）比例微分控制。由于引入了微分作用，它能反映偏差变化的速度，具有超前控制作用，这在被控对象具有较大滞后场合下，将会有效地改善控制质量。但是对于滞后小、干扰作用频繁，以及测量信号中夹杂无法剔除的高频噪声的系统，应尽可能避免使用微分作用，因为它将会使系统产生振荡，严重时会使系统失控而发生事故。

5）比例积分微分控制。比例积分微分控制综合了比例、积分、微分控制规律的优点。适用于容量滞后较大、负荷变化大、控制要求高的场合。

（2）根据 τ_0/T_0 比值选择调节器控制规律　除上述根据过程特性选择控制规律外，还可根据 τ_0/T_0 比值来选择控制规律，即：

1）当 $\tau_0/T_0 < 0.2$ 时，选用比例或比例积分控制规律。

2）当 $0.2 < \tau_0/T_0 < 1.0$ 时，选用比例积分或比例积分微分控制规律。

3）当 $\tau_0/T_0 > 1.0$ 时，采用单回路控制系统往往已不能满足工艺要求，应根据具体情况采用其他控制方式，如串级控制或前馈控制等方式。

需要说明的是，对于一台实际的 PID 控制器，K_c、T_I、T_D 的参数均可以调整。如果把微分时间调到零，就成为一台比例积分控制器；如果把积分时间放大到最大，就成为一台比例微分控制器；如果把微分时间调到零，同时把积分时间放到最大，就成为一台纯比例控制器了。表 1-5 给出了各种控制规律的特点及适用场合，以供比较选用。

最后，为了便于选择合适的控制规律，图 1-51 显示了同一对象在相同阶跃扰动下，采用不同控制规律时具有同样衰减率的响应过程。显然 PID 控制效果最好，但是并不意味着在任何情况下采用 PID 控制都是合理的。PID 控制器需要整定 3 个参量，如果这 3 个参量整定不当，不仅不能发挥各种控制规律应有的作用，反而会适得其反。

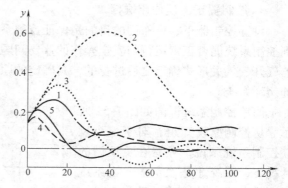

图 1-51　各种控制规律的响应过程
1—比例控制　2—积分控制　3—PI 控制
4—PD 控制　5—PID 控制

表 1-5　各种控制规律的特点及适用场合

控制规律	输入 e、输出 p（或 Δp）的关系式	阶跃作用下的响应（阶跃幅值为 A）	优缺点	适用场合
位式	$P = P_{max}(e > 0)$ $P = P_{min}(e < 0)$		结构简单，价格便宜；控制质量不高，被控变量会振荡	对象容量大，负荷变化小，控制质量要求不高，允许等幅振荡
比例（P）	$\Delta P = K_c e$		结构简单，控制及时，参数整定方便；控制结果有余差	对象容量大，负荷变化不大、纯滞后小，允许有余差存在，常用于塔釜液位、储槽液位、冷凝液位和次要的蒸汽压力等控制系统
比例积分（PI）	$\Delta P = K_c \left(e + \dfrac{1}{T_I} \int_0^t e\,dt \right)$		能消除余差；积分作用控制慢，会使系统稳定性变差	对象滞后较大，负荷变化较大，但变化缓慢，要求控制结果无余差。广泛用于压力、流量、液位和那些没有大的时间滞后的具体对象
比例微分（PD）	$\Delta P = K_c \left(e + T_D \dfrac{de}{dt} \right)$		响应快、偏差小、能增加系统稳定性，有超前控制作用，可以克服对象的惯性；但控制结果有余差	对象滞后大，负荷变化不大，被控变量变化不频繁，控制结果允许有余差存在
比例积分微分（PID）	$\Delta P = K_c \left(e + \dfrac{1}{T_I} \int_0^t e\,dt + T_D \dfrac{de}{dt} \right)$		控制质量最高，无余差；但参数整定较麻烦	对象滞后大，负荷变化较大，但不甚频繁；对控制质量要求高。常用于精馏塔、反应器、加热炉等温度控制系统及某些成分控制系统

5. 控制器正、反作用选择

设置控制器正、反作用的目的是保证控制系统构成负反馈。控制器的正、反作用是关系到控制系统能否正常运行与安全操作的重要问题。控制器正、反作用方式的选择是在控制阀的气开、气关形式确定之后进行的，其确定的原则是使整个单回路构成具有被控变量负反馈的闭环系统。

简单控制系统框图如图 1-52 所示。从控制原理知道，对于一个反馈控制系统来说，只有在负反馈的情况下，系统才是稳定的，当系统受到扰动时，其过渡过程将会是一个衰减过程；反之，如果系统是正反馈，那么系统是不稳定的，一旦

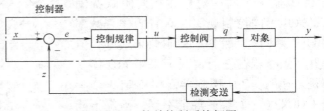

图 1-52　简单控制系统框图

遇到扰动作用，过渡过程将会发散，在工业过程控制中，这种情况是不希望发生的。因此，一个控制系统要实现正常运行，必须是一个负反馈系统，而控制器的正、反作用方式决定着系统的反馈形式，所以必须正确选择。

为了保证能构成负反馈，系统的开环放大倍数必须为负值，而系统的开环放大倍数是系统中各个环节放大倍数的乘积。这样，只要事先知道了过程、控制阀和测量变送装置放大倍数的正负，再根据系统开环放大倍数必须为负的要求，就可以很容易地确定出控制器的正、反作用。

（1）系统中各环节正、反作用方向的规定　在控制系统框图中，每一个环节（方框）的作用方向都可用该环节放大系数的正、负来表示。如作用方向为正，可在方框上标"＋"；如作用方向为负，可在方框上标"－"。控制系统中各环节的作用方向（增益符号）是这样规定的：当该环节的输入信号增加时，若输出信号也随之增加，则该环节为正作用方向；反之，当输入增加时，若输出减小，即输出与输入变化方向相反，则为负作用方向。

1）被控对象环节。被控对象的作用方向随具体对象的不同而各不相同。当过程的输入（操纵变量）增加时，若其输出（被控变量）也增加则属于正作用，取"＋"；反之则为负作用，取"－"号。

2）执行器环节。对于控制阀，其作用方向取决于是气开阀还是气关阀。当控制器输出信号（即控制阀的输入信号）增加时，气开阀的开度增加，因而流过控制阀的流体流量也增加，故气开阀是正方向的，取"＋"号；反之，当气关阀接收的信号增加时，流过控制阀的流量反而减少，所以是反方向的，取"－"号。控制阀的气开、气关作用形式应根据生产安全和产品质量等项要求来选择，选择原则如下。

① 首先要从生产安全出发，当气源供气中断或控制系统出现故障时，控制阀所处的状态应能确保生产工艺设备的安全，不致发生事故。

② 从保证产品质量出发，当气源供气中断或控制系统出现故障时，控制阀所处的状态不应降低产品的质量。

③ 当气源供气中断或控制系统出现故障时，控制阀所处的状态应尽可能降低原料、成品和动力的损耗。

④ 选择控制阀的气开、气关作用方式时应充分考虑工艺介质的特点。

3）测量变送环节。对于测量元件及变送器，其作用方向一般都是正的。因为当其输入量（被控变量）增加时，输出量（测量值）一般也是增加的，所以在考虑整个控制系统的作用方向时，可以不考虑测量元件及变送器的作用方向，只需要考虑控制器、执行器和被控对象三个环节的作用方向，使它们组合后能起到负反馈的作用。因此该环节在判别式中并没有出现。

4）控制器环节。由于控制器的输出取决于被控变量的测量值与设定值之差，所以被控变量的测量值与设定值变化时，对输出的作用方向是相反的。对于控制器的作用方向是这样规定的：当设定值不变、被控变量的测量值增加时，控制器的输出也增加，称为正作用，或者当测量值不变、设定值减小时，控制器的输出增加的称为正作用，取"＋"号；反之，如果测量值增加（或设定值减小）时，控制器的输出减小的称为反作用，取"－"号。这一规定与控制器生产厂的正、反作用规定完全一致。

（2）控制器正、反作用方式的确定方法 由前述可知，为保证使整个控制系统构成负反馈的闭环系统，系统的开环放大倍数必须为负，即：（控制器 ±）×（执行器 ±）×（被控对象 ±）＝"－"。

确定控制器正、反作用方式的步骤如下：

1）根据工艺安全性要求，确定控制阀的气开和气关形式，气开阀的作用方向为正，气关阀的作用方向为负。

2）根据被控对象的输入和输出关系，确定其正、负作用方向。

3）根据测量变送环节的输入/输出关系，确定测量变送环节的作用方向。

4）根据负反馈准则，确定控制器的正、反作用方式。

例如，在锅炉锅筒水位控制系统中，为了防止系统故障或气源中断时锅炉供水中断而烧干爆炸，控制阀应选气关式，符号为"－"；当锅炉进水量（操纵变量）增加时，液位（被控变量）上升，被控对象符号为"＋"；根据选择判别式，控制器应选择正作用方式。如图1-53所示。

又如，换热器出口温度控制系统，为避免换热器因温度过高或温差过大而损坏，当操纵变量为载热体流量时，控制阀选择气开式，符号为"＋"；在被加热物料流量稳定的情况下，当载热体流量增加时，物料的出口温度升高，被控对象符号为"＋"。则控制器应选择反作用方式。如图1-54所示。

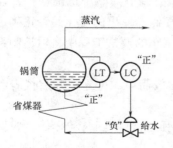

图1-53 锅炉锅筒水位控制系统

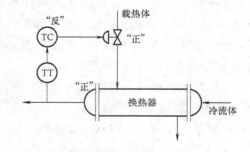

图1-54 换热器出口温度控制系统

再如，对于精馏塔塔顶温度控制系统，为保证在控制系统出现故障时塔顶馏出物的产品质量，当以塔顶馏出物冷凝液的回流量作操纵变量时，其回流量控制阀应选择气关式，符号为"－"；当回流量增大时，塔顶温度将会降低，被控过程符号为"－"。因此，控制器应选择反作用方式，如图1-55所示。而对于以进料量为操纵变量的储槽液位控制系统，从安全角度考虑，选择气开阀，符号为"＋"；进料阀开度增加，液位升高，因此被控对象为正作用，符号为"＋"。所以为保证负反馈，控制器应选择为反作用方式。如操纵变量是出料量，同样选择气开阀，即符号为"＋"；但因出料阀开度增加，液位下降，因此，被控对象为负作用，符号为"－"，则应选正作用控制器。如图1-56所示。

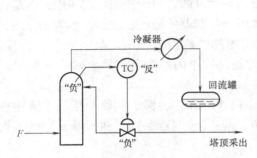

图1-55 精馏塔塔顶温度控制系统

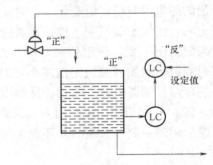

图1-56 储槽液位控制系统

控制器正、反作用方式的确定方法也同样适用于串级控制系统副回路中控制器正、反作用方式的选择。

6. 过程控制系统的投运与维护

对于一个简单过程控制系统，完成四个环节设计后，系统即可进入投运、试运行和维护阶段。在投运过程控制系统之前必须进行下列检查工作：

1）对组成控制系统的各组成部件，包括检测元件、变送器、控制器、显示仪表、调节阀等，进行校验检查并记录，保证仪表部件的精确度。

2）对各连接管线进行检查，保证连接正确。例如，热电偶正负极、补偿导线极性、变送器、显示仪表间的正确连接；三线制或四线制热电阻的正确接线等。

3）如果采用隔离措施，应在清洗导压管后，灌注流量、液位和压力测量中的隔离液。

4）应设置好控制器的正反作用、内外设定开关等。

5）关闭调节阀的旁路阀，打开上下游的截止阀，并使调节阀能灵活开闭。

6）进行联动试验，用模拟信号代替检测变送信号，检查调节阀能否正确动作，显示仪表是否正确显示等；改变比例度、积分和微分时间，观察控制器输出的变化是否正确。

应配合工艺过程的开车投运，在进行静态试车和动态试车的调试工程中，对控制系统和检测系统进行检查和调试。主要工作如下：

1）检测系统投运——温度、压力等检测系统的投运比较简单，可逐个开启仪表和检测变送器，检查仪表值是否正确。

2）控制系统投运——应从手动遥控开始，逐个将控制回路过渡到自动操作，应保证无扰动切换。

3）控制系统的参数整定——控制回路投运后，应根据工艺过程的特点，进行控制器参数的整定，直到满足工艺控制要求和控制品质的要求。

在工艺过程开车后应进一步检查各控制系统的运行情况；发现问题及时分析原因并予以

解决。例如，检查调节阀口径是否正确，调节阀流量特性是否合适，变送器量程是否合适等。当改变控制系统中某一个组件时，应考虑它的改变对控制系统的影响，例如，调节阀口径改变或变送器量程改变后都应相应改变控制器的比例度等。

整个系统投运后，为保持长期稳定运行，应做好系统维护工作。主要包括内容如下：

1）定期和经常性的仪表维护——主要包括各仪表的定期检查和校验，要做好记录和归档工作。

2）发生故障时的维护——一旦发生故障，应及时、迅速、正确分析和处理；应减少故障造成的影响；事后要进行分析；应找到第一事故原因并提出改进和整改方案；要落实整改措施并做好归档工作。

控制系统的维护是一个系统工程，应从系统的观点分析出现的故障。例如，测量值不准确的原因可能是检测变送器故障，也可能是连接的导压管线问题，可能是显示仪表的故障，甚至可能是调节阀阀芯的脱落所造成的。因此，具体问题应具体分析，要不断积累经验，提高维护技能，缩短维护时间。

1.3.3 简单控制系统的故障与处理

过程控制系统是工业生产正常运行的保障。一个设计合理的控制系统，如果在安装和使用维护中稍有闪失，便会造成因仪表故障停车带来的重大经济损失。正确分析判断、及时处理系统和仪表故障，不但关系到生产的安全和稳定，还涉及产品质量和能耗，而且也可反映出自控人员的工作能力及业务水平。因此，在生产过程的自动控制中，仪表维护、维修人员除需掌握基本的控制原理和控制工程基础理论外，更需熟练地掌握控制系统维护的操作技能，并在工作中逐步积累一定的现场实际经验，这样才能具有判断和处理现场中出现的千变万化的故障的能力。

1. 故障产生的原因

过程控制系统在线运行时，如果不能满足质量指标的要求，或者指示记录仪表上的示值偏离质量指标的要求，说明方案设计合理的控制系统存在故障，需要及时处理，排除故障。一般来说，开工初期或停车阶段，由于工艺生产过程不正常、不稳定，各类故障较多。当然，这种故障不一定都出自控制系统和仪表本身，也可能来自工艺部分。自动控制系统的故障是一个较为复杂的问题，涉及面也较广，自动化工作人员要按照故障现象、分析和判断故障产生的原因，并采取相应的措施进行故障处理。多年来，自动化工作者在配合生产工艺处理仪表故障的实践中，积累了许多成功而宝贵的经验，如下所述。

1）工艺过程设计不合理或者工艺本身不稳定，从而在客观上造成控制系统扰动频繁、扰动幅度变化很大，自控系统在调整过程中不断受到新的扰动，使控制系统的工作复杂化，从而反映在记录曲线上的控制质量不够理想。这时需要对工艺和仪表进行全面分析，才能排除故障。可以在对控制系统中各仪表进行认真检查并确认可靠的基础上，将自动控制切换为手动控制，在开环情况下运行。若工艺操作频繁，参数不易稳定，调整困难，则一般可以判断是由于工艺过程设计不合理或者工艺本身的不稳定引起的。

2）自动控制系统的故障也可能是控制系统中个别仪表造成的。多数仪表出现故障的原因在与被测介质相接触的传感器和控制阀上，这类故障约占60%以上。尤其是安装在现场的控制阀，由于腐蚀、磨损、填料的干涩而造成阀杆摩擦力增加，使控制阀的性能变坏。

3）用于连接生产装置和仪表的各类取样取压管线、阀门、电缆电线、插接板件等仪表附件所引起的故障也很常见，这与其周边恶劣的环境密切相关。此外，因仪表电源引起的故障也会发生，并呈现上升趋势。

4）过程控制系统的故障与控制器参数的整定是否合适有关。众所周知，控制器参数的不同，会使系统的动、静态特性发生变化，控制质量也会发生改变。控制器参数整定不当而造成控制系统的质量不高属于软故障一类。需要强调的是，控制器参数的确定不是静止不变的，当负荷发生变化时，被控过程的动、静态特性随之变化，控制器的参数也要重新整定。

5）控制系统的故障也有人为因素。因安装、检修或误操作造成的仪表故障，多数是因为缺乏经验造成的。在实践中出现的问题是没有确定的约束条件的，而且比理论问题更为复杂。在生产实践中，一旦摸清了仪表故障的规律性，就能配合工艺快速、准确地判明故障原因，排除故障，防患于未然。

2. 故障判断和处理的一般方法

仪表故障分析是一线维护人员经常遇到的工作。分析故障前要做到"两了解"：应比较透彻地了解控制系统的设计意图、结构特点、施工、安装、仪表精度和控制器参数要求等；应了解有关工艺生产过程的情况及其特殊条件。这对分析系统故障是极有帮助的。在分析和检查故障前，应首先向当班操作工了解情况，包括处理量、操作条件、原料等是否改变，再结合记录曲线进行分析，以确定故障产生的原因，尽快排除故障。

1）如果记录曲线产生突变，记录指针偏向最大或最小位置时，则故障多半出现在仪表部分，如热电偶或热电阻断路。因为工艺参数的变化一般都比较缓慢，并且有一定的规律性。

2）记录曲线不变化而呈直线状，或记录曲线原来一直有波动，突然变成了一条直线。在这种情况下，故障极有可能出现在仪表部分。因记录仪表的灵敏度一般都较高，工艺参数或多或少的变化都应该在记录仪表上反映出来。必要时可以人为地改变一下工艺条件，如果记录仪表仍无反应，则是检测系统仪表出了故障，如差压变送器引压管堵塞。

3）记录曲线一直较正常，有波动，但以后的记录曲线逐渐变得无规则，使系统自控很困难，甚至切入手动控制后也没有办法使之稳定。此类故障有可能出于工艺部分，如工艺负荷突变。

3. 故障分析举例

对于控制系统发生的故障，常用的分析方法是层层排除法。简单控制系统由四部分组成，无论故障发生在哪个部分，首先检查最容易出故障的部分，然后再根据故障现象，逐一检查各部分、各环节的工作状况。在层层排查的过程中，终究会发现故障出现在哪个部分、哪个位置的，即找出了故障的原因。处理系统故障时，最困难的工作是查找故障原因，一旦故障原因找到了，处理故障的办法就迎刃而解了。

为了进一步说明这种分析查找控制系统故障的层层排除法，以下用生产中的具体实例加以阐述。

例 某流量控制系统，在运行中出现了控制系统不稳定、输入信号波动大的故障现象。如何判别故障在哪一部分？

分析与解答：在处理这类故障时，仪表工应很清楚该流量控制系统的组成情况。要了解工艺情况，诸如工艺介质、简单工艺流程，被控流量是加料流量还是出料流量或是精馏塔的回流量，是液体、气体还是蒸汽等。故障的判断步骤如图 1-57 所示。

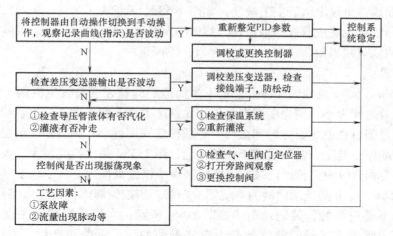

图 1-57　自动控制系统故障的判断步骤

　　例　某流量控制系统，操作人员反映流量波动大，要进行改进。如何判断问题出在何处？

　　分析与解答：1）观察控制器偏差指示是否波动，若偏差指示稳定而显示仪表示值波动，则是显示仪表出现故障。

　　2）若显示仪表示值和控制器偏差指示同时波动，则是变送器输出波动，这时控制器改为手动遥控；若示值稳定，则是控制器自控故障或参数需重新整定。

　　3）控制器改手动遥控后，若变送器输出仍波动，则应观察控制器的输出电流是否稳定。若不稳定，则是控制器手动控制故障；若稳定，则应观察控制阀气压表。若控制阀气压表示值波动，控制阀阀杆上下动作，则是电-气转换器或电-气阀门定位器故障，也可能因为它们受外来振动而使输出波动。

　　4）控制器改手动后，若控制阀气压稳定，阀杆位置不变，变送器输出仍波动，这时应和工艺人员商量，将变送器停用。关闭二次阀，打开平衡阀，检查变送器的工作电流是否正常。若正常，将变送器输出迁移到正常生产时的输出值。此时，观察变送器输出是否稳定，若不稳定则是变送器故障，或变送器输出回路接触不良；若变送器输出稳定，此时取消迁移量，启动差压变送器后输出仍波动，则是变送器引压导管内有气阻或液阻，将气阻、液阻排除后，变送器输出仍波动，则是工艺流量自身的波动，可以与操作人员共同分析加以解决。

　　例　某自动控制系统的记录曲线如图 1-58 所示，试判断系统不正常的原因：

　　1）记录曲线呈现周期长、周期短和周期

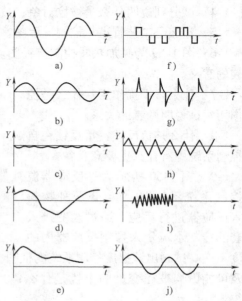

图 1-58　控制系统故障记录曲线

性的振荡，如图 1-58a、b、c 所示。

2）记录曲线偏离设定值后上下波动，如图 1-58d、e 所示。

3）记录曲线有呆滞或有规律地振荡，如图 1-58f、g、h 所示。

4）记录曲线有临界振荡状况，如图 1-58i、j 所示。

分析与解答：

1）图 1-58a、b、c 是控制器参数整定不当而造成的被控变量发生振荡，使得振荡曲线周期不同。积分时间太小，则振荡周期较长；比例度太小，即比例作用过强，其振荡周期次之；微分作用过强，也就是微分时间太长，造成振荡周期过小，则振荡幅值也较小。

2）图 1-58d、e 是记录曲线发生漂移的情况；图 1-58d 是比例度过大，控制作用较弱所致；图 1-58e 为积分时间太长，记录曲线回复到平稳位置很慢。

3）图 1-58f、g、h 是记录曲线为有规则的振荡。当控制阀阀杆由于摩擦或存在死区时，控制阀的动作不是连续的，其记录曲线如图 1-58f 所示；当记录笔被卡住或者记录笔挂住时，如图 1-58g 所示；当阀门定位器产生自持振荡的，记录曲线产生三角形的振荡，如图 1-58h 所示，它和图 1-58i 的区别是振荡频率较低。

4）图 1-58i 的振荡频率较高，是由阀门尺寸太大或者阀芯特性不好所引起的，振荡曲线呈狭窄的锯齿状。图 1-58j 的曲线也是振荡的，主要原因是比例度很大，控制作用极其微弱，由工艺参数本身引起的振荡，其振荡曲线呈现临界状态。

思考与练习一

1-1 什么是工业自动化？它有什么重要意义？工业自动化主要包括哪些内容？

1-2 自动控制系统主要由哪些环节组成？什么是自动控制系统的框图，它与控制流程图有什么区别？

1-3 在自动控制系统中，测量变送装置、控制器、执行器各起什么作用？

1-4 试分别说明什么是被控对象、被控变量、给定值、操纵变量、操纵介质？

1-5 什么是工艺管道与控制流程图？

1-6 图 1-59 为某加热器控制流程图。试分别说明图中 PI-307、TRC-303、FRC-305 所代表的意义。

1-7 什么是干扰作用？什么是控制作用？试说明两者的关系。

1-8 什么是负反馈？负反馈在自动控制系统中有什么重要意义？

1-9 图 1-60 所示为一反应器温度控制系统示意图。A、B 两种物料进入反应器进行反应，通过改变进入夹套的冷却水流量来控制反应器内的

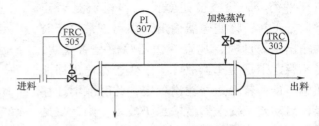

图 1-59 加热器控制流程图

温度不变。试画出该温度控制系统的框图，并指出该系统中的被控对象、被控变量、操纵变量及可能影响被控变量的干扰是什么，并说明该温度控制系统是一个具有负反馈的闭环系统。

1-10 图 1-60 所示的温度控制系统中，如果由于进料温度升高使反应器内的温度超过

给定值，试说明此时该控制系统的工作情况，此时系统是如
何通过控制作用来克服干扰作用对被控变量影响的？

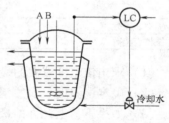

图 1-60 反应器温度控制系统

1-11 什么是控制系统的静态与动态？为什么说研究其
动态比研究其静态更为重要？

1-12 何为阶跃干扰作用？为什么经常采用阶跃干扰作
用作为系统的输入作用形式？

1-13 什么是自动控制系统的过渡过程？它有哪几种基
本形式？

1-14 为什么生产上经常要求控制系统的过渡过程具有衰减振荡形式？

1-15 自动控制系统衰减振荡过渡过程的品质指标有哪些？影响这些品质指标的因素是
什么？

1-16 某化学反应器工艺规定操作温度
为 (900 ± 10) ℃。考虑安全因素，控制过程
中温度偏离给定值最大不得超过 60℃。现设
计的温度定值控制系统，在最大阶跃干扰作
用下的过渡过程曲线如图 1-61 所示。试求该
系统的过渡过程品质指标：最大偏差、超调
量、衰减比、余差和振荡周期。该控制系统
能否满足题中所给的工艺要求？

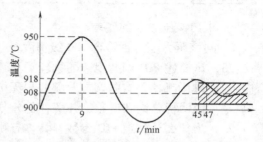

图 1-61 温度定值控制系统过渡过程曲线

1-17 图 1-62a 是蒸汽加热器的温度控制原理图。试画出该系统的框图，并指出被控对
象、被控变量、操纵变量和可能存在的干扰是什么。现因生产需要，要求出口物料温度从
80℃提高到 81℃，当仪表给定值阶跃变化后，被控变量的变化曲线如图 1-62b 所示。试求
该系统的过渡过程品质指标：最大偏差、衰减比和余差（提示：该系统为随动控制系统，
新的给定值为 81℃）。

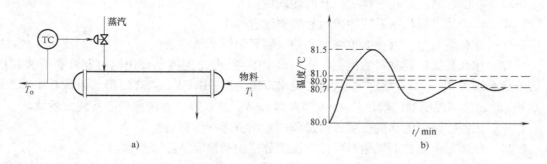

图 1-62 蒸汽加热器温度控制

1-18 什么叫测量过程？

1-19 测量误差的表示方法主要有哪两种？各是什么意义？

1-20 何为仪表的相对百分误差和允许相对百分误差？何为仪表的精度等级？

1-21 某一标尺为 0～1000℃ 的温度仪表，出厂前经校验，其刻度标尺上的各点测量结
果如表 1-6 所示。

表 1-6　题 1-21 配表

标准表读数/℃	0	200	400	600	700	800	900	1000
被校表读数/℃	0	201	402	603	705	806	903	1002

（1）求出该温度仪表的最大绝对误差值。

（2）确定该温度仪表的精度等级。

（3）如果工艺上允许的最大绝对误差为 ±8℃，问该温度仪表是否符合要求？

1-22　如果有一台压力表，其测量范围为 0 ~ 10MPa，经校验得出如表 1-7 数据。

表 1-7　题 1-22 配表

标准表读数/MPa	0	2	4	6	8	10
被校表正行程读数/MPa	0	1.98	3.96	5.94	7.97	9.99
被校表反行程读数/MPa	0	2.03	4.03	6.07	8.05	10.02

（1）求出该压力表的变差。

（2）问该压力表是否符合 1.0 级精度？

1-23　试简述 PID 调节规律的物理意义。并分析 P、I、D、PI、PD、PID 控制规律各自有何特点？其中哪些是有差调节，哪些是无差调节？

1-24　说明积分饱和现象，并解释积分分离 PID 算法对克服积分饱和的作用。

1-25　为什么要整定 PID 参数？具体有哪些整定方法？

1-26　列表比较改进 PID 算法的控制规律及其特点。

1-27　对于一个自动控制系统，在比例控制的基础上分别增加：①适当的积分作用；②适当的微分作用。试问这两种情况对系统的稳定性、最大动态偏差和稳态误差分别有什么影响？

1-28　什么是控制器的控制规律？控制器有哪些基本控制规律？试简述选择 PID 调节器控制规律的基本原则。

1-29　双位控制规律是怎样的？有何优缺点？

1-30　试简述过程控制系统的投运和维护注意事项。

1-31　什么是余差？为什么单纯的比例控制系统不能消除余差？

1-32　什么是比例控制器的比例度？一台 DDZ-Ⅱ型比例控制器用以控制液位时，其液位的测量范围为 0 ~ 1.2m，液位变送器的输出范围为 0 ~ 10mA。当液位指示值从 0.4m 增大到 0.6m 时，比例控制器的输出从 4mA 增大到 5mA。试求控制器的比例度及放大系数。

1-33　比例控制器的比例度对过渡过程的品质指标有何影响？

1-34　什么是积分控制规律？为什么说积分控制规律能消除余差？

1-35　积分时间 T_I 的大小对过渡过程有何影响？实验测定积分时间 T_I 的方法是什么？

1-36　有一台比例积分控制器，它的比例度为 50%，积分时间为 1min。开始时，测量、给定和输出都在 50%，当测量变化到 55% 时，输出变化到多少？1min 后又变化到多少？

1-37　有一台 PI 控制器，$P = 100\%$，$T_I = 1min$，若将 P 改为 200% 时，问：（1）控制系统稳定程度是提高了还是降低了？为什么？（2）动差增大了还是减小了？为什么？（3）调节时间加长了还是缩短了？为什么？（4）余差能不能消除？为什么？

1-38　微分控制规律是怎样的？它的特点是什么？

1-39 微分时间的大小对过渡过程有什么影响？实验测定微分时间 T_D 的方法是什么？

1-40 比例积分微分三作用控制器的控制规律是怎样的？它有什么特点？在什么场合下选用比例（P）、比例积分（PI）、比例积分微分（PID）调节规律？

1-41 简单控制系统的定义是什么？请画出简单控制系统的典型框图。

1-42 在控制系统的设计中，被控变量的选择应遵循哪些原则？

1-43 在控制系统的设计中，操纵变量的选择应遵循哪些原则？

1-44 什么是可控因素？什么是不可控因素？系统中如有很多可控因素，应如何选择操纵变量才比较合理？

1-45 在选择操纵变量时，为什么过程控制通道的静态放大系数 K_0 应适当大一些，而时间常数 T_0 应适当小一些？

1-46 控制器的正、反作用方式选择的依据是什么？

1-47 在设计过程控制系统时，如何减小或克服测量变送环节的传送滞后和测量滞后？

1-48 在设计简单控制系统时，测量变送环节常遇到哪些主要问题？怎样克服这些问题？

1-49 图 1-63 所示为蒸汽加热器，利用蒸汽将物料加热到所需温度后排出。试问：

（1）影响物料出口温度的主要因素有哪些？

（2）要设计一个温度控制系统，应选什么物理量为被控变量和操纵变量？为什么？

（3）如果物料温度过高时会分解，试确定控制阀的气开、气关形式和控制器的正、反作用方式。

（4）如果物料在温度过低时会凝结，则控制阀的气开、气关形式和控制器的正、反作用方式又该如何选择？

1-50 图 1-64 所示为锅炉锅筒液位控制系统的示意图，要求锅炉不能烧干。试画出该系统的框图，确定控制阀的气开、气关形式和控制器的正、反作用方式，并简述当炉膛温度升高导致蒸汽蒸发量增加时，该控制系统是如何克服扰动的？

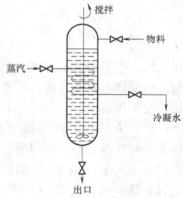

图 1-63 蒸汽加热器

1-51 图 1-65 所示为精馏塔塔釜温度控制系统的示意图，它通过控制进入再沸器的蒸汽量实现被控变量的稳定。试画出该控制系统的框图，确定控制阀的气开、气关形式和控制器的正、反作用方式，并简述由于外界扰动使精馏塔塔釜温度升高时，该系统的控制过程（此处假定精馏塔的温度不能太高）。

1-52 图 1-66 所示为精馏塔塔釜液位控制系统示意图。如工艺上不允许塔釜液体被抽空，试确定控制阀的气开、气关形式和控制器的正、反作用方式。

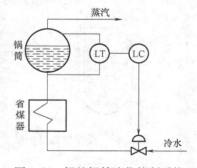

图 1-64 锅炉锅筒液位控制系统

1-53 试确定图 1-67 所示的两个控制系统中控制阀的气开、气关形式及控制器的正、反作用。（1）图 1-67a 所示为加热器出口物料温度控制系统，要求物料温度不能过高，否则容易分解。（2）图 1-67b 所示为冷却器出口物料温度控制系统，要求物料温度不能太低，否则容易结晶。

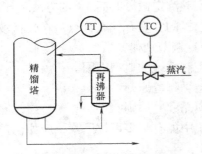

图 1-65 精馏塔塔釜温度控制系统

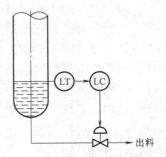

图 1-66 精馏塔塔釜液位控制系统

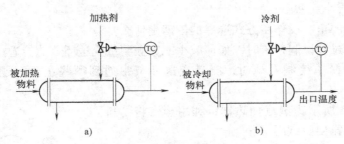

图 1-67 控制系统

1-54 图 1-68 所示为反应器温度控制系统。反应器内需维持一定的温度，以利于反应进行，但温度不允许过高，否则会有爆炸的危险。试确定控制阀的气开、气关形式和控制器的正、反作用方式。

1-55 图 1-69 所示为储槽液位控制系统，为安全起见，储槽内的液体严格禁止溢出，试在下述两种情况下，分别确定执行器的气开、气关形式及控制器的正、反作用。

（1）选择流入量 Q_i 为操纵变量。

（2）选择流出量 Q_0 为操纵变量。

1-56 试简述简单控制系统的投运步骤。

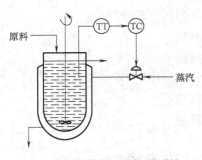

图 1-68 反应器温度控制系统

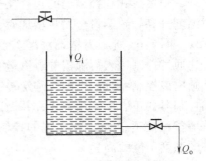

图 1-69 储槽液位控制系统

项目二

恒温控制系统的集成与安装调试

项目引入：设计一个图 2-1 所示的热水炉温控系统。热水炉参数：内径 $\phi 1000mm$，内高 3m，最大出水量 $0.5m^3/h$，进出水最大温差 30℃，出水温度根据用户要求在 40～60℃ 范围内可调（不必考虑水位控制）。用电热棒直接加热，温度控制在40～60℃，控制精度 1%。学生按 3～5 人 1 小组，自行组合。各小组合作完成项目，并要求每组制作 PPT 讲稿在下一次课中向全班同学汇报设计思路、元器件选择及最终方案。各小组成员将分别对控制系统的检测环节、控制环节、执行机构、控制规律选择和 PID 参数的整定这 5 部分内容进行介绍，需特别注意每部分内容之间的匹配与衔接，汇报结束后接受老师和同学的答辩。教师点评并帮助修改完善每一小组的设计方案。各小组按照完善后的方案对各部分进行安装调试，每位同学负责其中的一部分，最后合作完成整个项目的安装与调试。

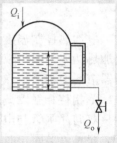

图 2-1　热水炉温控系统

任务一　控制系统的组成与工作原理

温度是工艺生产过程中最基本、最重要的控制参数之一，关系到生产条件的建立，产品的产量、质量，能源效率，生产装置的寿命与安全等。温度控制在工农业生产和科学研究中有着十分广泛的用途，如现在常用的电加热开水炉的温度控制；干燥某些物品的温度控制；化工生产中为了达到最大的化学反应得率需要恒定的反应温度等。现以某一化学反应罐恒温控制为例说明恒温控制系统的组成与工作原理。

前面已经讲述自动控制系统的一般组成如图 2-2 所示。该温度控制系统要求反应罐内温度一直保持在给定温度值，其控制系统的具体组成如图 2-3 所示。

反应罐恒温控制系统由温度检测与变送装置、温度控制器、晶闸管调功器（执行器）和反应罐（对象）四个环节组成，图中的比较环节用来计算温度设定值与温度测量值的偏差，一般与控制器组合在一起的，所以不

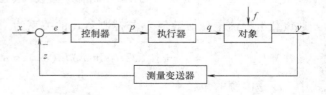

图 2-2　自动控制系统的组成

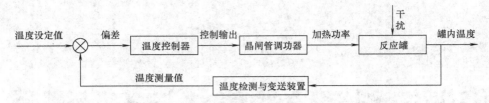

图 2-3 反应罐恒温控制系统的组成

单独讨论。温度检测与变送装置的作用是将被控量即罐内的温度转换为控制器认可的标准电信号；温度控制器的作用是根据温度偏差值（温度设定值与温度测量值之差）的大小及变化情况，按照预定的运算规律，计算出控制输出的大小（一般为 4 ~ 20mA 信号输出）；晶闸管调功器（执行器）根据控制器控制输出的大小来控制电加热功率，从而达到控制罐内温度的目的。

任务二　调功器的工作原理与选择

电加热控制温度一般都使用晶闸管调功电路，晶闸管可分为普通晶闸管和双向晶闸管，电加热功率控制可以是移相触发调压和过零触发调功。目前移相触发调压器和过零触发的调功器市场上都有成熟的产品可供选择。

单相移相触发调压器电路如图 2-4 所示，图 2-4a 所示为用两只反并联的普通晶闸管或一只双向晶闸管与电阻负载 R_L 组成的主电路。以反并联电路进行分析，正半周 α 时刻触发 VT_1 管，负半周 α 时刻触发 VT_2 管，输出电压波形为正负半周缺角相同的正弦波，如图2-4b所示。

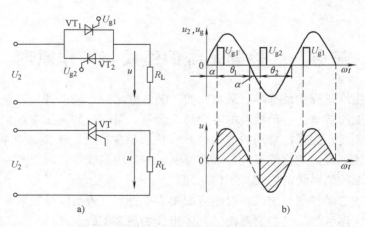

图 2-4　单相移相触发调压器电路及波形

负载上交流电压有效值 U 与控制角 α 的关系为

$$U = \sqrt{\frac{1}{\pi}\int_{\alpha}^{\pi}(\sqrt{2}U_2\sin\omega t)^2\mathrm{d}(\omega t)} = U_2\sqrt{\frac{1}{2\pi}\sin2\alpha + \frac{\pi - \alpha}{\pi}}$$

式中　ω 是电源的角频率。

有效电流为

$$I = \frac{U}{R_{\mathrm{L}}}$$

电路功率因数 $\cos\varphi$ 是有功功率 P 与视在功率 S 的比值

$$\cos\varphi = \frac{P}{S} = \frac{UI}{U_2 I} = \sqrt{\frac{1}{2\pi}\sin 2\alpha + \frac{\pi - \alpha}{\pi}}$$

电路的移相范围为 $0 \sim \pi$。

单相移相触发交流调压的负载电流波形与单相桥式可控整流交流侧电流波形一致，触发电路也可套用，不过触发电路的输出必须通过脉冲变压器，其两个二次绕组之间要有足够的绝缘。

单相移相触发包含较大的高次谐波，过零触发（或称零触发）则没有，交流零触发开关使电路在电压为零或零附近的瞬间接通，利用管子电流小于维持电流来使管子自行关断，这种开关对外界的电磁干扰最小。功率的调节方法如下：在设定的周期 T_{C} 内，用零电压开关接通几个周波然后断开几个周波，改变晶闸管在设定周期内的通断时间比例，以调节负载上的交流平均电压，即可达到调节负载功率的目的。因而这种装置也称调功器或周波控制器。

图 2-5 为设定周期 T_{C} 内零触发输出电压波形的两种工作方式，如在设定周期 T_{C} 内导通的周波数为 n，每个周波的周期为 T（$f = 50\mathrm{Hz}$ 时，$T = 20\mathrm{ms}$），则调功器的输出功率和输出电压有效值分别为

$$P = (nT/T_{\mathrm{C}}) P_{\mathrm{n}}$$

$$U = \sqrt{\frac{nT}{T_{\mathrm{C}}}} U_{\mathrm{n}}$$

式中，P_{n}、U_{n} 是设定周期 T_{C} 内全部周波导通时，装置输出的功率与电压有效值。因此改变导通周波数 n 即可改变电压与功率。

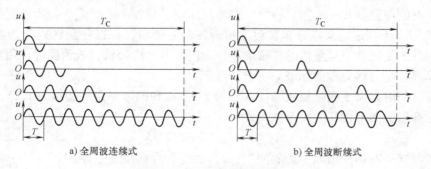

a) 全周波连续式　　　　　　　　　　b) 全周波断续式

图 2-5　零触发输出电压波形

晶闸管及触发器的选用已经在电力电子技术课程里学过，这里不再探讨。

任务三　温度传感器的选择

温度检测仪表是工业生产中应用最广泛的仪表之一。温度是物体冷热程度的表征参数，因物体的热量不能以检测的方式取得量值，而表征物体冷热程度的物理参数温度，也不能以直接的方式测得，但是，它可以通过冷热程度不同物体之间的热传导或以热辐射的方式，使

感温元器件的某一物理特性发生量的变化，如感温元器件的热膨胀、物质体积与压力、热敏电阻的热电阻、热电偶的热电动势和感光元器件的感光强度等物理特性。利用这些可测的、连续随温度变化的物理量来测量温度的量值。

用作衡量物体温度数值的标尺称为温标。目前，在国际上采用的温标，有摄氏温标（℃）、华氏温标（℉）、热力学温标（K）和国际温标（t_{90} 和 T_{90}）。

摄氏温标的规定：在标准大气压下，规定冰的熔点为 0℃，水的沸点为 100℃，将冰的熔点至水的沸点之间的温度范围分为 100 等分，规定每 1 等分为 1℃，作为温度的标定标准。

华氏温标的规定：在标准大气压下，规定冰的熔点为 32℉，水的沸点为 212℉，将冰的熔点至水的沸点之间的温度范围分为 180 等分，规定每 1 等分为 1℉。

摄氏温度（t）与华氏温度（t_F）有如下换算关系：

$$t = \frac{5}{9}(t_F - 32)\text{℃} \tag{2-1}$$

热力学温标是以热力学为基础的理论性温标，也称为绝对温标或开（尔文）氏温标。热力学温标是寻求一种物体的物理特性仅与温度成单值的线性关系，且能连续反映热量的温标。热力学温标规定物质分子停止运动时的温度为绝对零度，由于没有任何一种物体的物理性质符合上述要求，所以要实现它是不可能的。热力学温标根据国际计量协议，规定在标准大气压下水的三相平衡点（即水、冰、汽平衡状态温度）为 273.16K；水的冰点为 273.15K，则热力学温标的绝对零度为摄氏温标的 -273.15℃，开氏温度与摄氏温度之间的关系如下式：

$$t/\text{℃} = T/\text{K} - 273.15 \tag{2-2}$$

式中，$t/$℃是分子为摄氏温度，分母为摄氏温度单位；$T/$K 是分子为开氏温度，分母为开氏温度单位。

国际温标是国际协议性温标，是根据国际计量科研机构严格筛选出的 10 多种物质，这些物质所固有的与温度有关的物理特性，如蒸汽压点、三相点、熔点、凝固点定义为某一温度的定义点。17 个固定定义点分布在温度范围内的各个温区，在各温区内作为温标的固定点，具有很好的复现性，且量值的精密度高，为国际社会所公认，成为国际通用温度标定的标准。国际温标是与热力学温标极为吻合的温标。

国际温标同时定义了国际摄氏温度（符号为 t_{90}）和国际开尔文温度（T_{90}），国际摄氏温度与国际开尔文温度之间的关系如下式：

$$t_{90}/\text{℃} = T_{90}/\text{K} - 273.15 \tag{2-3}$$

关系式形式与式（2-2）相似，计量单位与摄氏温度和开氏温度一样。

工业生产中，温度测量仪表的传感元器件按测温方式分类，可分为两大类：接触式测温仪表和非接触式测温仪表。两类测温方法的比较见表 2-1。

表 2-1　两类测温方法的比较

测量方法	优　点	缺　点
接触式	简单、直观、可靠、价廉 测量精度高 应用广泛	因测温元件的热惯性而存在一定的测量滞后，对于热容量较小的被测对象，被测温度场的分布易受测量元件的影响，接触不良时易带来测量误差，高温和腐蚀性介质影响测温元件的性能和寿命，难以测量运动体的温度

（续）

测量方法	优 点	缺 点
非接触式	热惯性小,反应速度快,测温范围广,原理上不受温度上限的限制,不会破坏被测对象的温度场,不仅可以测量移动或转动物体的温度,还可以通过扫描的方法测量物体表面的温度分布	受物体发射率的影响、被测对象与测温仪表之间距离的影响以及烟尘和水蒸气等其他介质的影响,测温的准确率一般不高,结构复杂,价格较贵

接触式测温仪表按测温工作原理,分为膨胀式测温仪表（液柱温度计、双金属温度计）、压力式测温仪表（液、气、汽温包）、热电阻式测温仪表（铜、铂电阻）和热电动势式测温仪表（镍铬-镍硅、镍铬-康铜、铂铑-铂等热电偶）。

非接触式测温仪表按工作原理分为光辐射式和红外吸收式测温仪表。

表2-2列出了各类常用的测温原理以及基于这些原理设计的测温仪表,表2-3列出了各类仪表的测温范围及主要特点。

表2-2　常用温度检测仪表的原理及分类

测温方式	测温原理		仪表分类
接触式	体积变化:膨胀式温度计,压力式温度计	(1)利用两种膨胀系数不同的金属材料在加热或冷却时产生的膨胀差 (2)利用密封容器中气体、饱和蒸汽压力或液体体积随温度的变化	固体热膨胀:双金属温度计
			气体热膨胀:气体压力式温度计
			液体热膨胀:玻璃液体温度计、液体压力式温度计
	电阻变化:热电阻温度计	利用导体或半导体的电阻随温度变化的特性	金属热电阻:铂、铜、铁温度计
			半导体热敏温度计:碳、锗、金属氧化物等半导体温度计
	电压或电动势变化:热电偶温度计	(1)利用两种不同材料相接触而产生的热电动势随温度而变化的特性(热电效应) (2)利用半导体PN结电压随温度线形变化的特性	金属热电偶
			非金属热电偶
			PN结电压:PN结数字温度计
	其他		石英晶体温度计、光纤温度计、声学温度计等
非接触式	辐射能量变化:辐射式温度计	根据被测对象所发射的辐射能量测定被测对象的表面温度	比色法:比色高温计
			辐射法:辐射感温式温度计
			亮度法:光学高温计、光电高温计等
			其他:红外温度计、火焰温度计、光谱温度计

表2-3　各类仪表的测温范围及主要特点

测温种类和仪表		测温范围/℃	主要特点
膨胀式	双金属温度计	−80 ~ 600	结构简单,牢固可靠,维护方便,抗震性好,价格低廉;用于振动较大的场合
	玻璃液体温度计	−100 ~ 600	结构简单,读数直观,使用方便,价格便宜,易断裂,信号不能远传
	压力式温度计	−200 ~ 600	结构简单,防爆,信号可远传,读数清晰,使用方便

（续）

测温种类和仪表		测温范围/℃	主要特点
热电阻	铂电阻	$-260 \sim 850$	测量准确,稳定性好,耐腐蚀,易加工,信号远传方便
	铜电阻	$-50 \sim 150$	线性度好,灵敏度高,易加工,价格便宜,互换性好
	半导体热敏电阻	$-50 \sim 300$	灵敏度高,结构简单,体积小,响应时间短,稳定性不如金属型热电阻
热电偶		$-200 \sim 1800$	测温范围宽,测量准确,性能稳定,结构简单,信号远传方便
辐射式	辐射式温度计	$400 \sim 2000$	测温上限不受限制,动态特性好,灵敏度高,广泛用于测量处于运动状态对象的温度,低温段测量不准,环境条件会影响测温准确度
	光学式温度计	$700 \sim 3200$	
	比色式温度计	$900 \sim 1700$	
红外线	光电探测	$0 \sim 3500$	测温范围大,适于测温度分布,响应快,易受外界干扰,标定困难
	热电探测	$200 \sim 2000$	

2.3.1　膨胀式温度计

膨胀式温度计有液体膨胀式温度计和金属膨胀式温度计。液体膨胀式温度计为常见的玻璃水银温度计和有机液体玻璃温度计。这种温度计按精度等级又分为标准、实验室、工业用三个使用等级。目前,工业上限制使用玻璃水银温度计,多使用金属膨胀式温度计作为就地温度指示仪表。

1. 液体膨胀式温度计

液体膨胀式温度计基于被测介质的热量或冷量通过温度计外层玻璃的热传导,玻璃锅筒内的液体吸收热或释放热,随着热量交换的进行,液体体积由于热胀冷缩物理特性,其体积的增大或减小量与被测介质的温度变化量成比例,其关系式如下:

$$V_t - V_{t0} = V_{t0}(\alpha_1 - \alpha_2)(t - t_0) \tag{2-4}$$

式中,$V_t - V_{t0}$ 是工作液体温度从 t_0 变化到 t 时液体体积的变化量;$\alpha_1 - \alpha_2$ 是工作液体和玻璃体积膨胀系数之差;$t - t_0$ 为被测介质温度与玻璃温度计初始温度之差。

液体膨胀式温度计的结构如图 2-6 所示,它的下部有一感温泡球,内盛工作液体,泡状容器上部为管状,管内径很细,为毛细管。当泡球内液体受热膨胀时,其液体体积的增量部分进入毛细管,在毛细管内以液柱的高度反映被测介质的温度量值。温度值为液柱面所对应的标尺刻度数值。

液体膨胀式温度计结构简单,线性好,精确度高,价格便宜,但不抗震,易碎,水银外泄会产生汞蒸气,对人体有害。另外,它又是导电体,在电动机械上应用是受限制的。

2. 金属膨胀式温度计

金属膨胀式温度计是基于金属线长度受冷热变化的影响会发生变化的原理。例如金属片或金属杆受热后其长度伸长量可用下式表示:

$$L_t = L_{t0}[1 + \alpha(t - t_0)] \tag{2-5}$$

式中,L_t 是金属杆(或片)经热交换后,在温度为 t 时的长度;L_{t0} 是金属杆(或片)在温度为 t_0 时的长度;α 是金属杆在温度 t_0 至 t 间的平均线膨胀系数。

金属膨胀式温度计有杆式、片式、螺旋式。其基本结构是由线膨胀系数不同的两种金属组成。典型的双金属温度开关如图 2-7 所示，双金属片 1 是由膨胀系数不同的两种金属片紧密黏合在一起而组成的温度传感元器件，其一端固定在绝缘子上，另一端为自由端，当温度升高时，由于两片金属温度膨胀系数不同，双金属片产生弯曲变形，当温度升高到一定值时，双金属片的弯曲形变量增大到使双金属片 1 端部与片 2 触点接触，信号灯亮，显示温度已升到设定值。

　　杆式双金属温度计结构，如图 2-8 所示。其外套管 1 和管内杆 2 由两种不同金属组成，杆 2 材质的线膨胀系数大于管 1 材质的线膨胀系数，杆 2 的下端在弹簧 4 的推力下与管 1 封口端 3 接触，杆的上端在弹簧 7 的拉力作用下使杠杆 6 与其保持接触，管 1 上端固定在温度计外壳上。当温度上升时，由于管 1 和杆 2 的线膨胀系数不同，杆 2 的伸长量大于管 1 的伸长量，杆 2 的上端向上移动，推动杠杆 6 的一端，使杠杆支点上的指针 8 发生偏转，当温度计管内温度与被测温度平衡时，指针处在一稳定位置，指针所指示的刻度数字即被测温度值。

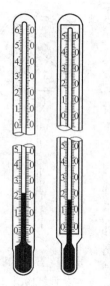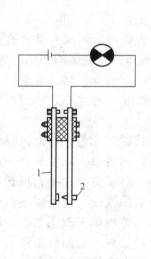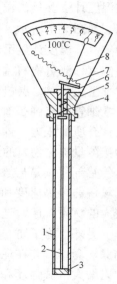

图 2-6　液体膨胀式温度计　　图 2-7　双金属温度开关　　图 2-8　杆式双金属温度计结构
　　　　　　　　　　　　　　　1—双金属片　2—调节螺钉　　1—外套管　2—管内杆　3—封口端　4—弹簧
　　　　　　　　　　　　　　　　　　　　　　　　　　　　　5—壳体　6—杠杆　7—弹簧　8—指针

　　螺旋式温度计是将金属片盘成螺旋状，螺旋金属片线度较长时，其膨胀伸长量必然增大，则仪表灵敏度会大大提高。

　　金属膨胀式温度计结构简单、牢固，价格便宜，但量程范围较小，精确度不高，适用于对精确度要求不高的场合。

2.3.2　压力式温度计

　　压力式温度计统称为温包温度计，工作原理是封闭于小容器内的气体、液体或饱和蒸汽经热交换后，封闭容器内的工作介质的压力因温度的变化而变化，压力变化与温度之间存在一定比例关系。

压力式温度计内工作物质可以是气体（氮气）、液体（甲醇、二甲苯、甘油等）或低沸点液体的饱和蒸汽（氯甲烷、氯乙烷、乙醚等），分别称为气体式、液体式、蒸汽式温度计。

以液体式温度计为例，密封容器内充满了工作液体，工作液体受热后体积膨胀，体积膨胀受到容器容积的限制无法扩伸体积，从而引起内部压力变化，如果忽略密封容器的容积变化，工作液体的压力变化量与温度之间有如下关系：

$$p_t - p_0 = \frac{\alpha}{\varepsilon}(t - t_0) \tag{2-6}$$

式中，p_t 为温度在 t 时刻工作液体的压力；p_0 为温度在 t_0 时刻工作液体的压力；α 是工作液体的体积膨胀系数；ε 是工作液体的压缩系数。

从式（2-6）可知，工作液体压力的变化量与温度的变化量成正比。

压力式温度计主要是由温包、毛细管和压力表的弹簧管组成的一个封闭系统，如图 2-9 所示。该封闭系统内充有工作介质，如气体式工作介质为氮气。温度计显示部分的结构与弹簧压力表相同。

压力式温度计测量物料温度时，其温包必须全部浸入被测物料之中，当温度发生变化时，温包内工作介质的压力因温度的变化而变化，其压力通过毛细管传至弹簧管，使弹簧管产生形变位移，形变位移量与温包内工作介质的压力（即被测物料的温度）有关，这样便可用压力式仪表间接测量被测物料的温度。

温包是传感部件，是与被测物料直接接触的元件，因此，温包的材质应具有较快的导热速度和能耐被测物料的腐蚀。温包材料一般选用热导率较大的材质，通常选用铜质材料；对于腐蚀性物料可选用不锈钢来制作。另外，为了防止化学腐蚀和机械损伤，也可以在温包外加设不锈钢保护套管，并在保护管与温包间隙内填充石墨粉、金属屑或高沸点油以增大机械强度和保持较快的导热率。毛细管是压力传导管，是由铜或钢拉制而成，为减小传递滞后和环境温度的影响，管子外径一般很细（为 1.2mm），毛细管极易被器物击损或折伤，其外面通常用金属软管或金属丝编织软管加以保护。

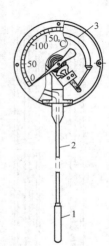

图 2-9 压力式温度
计结构图
1—温包 2—毛细管
3—压力表的弹簧管

压力式温度计特点是结构简单、坚固耐震、价廉。缺点是精确较低，滞后大。气体式温度计温感反应慢；蒸汽式温度计反应较快，但是蒸汽式温度计的饱和蒸汽压与温度之间呈非线性关系；液体式温度计居中。

2.3.3 辐射式高温计

辐射式高温计是基于物体热辐射作用来测量温度的仪表，目前已被广泛地用来测量高于 800℃ 的温度。物体热辐射能量随辐射波长变化的谱线遵从维恩（Wien）位移定律

$$\lambda_m = 2898/T \tag{2-7}$$

式中，T 为物体温度，单位 K；λ_m 为物体热辐射能谱峰值波长，单位 μm。只要测出物体热辐射能谱，找出其峰值波长 λ_m，就可求出物体的温度 $T = 2898/\lambda_m$。

2.3.4 热电偶温度计

热电偶是将温度量转换为电动势的热电式传感器。自19世纪发现热电效应以来，热电偶便被广泛用来测量100~1300℃范围内的温度，根据需要还可以用来测量更高或更低的温度。它具有结构简单、使用方便、精度高、热惯性小、可测局部温度、便于远距离传送、集中检测和自动记录等优点。

1. 热电偶的工作原理

热电偶的基本工作原理是热电动势效应。

1823年，塞贝克（Seebeck）发现将两种不同的导体（金属或合金）A和B组成一个闭合回路（称为热电偶，见图2-10），若两接触点温度（T，T_0）不同，则回路中会产生一定大小的电流，表明回路中有电动势产生，该现象称为热电动势效应或塞贝克效应，通常称为热电效应。回路中的电动势称为热电动势或塞贝克电动势，用E_{AB}（T，T_0）或E_{AB}（t，t_0）表示。两种不同的导体A和B称为热电极，测量温度时，两个热电极的一个接点置于被测温度场（T）中，称该点为测量端，也叫工作端或热端；另一个接点置于某一恒定温度（T_0）的地方，称为参考端自由端或冷端。T与T_0的温差愈大，热电偶的热电动势愈大，因此，可以用热电动势的大小来衡量温度的高低。

后来研究发现，热电效应产生的热电动势E_{AB}（T，T_0）是由两部分组成的，一是两种不同导体间的接触电动势，又称珀尔贴（Peltier）电动势；二是单一导体的温差电动势，又称汤姆逊（Thomson）电动势。

（1）Peltier效应——接触电动势 当自由电子密度不同的A、B两种导体接触时，在两导体接触处会产生自由电子的扩散现象，自由电子将从密度大的金属A扩散到密度小的金属B，使A失去电子带正电，B得到电子带负电，从而在接点处形成一个电场（见图2-11）。该电场将使电子反向转移，当电场作用和扩散作用动态平衡时，A、B两种不同金属的接点处就产生接触电动势，它由接点温度和两种金属的特性所决定。在温度为T和T_0两接点处的接触电动势E_{AB}（T）和E_{AB}（T_0）分别为

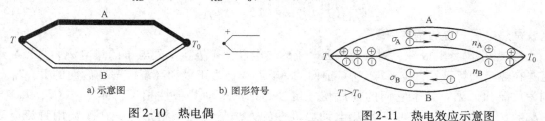

a) 示意图　　　b) 图形符号

图2-10　热电偶

图2-11　热电效应示意图

$$E_{AB}(T) = \frac{KT}{e}\ln\frac{n_A}{n_B} \tag{2-8}$$

$$E_{AB}(T_0) = \frac{KT_0}{e}\ln\frac{n_A}{n_B} \tag{2-9}$$

式中，n_A、n_B分别为电极A、B材料的自由电子密度；K为玻尔兹曼常数，$K = 1.38 \times 10^{-23}$J/K；e为电子电荷量，1.6×10^{-19}C。总接触电动势

$$E_{AB}(T) - E_{AB}(T_0) = \frac{K(T - T_0)}{e}\ln\frac{n_A}{n_B} \tag{2-10}$$

（2）Thomson 效应——温差电动势　同一均匀金属电极，当其两端温度 $T \neq T_0$ 时，且设 $T > T_0$，导体内形成一温度梯度，由于热端电子具有较大动能，致使导体内自由电子从热端向冷端扩散，并在冷端积聚起来，使导体内建立起一电场。当此电场对电子的作用力与热扩散力平衡时，扩散作用停止。电场产生的电动势称为温差电动势或汤姆逊电动势，此现象称为汤姆逊效应。A、B 导体的温差电动势分别为

$$E_A(T,T_0) = \int \sigma_A dT，积分区间(T_0,T)$$

$$E_B(T,T_0) = \int \sigma_B dT，积分区间(T_0,T)$$

式中，σ_A、σ_B 分别为导体 A、B 中的 Thomson 系数。

回路中总的 Thomson 电动势为

$$E_A(T,T_0) - E_B(T,T_0) = \int (\sigma_A - \sigma_B)dT，积分区间(T_0,T) \tag{2-11}$$

综上所述，由导体 A、B 组成的热电偶回路，当接点温度 $T > T_0$ 时，其总的热电动势为

$$E_{AB}(T,T_0) = \frac{K(T-T_0)}{e} \ln \frac{n_A}{n_B} + \int (\sigma_A - \sigma_B)dT，积分区间(T_0,T) \tag{2-12}$$

从上面分析和式（2-12）可知以下几点。

1）如果热电偶两电极材料相同（$n_A = n_B$，$\sigma_A = \sigma_B$），两接点温度不同，则不会产生热电动势；如果两电极材料不同，但两接点温度相同（$T = T_0$），也不会产生热电动势。

所以，热电偶工作产生热电动势的基本条件是：两电极材料不同，两接点温度不同。

2）热电动势大小与热电极的几何形状和尺寸无关。

3）当两热电极材料不同，且 A、B 材料固定（即 n_A、n_B、σ_A、σ_B 为常数）时，热电动势 $E_{AB}(T,T_0)$ 便为两接点温度（T，T_0）的函数

$$E_{AB}(T,T_0) = E(T) - E(T_0) \tag{2-13}$$

当 T_0 保持不变，即 $E(T_0)$ 为常数时，则热电动势 $E_{AB}(T,T_0)$ 便仅为热电偶热端温度 T 的函数

$$E_{AB}(T,T_0) = E(T) - C = f(T) \tag{2-14}$$

这就是热电偶测温的基本原理。

4）热电动势的极性：测量端失去电子的热电极为正极，得到电子的热电极为负极。规定写在热电动势符号 $E_{AB}(T,T_0)$ 前面的 A、T 分别为正极和高温，写在后面的 B、T_0 分别为负极和低温。如果它们的前后位置倒换，则热电动势极性相反，即 $E_{AB}(T,T_0) = -E_{AB}(T_0,T)$ 等。实验判别热电动势极性的方法是将热端稍加热，在冷端用直流电表辨别。

各种热电偶热电动势与温度的一一对应关系都可以从标准数据表中查到，这种表叫热电偶的分度表。分度表中的数据是冷端为 0℃ 时的热电偶电动势，注意热电动势与温度一般不呈线性关系。

2. 热电偶的基本定律

（1）均质导体定律　两种均质金属组成的热电偶，其热电动势大小与热电极直径、长度及沿热电极长度上的温度分布无关，只与热电极材料和两端温度差有关。

如果热电极材质不均匀，则当热电极上各处温度不同时，将产生附加热电动势，造成无

法估计的测量误差。因此，热电极材料的均匀性是衡量热电偶质量的重要指标之一。

（2）中间导体定律 热电偶回路断开接入第三种导体C，若导体C两端温度相同，则回路热电动势不变，这为热电动势的测量（接入测量仪表，即第三导体）奠定了理论基础，见图2-12。

（3）标准（参考）电极定律 如果两种导体（A、B）分别与第三种导体C组成的热电偶的热电动势已知，则由这两种导体（A、B）组成的热电偶的热电动势也就已知，这就是标准电极定律或参考电极定律。即

$$E_{AB}(T,T_0) = E_{AC}(T,T_0) - E_{BC}(T,T_0) \tag{2-15}$$

标准电极定律原理如图2-13所示。

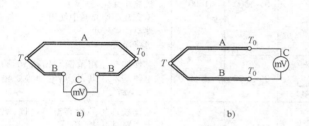

图 2-12 热电偶测温电路原理图

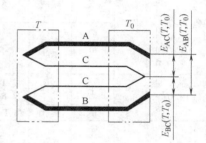

图 2-13 标准电极定律示意图

根据标准电极定律，可以方便地选取一种或几种热电极作为标准（参考）电极，以确定各种材料的热电特性，从而大大简化热电偶的选配工作。一般选取纯度高的铂丝（$R_{100}/R_0 \geqslant 1.3920$）作为标准电极，确定出其他各种电极对铂电极的热电特性，便可知这些电极相互组成热电偶的热电动势大小。

例　$E_{铜-铂}(100,0) = 0.76\text{mV}$

$E_{康铜-铂}(100,0) = -3.5\text{mV}$

则　$E_{铜-康铜}(100，0) = 0.76\text{mV} - (-3.5)\text{mV} = 4.26\text{mV}$

（4）中间温度定律 热电偶在接点温度为 T、T_0 时的热电动势等于该热电偶在接点温度为 T、T_n 和 T_n、T_0 时相应热电动势的代数和，即

$$E_{AB}(T,T_0) = E_{AB}(T,T_n) + E_{AB}(T_n,T_0)$$

若 $T_0 = 0℃$，则有

$$E_{AB}(T,0) = E_{AB}(T,T_n) + E_{AB}(T_n,0)$$

式中，T_n 为中间温度，$T_0 < T_n < T$。

3. 热电偶的种类

（1）热电极材料的基本要求 热电极（偶丝）是热电偶的主要元器件，作为实用测温元器件的热电偶，对其热电极材料的基本要求如下。

1）热电动势足够大，测温范围宽、线性好。

2）热电特性稳定。

3）理化性能稳定，不易氧化、变形和腐蚀。

4）电阻温度系数和电阻率要小。

5）易加工、复制性好。

6）价格低廉。

（2）热电偶类型　满足上述要求的材料有多种，根据不同的热电极材料，可以制成适用不同温度范围、不同精度的各类热电偶。

此外，还有非标准化的用于极值测量的热电偶。

工业用热电偶材料及特点如表 2-4 所示，常见非标准热电偶材料及特点如表 2-5 所示。

表 2-4　工业用热电偶材料及特点

名称	分度号	热电偶材料			测量范围/℃		特　点
		极性	识别	成分（质量分数）	长期	短期	
铂铑 10-铂	S	正	亮白较硬	Pt：90% Rn：10%	0～1300	1600	测量精度高 物理化学性能稳定 测温上限高 抗氧化性能好 不宜在还原介质中使用 热电动势较小 价格昂贵
		负	亮白柔软	Pt：100%			
铂铑 13-铂	R	正	较硬	Pt：87% Rn：13%	0～1300	1600	其性能与使用范围与铂铑 10-铂热电偶基本相同，但热电动势要稍大些，灵敏度也稍高些
		负	柔软	Pt：100%			
铂铑 13-铂铑 6	B	正	较硬	Pt：70% Rn：30%	0～1600	1800	是比较理想的测高温热电偶，测温上限短时可达 1800℃ 测量精度高 宜在氧化或中性介质中使用 灵敏度低 热电动势极小 价格昂贵
		负	稍软	Pt：94% Rn：6%			
镍镉-镍硅	K	正	不亲磁	Ni：90% Cr：10%	0～1200	1300	价格低廉 热电动势大 线性度好 灵敏度高 复现性好 高温下抗氧化能力强 不宜在还原介质或含硫化物气氛中使用
		负	稍亲磁	Ni：97% Si：3%			
镍镉硅-镍硅	N	正	不亲磁	Ni：84% Cr：14% Si：2%	-200～1200	1300	其性能与镍镉-镍硅相似，是比镍镉-镍硅热电偶更好的廉价金属热电偶
		负	稍亲磁	Ni：95% Si：5%			
镍镉-康铜	E	正	暗绿	Ni：90% Cr：10%	-200～760	850	稳定性好 热电动势大 测量低温精度很高 宜在氧化性或中性介质中使用 价格低廉
		负	亮黄	Cu：55% Ni：45%			
铜-康铜	T	正	红色	Cu：100%	-200～350	400	稳定性好 热电动势大 材料质地均匀 价格低廉 在低温段测量精度很高 可作为标准热电偶使用 可在真空、氧化、还原及中性介质中使用 铜在高温时容易氧化
		负	银白色	Cu：55% Ni：45%			

（续）

名称	分度号	热电偶材料			测量范围/℃		特　　点
		极性	识别	成分（质量分数）	长期	短期	
铁-康铜	J	正	亲磁	Fe：100%	−40 ~ 600	750	热电动势大 线性度好，价格低廉 可在真空、氧化、还原及中性介质中使用 铁易于氧化，不能在高温或含硫的介质中使用
		负	不亲磁	Cu：55% Ni：45%			

表 2-5　非标准热电偶材料及特点

名称	推荐测温范围/℃	特　　点	适用环境
钨铼 3-钨铼 25 钨铼 5-钨铼 26	0 ~ 3000	在高温热电偶中是最好的，低温时可塑性较好，稳定性较好。复现性差，需单独分度	真空、还原或中性
钨-钨铼 26	0 ~ 3000	测温上限高，电势较大。复现性差，需单独分度，暴露在空气中钨易发脆	真空、还原或中性
铂铑 20-铂铑 5	500 ~ 1700	测温上限比铂铑 10 - 铂高，稳定性好，不需冷端补偿。易受金属蒸气沾污，低温时电动势小	氧化、真空或中性
铂铑 40-铂铑 20	1000 ~ 1850	测温上限较高，稳定性和复现性好，可忽略冷端影响。易受金属蒸气沾污，电动势小	氧化、真空或中性
铱铑-铱	1000 ~ 2200	唯一能在 1850℃ 以上的氧化气氛使用的热电偶，稳定性和复现性一般，寿命短，易发脆，易受铁沾污，电动势小	氧化、真空或中性
钨-钼	1200 ~ 2400	价格不贵，可用于还原性环境中，电动势率低，在 1200℃ 热电动势的极性转向，能被 C、O_2、Si 的蒸气沾污	真空、还原或中性
碳化硼-石墨	上限 2200	热电动势率高，物理化学性能稳定，价格低廉，结构简单；适宜于石墨炉测温	含碳或中性

部分特殊热电偶的补充说明：

1）铁-康铜热电偶，测温上限为 700℃（长期），热电动势与温度的线性关系好，灵敏度高（$E_{铁-康铜}$（100，0）= 5.268mV），但铁极易生锈。

2）高温热电偶：钨铼系热电偶，测温上限可达 2450℃；钛铑系热电偶可测到 2100℃左右。

3）低温热电偶：铜-铜锡$_{0.005}$热电偶可测 −271 ~ −243℃ 的低温；镍铬-铁金$_{0.03}$热电偶在 −269 ~ 0℃ 之间有 13.7 ~ 20μV/℃ 的灵敏度。

4. 热电偶的结构

将两热电极的一个端点紧密地焊接在一起组成接点就可构成热电偶。接点焊接时焊点要具有金属光泽、表面圆滑、无沾污变质、夹渣和裂纹；焊点的形式通常有对焊、点焊、绞纹（麻花状）焊等；焊点尺寸应尽量小，一般为偶丝直径的两倍。焊接方法主要有直流电弧焊、直流氧弧焊、交流电弧焊、乙炔焊、盐浴焊、盐水焊和激光焊接等。在热电偶的两电极之间通常用耐高温材料绝缘，也有硬的裸线不加绝缘的。如图 2-14 所示。

工业用热电偶必须长期工作在恶劣环境下，根据被测对象不同，热电偶的结构形式是多种多样的，下面介绍几种比较典型的结构形式。

（1）通型热电偶　普通型热电偶由热电极、绝缘子、保护套管、接线盒等部分组成，其结构如图 2-15 所示。这种热电偶在测量时将测量端插入被测对象内部，主要用于测量容器或管道内部

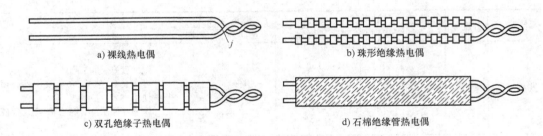

a) 裸线热电偶　　　　　　　　b) 珠形绝缘热电偶

c) 双孔绝缘子热电偶　　　　　　d) 石棉绝缘管热电偶

图 2-14　热电偶电极的绝缘方法

气体、液体等流体介质的温度。

（2）铠装热电偶　铠装热电偶是把保护套管（材料为不锈钢或镍基高温合金）、绝缘材料（高纯脱水氧化镁或氧化铝）与热电偶丝组合在一起拉制而成，也称套管热电偶或缆式热电偶。图 2-16 为铠装热电偶工作端结构的几种形式，其中，图 2-16a 为单芯结构，其外套管亦为一电极，因此中心电极在顶端应与套管直接焊接在一起；图 2-16b 为双芯碰底型，测量端和套管焊接在一

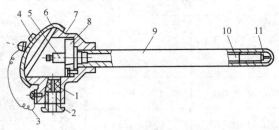

图 2-15　普通型热电偶结构

1—出线孔密封圈　2—出线孔螺母　3—链条　4—面盖
5—接线柱　6—密封圈　7—接线盒　8—接线座
9—保护套管　10—绝缘子　11—热电极

起；图 2-16c 为双芯不碰底型，热电极与套管间互相绝缘；图 2-16d 为双芯露头型，测量端露出套管外面；图 2-16e 为双芯帽型，把露头型的测量端套上一个套管材料作为保护帽，再用银焊密封起来。铠装热电偶有其独特的优点：小型化（外径可小到 1～3mm，内部热电极直径常为 0.2～0.8mm，而套管外壁厚度一般为 0.12～0.6mm），对被测温度反应快，时间常数小，很细的整体组合结构使其柔性大，可以弯曲成各种形状，适用于结构复杂的被测对象。同时，机械性能好，结实牢固，耐振动和耐冲击。

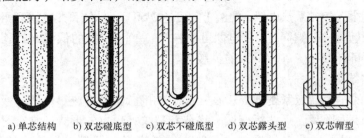

a) 单芯结构　　b) 双芯碰底型　　c) 双芯不碰底型　　d) 双芯露头型　　e) 双芯帽型

图 2-16　铠装热电偶工作端结构

（3）薄膜热电偶　用真空镀膜的方法，将热电极材料沉积在绝缘基板上而制成的热电偶称为薄膜热电偶，其结构如图 2-17 所示。由于热电极是一层金属薄膜，其厚度为 0.01～0.1μm，所以测量端的热惯性很小，反应快，可以用来测量

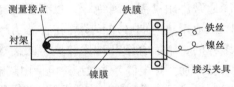

图 2-17　铁-镍薄膜热电偶

瞬变的表面温度和微小面积上的温度。使用温度范围为 $-200 \sim +500℃$ 时，热电极采用的材料有铜-康铜、镍铬-考铜、镍铬-镍硅等，绝缘基板材料用云母，它们适用于各种表面温度测量以及汽轮机叶片等温度测量。当使用温度范围为 $500 \sim 1800℃$ 时，热电极材料用镍铬-镍硅、铂铑-铂等，绝缘基片材料采用陶瓷，它们常用于火箭、飞机喷嘴的温度测量，以及钢锭、轧辊等表面温度测量等。

　　（4）隔爆热电偶　在化工厂中，生产现场常伴有各种易燃、易爆等化学气体、蒸气，使用普通的热电偶非常不安全，极易引起环境气体爆炸。在这些场合，必须使用隔爆型的热电偶为温度传感器。所谓隔爆型是指隔爆外壳能承受内部爆炸性气体混合物的爆炸压力，并阻止内部的爆炸向外壳周围爆炸性混合物传播。隔爆热电偶和普通热电偶的结构基本相同，其区别在于：隔爆型产品的接线盒（见图 2-18）在设计上采用特殊防爆结构，接线盒用高强度铝合金压铸而成，并具有足够的内部空间、壁厚和机械强度，橡胶密封圈的热稳定性均符合国家的防爆标准。因此，当

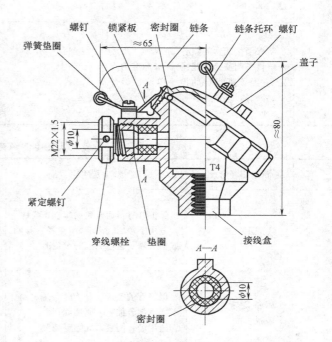

图 2-18　隔爆热电偶接线盒结构示图

接线盒内部的爆炸性混合气体发生爆炸时，其内压不会破坏接线盒，而由此产生的热量不能向外扩散。隔爆热电偶应有防爆标志。除以上各种结构外，还有测量圆弧表面温度的表面热电偶，测量气流温度的热电偶，多点式热电偶和串、并联用热电偶等，在此不一一介绍。表 2-6 和表 2-7 表示了各种热电偶及接线盒的结构形式等信息。

表 2-6　接线盒的结构特点及用途

形式	结　构　特　点	用　　途	示意图
普通型	保证有良好的电接触性能,结构简单,接线方便	用于环境条件良好,无腐蚀性气氛	
防溅型	能承受降雨量为 5mm/s 与水平成 45°的人工雨,历时 5min(同时保护管绕纵轴旋转)不得有水渗入接线盒内部	适用于雨水和水滴能经常溅到的现场	

（续）

形式	结构特点	用　途	示意图
防水型	能承受距离为5m、喷嘴直径为25mm的喷水（喷嘴出口前水压低于0.196Pa，历时5min）不得有水渗入接线盒内部	适用于雨露天的生产设备或管道，以及有腐蚀性气氛的环境	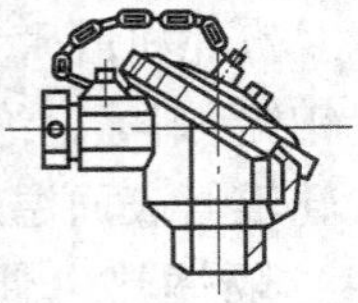
防爆型	防爆型接线盒的热电偶应符合《防爆电气设备制造检验规程》国家标准的规定，并经国家指定的检验单位检验合格，才给防爆合格证		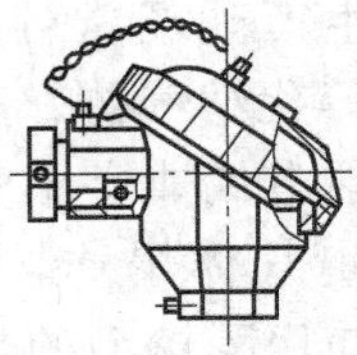

表2-7　常见装配式热电偶结构形式

保护管形式	固定装置形式	特点及用途	示意图
直形	无固定装置	保护管材料为金属和非金属两种　适用于常压、温度测量点经常移动或临时需要进行测温的设备上	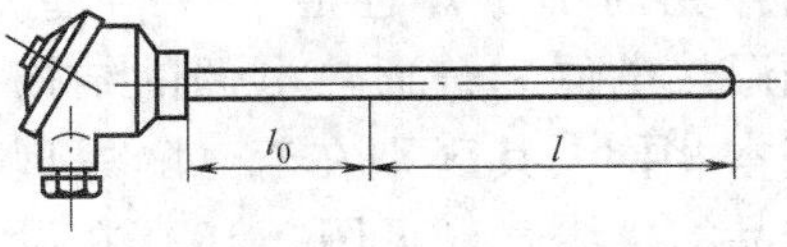
	带加固管的无固定装置	保护管的插入部分为非金属材料，不插入部分加装金属加固管　适用场合同直形无固定装置	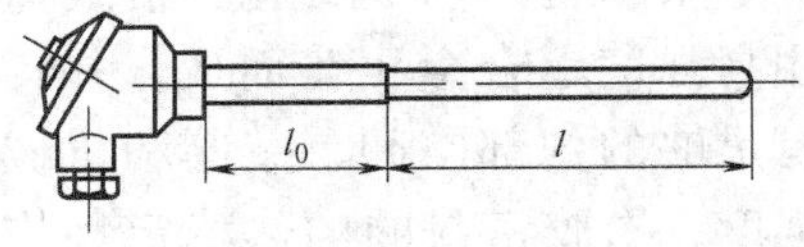
	活动法兰	保护管为金属材料，带活动法兰　适用于常压、插入深度经常需要变化的设备上	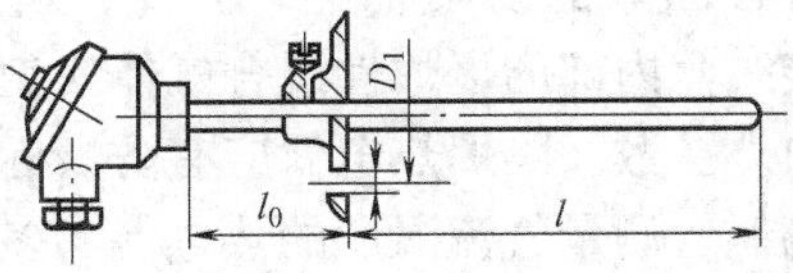
	固定法兰	保护管为金属材料，带固定法兰　适用于压力为3.8MPa以下的设备上测温	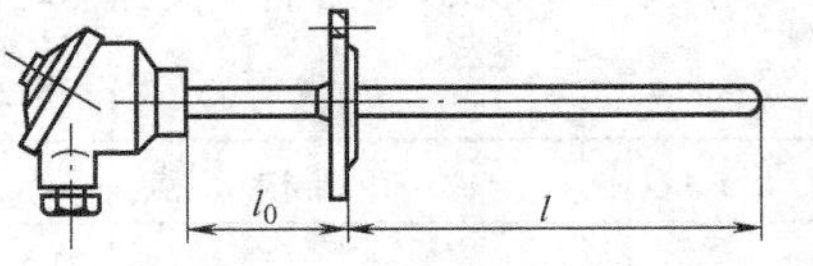
	固定螺纹	保护管为金属材料，带固定螺纹　适用于压力为6.3MPa以下的设备上测温	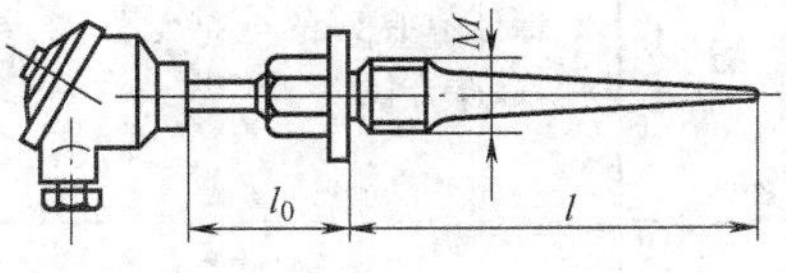
锥形	固定螺纹	保护管为金属材料，带固定螺纹的锥形高强度结构　适用于压力为19.6MPa以下，液体、气体或蒸汽流速为80m/s以下的设备上测温	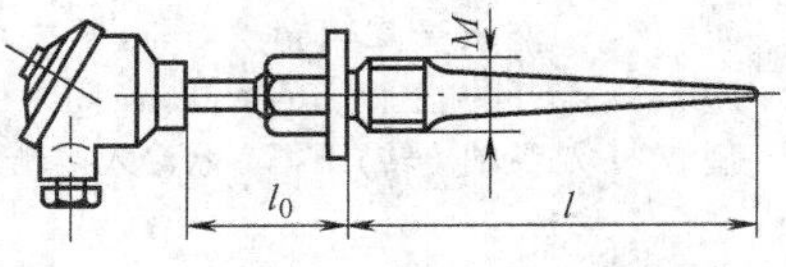

（续）

保护管形式	固定装置形式	特点及用途	示意图
锥形	焊接	保护管为金属材料,用附加套管将热电偶焊接在设备上 适用场合同锥形固定螺纹	
角形	活动法兰	保护管为金属材料,活动法兰可以使插入深度能根据需要变化 适用于无法从侧面开孔以及顶上辐射热很高的设备上测温	

5. 热电偶的冷端补偿及处理

热电偶的热电动势是两接点之间相对温差 $\Delta T = T - T_0$ 的函数，只有 T_0 固定，热电动势才是 T 的单值函数。热电偶标准分度表是以 $T_0 = 0℃$ 为参考温度条件下测试制定的，只有 $T_0 = 0℃$ 时，才能直接应用分度表或分度曲线。在工程测试中，冷端温度随环境温度的变化而变化，若 $T_0 \neq 0℃$，将引入测量误差，因此必须对冷端进行补偿和处理。

（1）延长导线法 延长导线使冷端远离热端不受其温度场变化的影响，并与测量电路相连接。为使接上延长导线后不改变热电偶的热电动势值，要求：在一定的温度范围内延伸热电极（补偿导线）必须与配对的热电偶的热电极具有相同或相近的热电特性；保持延伸电极与热电偶两个接点温度相等，如图 2-19 所示。

对于廉价金属热电极，延长导线可用热电极本身材料；对于贵重金属热电极则采用热电特性相近的材料（补偿导线）代替，见表 2-8。

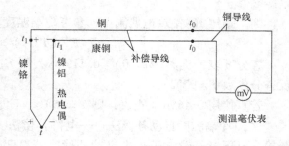

图 2-19 补偿导线接线图

表 2-8 常用热电偶的补偿导线

名称	型号	配用热电偶	分度号
铜-铜镍 0.6 补偿型导线	SC 或 RC	铂铑-10 铂热电偶 铂铑 13-铂热电偶	S 或 R
铁-铜镍 22 补偿型导线 铜-铜镍 40 补偿型导线 镍铬 10-镍硅 3 延长型导线	KCA KCB KX	镍铬-镍硅热电偶	K

（续）

名称	型号	配用热电偶	分度号
铁-铜镍18 补偿型导线 镍铬14-镍铬硅延长型导线	NC NX	镍铬硅-镍硅热电偶	N
镍铬10-铜镍45 延长型导线	EX	镍铬-铜镍热电偶	E
铁-铜镍45 延长型导线	JX	铁-铜镍热电偶	J
铜-铜镍45 延长型导线	TX	铜-铜镍热电偶	T
钨铼3/25 补偿型补偿导线 钨铼5/26 补偿型补偿导线	WC3/25 WC5/26	钨铼3-钨铼25 钨铼3-钨铼26	WRe3-WRe25 WRe5-WRe26

注：第一位字符 S、R、K…表示补偿导线的分度号，与配用热电偶分度号相同。
第二位字符 C 为补偿型补偿导线，X 为延长型补偿导线。
第三位字符 A、B 是区别同一分度号补偿导线中有两种不同材质的补偿导线。

（2）0℃恒温法 将热电偶冷端置于冰水混合物的0℃恒温器内，使其工作状态与分度状态达到一致。此法适用于实验室，见图2-20。其中 A′、B′ 是补偿导线。

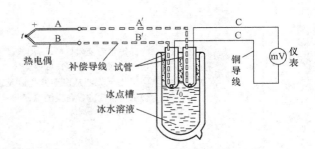

图 2-20 冷端处理的0℃恒温法

（3）冷端温度修正法 该方法利用了中间温度定律。在实际生产中，冷端温度往往不是0℃，而是某一温度 T_n，这就引起测量误差，因此必须对冷端温度进行修正。例如，某一设备的实际温度为 T，其冷端温度为 T_n，这时测得的热电动势为 E_{AB}（T，T_n），为求得实际温度 T，可利用下式进行修正，即

$$E_{AB}(T,0) = E_{AB}(T,T_n) + E_{AB}(T_n,0) \tag{2-16}$$

式中，T_n 一般是热电偶测温时的环境温度；E_{AB}（T，T_n）是实测热电动势；E_{AB}（T_n，0）是冷端修正值。

例 铂铑10-铂热电偶测温，参考冷端温度为室温21℃，测得

$$E_{AB}(T,21) = 0.465\text{mV}$$

查分度表，E_{AB}（21，0）= 0.119mV，则 E_{AB}（T，0）= 0.465mV + 0.119mV = 0.584mV，反查分度表 T = 92℃。

若直接用 0.465mV 查表，则 T = 75℃。不能将 75℃ + 21℃ = 96℃ 作为实际温度。

（4）冷端温度自动补偿法——电桥补偿法 其原理为：利用电桥在温度变化时的不平衡输出电压（补偿电压）去自动补偿冷端温度变化时对热电偶热电动势的影响，即使 U_{ab}（T_0）= E_{AB}（T_0，0）。

补偿电路如图2-21所示。图中 R_1、R_2、R_3、R_w 为锰铜电阻，阻值几乎不随温度变化，R_{Cu} 为铜电阻，电阻值随温度升高而增大。设计时使 T_0 = 0℃时，$R_1 = R_2 = R_3 = R_{Cu}$，电桥处于平衡状态，电桥输出 $U_{ab} = 0$，对热电偶电动势无影响。$T_0 \neq 0$℃时（设 $T_0 >$

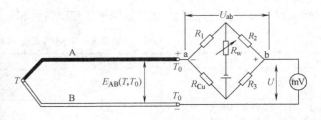

图 2-21 冷端温度自动补偿法

0)，R_{Cu}增大，使电桥不平衡，出现$U_{ab} > 0$，若$U_{ab} = U_{ab}$（T_0）$= E_{AB}$（T_0，0），则热电偶的热电动势得到自动补偿。

冷端温度补偿器一般用4V直流供电，它可以在0~40℃或-20~20℃的范围内起补偿作用。只要T_0的波动不超出此范围，电桥的不平衡输出电压就可以自动补偿冷端温度波动所引起的热电动势的变化。从而可以直接利用输出电压查热电偶分度表以确定被测温度的实际值。

要注意的是：不同材质的热电偶所配的冷端温度补偿器，其限流电阻R_w不一样，互换时必须重新调整。此外，大部分补偿电桥的平衡温度不是0℃，而是20℃。

2.3.5 金属热电阻温度计

热电阻是利用物质的电阻率随温度变化的特性制成的电阻式测温系统。由纯金属热敏元件制作的热电阻称为金属热电阻，由半导体材料制作的热电阻称为半导体热敏电阻。

1. 金属热电阻的工作原理、结构和材料

大多数金属导体的电阻值都随温度而变化（电阻-温度效应），其电阻-温度特性方程为

$$R_t = R_0(1 + \alpha t + \beta t^2 + \cdots) \tag{2-17}$$

式中，R_t、R_0分别为金属导体在t℃和0℃时的电阻值；α、β为金属导体的电阻温度系数。

对于绝大多数金属导体，α、β等并不是一个常数，而是温度的函数。但在一定的温度范围内，α、β等可近似地视为一个常数。不同的金属导体，α、β等电阻温度系数所对应的温度范围不同。选作感温元件的材料应满足如下要求。

1）材料的电阻温度系数α要大，α越大，热电阻的灵敏度越高，纯金属的α比合金的高，所以一般均采用纯金属材料作热电阻感温元件。

2）在测温范围内，材料的物理、化学性质稳定。

3）在测温范围内，α保持常数，便于实现温度表的线性刻度特性。

4）具有比较大的电阻率ρ，以利于减小元件尺寸，从而减小热惯性。

5）特性复现性好，容易复制。

比较适合以上条件的材料有铂、铜、铁和镍等。

2. 铂热电阻

铂的物理、化学性质非常稳定，是目前制造热电阻的最好材料。铂热电阻（WZP）除用作一般工业测温外，主要作为标准电阻温度计，广泛地应用于温度的基准、标准的传递。它是目前测温复现性最好的一种温度计。在国际实用温标中，铂热电阻作为-259.34~630.74℃温度范围内的温度基准。

铂热电阻一般由直径为0.02~0.07mm的铂丝绕在片形云母骨架上构成，且采用无感绕法，其结构见图2-22a，然后装入玻璃或陶瓷管等保护管内，铂丝的引线采用银线，引线用双孔瓷绝缘导管绝缘，见图2-22b。目前，也可采用丝网印刷方法来制作铂热电阻，或采用真空镀膜方法制作铂热电阻。

铂热电阻的测温精度与铂的纯度有关，通常用百度电阻比W（100）表示铂的纯度，即

$$W(100) = \frac{R_{100}}{R_0} \tag{2-18}$$

式中，R_{100}为100℃时铂热电阻的电阻值；R_0为0℃时铂热电阻的电阻值。

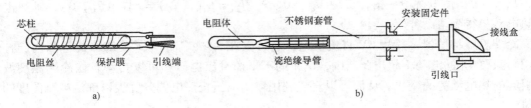

图 2-22 铂热电阻的结构

W（100）越大，表示铂电阻丝纯度越高，测温精度也越高。国际实用温标规定：作为基准器的铂热电阻，其百度电阻比 $W(100) \geqslant 1.39256$，与之相应的铂纯度为 99.9995%，测温精度可达 ±0.001℃，最高可达 ±0.0001℃；作为工业用标准铂热电阻，$W(100) \geqslant 1.391$，在 -200 ~ 0℃ 间其测温精度为 ±1℃，在 0 ~ 100℃ 间为 ±0.5℃，在 100 ~ 650℃ 间为 ±(0.5%)t，t 为被测温度值。

铂丝的电阻值 R 与温度 t 之间关系（电阻-温度特性）可表示为

$$R_t = R_0(1 + At + Bt^2) , 0℃ \leqslant t \leqslant 650℃ \tag{2-19}$$

$$R_t = R_0[(1 + At + Bt^2 + C(t - 100)t^3] , -200℃ \leqslant t \leqslant 0℃ \tag{2-20}$$

式中，R_t、R_0 为温度分别在 t℃ 和 0℃ 时铂电阻的电阻值；A、B、C 为实验测得的常数，与 W（100）有关，在测温范围不大时，电阻-温度特性基本呈线性。

对于常用的工业铂电阻（$W(100) = 1.391$），$A = 3.96847 \times 10^{-3}/℃$，$B = -5.847 \times 10^{-7}/℃$，$C = -4.22 \times 10^{-12}/℃$。

我国铂热电阻的分度号主要为 P_t100 和 P_t50 两种，其 0℃ 时的电阻值 R_0 分别为 100Ω 和 50Ω。此外，还有 R_0 为 1000Ω 的 P_t1000 铂热电阻。

3. 铜热电阻（WZC）

铜丝可用于制作 -50 ~ 150℃ 范围内的工业用电阻温度计。在此温度范围内，铜的电阻值与温度关系接近线性，灵敏度比铂电阻高（$\alpha_铜 = (4.25 \sim 4.28) \times 10^{-3}/℃$），容易提纯得到高纯度材料，复制性能好，价格便宜。但铜易于氧化，一般只用于 150℃ 以下的低温测量和没有水分及无腐蚀性介质中的温度测量，铜的电阻率低（$\rho_铜 = 0.017 \times 10^{-6}Ω \cdot m$，而 $\rho_铂 = 0.0981 \times 10^{-6}Ω \cdot m$），所以铜热电阻的体积较大。

铜热电阻的百度电阻比 $W(100) \geqslant 1.425$，其测温精度在 -50 ~ +50℃ 范围内为 ±0.5℃，在 50 ~ 100℃ 范围内为 ±(1%)t，t 为被测温度值。

铜热电阻的电阻值 R_t，与温度 t 之间关系为

$$R_t = R_0(1 + \alpha t) \tag{2-21}$$

式中，R_t、R_0 为温度分别在 t℃ 和 0℃ 时铜热电阻的电阻值；α 为铜热电阻的电阻温度系数。由上式可见，铜热电阻的电阻值在测温范围内为线性。

标准化铜热电阻的 R_0 一般设计为 100Ω 和 50Ω 两种，对应的分度号分别为 Cu100 和 Cu50。

另外，铁和镍两种金属也有较高的电阻率和电阻温度系数，也可制作成体积小、灵敏度高的热电阻温度计。但由于铁容易氧化，性能不太稳定，故尚未使用。镍的稳定性较好，已被定型生产，用符号 WZN 表示，可测温度范围为 -60 ~ 180℃，R_0 值有 100Ω、300Ω 和 500Ω 三种。

普通型热电阻的结构及接线盒的结构特点、隔爆热电阻接线盒结构、铠装热电阻常用安装形式及接线盒的结构特点与热电偶的相同。

与热电偶类似，热电阻的阻值与温度的一一对应关系都可以从标准数据表中查到，这种表称为热电阻的分度表。

4. 热电阻测量电路

热电阻温度计的测量电路最常用的是电桥电路。由于热电阻的阻值较小，所以连接导线的电阻值不能忽视，对 50Ω 的测温电桥，1Ω 的导线电阻就会产生约 $5℃$ 的误差。为了消除导线电阻的影响，一般采用三线或四线电桥连接法。

图 2-23 是三线连接法原理图。G 为检流计，R_1、R_2、R_3 为固定电阻，R_a 为零位调节电阻。热电阻 R_t 通过电阻为 r_1、r_2、r_3 的三根导线和电桥连接，r_1 和 r_2 分别接在相邻的两桥臂内，当温度变化时，只要它们的长度和电阻温度系数 α 相同，它们的电阻变化就不会影响电桥的状态。电桥在零位调整时，使 $R_4 = R_a + R_{to}$，R_{to} 为热电阻在参考温度（如 $0℃$）时的电阻值。r_3 不在桥臂上，对电桥平衡状态无影响。三线接法中可调电阻 R_a 触头的接触电阻和电桥桥臂的电阻相连，可能导致电桥的零点不稳定。

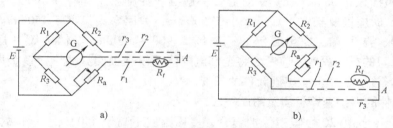

图 2-23　热电阻测温电桥的三线连接法原理图

图 2-24 为四线连接法原理图。调零电位器 R_a 的接触电阻和检流计串联，这样，接触电阻的不稳定不会破坏电桥的平衡和正常工作状态。

热电阻温度计性能最稳定，测量范围广、精度也高。特别是在低温测量中得到了广泛的应用。其缺点是需要辅助电源，且热容量大，限制了它在动态测量中的应用。

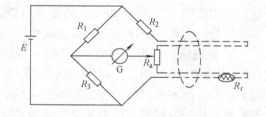

图 2-24　热电阻测温电桥的四线连接法原理图

为了避免在测量过程中流过热电阻的电流产生加热效应，在设计测温电桥时，要使流过热电阻的电流尽量小，一般小于 $10mA$。

2.3.6　一体化温度变送器

随着电子技术的发展，温度检测元件热电偶、热电阻等的检测信号 E_t 或 R_t，通过转换、放大、冷端补偿、线性化等信号调理电路，直接转换成符合 DDZ-Ⅲ 及 DDZ-S 型电动单元组合仪表的 $4 \sim 20mA$ 或 $1 \sim 5V$ 的统一标准信号输出，即温度（温差）变送器。

所谓一体化温度变送器，就是将变送器模块安装在测温元件接线盒或专业接线盒内的一种温度变送器。变送器模块与测温元件形成一个整体，可以直接安装在被测工艺设备上，输出统一标准信号。这种变送器具有体积小、质量轻、现场安装方便等优点，因而在工业生产中得到广泛应用。在石油、化工生产过程中，使用最多的是热电偶温度变送器和热电阻温度变送器。

2.3.7 温度测量仪表的选型原则

在选择温度测量仪表时，一般应考虑以下几个方面。

1. 工艺角度

为满足工艺过程对温度测量的要求，在选型时应主要考虑温度测量范围、测量准确度要求、操作条件要求（就地、远传）、测量对象条件（管道、反应器、炉管、炉膛等）、工艺介质、场所条件（振动、防爆等）、维护方便、可靠性高等内容。

2. 测量范围

温度仪表测量范围必须使正常温度在刻度的 30% ~70% 之间，最高温度不得超过刻度的 90%。

3. 测温元件的插入深度

对于管道，插入管中心附近或过中心线 5 ~10mm。对于容器等设备，一般热电偶插入 400mm，热电阻插入 500mm。加热炉炉膛，一般插入深度小于等于 600mm，当插入深度大于等于 1000mm 时应设支架；炉烟道，小于 500mm；炉回弯头，小于 150mm。对于催化裂化反应沉降器、再生器、烧焦罐等，一般插入 900 ~1000mm。储油罐一般插入 500 ~1000。热电阻的插入深度，应考虑将全部电阻体浸没在被测介质中。双金属温度计浸入被测介质中的长度，必须大于感温元件的长度。

4. 测温元件的保护套管材质及耐压等级

无腐蚀介质，选用 20 号碳钢保护套管，使用温度不高于 450℃；一般腐蚀性介质，例如 H_2S 等，选用 1Cr18Ni9Ti 不锈钢；含氢氟酸介质，选用蒙乃尔（MONEL）合金；高温介质，选用 Cr25Ti 不锈钢，使用温度不高于 1000℃；高温轻腐蚀介质，A 选用 Cr25Ni20 不锈钢，使用温度不高于 1000℃；高温微压或常压介质，选用钢玉，使用温度不高于 1600℃。保护套管的耐压等级应与工艺管线或设备的耐压等级一样，并符合制造厂家的规定。

5. 热电偶、热电阻形式的选择

一般指示采用单式热电偶、热电阻，同时用于调节和指示的热电偶、热电阻采用双式或两个单式。防水式接线盒用于室外安装或室内潮湿以及有腐蚀性气体的场合。防爆热电偶、热电阻，用于有爆炸危险的场合，一般热电偶、热电阻（包括单、双式）为 M33×2 固定螺纹。设备安装上采用 DN25 管道，PN 高于或等于设备压力等级的法兰。

任务四 温度控制系统的安装与调试

2.4.1 温度仪表的安装

在使用膨胀式温度计、热电偶温度计、热电阻温度计等接触式温度计进行温度测量时，均会遇到具体的安装问题。如果温度计的安装不符合要求，往往会引入一定的测量误差，因此，温度计的安装必须按照规定要求进行。

接触式温度计测得的温度都是由测温元件决定的。在正确选择了测温元件和显示仪表之后，测温元件的正确安装，是提高温度测量精度的重要环节。工业上，一般按下列要求进行安装。

1. 正确选择测温点

由于接触式温度计的感温元件是与被测介质进行热交换来测量温度的，因此，必须使感温元件与被测介质能进行充分的热交换。感温元件放置的方式与位置应有利于热交换的进行，不应把感温元件插至被测介质的死角区域。

2. 测温元件应与被测介质充分接触

应保证足够的插入深度，尽可能使受热部分增长。对于管路测温，双金属温度计的插入长度必须大于敏感元件的长度；温包式温度计的温包中心应与管中心线重合；热电偶温度计保护套管的末端应越过管中心线 5 ~ 10mm；热电阻温度计的插入深度在减去感温元件的长度后，应为金属保护管直径的 15 ~ 20 倍，非金属保护管直径的 10 ~ 15 倍。为增加插入深度，可采用斜插安装，当管径较细时，应插在弯头处或加装扩大管。根据生产实践经验，无论多粗的管道，温度计的插入深度为 300mm 已足够，但一般不应小于温度计全长的 2/3。

测温元件应迎着被测介质流向插入，至少要与被测介质流向正交（成90°）安装，切勿与被测介质形成顺流。温度仪表的常见安装方法如图 2-25 所示。

　　a) 垂直管道轴线的安装法　　　　b) 倾斜管道轴线的安装法　　　　c) 弯曲管道上的安装法

图 2-25　温度仪表的常见安装方法

热电偶取源部件的安装事项与热电阻取源部件安装事项基本相同，安装方式也相同。另外，热电偶取源部件的安装位置应远离强磁场。其典型安装方式详见图 2-26。

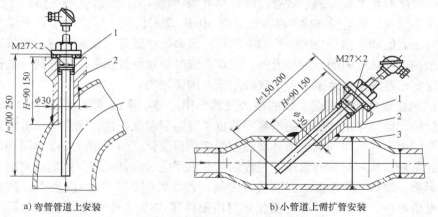

　　a) 弯管管道上安装　　　　　　　　b) 小管道上需扩管安装

图 2-26　热电偶（阻）的安装
1—垫片　2—45°角连接头　3—温度计扩大管

2.4.2　热电阻的安装

热电阻感温元件俗称电阻体。电阻体在工艺管道上的安装方式一般采用螺纹连接方式；对于在工艺设备、衬里管道、有色金属或非金属管道上的安装，或被测介质为强腐蚀性介质的不锈钢管道或设备上的安装，应选用法兰连接方式，或采用螺纹-法兰连接方式。

螺纹式连接，常用螺纹规格公制为 M27×2，英制为 G3/4″，也有用 G1/2″。法兰式连接：法兰的规格、形式应参照管道（或设备）法兰或参照电阻体连接法兰来选取配套法兰。

直形或角形螺纹连接头和法兰的材质原则上与管道（设备）材质相同或优于管道（设备）材质。

（1）温度取源部件的安装　温度取源部件安装位置应选择在工艺介质温度变化灵敏并具有代表性的地方，不宜选在阀门、节流部件的附近和介质流束的盲区及振动较大的地方。

温度取源部件在工艺管道上安装，当工艺管道管径较大时，通常采用垂直安装方式，取源部件轴线应与工艺管道轴线垂直相交。当工艺管道管径较小时，为增大热传导接触面积，宜采取倾斜安装方式，取源部件的轴线应逆着工艺介质流向，并与工艺管道轴线相交。当取源部件在工艺管道的拐弯处安装时，宜逆着工艺介质流向，取源部件轴线应与工艺管道轴线相重合。

当工艺管道公称通径小于 DN80 时，取源部件需要安装在扩大管上，导径管的安装方式应符合设计文件规定。

安装取源部件的开孔不宜在工艺设备和管道的焊缝处。在高压、合金钢、有色金属工艺管道和设备上开孔，应采用机械加工的方法，不可用火炬切割。

取源部件的安装应在工艺管道预制、安装的同时进行，尤其是防腐、衬里管道和砌体及混凝土浇筑体上的取源部件，应预埋、预留。开孔和焊接工作必须在设备、管道的防腐衬里和压力试验前完成。

焊接方式应符合工艺管道焊接专业的要求，焊条材质标号的选择应根据管道和取源部件的材质来确定。

热电阻温度测量系统组成形式有三种：热电阻-电缆-显示仪表、热电阻一体化温度变送器-电缆-显示仪表、热电阻-电缆-温度变送器-电缆-显示仪表。后两种形式内设有温度变送器，温度变送器的输出信号为统一标准电信号，该系统中的显示仪表为通用性仪表。第一种形式的显示仪表与热电阻的分度号有关，组装系统时必须保持两者分度号的一致性。后两种形式的温度变送器的量程范围与显示仪表示值范围要相同。

（2）热电阻温度测量线路三线制接法及其作用　热电阻温度测量是将温度值转换成电阻值来测量的，而用于信号传输的电缆导线也具有电阻温度特性，测量系统的线路电阻因传输距离的不同而不同，线路电阻随环境温度的变化而变化。为了消除线路电阻和环境温度对温度测量的影响，线路电缆通常采用三线制，并采用电桥测量电路，削弱线路电阻变化对温度测量的影响。以热电阻动圈式温度仪表为例，接线如图 2-27 所示。动圈式测量仪表的检测电路为电桥电路。电桥设计时，已预先将电阻体零位电阻 R_t 和电缆线路电阻 r_1、r_2（或 r_3）作为电桥相邻两个桥臂电阻中的组成部分，从图 2-27 可知，4 只桥臂分别为 $R_1 + r_1 + R_t$、$R_2 + r_2$、R_3、R_4。仪表刻度的零位示值不一定都是 0℃，可能是 50℃、100℃……，压缩仪表的量程范围有利于减小示值的基本误差，仪表桥路的设计是根据用户对量程范围的需求而研制的。产品设计规定线路电阻 r_1、r_2、r_3 均为 5Ω，电阻体的电阻值为仪表零位示值温度相对应的分度值。当电阻体处在零位示值温度的条件下时，电桥相邻两桥臂的电阻值应相等（即 $R_1+r_1+R_t=R_2+r_2$，$R_3=R_4$），桥路处于平衡，即电桥输出信号 $U_{ab}=DC0V$，显示仪表的示值为零位温度值，或者称为仪表的起始点温度。从图 2-27 可知，线路电阻 r_1、r_2、r_3 均处在环境温度下，当环境温度发生变化时，线路电阻的电阻值受环境温度的影响会发生相应变化，r_1、r_2 电阻的变化同时作用

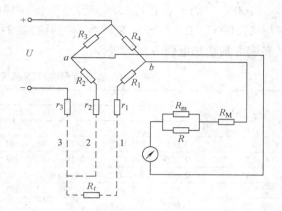

图 2-27　热电阻动圈式温度仪表三线制接法

于电桥中相邻的两个桥臂，对电桥的输出信号 U_{ab} 不产生影响。线路电阻 r_3 接入供电线路，对测量也不会产生影响，因此，三线制接法的作用在于补偿环境温度对测量示值的影响。

线路电阻的测量有多种方法，以用惠斯登电桥测量线路电阻为例，分别将导线 1 与 2、导线 2 与 3、导线 3 与 1 的一端短接，经测量，导线 1 与导线 2 的电阻值为 a，导线 2 与导线 3 的电阻值为 b，导线 3 与导线 1 的电阻值为 c，通过三元联立方程，即可求得每根导线的电阻值：

导线 1 的电阻　　　　　　　　　$r_1=(a+c-b)/2$

导线 2 的电阻　　　　　　　　　$r_2=(a+b-c)/2$

导线 3 的电阻　　　　　　　　　$r_3=(b+c-a)/2$

当所测导线电阻不足 5Ω 时，可通过接线端子上的调整电阻将各线路电阻补齐为 5Ω。如果采用电子自动平衡电桥作为电阻体的测量仪表，规定接入电子自动平衡电桥的导线线路电阻均为 2.5Ω。

2.4.3　热电偶的安装

热电偶温度测量系统组成形式，除了由热电偶一体化温度变送器-电缆-显示仪表所组成的系统不用补偿导线外，其他组成形式，如热电偶-补偿导线-温度变送器-电缆-显示仪表，热电偶-补偿导线-专用显示仪表，热电偶-补偿导线-冷端补偿器-电缆-显示仪表都采用补偿导线。

从温度测量系统组成形式来说，安装工作应注意以下几点：首先应查核热电偶、温度变送器、冷端补偿器、专用显示仪表和补偿导线的分度号，分度号必须一致；接线之前应仔细分辨热电偶、补偿导线和相关仪表设备的极性，正、负极不可接反。

（1）热电偶分度号和极性判断　如果热电偶接线盒上无分度号标志牌，接线端子上无"＋"、"－"标记，或者补偿导线的型号不清，可查阅相关线芯颜色和绝缘层颜色的材料来辨别热电偶、补偿导线的分度号及"＋"、"－"极性。

如果对上述内容仍存疑问，可靠办法是实测热电偶、补偿导线在沸水（约 $100℃$）中的热电动势。辨别方法是将热电偶的工作端或将补偿导线的两根芯线的一端缠绕拧紧，作为工作端置于沸水保温瓶中，将另一端的两根芯线作为冷端，接入数字电压表，记录实测数据

$E_{实}$（100℃、t_0），根据冷端环境温度 t_0，并参考表 2-9 查 $E_{冷}$（t_0，0℃），代入式（2-22）求得 E（100℃，0℃）时的毫伏数，然后查表 2-9 可知分度号，同时，在测试过程中，用测试表笔可判断热电偶电极的极性。

表 2-9　各分度号在环境温度范围内温度与毫伏对照表

分度号	t_0								
	0	5	10	15	20	25	30	35	40
	$E(t_0,0℃)/\text{mV}$								
S	0.000	0.027	0.055	0.084	0.113	0.143	0.173	0.204	0.235
R	0.000	0.027	0.054	0.082	0.111	0.141	0.171	0.201	0.232
B	0.000	-0.001	-0.002	-0.002	-0.003	-0.002	-0.002	-0.001	-0.000
K	0.000	0.198	0.397	0.597	0.798	1.000	1.203	1.407	1.612
N	0.000	0.130	0.261	0.393	0.525	0.659	0.793	0.928	1.065
E	0.000	0.294	0.591	0.890	1.192	1.495	1.801	2.103	2.420
J	0.000	0.253	0.507	0.762	1.019	1.277	1.537	1.797	2.059
T	0.000	0.195	0.391	0.589	0.790	0.992	1.196	1.403	1.612
WRe3-WRe25	0.000	0.048	0.098	0.148	0.199	0.252	0.305	0.359	0.415

注：WRe3～WRe25　E（100℃，0℃）＝1.145mV。

$$E(100℃,0℃) = E_{实}(100℃,t_0) + E_{冷}(t_0,0℃) \tag{2-22}$$

从表 2-9 所示数据比较，分度号 S、R 数据十分接近，现场施工条件有限，难以分辨。要区别 S、R 只有送到计量检定室，通过检定来确定。

（2）线路电阻配置　线路电阻的配置应根据测量仪表的要求来确定，如果采用动圈式指示仪作为显示仪表，动圈式指示仪是通过热电动势产生的电流来测量温度的。热电偶线路工作在稳定的温度（t，t_0）条件下，虽然热电动势不变，但由于测温系统的组成和线路不相同，线路的电阻值各异，因此，流过动圈的电流值不相等，将产生一定的测量误差。为了保证仪表测量的准确性，特规定了外接线路的电阻值为 15Ω。外接线路电阻包括热电偶电阻、补偿导线电阻、冷端补偿电桥的等效电阻、电缆铜导线电阻和外接线路调整电阻 R_c 之总和，即：

$$R_{外} = R_{热} + R_{补} + R_{桥} + R_{铜} + R_c = 15Ω， \tag{2-23}$$

如果现场没有设冷端补偿电桥，则 $R_{外}$ 值为：

$$R_{外} = R_{热} + R_{补} + R_c = 15Ω \tag{2-24}$$

R_c 为接线端子排上的调整电阻，用锰铜丝双线绕制而成。

线路电阻的测量是在外接线路完成接线后，在线路未送电的条件下，先测量不包括 R_c 在内的外接线路电阻，外接线路不足 15Ω 的那部分电阻，可调整 R_c 电阻使之补齐为 15Ω。

补偿导线应穿管敷设，保护管之间的连管应保持良好的电气连续性，保护管与热电偶接线盒之间用金属软管连接。采用带屏蔽层的补偿导线电缆，屏蔽层应一端接地。

2.4.4　热电偶的误差分析和故障处理

1. 热电偶的误差分析

在热电偶测温过程中，测量结果存在一定的误差，其主要原因有以下几方面。

（1）热交换引起的误差　在实际测温时，热电偶通常有保护管，使热电极的测量端难以与被测对象直接接触，产生导热损失；另外，热电偶及其保护管向周围环境还有热辐射损失，从而造成了热电偶测量端和被测对象之间的温度误差。

为减小该误差可采取的措施有：

1）设备外部敷设绝缘层，减小设备壁与被测介质的温差。

2）测量较高温度时，热电偶与器壁之间加装屏蔽罩，消除器壁与热电偶之间的直接辐射作用。

3）尽可能减小热电偶保护管的外径。

4）增加热电偶的插入深度。

5）测量流动介质时，将测量端插到流速最高处，保证介质与热电偶之间的传热。

（2）热惯性引起的误差 在测量变化较快的温度时，由于热电偶存在有热惯性，其温度的变化跟不上被测对象的变化，从而产生动态测量误差。

为减小该误差可采取的措施：

1）采用小惯性热电偶。

2）把热电极的测量端直接焊在保护管的底部，或热电极的测量端露出保护管，并采取对焊，以尽量减小热电偶的热惯性。

（3）热电特性变化引起的误差 在使用过程中，由于氧化腐蚀和挥发、弯曲应力以及高温下再结晶等导致热电特性发生变化，形成分度误差。因此，对热电偶要进行定期检查和校验。

2. 热电偶的故障处理

热电偶与显示仪表配套组成测温系统来测量温度。如果出现故障，且被判断是在热电偶回路方面，则可按故障现象来分析原因，对热电偶及连接导线等部分进行检查和修复。

热电偶的常见故障原因及处理方法见表 2-10。

从外观上鉴别热电偶的损坏程度以及处理方法见表 2-11。

表 2-10 热电偶的常见故障原因及处理方法

故 障 现 象	可 能 原 因	处 理 方 法
热电动势比实际值小（显示仪表指示值偏低）	热电极短路	找出短路原因，如因潮湿所致，则需进行干燥；如因绝缘子损坏所致，则需更换绝缘子
	热电偶的接线柱处积灰，造成短路	清扫积灰
	补偿导线线间短路	找出短路点，加强绝缘或更换补偿导线
	热电偶热电极变质	在长度允许的情况下，剪去变质段重新焊接，或更换新热电偶
	补偿导线与热电偶极性接反	重新接正确
	补偿导线与热电偶不配套	更换相配套的补偿导线
	热电偶安装位置不当或插入深度不符合要求	重新按规定安装
	热电偶冷端温度补偿不符合要求	调整冷端补偿器
	热电偶与显示仪表不配套	更换热电偶或显示仪表使之相配套
热电动势比实际值大（显示仪表指示值偏高）	热电偶与显示仪表不配套	更换热电偶或显示仪表使之相配套
	补偿导线与热电偶不配套	更换补偿导线使之相配套
	有直流干扰信号进入	排除直流干扰
热电动势输出不稳定	热电偶接线柱与热电极接触不良	将接线柱螺丝拧紧
	热电偶测量线路绝缘破损，引起断续短路或接地	找出故障点，修复绝缘
	热电偶安装不牢或外部震动	紧固热电偶，消除震动或采取减震措施
	热电极将断未断	修复或更换热电偶
	外界干扰（交流漏电、电磁场感应等）	查出干扰源，采取屏蔽措施或接地

（续）

故 障 现 象	可 能 原 因	处 理 方 法
热电偶热电动势误差大	热电极变质	更换热电极
	电偶安装位置不当	改变安装位置
	保护管表面积灰	清除积灰

表 2-11　热电偶的损坏鉴别及处理方法

损坏程度	铂铑 10-铂热电偶（贵金属）		廉价金属热电偶	
	外观	处理方法	外观	处理方法
轻度	呈现灰白色，有少量光泽	清洗和退火，鉴定合格后使用	有白色泡沫	将损坏段截掉或将热端和冷端对调，焊好并鉴定合格后使用
中度	呈现乳白色，无光泽		有黄色泡沫	
较严重	呈现黄色，硬化	热电特性变坏，应予以报废	有绿色泡沫	热电特性变坏，应予以报废
严重	呈现黄色、脆、有麻面		硬化成糟渣	

2.4.5　热电阻的误差分析和故障处理

1. 热电阻的误差分析

热电阻测温产生的误差与热电偶测温产生误差的原因大致相同，不同点如下：

1）动态误差。由于电阻体的体积较大，热容量大，故其动态误差就比热电偶大，这也制约了热电阻在快速测温中的应用。

2）导线电阻变化与热电阻阻值变化产生叠加，引起测量误差。采用三线制连接方法，可以减小误差。

3）热电阻通电发热引起误差。

2. 热电阻的故障处理

在运行中，热电阻的常见故障及处理方法见表 2-12。

表 2-12　热电阻的常见故障及处理方法

故障现象	可能原因	处理方法
显示仪表示值偏低或示值不稳	保护管内有金属屑或灰尘 接线柱间积灰以及热电阻短路	除去灰尘，清扫灰尘 找出短路点，加好绝缘
显示仪表指示无穷大	热电阻或引出线短路	更换热电阻或焊接断线处（焊毕要校验）
显示仪表指示无穷小	显示仪表与热电阻接线有误或热电阻短路	改正接线，找出短路处，加好绝缘
阻值与温度的关系有变化	热电阻材料受腐蚀变质	更换热电阻

2.4.6　控制参数的整定

控制系统进入调试后，控制器的正反作用必须先确定。如本章开始引入的热水炉恒温控制系统控制器正反作用的确定如图 2-28 所示。

控制回路投运后，应根据工艺过程的特点，进行控制器参数的整定，直到满足工艺控制和控制品质的要求。

1. 系统整定的目的

一个控制系统的过渡过程或者控制质量，与被控对象的特性、扰动的形式与大小、控制

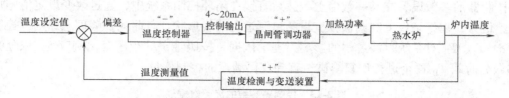

图 2-28　热水炉恒温控制各环节的正反作用

方案的确定及控制器参数的整定有着密切的关系。在控制方案、广义对象的特性、扰动位置、控制规律都已确定的情况下，系统的控制质量主要取决于控制系统的参数整定。所谓控制系统的整定，就是对于一个已经设计并安装就绪的控制系统，通过控制器参数（δ、T_I、T_D）的调整，使得系统的过渡过程达到最为满意的质量指标要求。具体来说，就是确定控制器最合适的比例度 δ、积分时间 T_I 和微分时间 T_D，因此控制系统的整定又称为控制器参数整定。当然，这里所谓最好的控制质量不是绝对的，是根据工艺生产的要求而提出的所期望的控制质量。例如，对于简单控制系统，一般希望过渡过程是呈 4:1（或 10:1）的衰减振荡过程。

但是，决不能因此而认为控制器参数整定是万能的。对于一个控制系统来说，如果对象特性不好，控制方案选择得不合理，或者仪表选择和安装不当，那么无论怎样整定控制器参数，也是达不到质量指标要求的。因此，只能说在一定范围内（方案设计合理、仪表选型安装合适等），控制器参数整定的合适与否，对控制质量具有重要的影响。

有一点必须加以说明，那就是对于不同的系统，整定的目的、要求可能是不一样的。例如，对于定值控制系统，一般要求过渡过程呈 4:1 的衰减变化；而对于比值控制系统，则要求整定成振荡与不振荡的边界状态；对于均匀控制系统，则要求整定成幅值在一定范围内变化的缓慢的振荡过程。这些都将在后续项目分别给予介绍。

对于简单控制系统，控制器参数整定的要求，就是通过选择合适的控制器参数（δ、T_I、T_D），使过渡过程呈现 4:1（或 10:1）的衰减过程。

2. 控制器参数整定的方法

控制器参数整定的方法很多，归结起来可分为两大类：理论计算法和工程整定法。理论计算法，是根据已知的广义对象特性及控制质量的要求，通过理论计算求出控制器的最佳参数。由于这种方法比较繁琐、工作量大，计算结果有时与实际情况不甚符合，故在工程实践中长期没有得到推广和应用。

工程整定法，是在已经投运的实际控制系统中，通过试验或探索来确定控制器的最佳参数。与理论计算方法不同，工程整定法一般不要求知道对象特性这一前提，它是直接在闭合的控制回路中对控制器参数进行整定的。这种方法是工程技术人员在现场经常使用的方法，具有简捷、方便和易于掌握的特点，因此，工程整定法在工程实践中得到了广泛的应用。

下面介绍几种常用的工程整定法。

（1）经验凑试法　经验凑试法是按被控变量的类型（即按液位、流量、温度和压力等分类）提出控制器参数的合适范围。它是在长期的生产实践中总结出来的一种工程整定方法。

可根据表 2-13 列出的被控对象的特点确定控制器参数的范围。经验凑试法可根据经验先将控制器的参数设置在某一数值上，然后直接在闭环控制系统中，通过改变设定值施加扰动试验信号，在记录仪上观察被控变量的过渡过程曲线形状。若曲线不够理想，则以控制器参数 δ、T_I、T_D 对系统过渡过程的影响为理论依据，按照规定的顺序对比例度 δ、积分时间 T_I 和微分时间 T_D 逐个进行反复凑试，直到获得满意的控制质量。

表 2-13　控制器参数的经验数据表

被控变量	被控对象特点	比例度 δ/%	积分时间 T_I/min	微分时间 T_D/min
液位	一般液位质量要求不高,不用微分	20 ~ 80	—	—
压力	对象时间常数一般较小,不用微分	30 ~ 70	0.4 ~ 3.0	—
流量	对象时间常数小,参数有波动,并有噪声。比例度 δ 应较大,积分 T_I 较小,不使用微分	40 ~ 100	0.1 ~ 1	—
温度	多容过程,对象容量滞后较大,比例度 δ 应小,积分 T_I 要长,应使用微分	20 ~ 60	3 ~ 10	0.5 ~ 3.0

表 2-13 给出的数据只是一个大体范围，实际中有时变动较大。例如，流量控制系统的 δ 值有时需在 200% 以上；有的温度控制系统，由于容量滞后大，T_I 往往要在 15min 以上。另外，选取 δ 值时应注意测量部分的量程和控制阀的尺寸，如果量程小（相当于测量变送器的放大系数 K_m 大）或控制阀的尺寸选大了（相当于控制阀的放大系数 K_V 大），δ 应适当选大一些，即 K_c 小一些，这样可以适当补偿 K_m 大或 K_V 大带来的影响，使整个回路的放大系数保持在一定范围内。

控制器参数凑试的顺序有两种方法。一种认为比例作用是基本的控制作用，因此首先用纯比例作用进行凑试，把比例度凑试好，待过渡过程已基本稳定并符合要求后，再加积分作用以消除余差，最后加入微分作用以进一步提高控制质量。其具体步骤如下所述。

1）置控制器积分时间 $T_I = \infty$，微分时间 $T_D = 0$，选定一个合适的 δ 值作为起始值，将系统投入自动运行状态，整定比例度 δ。改变设定值，观察被控变量记录曲线的形状。若曲线振荡频繁，则加大比例度 δ；若曲线超调量大且趋于非周期过程，则减小 δ，求得满意的 4:1 过渡过程曲线。

2）δ 值调整好后，如要求消除余差，则要引入积分作用。一般积分时间可先取为衰减周期的一半值（或按表 2-13 给出的经验数据范围选取一个较大的 T_I 初始值，将 T_I 由大到小进行整定）。并在积分作用引入的同时，将比例度增加 10% ~ 20%，看记录曲线的衰减比和消除余差的情况，如不符合要求，再适当改变 δ 和 T_I 值，直到记录曲线满足要求为止。

3）如果是三作用控制器，则在已调整好 δ 和 T_I 的基础上再引入微分作用。引入微分作用后，允许把 δ 和 T_I 值缩小一点。微分时间 T_D 也要在表 2-13 给出的范围内凑试，并由小到大加入。若曲线超调量大而衰减慢，则需增大 T_D；若曲线振荡厉害，则应减小 T_D。反复调试直到求得满意的过渡过程曲线（过渡过程时间短，超调量小，控制质量满足生产要求）为止。

另一种整定顺序的出发点是：比例度 δ 与积分时间 T_I 在一定范围内相匹配，可以得到相同衰减比的过渡过程。这样，比例度 δ 的减小可以用增大积分时间 T_I 来补偿，反之亦然。若需引入微分作用，可按以上所述进行调整，将控制器参数逐个进行反复凑试。

总之，在用经验法整定控制器参数的过程中，要以 δ、T_I、T_D 对控制质量的影响为依据，看曲线调参数，不难使过渡过程达到两个周期即基本稳定，使控制质量满足工艺要求。成功使用经验法整定控制器参数的关键是"看曲线，调参数"。因此，必须依据曲线正确判断，正确调整。一般来说，这样凑试可较快地找到合适的参数值。

　　经验法的特点是方法简单，适用于各种控制系统，因此应用非常广泛。特别是外界扰动作用频繁，记录曲线不规则的控制系统，采用此法最为合适。但此法主要是靠经验，经验不足者会花费很长的时间。另外，同一系统，出现不同组参数的可能性增大。

　　（2）临界比例度法　临界比例度法又称稳定边界法，是目前应用较广的一种控制器参数整定方法。临界比例度法是在闭环的情况下进行的，首先让控制器在纯比例作用下，通过现场试验找到等幅振荡过程（即临界振荡过程），得到此时的临界比例度和临界振荡周期，再通过简单的计算求出衰减振荡时控制器的参数。其具体步骤如下所述。

　　1）设置 $T_I = \infty$ ，$T_D = 0$ ，根据广义过程特性选择一个较大的 δ ，并在工况稳定的前提下将控制系统投入自动运行状态。

　　2）将被控变量的设定值作一个小幅度的阶跃变化，观察记录曲线，此时应是一个衰减过程曲线。从大到小地逐步改变比例度 δ ，再做设定值阶跃扰动试验，直至系统产生等幅振荡（即临界振荡）为止，如图2-29所示。这时的比例度称为临界比例度 δ_K ，周期则称为临界振荡周期 T_K 。

　　3）根据 δ_K 和 T_K 这两个试验数据，按表2-14所列的经验公式，计算出使过渡过程呈4:1衰减振荡时控制器的各参数整定数值。

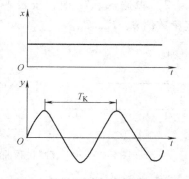

图2-29　临界比例度法实验曲线

　　4）先将 δ 放在比计算值稍大一些（一般大20%）的数值上，再依次按已选定的控制规律放上积分时间和微分时间，最后，再将 δ 减小到计算数值上。如果这时加入设定值阶跃扰动，过渡过程曲线不够理想，还可适当微调控制器参数值，直到达到满意的4:1衰减振荡过程为止。

表 2-14　临界比例度法整定控制器参数经验公式

控制规律	控制器参数		
	比例度 δ/%	积分时间 T_I/min	微分时间 T_D/min
P	$2\delta_K$	——	——
PI	$2.2\delta_K$	$0.85T_K$	——
PID	$1.7\delta_K$	$0.5T_K$	$0.13T_K$

　　临界比例度法简单方便，容易掌握和判断，目前使用的比较多，适用于一般的控制系统。但使用时要注意以下几个问题。

　　1）对于工艺上不允许被控变量有等幅振荡的，不能采用此法。此外，这种方法只适用于二阶以上的高阶过程或是一阶加纯滞后的过程；在纯比例控制的情况下，系统将不会出现等幅振荡，因此，这种方法也就无法应用了。

　　2）此法的关键是准确地测定临界比例度 δ_K 和临界振荡周期 T_K ，因此控制器的刻度和记录仪均应调校准确。

　　3）当控制通道的时间常数很大时，由于控制系统的临界比例度很小，则控制器输出的变化一定很大，被控变量容易超出允许范围，影响生产的正常进行。因此，对于临界比例度 δ_K 很小的控制系统，不宜采用此法进行控制器的参数整定。

在一些不允许或不能得到等幅振荡的场合，可考虑采用衰减曲线法。两者的唯一差异，仅在于后者以在纯比例作用下获取 4:1 或 10:1 振荡曲线为参数整定的依据。

（3）衰减曲线法　衰减曲线法是针对经验法和临界比例度法的不足，并在它们的基础上经过反复实验而推导出的、通过使系统产生 4:1 或 10:1 的衰减振荡来整定控制器参数值的一种整定方法。

如果要求过渡过程达到 4:1 的递减比，其整定步骤如下所述。

1）在闭环的控制系统中，先将控制器设置为纯比例作用（$T_I = \infty$，$T_D = 0$），并将比例度 δ 预置在较大的数值（一般为 100%）上。在系统稳定后，用改变设定值的办法加入阶跃扰动，观察被控变量记录曲线的衰减比，然后逐步减小比例度，直至出现如图 2-30 所示的 4:1 衰减振荡过程为止。记下此时的比例度 δ_S 及衰减振荡周期 T_S。

2）根据 δ_S、T_S 值，按表 2-15 所列的经验公式计算出采用相应控制规律的控制器的整定参数值 δ、T_I、T_D。

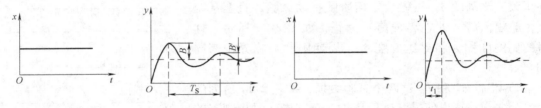

图 2-30　4:1 衰减过程曲线图　　　　　　　图 2-31　10:1 衰减过程曲线

3）先将比例度放到比计算值稍大一些的数值上，然后把积分时间放到求得的数值上，慢慢放上微分时间，最后把比例度减小到计算值上，观察过渡过程曲线，如不太理想，可做适当调整。如果衰减比大于 4:1，δ 应继续减小；而当衰减比小于 4:1 时，δ 则应增大，直至过渡过程呈现 4:1 衰减时为止。

表 2-15　4:1 衰减曲线法整定控制器参数经验公式

控制规律	控制器参数		
	比例度 δ/%	积分时间 T_I/min	微分时间 T_D/min
P	δ_S	—	—
PI	$1.2\delta_S$	$0.5T_S$	—
PID	$0.8\delta_S$	$0.3T_S$	$0.1T_S$

对于反应较快的小容量过程，如管道压力、流量及小容量的液位控制系统等，在记录曲线上读出 4:1 衰减比与求 T_S 均比较困难，此时可根据指针的摆动情况来判断。如果指针来回摆动两次就到稳定状态，即可认为已达到 4:1 的过渡过程，来回摆动一次的时间即为 T_S。根据此时的 T_S 和控制器的 δ_S 值，按表 2-15 可计算控制器参数。

对于多数过程控制系统，可认为 4:1 衰减过程即为最佳过渡过程。但是，有些实际生产过程（如热电厂的锅炉燃烧等控制系统），对控制系统的稳定性要求较高，认为 4:1 衰减太慢，振荡过强，此时宜采用衰减比为 10:1 的衰减过程，对应曲线如图 2-31 所示。

10:1 衰减曲线法整定控制器参数的步骤与 4:1 衰减曲线法的完全相同，仅仅是采用的计算公式有些不同。此时需要求取 10∶1 衰减时的比例度 δ'_S 和从 10∶1 衰减曲线上求取过渡过程达到第一个波峰时的上升时间 t_r（因为曲线衰减很快，振荡周期不容易测准，故改为测上升时间 t_r）。有了 δ'_S 及 t_r 两个实验数据，查表 2-16 即可求得控制器应该采用的参数值。

表 2-16　10∶1 衰减曲线法整定控制器参数经验公式

控制规律	控制器参数		
	比例度 $\delta/\%$	积分时间 T_I/min	微分时间 T_D/min
P	δ'_S	—	—
PI	$1.2\delta'_S$	$2t_r$	—
PID	$0.8\delta'_S$	$1.2t_r$	$0.4t_r$

衰减曲线法测试时的衰减振荡过程时间较短，对工艺影响也较小，因此易为工艺人员所接受。而且这种整定方法不受过程特性阶次的限制，一般工艺过程都可以应用，因此这种整定方法的应用较为广泛，几乎可以适用于各种应用场合。

采用衰减曲线法整定控制器参数时，必须注意以下几点。

1）加扰动前，控制系统必须处于稳定状态，且应校准控制器的刻度和记录仪，否则不能测得准确的 δ_S、t_r 或 δ'_S 及 t_r 值。

2）所加扰动的幅值不能太大，要根据生产操作的要求来定，一般为设定值的 5% 左右，而且必须与工艺人员共同商定。

3）对于反应快的系统，如流量、管道压力和小容量的液位控制等，要在记录曲线上得到准确的 4∶1 衰减曲线比较困难。一般来说，被控变量来回波动两次达到稳定，就可以近似地认为达到 4∶1 衰减过程了。

4）如果过渡过程波动频繁，难于记录下准确的比例度、衰减周期或上升时间，则应改用其他方法。

3. 看曲线调参数

一般情况下，按照上述规律即可调整控制器的参数。但有时仅从作用方向还难以判断应调整哪一个参数，这时，需要根据曲线形状进一步地判断。

如过渡过程曲线过度振荡，可能的原因有比例度过小、积分时间过小或微分时间过大等。这时，优先调整哪一个参数就是一个问题。图 2-32 所示为这三种原因引起的振荡的区别：由积分时间过小引起的振荡，周期较大，如图中曲线 a 所示；由比例度过小引起的振荡，周期较短，如图中曲线 b 所示；由微分时间过大引起的振荡，周期最短，如图中曲线 c 所示。判明原因后，做相应的调整即可。

再如，比例度过大或积分时间过大，都可使过渡过程的变化较缓慢，这时也需正确判断后再做调整。图 2-33 所示为这两种原因引起的波动曲线。通常，积分时间过大时，曲线呈非周期性变化，缓慢地回到设定值，如图中曲线 a 所示；如为比例度过大，曲线虽不很规则，但波浪的周期性较为明显，如图中曲线 b 所示。

4. 三种控制器参数整定方法的比较

上述三种工程整定方法各有优缺点。经验法简单可靠，能够应用于各种控制系统，特别适合扰动频繁、记录曲线不太规则的控制系统；缺点是需反复凑试，花费时间长。同时，由于经验法是靠经验来整定的，是一种"看曲线，调参数"的整定方法，所以对于不同经验水平的人，对同一过渡过程曲线可能有不同的认识，从而得出不同的结论，整定质量不一定

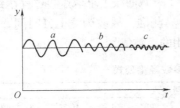

图 2-32　三种振荡曲线的比较

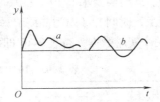

图 2-33　比例度过大、积分时间过大时的曲线

高。因此，对于现场经验较丰富、技术水平较高的人，此法较为合适。

临界比例度法简便而易于判断，整定质量较好，适用于一般的温度、压力、流量和液位控制系统；但对于临界比例度很小，或者工艺生产约束条件严格、对过渡过程不允许出现等幅振荡的控制系统不适用。

衰减曲线法的优点是较为准确可靠，而且安全，整定质量较高，但对于外界扰动作用强烈而频繁的系统，或由于仪表、控制阀工艺上的某种原因而使记录曲线不规则，或难于从曲线上判断衰减比和衰减周期的控制系统不适用。

因此在实际应用中，一定要根据过程的情况与各种整定方法的特点，合理选择使用。

5. 负荷变化对整定结果的影响

需要特别指出的是，在生产过程中，工艺条件的变动，特别是负荷变化会影响过程的特性，从而影响控制器参数的整定结果。因此，当负荷变化较大时，此时在原生产负荷下整定好的控制器参数已不能使系统达到规定的稳定性要求，此时，必须重新整定控制器的参数值，以求得新负荷下合适的控制器参数。

思考与练习二

2-1　什么是温标，常用温标有哪几种？现在执行的是哪种国际实用温标？各温标之间的转换关系如何？

2-2　玻璃液体温度计为什么常选用水银做工作液？怎样提高其测量上限？

2-3　双金属温度计是怎样工作的？它有什么特点？

2-4　三种压力式温度计的温包内分别充灌的是什么物质？它们是怎样工作的？

2-5　什么是热电效应？热电偶测温回路的热电动势由哪两部分组成？

2-6　已知分度号为 S 的热电偶冷端温度为 $t_0 = 20℃$，现测得热电动势为 $11.710mV$，求热端温度为多少度？

2-7　已知分度号为 K 的热电偶热端温度 $t = 800℃$，冷端温度为 $t_0 = 30℃$，求回路实际总电动势。

2-8　列表比较说明 8 种标准热电偶的名称、分度号、材料、常用测温范围、使用环境和特点。

2-9　热电偶温度传感器主要由哪些部分组成？各部分起什么作用？

2-10　四种普通热电偶的结构形式，并指出它们通常用于什么场合。

2-11　什么是铠装热电偶？它有哪些特点？

2-12　在用热电偶测温时为什么要进行冷端温度补偿？

2-13　补偿导线有哪两种？怎样鉴别补偿导线的极性？使用补偿导线需注意什么？

2-14　分析并判断图 2-34 各热电偶测温回路中，显示仪表获得热电动势是否为 $E(t,$

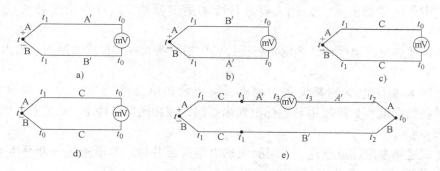

图 2-34　题 2-14 热电偶测温回路图

$t_0)$。图中 A′、B′分别为热电极 A、B 的补偿导线，C 为铜导线。

2-15　现用一只镍铬-康铜热电偶测温，其冷端温度为 30℃，动圈仪表（未调机械零位）指示 450℃，则认为热端温度为 480℃，对不对？为什么？若不对，正确温度值应为多少？

2-16　已知测温热电偶为镍铬-镍硅，将补偿导线接到动圈仪表上。设错用 J 型补偿导线，且极性接反；动圈仪表错用配 N 型热电偶刻度的动圈仪表，机械零位调至 25℃。若 $T = 900℃$，接线盒处 $t_1 = 60℃$，仪表接线处 $t_0 = 20℃$，求仪表指示多少度？

2-17　已知测温热电偶为镍铬-镍硅，用补偿导线接于 XWC 型仪表上，如图 2-35 所示。设 $t_1 = 800℃$，$t_2 = 50℃$，$t_3 = 20℃$，若补偿导线误接为镍铬-康铜，问能引起误差多少度（按 0.04mV/℃ 热电动势率计算）？

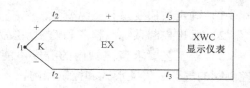

图 2-35　题 2-17 测温系统连接图

2-18　热电偶冷端温度补偿器的工作原理是什么？使用时应注意哪些问题？

2-19　在检修热电偶时，如何从颜色上鉴别热电极的损坏程度？

2-20　仪表现在指示炉温 971℃，工艺操作人员反映仪表指示值可能偏低。怎样判断仪表指示值是否正确？

2-21　一体化热电偶温度变送器有什么特点？如何组装一体化热电偶温度变送器？

2-22　为保证测量的准确性，热电偶温度传感器安装时检测点位置应按哪些要求确定？

2-23　现利用 S 型热电偶测量加热炉炉膛温度，请充分考虑安装和线路敷设、冷端温度补偿等多方面因素，说明应如何进行该热电偶的结构形式选择、热电偶安装、补偿导线敷设以及配接动圈仪表显示温度时考虑冷端温度补偿问题？

2-24　用热电阻测温为什么常采用三线制连接？应怎样连接以保证确实实现了三线制连接？若在导线敷设至控制室后再分三线接入仪表，是否能实现三线制连接？

2-25　现有一支测温电阻体分度号已经看不清楚，如何用简单的方法鉴别出电阻体的分度号？举例说明。

2-26　什么是铠装热电阻？它有什么优点？

2-27　常用的热电偶有哪几种？所配用的补偿导线是什么？为什么要使用补偿导线？并

说明使用补偿导线时要注意哪几点。

2-28 用热电偶测温时，为什么要进行冷端温度补偿？其冷端温度补偿的方法有哪几种？

2-29 试述热电偶温度计、热电阻温度计各包括哪些元件和仪表，输入、输出信号各是什么？

2-30 用 K 型热电偶测某设备的温度，测得的热电动势为 20mV，冷端（室温）为 25℃，求设备的温度？如果改用 E 型热电偶来测温，在相同的条件下，E 型热电偶测得的热电动势为多少？

2-31 试述热电阻测温原理。常用测温热电阻有哪几种？热电阻的分度号主要有几种？相应的 0℃时的电阻 R_0 各为多少？

2-32 热电偶的结构与热电阻的结构有什么异同之处？

2-33 用分度号为 Pt100 铂电阻测温，在计算时错用了 Cu100 的分度表，查得的温度为 140℃，问实际温度为多少？

2-34 试述测温元件的安装和布线的要求。

2-35 PID 控制器控制参数工程整定有哪几种方法？各有什么特点？

2-36 图 2-36 所示为列管换热器，工艺要求物料出口温度保持在（200±2）℃，试设计一个简单控制系统。要求：

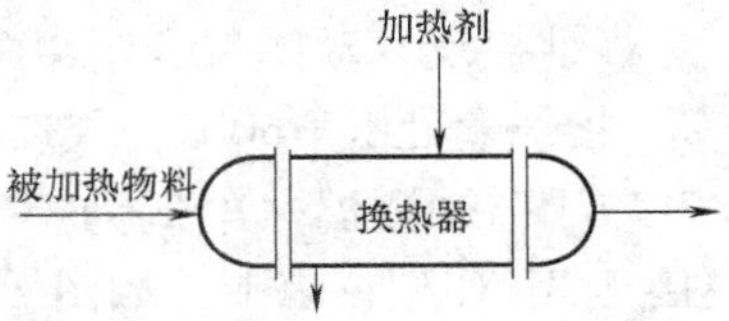

1）确定被控变量和操纵变量。

2）画出控制系统流程图和控制系统方框图。

3）若工艺要求换热器内的温度不能过高，试确定控制阀的气开、气关形式和控制器的正、反作用方式。

图 2-36 题 2-36 列管换热器

4）选择合适的测温元件（名称、分度号）和温度变送器（名称、型号、测量范围）。

5）系统的控制器参数可用哪些常用的工程方法整定？

2-37 控制器参数整定的任务是什么？工程上常用的控制器参数整定方法有哪几种？它们各有什么特点？

项目三

流量控制系统的集成与安装调试

项目引入：在医药、化工、食品、造纸等行业的产品生产过程中，为了保证产品的质量和产量或防止原材料的浪费，对流量进行精确地控制很重要。

某一化工生产过程，要求对原料的流量进行精确地控制，如图3-1所示。试设计一个流量控制系统，要求介质为水，流量为 $3m^3/h$，管道压力不超过1MPa，控制精度为0.5%。学生按3~5人分为1小组，自行组合。各小组合作完成项目，并要求每组制作PPT讲稿在下一次课中向全班同学汇报设计思路、设备选择及最终方案。各小组成员将分别对控制系统的检测环节、控制环节、执行机构、控制规律选择、PID参数的整定这5部分内容进行介绍，需特别注意每部分内容之间的匹配与衔接，汇报结束后接受老师和同学的答辩。教师点评并帮助修改完善每一小组的设计方案。最后每组按照完善后的方案对各部分进行安装调试，每位同学负责其中的一部分，合作完成整个项目的安装与调试。

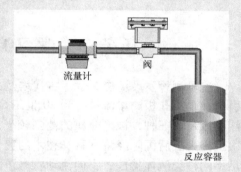

图 3-1 流量控制案例

任务一 了解流量控制系统的组成与工作原理

流量测量已经广泛应用于工农业生产、国防建设、科学研究、对外贸易以及日常生活等各个领域之中。例如在石油化工生产中，从石油的开采、运输、冶炼加工直至贸易销售，任何一个环节都离不开流量计量，否则将无法保证石油工业的正常生产和贸易交往，无法保证化工产品质量，严重的还会发生生产安全事故；在电力工业生产中涉及对液体、气体、蒸汽等介质流量的测量和控制，其中流量测量是关系到发电厂在最佳参数下安全运行的重要环节，如大容量锅炉瞬时给水流量中断或减少，都可能造成严重的干锅或爆管事故；在钢铁工业生产过程中循环水和氧气（或空气）的流量测量是保证产品质量的重要参数之一；在轻工业、食品、纺织等行业，以及在人们日常生活中自来水、煤气、天然气、油等都离不开流量测量仪表。流量测量也是能源计量的重要组成部分，对在生产中的水、油、气及其他流体介质流量测量，直接影响到节能降耗，因此流量测量具有重要意义。

一般所讲的流量大小是指单位时间内流过管道某一截面的流体数量大小，即瞬时流量；在某一段时间内流过管道的流体流量的总和，即瞬时流量在某一段时间内的累计值，称为总量。

流量控制系统的组成如图 3-2 所示。该控制系统由流量检测与变送装置（流量计）、流量控制器、执行器（控制阀）、被控对象（管道内流体流量）等环节组成。流体流过装有流量计的管道，经过检测与变送，相应信号被送到流量控制器中与设定值进行比较，若超过设定值时，则输出信号关小控制阀门；若低于设定值时，则输出信号开大控制阀门，以达到一个流量稳定的控制。

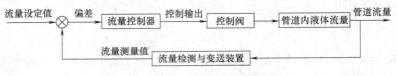

图 3-2　流量控制系统的组成

任务二　学习流量传感器的原理与选择

流量测量发展历史久远。古代埃及人用尼罗河流量计来预报年成的好坏；古罗马人修渠引水，采用孔板测量流量。到 20 世纪 50 年代，工业中使用的主要流量计有孔板、皮托管、浮子流量计三种，被测介质的范围较窄，测量精确度只能满足低水平的生产需要。随着第二次世界大战后国际经济和科学技术的突飞猛进，流量测量技术及仪表也迅速发展起来。为满足不同种类流体特性，不同流动状态下的流量测量问题，新的流量计被不断研制开发并投入使用，包括速度式流量计、容积流量计、动量式流量计、电磁流量计及超声波流量计等几十种新型流量计。

3.2.1　流量测量仪表的分类

流量通常有如下三种表示方法：

1）质量流量 Q_m。单位时间内流过某截面的流体的质量，其单位为 kg/s。

2）工作状态下的体积流量 Q_v。单位时间内流过某截面的流体的体积，其单位为 m^3/s。它与质量流量的关系是 $Q_m = Q_v\rho$ 或 $Q_v = Q_m/\rho$，式中，ρ 为流体密度。

3）标准状态下的体积流量 Q_{Vn}。气体是可压缩的，Q_{Vn} 会随工作状态而变化，Q_{Vn} 就是折算到标准的压力和温度状态下的体积流量。在仪表计量上多数以 20℃ 及 1 个物理大气压（101.325kPa）为标准状态。Q_{Vn} 与 Q_m、Q_v 的关系是 $Q_{Vn} = Q_m/\rho_n$ 或 $Q_m = Q_{Vn}\rho_n$，$Q_{Vn} = Q_v\rho/\rho_n$ 或 $Q_v = Q_{Vn}\rho_n/\rho$，式中，ρ_n 为气体在标准状态下的密度。

从形态来说，被测流体包括气体、液体和混合流体，对于液体，还存在黏度大小不同等情况；从测量条件来说，被测流体的温度、压力有高有低，流量有大有小，从流动状态来说，被测流体可以是层流、紊流等。因此必须研究不同流体在不同条件下的流量测量方法，选用相应的测量仪表，以达到准确测量流量的目的。目前国外投入使用的流量计有 100 多种，国内定型投产的也有近 20 种。

流量测量仪表可以按照多种原则进行分类。

1. 按测量目的分类

流量测量仪表按测量目的可以分为测量瞬时流量和测量总量两类。生产过程中流量大多作为监控参数，测量的是瞬时流量，但在物料平衡和能源计量的贸易结算中多使用总量表。有些流量计备有累积流量的装置，可以作为总量表使用。也有一些总量表备有流量的发讯装置用来测量瞬时流量。

2. 按测量原理分类

流量测量仪表根据不同测量原理有不同的分类方式，具体如下：

1）力学原理。属于此类原理的仪表有利用伯努利定理的差压式、转子式；利用动量定理的冲量式、可动管式；利用牛顿第二定律的直接质量式；利用流体动量原理的靶式；利用角动量定理的涡轮式；利用流体振荡原理的旋涡式、涡街式；利用总静压力差的皮托管式以及容积式和堰式、槽式等。

2）电学原理。有电磁式、差动电容式、电感式、应变电阻式等。

3）声学原理。有超声波式、声学式（冲击波式）等。

4）热学原理。有热量式、直接量热式、间接量热式等。

5）光学原理。有激光式、光电式等。

6）原子物理原理。有核磁共振式、核辐射式等。

7）其他原理。有标记原理（示踪原理、核磁共振原理）、相关原理等。

3. 按测量方法分类

流量测量方法大致可以分成两大类：测体积流量和测质量流量。

（1）测体积流量　测体积流量的方法又可分为两类：容积法（又称直接法）和速度法（又称间接法）。

1）容积法：在单位时间内以标准固定体积对流动介质连续不断地进行度量，以排出流体的固定容积数来计算流量。流量越大，度量的次数越多，输出的频率越高。容积法受流体流动状态影响较小，适用于测量高黏度、低雷诺数的流体。根据回转体形状不同，目前生产的产品分：适于测量液体流量的椭圆齿轮流量计、腰轮流量计（罗茨流量计）、旋转活塞和刮板式流量计；适于测量气体流量的伺服式容积流量计、皮膜式和转筒式流量计等。基于容积法的流量检测仪表有椭圆齿轮流量计、腰轮流量计和皮膜式流量计等。

2）速度法：先测出管道内的平均流速，再乘以管道截面积求得流体的体积流量。速度法可用于各种工况下的流体的流量检测，但由于是利用平均流速计量流量，因此受管路条件影响较大，流动产生的涡流以及截面上流速分布不对称等都会影响测量精确度。

用于测量管道内流速的方法或仪表主要有：

① 差压式。差压式又称节流式，利用节流元件前后的差压和流速关系，通过差压值获得流体的流速。

② 电磁式。导电流体在磁场中运动产生感应电动势，感应电动势大小与流体的平均流速成正比。

③ 旋涡式。流体在流动中遇到一定形状的物体会在其周围产生有规则的旋涡，旋涡释放的频率与流速成正比。

④ 涡轮式。流体作用在置于管道内部的涡轮上使涡轮转动，其转动速度在一定流速范围内与管道内流体的流速成正比。

⑤ 声学式。根据声波在流体中传播速度的变化得到流体的流速。

⑥ 热学式。利用加热体被流体的冷却程度与流速的关系来检测流速。

基于速度法的流量检测仪表有节流式流量计、靶式流量计、弯管流量计、浮子（转子）流量计、电磁流量计、旋涡流量计、涡轮流量计及超声流量计等。

（2）测质量流量　尽管体积流量乘以密度可以得到质量流量，但测量结果与密度有关。在化工生产过程中有时流体密度不恒定，不能得到质量流量，而许多场合又需要得到质量流量。如石化行业要对产品流量精确计量，希望得到不受外界条件影响的质量流量，于是采用先测得体积流量再乘以流体密度求取质量流量的方法，但是流体密度会随着温度、压力而变化，因此需在测量体积流量和密度的同时测量流体介质温度值及压力值，对密度进行补偿，再得到质量流量。当温度、压力变化频繁或组分波动时，增加了繁琐换算次数，无法提高计量精确度。

质量流量计是以测量流体流过的质量为依据的流量检测仪表，具有精确度不受流体的温度、压力、密度、黏度等变化影响的优点，在目前处于研究发展阶段，现场应用还不像测体积流量那么普及。质量流量的测量方法也分直接法和间接法两类。

直接法：直接测量质量流量，如科里奥利力式流量计、量热式流量计及角动量式流量计等。

间接法：间接法又称推导法，测出流体的体积流量以及密度（或温度和压力），经过运算求得质量流量。主要有压力温度补偿式质量流量计。

3.2.2　典型的流量传感器

1. 容积式流量计

容积式流量计又称定排量流量计（Positive Displacement Flow Meter，PDF），在全部流量计中属于最准确的一类流量计，在石油、化工、涂料、医药、食品以及能源等工业部门里广泛用于计量昂贵介质的总量或流量，如流程工业中来料注入、抽出或混合配比控制；化学液中触媒、硬化剂、聚合防止剂等添加剂的定量注入；向食品流体和化妆品添加香料；涂装线涂料的定量供给；石油制品等的储运交接和分发等计量以便作为财务核算的依据或作为纳税和买卖双方执行合同的法定计量。容积式流量计相对庞大笨重，尤其是大流量、大口径的仪表，一部分已逐渐被涡轮式、电磁式、涡街式和科里奥利质式所替代。然而其优良的重复性和精确度长期保持性等性能优势，仍能保持着许多应用领域，在可预见的未来还不会全被其他仪表所替代。

（1）容积式流量计的工作原理　容积式流量计利用机械测量元件把流体连续不断地分割成单个已知的体积部分，根据计量室逐次、重复地充满和排放该体积部分流体的次数来测量流量体积总量。

典型的容积式流量计（如椭圆齿轮流量计）的工作原理为：流体通过流量计，就会在流量计进出口之间产生一定的压力差。流量计的转动部件（简称转子）在这个压力差作用下产生旋转，并将流体由入口排向出口。在这个过程中，流体一次次地充满流量计的计量空间，然后又不断地被送往出口。在给定流量计条件下，流量计的计量空间的体积是确定的，只要测得转子的转动次数就可以得到通过流量计的流体体积的累积值。

假设流量计计量空间体积为 v（m^3），一定时间内转子转动次数为 N，则在该时间内流过的流体体积 V 为

$$V = Nv$$

再设仪表的齿轮比常数为 α，α 的值由传递转子转动的齿轮组的齿轮比和仪表指针转动一周的刻度值所确定。若仪表指示值为 I，它与转子转动次数 N 的关系为 $I = \alpha N$，由此得出流体体积与仪表指示值的关系

$$V = \frac{v}{\alpha} I$$

（2）容积式流量计的特点

优点：

1）计量室保持一定体积，很少受紊流及脉动流量的影响，因此计量精确度高。一般测量精确度可达 0.5%，特殊测量精确度可达 0.2%。通常在昂贵介质或需精确计量的场合使用。

2）受测量介质的黏度等物理性质、流动状态的影响小，特别适用于浆状、高黏度液体计量，对低黏度流体也适用，还可测量其他流量计不易测量的脉动流量，适用面广，范围宽。

3）耐高温高压。

4）安装要求不高，流动状态变化对测量精确度影响小，故对流量计前后的直管段无严格要求。

5）容易做到就地指示和远传。

缺点：

1）容积式流量计结构复杂，体积大，笨重，尤其较大口径容积式流量计体积庞大，故一般只适用于中小口径。与其他几类通用流量计（如差压式、浮子式、电磁式）相比，容积式流量计的被测介质种类、介质工况（温度、压力）、口径局限性较大。

2）由于高温下零件热膨胀、变形，低温下材质变脆等问题，容积式流量计一般不适用于高低温场合。目前可使用温度范围大致在 $-30 \sim 160\,^\circ\!\text{C}$，压力最高为 10MPa。

3）大部分容积式流量计仪表只适用洁净单相流体，含有颗粒、脏污物时上游需装过滤器，既增加压损，又增加维护工作；如测量含有气体的液体必须装设气体分离器。

4）容积式流量计安全性差，如检测活动件卡死，流体就无法通过，断流管系就不能应用。但有些结构设计在壳体内置一旁路，如英斯卓美（Instromet）公司的腰轮流量计，一旦检测活动元件卡死，流体可从旁路通过。

5）部分形式容积式流量计仪表（如椭圆齿轮式、腰轮式、旋转活塞式等）在测量过程中会给流动带来脉动，较大口径仪表还会产生噪声，甚至使管道产生振动。

（3）容积式流量计分类与结构　按测量元件结构分类，容积式流量计可分为以下几类。

1）转子式。其代表品种有椭圆齿轮式、腰轮式、卵轮式、螺杆式等。转子式是容积式流量计的主要品种，形式多规格全，可用于液体和气体各种介质的测量。流量计口径DN6～500，流量 $0.2 \times 10^{-3} \sim 3000\text{m}^3/\text{h}$，黏度 $0.3 \sim 2000\text{mPa} \cdot \text{s}$，测量精确度 0.2%～0.5%。

① 椭圆齿轮流量计。椭圆齿轮流量计的流量部分主要由两个相互啮合的椭圆齿轮及其外壳（计量室）所构成，如图 3-3 所示。两个椭圆齿轮具有相互滚动进行接触旋转的特殊形状。p_1 和 p_2 分别表示入口压力和出口压力，显然 $p_1 > p_2$，图 3-3a 下方齿轮在两侧压力差的作用下，产生逆时针方向旋转，为主动轮；上方齿轮因两侧压力相等，不产生旋转力矩，

是从动轮，由下方齿轮带动，顺时针方向旋转。在图 3-3b 位置时，两个齿轮均在差压作用下产生旋转力矩，继续旋转。旋转到图 3-3c 位置时，上方齿轮变为主动轮，下方齿轮则成为从动轮，继续旋转到与图 3-3a 相同位置，完成一个循环。

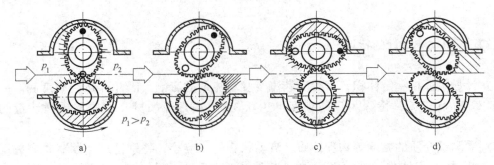

图 3-3　椭圆齿轮流量计工作原理

椭圆齿轮每转一周所排出的被测介质量为半月形容积的 4 倍，则通过椭圆齿轮流量计的体积流量 q_v 为

$$q_v = 4Nv = 2\pi N(R^2 - ab)\delta$$

式中，N 为齿轮的转动次数；a、b 分别为椭圆齿轮的长半轴和短半轴；δ 为椭圆齿轮的厚度；v 为半月形部分的容积。

这样，在椭圆齿轮流量计的半月形容积 r 一定的条件下，只要测出椭圆齿轮的转速 n，便可知道被测介质的流量。

椭圆齿轮流量计的特点：①流量测量与流体的流动状态无关，这是因为椭圆齿轮流量计是依靠被测介质的压头推动椭圆齿轮旋转而进行计量的。②黏度愈大的介质，从齿轮和计量空间中泄漏出去的泄漏量愈小。③椭圆齿轮流量计不适用于含有固体颗粒的流体（固体颗粒会将齿轮卡死，以致无法测量流量）。如果被测液体介质中夹杂有气体时，也会引起测量误差。

② 腰轮流量计。腰轮流量计也称罗茨型容积流量计。这种流量计的工作原理和工作过程与椭圆齿轮流量计基本相同，同样是依靠进、出口流体压力差产生运动，每旋转一周排出四份"计量空间"的流体体积量。所不同的是在腰轮上没有齿，它们不是直接相互啮合转动的，而是通过安装在壳体外的传动齿轮组进行传动的，如图 3-4 所示。

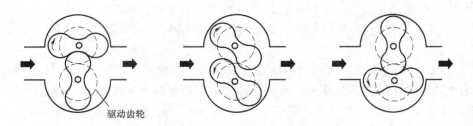

驱动齿轮

图 3-4　腰轮流量计工作原理

腰轮流量计由一对腰轮和壳体构成，两腰轮是有互为共轭曲线的转子，即罗茨（Roots）轮，装有与腰轮同轴的驱动齿轮，被测流量推动转子旋转，转子间由驱动齿轮相互驱动。腰

轮、计量室壳体一般由铸铁、铸钢或不锈钢制成，具体要根据流体腐蚀性及其工作压力、温度选用。计量室也有单独制成，与仪表外壳分离的，这样计量室将不承受静压，没有静压引起变形的附加误差。

2）刮板式。流体推动刮板和转子旋转，刮板沿着一种特殊的轨迹成放射状地伸出或收回。每两个相对刮板端面之间的距离为一定值，刮板连续转动时，两个相邻的刮板、转子、壳体内腔及上下盖板之间形成一个固定的计量室，转子每转一圈，排出四个（或六个）计量室容积，即循环体积。按刮板与腔壁是否接触可分为弹性刮板和刚性刮板两类，弹性刮板前端与腔壁弹性接触，适用于测量含有砂粒等杂质的液体。刚性刮板又可分为凹线式（英Avery Hardoll 型）和凸轮式（美 Smith 型），如图 3-5 所示。流量计口径 DN50～300，测量精确度 0.2%～0.5%。

刮板式工作振动及噪声小，可用于测量带细微颗粒杂质的液体，尤其是弹性刮板适合测量含有颗粒杂质的脏污流，可用于油田的井口计量。测量气体的旋叶式气体流量计（Constant Volume Meter，CVM）（属于刮板式的一种），如图 3-6 所示。与气体腰轮流量计相比，具有运行无脉动和噪声小的优点。

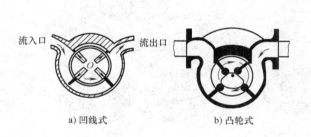

a) 凹线式　　b) 凸轮式

图 3-5　刚性刮板

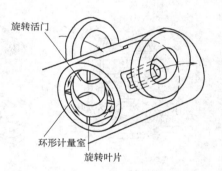

旋转活门
环形计量室
旋转叶片

图 3-6　旋叶式气体流量计

3）旋转活塞式。将环形活塞插入两层圆筒形气缸的壳体中，构成随液体的流动环形活塞在壳体内旋转的形式，如图 3-7 所示。流量计口径 DN20～100，测量精确度 0.5%。可用于油品和食品的测量。

a)　　　　　b)　　　　　c)　　　　　d)

图 3-7　旋转活塞式流量计

4）往复活塞式。活塞在流体推动下，在气缸中往复运动，计量体积流量，如图 3-8 所示。通常加油站的加油机就是此种类型，流量为 60L/min，测量精确度为 ±（0.15～0.3）%。

5）圆盘式。又称章动流量计（Nutating Flowmeter），如图 3-9 所示。带有中心球的圆盘在计量室内转动和做上下摆动的章动（Nutation）运动，控制进入和排出液。与其他 PDF 相

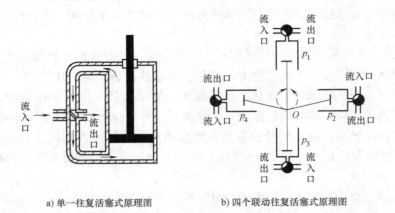

a) 单一往复活塞式原理图 b) 四个联动往复活塞式原理图

图 3-8　往复活塞式流量计

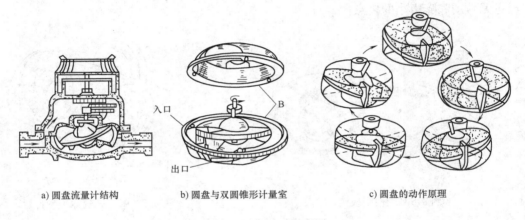

a) 圆盘流量计结构 b) 圆盘与双圆锥形计量室 c) 圆盘的动作原理

图 3-9　圆盘式流量计

比精确度较差，黏度影响较大。

6）转筒式。又称湿式气量计，如图 3-10 所示，用于测量气体总量。流量计壳体内盛有约一半封液（水或油），转筒一半浸入封液中，气体流入使其转动，其密封形式为无泄漏。范围度宽为 20∶1，性能稳定，在精心操作下可获得较高精确度，为 ±（0.2~0.5）%，大多用于实验室，常用作量值传递用表或标准表。

7）膜式。又称干气表，如图 3-11 所示，气表内部有皿型隔膜制成的能自由伸缩的容积部分（计量室）1、2、3、4 及与

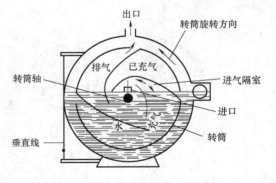

图 3-10　转筒式流量计

之联动的滑阀。由于薄膜的伸缩和滑阀的作用，连续地将气体从入口送到出口，测出这种动作的循环次数就可测得所通过的气体体积。膜式气体流量计广泛用于家庭用煤气（燃气）

耗量计量，故习惯上称其为家用煤气表。膜式系列中大规格仪表可用于厂矿及工业生产流程。膜式气体流量计流量范围 $1.6 \times 10^{-5} \sim 1000 \mathrm{m}^3/\mathrm{h}$，范围度宽达 $100:1$，中等测量精确度，为 $\pm(2 \sim 3)\%$。

2. 浮子流量计

浮子流量计又称转子流量计，主要用于中小口径流量测量，可以测液体、气体、蒸汽等，产品系列规格齐全，应用广泛。

（1）浮子流量计的工作原理　浮子流量计根据浮子在锥形管内的高度来测量流量，如图 3-12 所示。利用流体通过浮子和管壁之间的间隙时产生的压差来平衡浮子的重量，流量越大，浮子被托得越高，使其具有更大的环隙面积，也即环隙面积随流量变化，所以一般称为面积法。它较多地用于中、小流量的测量，有配以电远传或气远传发信器的类型。

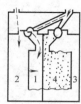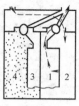　　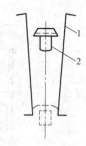

图 3-11　膜式气体流量计　　　　　图 3-12　浮子流量计示意图
1—室排气　2—室充气　3—室排气结束　4—室充气结束　　1—锥形管　2—浮子

体积流量 q_v 的基本方程 $q_\mathrm{v} = \alpha \varepsilon \Delta A \sqrt{2gV_\mathrm{f}(\rho_\mathrm{f}-\rho)/\rho A_\mathrm{f}}$（$\mathrm{m}^3/\mathrm{s}$），式中，$\alpha$ 为仪表流量系数；ε 为被测流体为气体时气体膨胀系数，ε 通常很小可以忽略，液体 $\varepsilon=1$；ΔA 为流通环隙面积（m^2）；g 为当地重力加速度（$\mathrm{m/s}^2$）；V_f 为浮子体积（m^3）；ρ_f 为浮子材料密度（$\mathrm{kg/m}^3$）；ρ 为被测流体密度（$\mathrm{kg/m}^3$）；A_f 为浮子工作直径（最大直径）处的横截面积（m^2）。

当浮子的几何形状和材料、被测流体密度一定时，若雷诺数大于某界限值，则 α 为常数；当被测介质为气体时需乘以气体膨胀系数 ε，一般 ε 很小而被忽略；当被测介质为液体时 $\varepsilon=1$。若 α 为常数则可认为体积流量 q_v 与流通环隙面积 ΔA 成正比。

流通环隙面积与浮子高度之间的关系

$$\Delta A = \pi\left(dh\tan\frac{\beta}{2} + h^2\tan^2\frac{\beta}{2}\right) = ah + bh^2$$

式中，d 为浮子最大直径（m）；h 为浮子从锥管内径等于浮子最大直径处上升高度（m）；β 为锥管的圆锥角；a、b 为常数。

当锥角 β 较小时，可认为 ΔA 与 h 呈线性关系，即体积流量与浮子位移呈线性关系。

（2）浮子流量计的分类　可分为透明锥形管浮子流量计和金属锥形管浮子流量计。

1）透明锥形管浮子流量计。透明锥形管材料有玻璃管和透明工程塑料，如聚苯乙烯、聚碳酸酯、有机玻璃等。其中用得最多的是玻璃管，但其容易破碎；而工程塑料管不易破碎，有些还耐酸碱液等腐蚀性介质的腐蚀。

透明锥形管浮子流量计的典型结构如图 3-13 所示，口径为 DN15 ~ 40。流量分度直接刻在锥管外壁上，或者在锥管旁另外装分度标尺。锥管内有圆锥体平滑面和带导向棱筋（或平面）两种。浮子在锥管内自由移动，或在锥管棱筋导向下移动，较大口平滑面内壁仪表还有采用导杆导向。

2）金属锥形管浮子流量计。图 3-14 所示是金属锥形管浮子流量计典型结构图，口径为 DN15～40。通过磁钢耦合等方式，将浮子的位移传给套管外的转换部分。与透明锥形管浮子流量计相比，可用于较高温度和压力的介质，并且不易破碎。

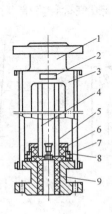 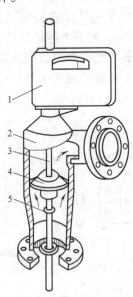

图 3-13　透明锥形管浮子流量计结构　　　　图 3-14　金属锥形管浮子流量计结构
1—基座　2—标牌　3—防护罩　4—透明锥形管　5—浮子　　　1—转换部分　2—传感部分　3—导杆
6—压盖　7—支承板　8—螺钉　9—衬套　　　　　　　　　4—浮子　5—锥形管部分

透明锥形管浮子流量计还有其他几种结构，如透明直管浮子流量计是透明锥形管浮子流量计的变形结构，流量检测元件由孔板和锥形浮塞组成。金属锥形管浮子流量计也还有其他类型或变形结构。其中透明锥形管浮子流量计中的直接指示型通过透明直管和浮塞可直接观察读取浮子位置；水平安装型可安装于水平管道；直通型与典型结构的直角流通方向不同，不必改变流通方向，可直接连接垂直管道，安装简便；浮塞孔板型代替转子锥形管，改变流量规格只需调换不同锥度的浮塞即可，比较方便。

（3）浮子流量计的主要特点

1）适用于小口径和低流速，仪表口径在 50mm 以下，如选用对黏度不敏感形状的浮子，流通环隙处雷诺数可低至 40～500，这时流量系数趋于常数。由于浮子流量计适用的被测流体种类多，因此在小、微流量测量领域中应用最多。

2）对上游直管段要求不高。

3）宽范围度，一般为 10:1，最低 5:1，最高 25:1。输出特性近似为线性，压力损失较低。

4）玻璃管浮子流量计结构简单，价格便宜，多用于现场就地指示，但玻璃管容易破碎，且不能用在高温高压场所。

5）金属管浮子流量计可以用在高温高压场所，并且有标准化信号输出，但价格较贵。

6）大流量仪表结构笨重，一般口径不超过 DN250。

7）使用流体和出厂标定流体不一致时，要进行流量示值修正。一般校准流体液体为水，气体为空气，现场被测流体密度与黏度有变化时要进行流量示值修正。

（4）浮子流量计的选用　浮子流量计的选用可从以下几个方面考虑。

1）作为直观流动指示或测量精度要求不高的现场指示仪表使用，主要解决小、微流量测量。

2）测量的对象主要是单相液体或气体。

3）如果只要现场指示，首先可以考虑选用价廉的玻璃管转子流量计。玻璃管转子流量计应带有透明防护罩，以防止玻璃破碎造成流体散溅。用于测量气体时应选用有导杆或带棱筋导向的仪表。如果温度、压力不能胜任则选用就地指示金属管浮子流量计。

4）如果需要远传输出信号做流量控制或总量积算，一般选用电远传金属管浮子流量计，如环境要求防爆则选用气远传金属管浮子流量计或者防爆型电远传金属管浮子流量计。

5）测量温度高于环境温度的高黏度液体和降温易析出结晶或易凝固的液体时，应选用带夹套的金属管浮子流量计。

3. 涡轮流量计

涡轮流量计（简称 TUF）是叶轮式流量（流速）计的主要品种，叶轮式流量计还包括风速计和水表等。涡轮流量计由传感器和转换显示仪表组成，传感器采用多叶片的转子以感受流体的平均流速，从而推导出流量或总量。转子的转速（或转数）可用机械、磁感应、光电检测方式检出并由读出装置进行显示和传送记录。

在全部流量计中，涡轮流量计、容积式流量计及科里奥利质量流量计为重复性、精确度最好的流量计。在这三类流量计中，涡轮流量计具有结构简单、重量轻、维修方便、加工零部件少、流通能力大及价格低廉等特点，已经广泛应用于有机液、无机液、液化石油气、天然气及低温液体等。除了工业部门外，还在一些特殊部门获得广泛应用，如科研实验、国防科技及计量部门等。

（1）涡轮流量计的工作原理　涡轮流量计的结构示意图如图 3-15 所示。在管道中心安放一个涡轮，两端由轴承支撑。当流体通过管道时，冲击涡轮叶片，对涡轮产生驱动力矩，使涡轮克服摩擦力矩和流体阻力矩而产生旋转。在一定的流量范围内，对一定的流体介质黏度，涡轮的旋转角速度与流体流速成正比。涡轮的转速通过装在机壳外的传感线圈来检测。当涡轮叶片切割由壳体内永久磁铁产生的磁力线时，就会引起传感线圈中的磁通变化。传感线圈将检测到的磁通周期变化信号送入前置放大器，对信号进行放大、修正，产生与流速成正比的脉冲信号，以进行温度补偿，送入单位换算与流量积算电路得到并显示累积流量值；同时脉冲信号也被送入频率-电流转换电路，转换成模拟电流量，进而指示瞬时流量值。涡轮流量计的总体原理框图如图 3-16 所示。

涡轮流量计的流量方程为 $q_v = f/K$，$q_m = q_v \rho$，式中，q_v、q_m 分别为体积流量（m^3/s）和质量流量（kg/s）；f 为传感器输出信号的频率（Hz）；K 为传感器的仪表系数（$1/m^3$ 或 l/L）。K 由流量标准装置用典型介质（水或空气）校验而得。注意校验 K 时参比条件（如单相、定常流和充分发展管流）与实际工作条件可能不同，K 值必须进行补偿（修正）。

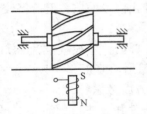

图 3-15 涡轮流量计的结构示意图

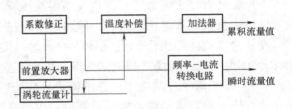

图 3-16 涡轮流量计的总体原理框图

（2）涡轮流量计结构　流体从机壳的进口流入，一对轴承通过支架被固定在管中心轴线上，涡轮安装在轴线上，在涡轮上下的支架上装有呈辐射形的整流板，以对流体成导向作用，以避免流体自旋而改变对涡轮叶片的作用角度。在涡轮上方机壳外部装有传感器线圈，接通磁通变化信号。

1）壳体。壳体是流量计的主体部分，起到承受被测流体的压力、固定安装检测部件、连接管道的作用。机壳采用不导磁不锈钢或硬铝合金制造，对于大口径流量计亦可用碳钢或与不锈钢镶嵌结构，壳体外部装信号检测器。

2）导向体。在流量计进出口装有导向体，对流体起导向整流以及支撑叶轮的作用。通常选用不导磁不锈钢或硬铝材制成。

3）涡轮。涡轮又称叶轮，由导磁不锈钢材料制成，有直板叶片、螺旋状叶片、丁字形叶片等几种，可用嵌有许多导磁体的多孔护罩环来增加一定数量叶片涡轮旋转的频率，叶轮由轴承支撑，与壳体同轴，其叶片数视口径大小而定。叶轮几何形状及尺寸对传感器性能有较大影响，要根据流体性质、流量范围及使用要求等设计。叶轮的动平衡很重要，直接影响仪表性能和使用寿命。

4）轴与轴承。用于支承叶轮旋转，需有足够的刚度、强度、硬度、耐磨性和耐腐蚀性等。它决定着传感器的可靠性和使用期限。传感器失效通常是由轴与轴承引起的，因此其结构及材料的选用和维护非常重要。

5）信号检测器。国内常用变磁阻式，由永久磁铁、导磁棒（铁心）、线圈等组成。永久磁铁对叶片有吸引力，产生磁阻力矩，小口径流量计在流量下限时磁阻力矩在诸阻力矩中成为主要项，为此将永久磁铁分为大小两种规格，小口径配小规格以降低磁阻力矩。输出信号有效值为 10mV 以上可直接配用流量计算机，配上放大器则输出伏级频率信号。

（3）涡轮流量计特点

1）精确度高。液体一般为 ±（0.25~0.5）% 左右，高精度型可达 ±0.15%，气体一般为 ±（1~1.5）% 左右，特殊专用型为 ±（0.5~1）%。在所有流量计中涡轮流量计属于最精确的流量计。

2）重复性好。短期重复性可达 0.05%~0.2%。正是由于有良好的重复性，如经常校准或在线校准可获得极高的精确度，因此在贸易结算中是优先选用的流量计。

3）输出为脉冲频率信号，适用于总量计量及与计算机连接，无零点漂移，抗干扰能力强。频率可高达 4kHz，信号分辨力强。

4）范围度宽，中大口径可达（10:1）~（40:1），小口径为（5:1）~（6:1）。

5）结构紧凑轻巧，安装维护方便，流通能力大。

6）适用于高压测量，仪表壳体不必开孔，易制成高压型仪表。

7）结构类型多，可适应各种测量对象的需要。

8）不能长期保证校准特性，需要定期校验。对于润滑性差的液体，液体中含有悬浮物或磨蚀性，可造成轴承磨损及卡住等问题，限制了其应用范围。采用硬质合金轴和轴承后，比石墨轴承情况有所改进。对于贸易储运和高精确度测量要求的，最好配备现场校验设备，可定期校准以保持其特性。

9）当液体黏度提高时，流量计测量下限值提高，范围度缩小，线性度变差。对于高黏度液体要用高黏度专用型才能保持测量特性。

10）流体物性（密度、黏度）对流量计特性影响较大。气体流量计易受密度影响，液体流量计对黏度变化反应敏感。由于流体物性与压力、温度关系密切，现场使用时若压力和温度的波动较大，要采取适当的补偿措施才能保持较高的计量精度。

11）流量计受流速分布和旋转流的影响较大，传感器的上下游侧需设置较长直管段。如安装空间有限，可加装流动调整器（整流器）以缩短直管段长度。

12）不适用于脉动流和混相流的测量。

13）由于对介质清洁度要求较高，可安装辅助设备（过滤器、消气器）以扩大使用领域，但由此带来压损增大、维护量增加等副作用。

14）小口径（DN50 以下）仪表的流量特性受物性影响严重，仪表性能难以提高。

4. 电磁流量计

电磁流量计（EMF）是 20 世纪 60 年代随着电子技术的发展而迅速发展起来的新型流量测量仪表。它根据法拉第电磁感应定律制成，用来测量导电流体的体积流量。由于其独特的优点，目前已广泛地应用于工业上各种导电液体的测量。例如，测量各种酸、碱、盐等腐蚀液体；各种易燃、易爆介质；各种工业污水、纸浆、泥浆等。

（1）电磁流量计的工作原理　根据法拉第电磁感应定律，当一导体在磁场中运动切割磁力线时，在导体的两端即产生感生电动势 e，其方向由右手定则确定，其大小与磁场的磁感应强度 B、导体在磁场内的长度 L 及导体的运动速度 u 成正比，如果 B、L、u 三者互相垂直，则 $e = BLu$。

与此相仿，在磁感应强度为 B 的均匀磁场中，垂直于磁场方向放一个内径为 D 的不导磁管道，当导电液体在管道中以流速 u 流动时，导电流体就会切割磁力线。如果在管道截面上垂直于磁场的直径两端安装一对电极（见图 3-17），则可以证明，只要管道内流速为轴对称分布，两电极之间将产生感生电动势：$e = BD\bar{u}$，式中 $\bar{u}$ 为管道截面上的平均流速。由此可得管道的体积流量为

$$q_V = \frac{\pi D^2}{4}\bar{u} = \frac{\pi De}{4B}$$

由上式可见，体积流量 q_V 与感应电动势 e 和管内径 D 呈线性关系，与磁场的磁感应强度 B 成反比，与其他物理参数无关。要使上式严格成立，必须使测量条件满足下列假定。

1）磁场是均匀分布的恒定磁场。

2）被测流体的流速为轴对称分布。

3）被测液体是非磁性的。

4）被测液体的电导率均匀且各向同性。

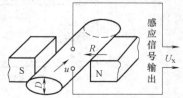

图 3-17　电磁流量计原理图

（2）电磁流量计主要特点

1）优点

① 电磁流量计的变送器结构简单，没有可动部件，也没有任何阻碍流体流动的节流部件，所以当流体通过时不会引起任何附加的压力损失，同时它不会引起诸如磨损、堵塞等问题，特别适用于测量带有固体颗粒的矿浆、污水等液固两相流体以及各种黏性较大的浆液等。如果采用耐腐蚀绝缘衬里和选择耐腐材料制成电极，则可用于各种腐蚀性介质的测量。

② 电磁流量计是一种体积流量测量仪表，在测量过程中，它不受被测介质的温度、黏度、密度以及电导率（在一定范围内）的影响。因此，电磁流量计只需经水标定以后，就可以用来测量其他导电性液体的流量，而不需要附加其他修正。

③ 电磁流量计的量程范围极宽，电磁流量计的范围度为100:1。此外，电磁流量计只与被测介质的平均流速成正比，而与轴对称分布下的流动状态（层流或紊流）无关。

④ 电磁流量计无机械惯性，反应灵敏，可以测量瞬时脉动流量，而且线性好，因此可将测量信号直接用转换器线性地转换成标准化信号输出，可就地指示，也可远距离传送。

2）缺点

① 电磁流量计不能用于测量气体（含蒸气）以及含有大量气体的液体。

② 电磁流量计目前还不能用来测量电导率很低的液体介质，被测液体介质的电导率不能低于 10^{-5} S/cm，相当于蒸馏水的电导率，对石油制品或者有机溶剂等还无能为力。

③ 由于测量管绝缘衬里材料受温度的限制，目前电磁流量计还不能测量高温高压流体。

④ 电磁流量计受流速分布影响，在轴对称分布的条件下，流量信号与平均流速成正比。所以电磁流量计前后也必须有一定长度的前后直管段。

⑤ 电磁流量计易受外界电磁干扰的影响。

5. 漩涡流量计

漩涡流量计又称涡街流量计。它可以用来测量各种管道中的液体、气体（含水蒸气）的流量，是目前工业控制、能源流量及节能管理中常用的新型流量仪表。

漩涡流量计的特点是精确度高、测量范围宽、没有运动部件、无机械磨损、维护方便、压力损失小、节能效果明显。

漩涡流量计是利用有规则的漩涡剥离现象来测量流体流量的仪表。在流体中垂直插入一个非流线形的柱状物（圆柱或三角柱）作为漩涡发生体，如图3-18所示，当雷诺数达到一定的数值时，会在柱状物的下游处产生如图所示的两列平行状的漩涡，并且上下交替出现，因为这些漩涡有如街道旁的路灯，故有"涡街"之称，又因此现象首先被卡曼（Karman）发现，也称为"卡曼涡街"。当两列漩涡之间的距离 h 和同列的两漩涡之间的距离 L 之比满足 $h/L = 0.281$ 时，所产生的涡街是稳定的。

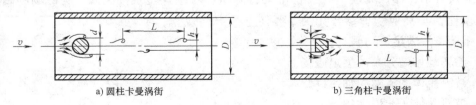

a) 圆柱卡曼涡街　　　　　　　　　　　　b) 三角柱卡曼涡街

图3-18　卡曼涡街

由圆柱形成的卡曼漩涡，其单侧漩涡产生的频率为：$f = St \cdot \dfrac{u}{d}$，式中，$f$ 是单侧漩涡产生的频率，单位为 Hz；u 是流体平均速率，单位为 m/s；d 是圆柱直径，单位为 m；St 是斯特劳哈尔（Strouhal）系数（当雷诺系数 $Re = 5 \times 10^2 \sim 15 \times 10^4$ 时，$St = 0.2$）。由上可知，当 St 近似为常数时，漩涡产生的频率 f 与流体平均流速 u 成正比，测得 f 即可求得体积流量 q_v。

漩涡流量计的检测方法有很多种，例如热敏检测法、电容检测法、应力检测法、超声检测法，这些方法都是利用漩涡的局部压力、密度、流速的变化作用于敏感元件，产生周期性电信号，再经放大整形，得到方波脉冲。图 3-19 所示的是一种利用热敏检测法的旋涡流量计。它采用铂电阻丝作为漩涡频率的转换元件。在圆柱形发生体上有一段空腔（检测器）被隔断分成两部分，在隔墙中央有一小孔，小孔上装有一根被加热了的细铂丝。在产生漩涡的一侧，流速降低，静压升高，于是在有漩涡的一侧和无漩涡的一侧之间产生静压差，流体从空腔中的导压孔进入，向未产生漩涡的一侧流出。流体在空腔内流动时，将铂丝上的热量带走，铂丝温度

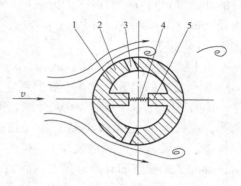

图 3-19　热敏检测法
1—空腔　2—圆柱棒　3—导压孔
4—铂电阻丝　5—隔墙

下降，导致其电阻值减小。由于漩涡交替出现在柱状物两侧，所以铂热电阻丝阻值的变化也是交替的，且阻值变化的频率与漩涡产生的频率相对应，故可通过测量阻丝阻值变化的频率来推算流量。

铂丝阻值的变化频率，采用一个不平衡电桥进行转换、放大和整形，再变换成 $0 \sim 10 \text{mA}$ 或者 $4 \sim 20 \text{mA}$ 的直流电流信号输出，供显示、累计流量或进行自动控制。

6. 差压流量计

差压流量计（DPF）是一种使用历史悠久实验数据较完整的流量测量装置。它是以测量流体流经节流装置所产生的静压差来显示流量大小的一种流量计。差压流量计最基本的配置是由节流装置、差压信号管路和差压计三个部分组成。工业上最常用的节流装置是已经标准化的节流装置（标准节流装置），例如标准孔板、喷嘴、文丘里利喷嘴和文丘里管。节流装置是指节流元件、差压取出装置和节流元件上、下游直管段的组合体。在工业测量中有时也采用一些非标准节流装置，如圆缺孔板、1/4 圆喷嘴等。

（1）差压流量计的工作原理　充满管道的流体流经管道内节流元件时，如图 3-20 所示，流束将在节流元件处形成局部收缩，因而流速增加，静压力降低，在节流元件前后产生压差，流体流量越大，产生的压差越大，因而可依据压差来衡量流量的大小。这种测量方法以流动连续性方程（质量守恒定律）和伯努利方程（能量守恒定律）为基础，压差大小不仅与流量还与其他许多因素有关，如节流装置型式、流体的物理性质（密度、黏度等）以及雷诺数等。

节流式差压流量计流量计算公式如下：

$$q_{m} = \frac{C}{\sqrt{1 - \beta^{4}}} \varepsilon \frac{\pi}{4} d^{2} \sqrt{2\Delta p \rho_{1}}, q_{v} = \frac{q_{m}}{\rho}$$

式中，q_{m} 为质量流量（kg/s）；q_{v} 为体积流量（m^{3}/s）；C 为流出系数；ε 为可膨胀性系数；β 为直径比，$\beta = d/D$；d 为工作条件下节流元件的孔径（m）；D 为在工作条件下上游管道内径（m）；Δp 为差压（Pa）；ρ_{1} 为上游流体密度（kg/m^{3}）。

由上式可见，流量为 C、ε、d、ρ、Δp、β（D）6 个参数的函数，此 6 个参数可分为实测量 [d、ρ、Δp、β（D）] 和统计量（C、ε）两类。统计量 C 是无法实测的量（指按标准设计制造安装，不经校准使用），在现场使用时由标准文件确定的 C 及 ε 值与实际值是否符合，是由设计、制造、安装及使用一系列因素决定的，应严格遵循标准文件（如 GB/T 2624-1993）的规定，其实际值才会与标准值符合。但是一般现场难以做到，实际使用条件，与标准条件的偏离有的可定量估算（可进行修正），有的只能定性估计。在实际使用中，有时不仅是一个条件偏离，这样就会有非常复杂的情况，因为一般资料中只介绍某一条件偏离引起的误差。如果多个条件同时偏离，则缺少相关资料可查。

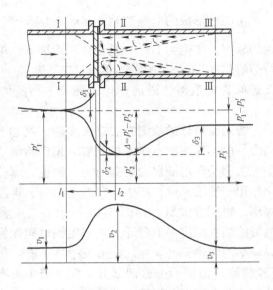

——管壁上的压力变化 ---管道轴心线上的压力变抽

图 3-20 孔板附近的流速和压力分布

（2）差压流量计的分类 按产生差压的作用原理分类，差压流量计可分为以下几种类型。

1）节流式。依据流体通过节流孔使部分压力能转变为动能以产生差压的原理来工作，其检测件称为节流装置，是差压式流量计的主要品种。

2）动压头式。依据动压转变为静压原理工作，如均速管流量计。

3）离心式。依据弯曲管或环状管产生离心力原理形成的压差来工作，如弯管流量计、环形管流量计。

4）水力阻力式。依据流体阻力产生的压差原理来工作，其检测件为毛细管束，又称层流流量计。

5）动压增益式。依据动压放大原理工作，如皮托-文丘里管。

6）射流式。依据流体射流撞击产生压差原理工作，如射流式差压流量计。

（3）差压流量计的特点

1）标准孔板应用最普遍其结构易于复制，简单牢固，性能稳定可靠，使用期长，价格低廉。

2）应用范围广泛，至今尚无任何一类流量计可与之比拟，全部单相流体，包括液、气、蒸汽皆可测量，部分混相流，如气固、气液、液固等也可应用，对于一般生产过程的各类管道直径，在普通工作状态（压力和温度等）下均可应用，皆有相应产品。

3）检测件与差压显示仪表可分开由不同制造厂生产，便于专业化形成规模经济生产，它们的结合非常灵活方便。

4）检测件，特别是标准型的检测件，是全世界通用的，并得到国际标准化组织和国际法制计量组织的认可。

5）标准型节流装置无需实流校准即可投用，在流量计中也是唯一的。

6）目前在各种类型中以节流式和动压头式应用最多，节流式检测件达数十种之多，新品种不断出现，较成熟的已向标准型方向发展。动压头式以均速管流量计为代表已有较快发展，它是插入式流量计的主要品种。

7）其测量的重复性、精确度在流量计中属中等水平，由于众多因素的影响，精确度提高比较困难。

8）范围度窄，由于差压信号与流量为二次方关系，范围度一般为3:1或4:1。

9）现场安装条件要求较高，如需较长直管段长度（如孔板、喷嘴等），一般较难满足。

10）检测件与差压显示仪表之间的引压管线为薄弱环节，易产生泄漏、堵塞、冻结及信号失真等故障。

11）压损大（指孔板、喷嘴等）。

12）为弥补差压流量计的缺点，近年正采取一些改进措施，如范围度的拓宽、压损减小及提高测量精确度。

任务三 调节阀门的工作原理与选择

3.3.1 阀的基本知识

这里的执行器就是阀门，它接受控制器的信号，改变操纵变量，使生产过程按预定要求正常执行。由于执行器是直接安装在生产现场的，使用条件较差，尤其当被调介质具有高压、高温、深冷、极毒、易燃、易爆、易渗透、易结晶、强腐蚀和高黏度等不同特点时执行器能否保持正常工作将直接影响自动调节系统的安全性和可靠性，执行器的阀门口径和流量特性等是否选择适当，也将影响整个自动调节系统的调节范围和稳定性等调节品质。

执行器由执行机构和调节机构组成。执行机构是指根据控制信号产生推力或位移的装置，而调节机构是根据执行机构输出信号去改变能量或物料输送量的装置，最常见的有调节阀。

执行器按其能源形式分为气动、电动和液动三大类，它们各有特点，适用于不同的场合。下面主要分析气动和电动执行器。

气动执行器的执行机构和调节机构是统一的整体，其执行机构有活塞式和薄膜式两类。活塞式行程长，适用于要求有较大推力的场合；而薄膜式行程较小，只能直接带动阀杆。由于气动执行机构有结构简单、输出推力大、动作平稳可靠、安全防爆等优点，在化工、炼油等对安全要求较高的生产过程中有广泛的应用。

电动执行器的执行机构和调节机构是分开的两部分，其执行机构分角行程和直行程两种，都是以两相交流电动机为动力的位置伺服机构，作用是将输入的直流电流信号线性地转换为位移量。电动执行机构安全防爆性能差，电动机动作不够迅速，且在行程受阻或阀杆被卡住时电动机容易受损。尽管近年来电动执行器在不断改进并有扩大应用的趋势，但从总体上看不及气动执行机构应用普遍。

在气动执行器和电动执行器两大类产品中，除执行机构部分不同外，调节机构部分均采用各种通用的调节阀，这对生产和使用都有利。

执行器接受调节仪表的信号有气信号和电信号之分。其中，气信号无论来自一般气动基地式还是单元组合式调节仪表，信号范围均采用 0.02 ~ 0.1MPa 压力；电信号则又有断续信号和连续信号之分，断续信号通常指二位或三位开关信号，连续信号指来自电动单元组合式调节仪表的信号，有 0 ~ 10mA 和 4 ~ 20mA 直流电流两种范围。在电-气复合调节系统中，还可通过各种转换器、阀门定位器等连接不同类型的执行器。

3.3.2 阀的结构形式

阀有直通单座调节阀、直通双座调节阀、三通调节阀、角形调节阀、高压调节阀、蝶阀、小流量调节阀、球阀和套筒调节阀等各种类型。

1. 直通单座调节阀

1）用途：适用于阀两端压差小，对泄漏量要求严格的场合，在高压差使用时，应配用阀门定位器。

2）特点：阀体内有一个阀芯和阀座；调节型和调节切断型阀芯为柱塞式，切断型阀芯为平板式；调节型泄漏量为 0.01%，是双座阀的十分之一；介质对阀芯的不平衡力大；DN ≥25 的阀芯为双导向；DN < 25 的阀芯为单导向，气开式应采用反作用执行机构。

3）结构图：如图 3-21 所示。

2. 直通双座调节阀

1）用途：适用于阀两端压差较大，允许有较大泄漏量的场合，是使用范围较广的产品，但因流路较复杂，不适用于高黏度和含纤维介质的调节。

2）特点：阀体内有两个阀芯和阀座；阀芯为双导向，气关式可方便地改装成气开式，不必采用反作用执行机构；流通能力比同口径的单座阀大；介质对阀芯的不平衡力小；泄漏量大。

3）结构图：如图 3-22 所示。

3. 三通调节阀

1）用途：适用于配比调节或旁路调节。

2）特点：阀芯为薄壁圆筒开窗形；气关、气开必须分别采用正、反作用执行机构；与单座阀相比，组成同样的系统时，可省掉一个二通阀和一个三通接管。

3）结构图，如图 3-23 所示。

4. 角形调节阀

1）用途：适用于要求直角连接，介质为高黏度、悬浮物和颗粒物的调节。

2）特点：阀体两端接管成直角形，流路简单，阻力较小；阀芯为单导向，气开式应采用反作用执行机构。

3）结构图：如图 3-24 所示。

5. 高压调节阀

1）用途：适用于合成氨、尿素工业的高压和高压差调节，应配用阀门定位器。

2）特点：

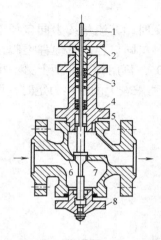

图 3-21　直通单座调节阀的结构图
1—阀杆　2—压板　3—填料　4—上阀盖　5—阀体
6—阀芯　7—阀座　8—下阀盖

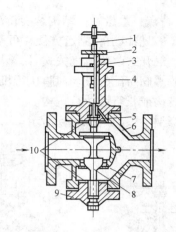

图 3-22　直通双座调节阀的结构图
1—阀杆　2—压板　3—填料　4—上阀盖　5—圆柱销钉
6—阀体　7—阀座　8—阀芯　9—下阀盖　10—衬套

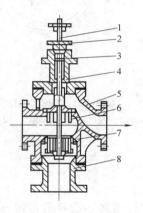

图 3-23　三通调节阀的结构图
1—阀杆　2—压板　3—填料　4—上阀盖
5—阀体　6—阀芯　7—阀座　8—接管

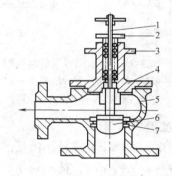

图 3-24　角形调节阀的结构图
1—阀杆　2—压板　3—填料　4—上阀盖
5—阀体　6—阀芯　7—阀座

① 单级阀芯特点：采用下阀体式结构，加工简单，阀座易于更换；为适应高压差时气蚀现象，阀芯头部采用硬质合金或掺铬，阀座也可掺铬；阀芯为单导向，气开式应采用反作用执行结构。

② 多级阀芯特点：采用多极降压原理，使每级阀芯上分担一部分压差，以改善高压差对阀芯阀座的冲刷和气蚀现象。阀芯阀座采用套筒型结构形式，流量特性由套筒侧面开孔保证，密封面和节流孔分开，关闭时依靠一级阀芯和阀座密封面紧密接触，与直通单座阀关闭时一样；采用平衡型阀芯结构，可减少高压差对阀芯的不平衡力。

3）结构图：如图 3-25 所示。

6. 蝶阀

1）用途：适用于大口径、大流量、低压力的场合，也可用于浓浊浆状及悬浮颗粒物的介质调节。

2）特点：重量轻，结构紧凑；流阻较小，在相同差压时，其流量约为同口径单、双座阀的 1.5 ~ 2 倍以上；制造方便，可制成大口径的调节阀，与同口径的其他种类阀相比，价格要低；气开式改装成气关式时，只需将蝶阀的轴回转 70°，再用榫与曲柄上另一榫槽固定即可，故蝶阀所配的气动薄膜执行机构均选用正作用式；要求较大的输出力矩时，可配用活塞执行机构或长行性执行机构。

3）结构图：如图 3-26 所示。

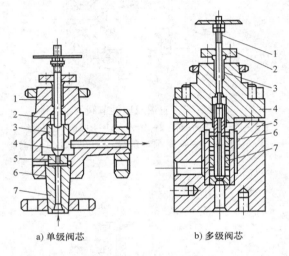 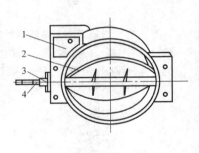

a) 单级阀芯　　　b) 多级阀芯

图 3-25　高压调节阀的结构图

1—阀杆　2—压板　3—填料　4—上阀盖
5—阀体　6—阀芯　7—套筒

图 3-26　蝶阀的结构图

1—阀杆　2—阀板　3—轴封　4—阀板轴

7. 小流量调节阀

1）用途：适用于要求较小流量的调节。

2）特点：结构紧凑，体积较小，重量轻，便于安装维护；可对小流量进行精密调节。

3）结构图：如图 3-27 所示。

8. 球阀

1）用途：O 形球阀适用于高黏度、带纤维、细颗粒介质的流体，作切断阀使用。V 形球阀适用于高黏度、带纤维、细颗粒介质的流体，既具有调节作用，又可作切断阀使用。

2）特点：

① O 形球阀：流通能力大；阀座采用软质材料，密封性可靠；球芯可单方向旋转，也可双方向旋转；介质的流向可任意；结构简单，维修方便；流量特性为快开特性；转角为 0° ~ 90°。

② V 形球阀：阀芯为转动球体，在球体上开有各种 V 形缺口以实现不同的流量特性；具有最大的流通能力，相当于同口径双座阀的 2 ~ 2.5 倍；具有最大的可调比（$R = 200:1$ ~ 300:1）；V 形缺口和阀座间具有剪切作用，介质不会使阀堵塞；阀座采用软质材料，密封性可靠；结构简单，维修方便；流量特性近似等百分比特性；转角为 0° ~ 90°。

3）结构图：如图 3-28 所示。

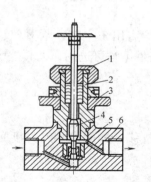

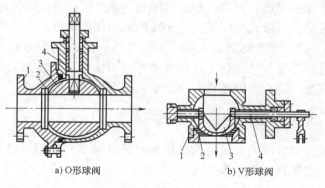

图 3-27　小流量调节阀的结构图

1—压盖螺母　2—填料　3—阀盖
4—阀芯　5—阀座　6—阀体

a) O 形球阀　　　　　b) V 形球阀

图 3-28　球阀的结构图

1—阀体　2—密封座　3—阀芯转动球体　4—阀杆

9. 国内外一些新型结构的调节阀

1）气动 V 形调节球阀（见图 3-29）：本阀门的阀体、箱体、连接支架、弹簧套筒等零件为碳素钢铸造而成，V 形开口的球用不锈钢制成，是固定球结构，阀座密封圈的材质填充聚四氟乙烯，弹簧的材质为铬钒钢，薄膜的材质为橡胶。

本 V 形调节球阀适应于有冲刷、结焦和其他难处理的物料的调节及开启和关闭。可防止球芯与阀座之间出现卡死现象；可调比大，可达 140:1；流量特性接近于等百分比；阀的控制部分为薄膜式气动执行机构，动作灵敏、可靠性强、适宜用于各种工业上的物料调节及关闭。

2）多功能水位自动调节阀（见图 3-30）：本阀门的阀体、阀盖为灰铸铁铸造而成，液压缸、阀瓣为青铜铸造而成，弹簧为铬钒弹簧钢制成。阀门的铸造青铜液压缸靠管路系统的自身水压动作，达到截流或导通的目的，具有压力调整、水位调整、紧急切断、缓闭止回等综合功能。阀门可以迅速开启，又可以缓慢关闭，具有缓闭无水击作用。因输出水压与启闭

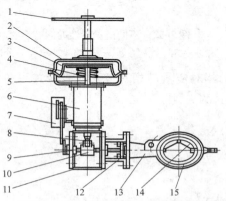

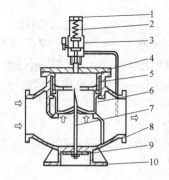

图 3-29　气动 V 形调节球阀结构图

1—手轮　2—缸体　3—薄膜　4—弹簧　5—连接杆
6—弹簧套筒　7—定位器　8—万向联轴器　9—阀杆
10—驱动轴　11—箱体　12—连接支架　13—阀体
14—球体　15—阀座

图 3-30　多功能水位自动调节阀结构图

1—调整螺钉　2—压缩弹簧　3—导阀　4—阀盖　5—液压缸
6—阀瓣　7—指针　8—底托　9—六角螺母　10—阀体

液压缸导通，直接控制启闭压力，因而阀门可以方便地作水位调整、差压调整用。阀门运行可靠，可以长时间运行，无须维修与保养仍可正常工作。

3）气动薄膜调节阀：本阀门系广泛通用的过程控制阀门。适用于空气、水蒸气、油品、其他气体和化工过程调节等使用场合。在要求非全密封的条件下均可选用，尤其是应用在高压降或高流通量时作为节流调节更为有效。

3.3.3 流量特性

调节阀的流量特性是指介质流过调节阀的相对流量与相对位移（即阀的相对开度）之间的关系，数学表达式为

$$\frac{Q}{Q_{\max}} = f\left(\frac{l}{L}\right) \tag{3-1}$$

式中，$Q/Q_{\max}$ 为相对流量，调节阀某一开度时的流量 Q 与全开时流量 $Q_{\max}$ 之比；l/L 为相对位移，调节阀某一开度时阀芯位移 l 与全开时阀芯位移 L 之比。

由于调节阀开度变化的同时，阀前后的压差也会发生变化，而压差变化又将引起流量变化，因此，为方便起见，将流量特性分为理想流量特性和实际的工作流量特性。

1）理想流量特性。所谓理想流量特性是指调节阀前后压差一定时的流量特性，它是调节阀的固有特性，由阀芯的形状所决定。理想流量特性主要有直线、等百分比（对数）、抛物线及快开四种，如图 3-31 所示，相应的柱塞型阀芯形状如图 3-32 所示。

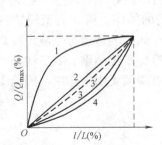

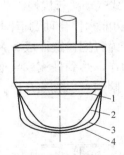

图 3-31　理想流量特性

1—快开　2—直线　3—抛物线　3′—修正抛物线　4—等百分比

图 3-32　不同流量特性的阀芯形状

1—快开　2—直线　3—抛物线　4—等百分比

① 直线流量特性：直线流量特性是指调节阀的相对流量与相对位移成直线关系，即单位位移变化所引起的流量变化是常数，用数学式表达为

$$\frac{\mathrm{d}(Q/Q_{\max})}{\mathrm{d}(l/L)} = K \tag{3-2}$$

式中，K 为常数，即调节阀的放大系数。

将式（3-2）积分得

$$Q/Q_{\max} = K(l/L) + C \tag{3-3}$$

式中，C 为积分常数。

已知边界条件：$l = 0$ 时，$Q = Q_{\min}$；$l = L$ 时，$Q = Q_{\max}$。把边界条件带入式（3-3），求得各常数项为

$$C = Q_{\min}/Q_{\max} = 1/R$$

$$K = 1 - C$$
$$Q/Q_{\max} = 1/R + (1 - 1/R)l/L \tag{3-4}$$

式中，R 为可调比。

式（3-4）表明 $Q_{\min}/Q_{\max}$ 与 l/L 之间成直线关系。由图 3-31 中直线 2 可见，具有直线特性的调节阀的放大系数是一个常数，即调节阀单位位移的变化所引起的流量变化是相等的，但它的流量相对变化值（单位位移的变化所引起的流量变化与起始流量之比）是随调节阀的开度而变化的。

要注意的是当可调比 R 不同时，特性曲线在纵坐标上的起点是不同的。当 $R = 30$，$l/L = 0$ 时，$Q_{\min}/Q_{\max} = 0.33$。为便于分析和计算，假设 $R = \infty$，即特性曲线以坐标原点为起点，这时当位移变化 10% 时所引起的流量变化总是 10%。但流量变化的相对值是不同的，以行程的 10%、50% 及 80% 三点为例，若位移变化量都为 10%，则

在 10% 时，流量变化的相对值为 $(20 - 10)/10 \times 100\% = 100\%$。

在 50% 时，流量变化的相对值为 $(60 - 50)/50 \times 100\% = 20\%$。

在 80% 时，流量变化的相对值为 $(90 - 80)/80 \times 100\% = 12.5\%$。

可见，在流量小时，流量变化的相对值大；在流量大时，流量变化的相对值小。也就是说，当阀门在小开度时灵敏度高，调节作用强，易产生振荡；而在大开度时灵敏度低、控制作用太弱、调节缓慢，这是不利于控制系统正常运行的。

② 等百分比流量特性（对数流量特性）：等百分比流量特性是指单位相对位移变化所引起的相对流量变化与此点的相对流量成正比关系。用数学式表示为

$$\frac{d(Q/Q_{\max})}{d(l/L)} = K(Q/Q_{\max}) \tag{3-5}$$

积分后带入边界条件，再整理可得

$$Q/Q_{\max} = e^{(l/L-1)\ln R} = R^{(l/L-1)} \tag{3-6}$$

由式（3-6）可见，相对位移与相对流量成对数关系，故也称对数流量特性，在直角坐标上为一条对数曲线，如图 3-31 中曲线 4 所示。等百分比特性曲线的斜率是随着流量增大而增大，但等百分比特性的流量相对变化值是相等的，即流量变化的百分比是相等的。因此，具有等百分比特性的调节阀，在小开度时，放大系数小，调节平稳缓和；在大开度时，放大系数大，调节灵敏有效。

③ 抛物线流量特性：抛物线流量特性是指单位相对位移的变化所引起的相对流量变化与此点的相对流量之间的平方根成正比关系，其数学表达式为

$$\frac{d(Q/Q_{\max})}{d(l/L)} = K(Q/Q_{\max})^{1/2} \tag{3-7}$$

如图 3-31 中曲线 3 所示，抛物线特性介于直线与对数特性曲线之间。为了弥补直线特性在小开度时调节性能差的缺点，在抛物线特性基础上派生出一种修正抛物线特性，如图 3-31 中虚线 3′ 所示，它在相对位移 30% 及相对流量 20% 这段区间内为抛物线关系，而在此以上的范围是线性关系。

④ 快开流量特性：这种流量特性的调节阀在开度小的时候就有较大的流量，随着开度的增大，流量很快就达到最大；此后再增加开度，流量变化很小，故称为快开流量特性，其特性曲线如图 3-31 中曲线 1 所示。快开阀使用于迅速启闭的位式控制或程序控制系统。

2）工作流量特性。理想流量特性是在假定调节阀前后压差不变的情况下得到的，而在实际使用中，调节阀所在的管路系统的阻力变化将造成阀前后压差的变化，从而使调节阀的流量特性发生变化。调节阀前后压差变化时的流量特性称为工作流量特性。

① 串联管道的工作流量特性：以图 3-33 所示的串联管道系统为例进行讨论。系统的总压差 Δp_S 等于管道部分的压差 Δp_F 与调节阀上的压差 Δp_V 之和。如果系统的总压差 Δp_S 一定时，随着流过该串联管道系统的流量 Q 的增大，管道部分的阻力损失增大，即 Δp_F 增大，也就是说调节阀上的压差 Δp_V 随 Q 的增大而减小，如图 3-34 所示，当调节阀全开时，调节阀前后的压差最小，记为 $\Delta p_{V\min}$，就会引起调节阀流量特性的变化，理想流量特性变为实际的工作流量特性。

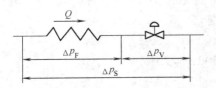

图 3-33　串联管道图

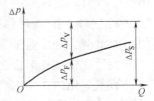

图 3-34　串联管道中调节阀前后压差的变化示意

如果以 S 表示调节阀全开时，调节阀前后压差 $\Delta p_{V\min}$ 与系统总压差 Δp_S 之比，即 $S = \Delta p_{V\min} / \Delta p_S$。当 $S = 1$ 时，表示管路部分的阻力损失为 0，调节阀前后压差恒定，调节阀的工作流量特性与理想流量特性相同。但在更多的情况下，S 值是小于 1 的。随着 S 值的减小，调节阀的流量特性将发生畸变，理想直线流量特性变为快开特性，理想等百分比特性变为直线特性，如图 3-35 所示。

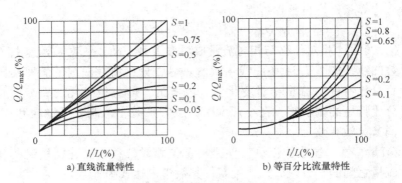

a) 直线流量特性　　　　　b) 等百分比流量特性

图 3-35　串联管道时调节阀的工作流量特性

在实际的使用过程中，S 值选得过大或者过小往往都是不合适的。S 过大，阀上的压降大，要消耗过多能量；S 过小，流量特性会发生严重的畸变，对控制不利。因此在实际使用时，S 值不能太小，通常希望 S 值不低于 0.3。

在现场使用中，如调节阀选得过大或生产在低负荷状态，调节阀将工作在小开度。有时，为了使调节阀有一定的开度而把工艺阀门关小些以增加管道阻力，使流过调节阀的流量降低，这样，S 值下降，使流量特性畸变，控制质量恶化。

② 并联管道的工作流量特性：调节阀一般都装有旁路，用于手动操作和维护。当生产量提高或调节阀选小了时，只好将旁路阀打开一些，此时调节阀的理想流量特性就改变成为

工作流量特性。图 3-36 表示并联管道时的情况。显然这时管路的总流量 Q 是调节阀流量 Q_1 与旁路流量 Q_2 之和，即 $Q = Q_1 + Q_2$。

若以 x 代表并联管道时调节阀全开时的流量 Q_{1max} 与总管最大流量 Q_{max} 之比，可以得到在压差 Δp 为一定值，而 x 为不同数值时的工作流量特性，如图 3-37 所示。图中纵坐标流量以总管最大流量 Q_{max} 为参比值。

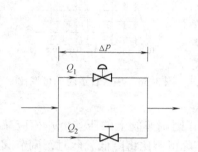

图 3-36　并联管道的情况

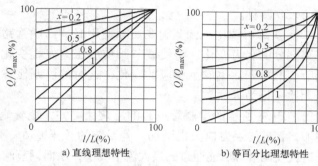

a) 直线理想特性　　　b) 等百分比理想特性

图 3-37　并联管道时调节阀的工作特性

由图可见，当 $x = 1$，即旁路阀关闭 $Q_2 = 0$ 时，调节阀的工作流量特性与它的理想流量特性相同。随着 x 值的减小，即旁路阀逐渐打开，虽然阀本身的流量特性变化不大，但可调范围大大降低了。调节阀关死，即 $l/L = 0$ 时，流量 Q_{min} 比调节阀本身的 Q_{1min} 大得多。同时，在实际使用中总存在着串联管道的影响，调节阀上的压差还会随流量的增加而降低，使可调范围下降得更多些，调节阀在工作过程中所能控制的流量变化范围更小，甚至几乎不起控制作用。所以，采用开旁路阀的控制方案是不好的，一般认为旁路流量最多只能是总流量的百分之十几，即 x 值最小不低于 0.8。

综上所述，可得如下结论：①串、并联管道都会使阀的理想流量特性发生畸变，串联管道的影响尤为严重；②串、并联管道都会使调节阀的可调范围降低，并联管道尤为严重；③串联管道使系统总流量减少，并联管道使系统总流量增加；④串、并联管道都会使调节阀的放大系数减小，即输入信号变化引起流量变化值减小；串联管道时调节阀若处于大开度，则 S 值降低对放大系数影响更为严重；并联管道时调节阀若处于小开度，则 x 值降低对放大系数影响更为严重。

3.3.4　调节阀的可调比

调节阀的可调比 R 是指调节阀所能控制的最大流量 Q_{max} 与最小流量 Q_{min} 之比，即 $R = Q_{max}/Q_{min}$。可调比也称为可调范围，它反映了调节阀的调节能力。需注意的是，Q_{min} 是调节阀所能控制的最小流量，与调节阀全关时的泄流量不同。一般 Q_{min} 为最大流量的 2% ~4%，而泄流量仅为最大流量的 0.1% ~0.01%。

类似于调节阀的流量特性，调节阀前后压差的变化，也会引起可调比变化，因此，可调比也分为理想可调比和实际可调比。

（1）理想可调比　调节阀前后压差一定时的可调比称为理想可调比 R，即

$$R = \frac{Q_{max}}{Q_{min}} = \frac{K_{max}\sqrt{\Delta p/\rho}}{K_{min}\sqrt{\Delta p/\rho}} = \frac{K_{max}}{K_{min}} \tag{3-8}$$

由上式可见，理想可调比等于调节阀的最大流量系数与最小流量系数之比，它是由结构设计决定的。可调比反映了调节阀调节能力的大小，因此希望可调比大一些为好，但由于阀芯结构设计和加工的影响，K_{min} 不能太小，因此，理想可调比一般不会太大。目前，我国调节阀的理想可调比主要有 30 和 50 两种。

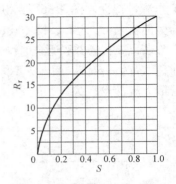

图 3-38　串联管道时的可调比

（2）实际可调比　调节阀在实际使用时，串联管路系统中管路部分的阻力变化，将使调节阀前后压差发生变化，从而调节阀的可调比也发生相应的变化，这时的可调比称为实际可调比，记为 R_r。

由图 3-38 所示的串联管道时的可调比可知，随着流量 Q 的增加，管道的阻力损失也增加。若系统的总压差 Δp_S 不变，则调节阀上的压差 Δp_V 相应减小，这就使调节阀所能通过的最大流量减小，从而调节阀的实际可调比将降低。此时，调节阀的实际可调比为

$$R_r = \frac{Q_{max}}{Q_{min}} = \frac{K_{max}\sqrt{\Delta p_{Vmin}/\rho}}{K_{min}\sqrt{\Delta p_{Vmax}/\rho}} = R\sqrt{\frac{\Delta p_{Vmin}}{\Delta p_{Vmax}}} \approx R\sqrt{\frac{\Delta p_{Vmin}}{\Delta p_S}} = R\sqrt{S} \qquad (3-9)$$

式中，Δp_{Vmax} 为调节阀全关时的阀前后压差，它约等于管道系统的压差 Δp_S；Δp_{Vmin} 为调节阀全开时的阀前后压差。

式（3-9）表明，S 值越小，即串联管道的阻力损失越大，实际可调比越小。其变化情况如图 3-38 所示。

3.3.5　气动执行器

1. 气动执行器的用途与特点

气动执行器（通常也称为气动调节阀）是指以压缩空气为动力源的执行器。

气动执行器具有结构简单、动作可靠、性能稳定、输出推力大，维修方便和防火防爆等特点，它不仅能与气动调节仪表、气动单元组合仪表等配用，而且通过电-气转换器或电气阀门定位器也能与电动调节仪表、电动单元组合仪表等配用，与其他类型的执行器相比有以下优点：

1）以空气为工作介质，用后可直接排到大气中，处理方便。

2）动作迅速、反应快、维护简单、工作介质清洁，不存在介质变质问题。

3）工作环境适应性好，特别是在易燃、易爆、多尘埃、强磁、强振、潮湿、有辐射和温度变化大的恶劣环境中工作时，安全可靠性优于液压、电子和电气机构。因此，在化工、石油、冶金和电力等工业部门中，它是一种应用很广泛的执行器。

2. 气动执行器的组成

气动执行器一般由气动执行机构和调节阀两部分组成，执行机构有薄膜式、活塞式、长行程式和滚筒膜片式等。此外，根据需要还可配上阀门定位器和手轮机构等附件。气动执行机构是气动执行器的推动部分，它按控制信号的大小产生相应的输出力，通过执行机构的推杆，带动调节阀阀芯使它产生相应的位移（或转角）。调节阀是气动执行器的主要调节机构，主要由推杆、阀体、阀芯及阀座等部件组成。它与被调介质直接接触，在气动执行器的

推动下，阀芯产生一定的位移（或转角），改变阀芯与阀座间的流通面积，从而达到调节被调介质流量的目的。

气动执行器品种很多，各种气动执行机构与不同调节阀可组成各种形式的气动执行器产品。气动执行器的作用形式分为正作用和反作用两种。

（1）气动执行机构的分类

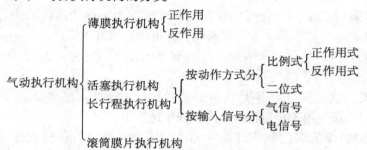

（2）气动执行器各部件的定义

1）执行机构弹簧：引起执行机构推杆移动的方向与膜片压力引起执行机构推杆移动的方向相反的弹簧。

2）执行机构推杆：连在膜片板上的棒状伸出杆，可方便地与外部连接。

3）球：在安全阀中的阀门截流件。

4）球阀：利用一个可以旋转的球形截流件进行截流的调节阀，在球上开中心孔，V形口或等高窗口，以获得各种各样的流量特性。把该零件旋转到适当的位置，可以开、关或控制流量。

5）上阀盖组合件：包括阀芯杆移动穿过的零件和防止流体沿着阀芯杆泄漏出来的密封装置的组合件。它通常用于安装执行机构。由填料或波纹管构成防泄漏密封。一个上阀盖组合件可包括一个填料注油器组合件，它可带或不带隔断阀。散热片或伸长型上阀盖可以用来在阀体和密封装置之间保持一个温度差。

6）波纹管密封上阀盖：采用波纹管密封，以防止被控制的流体沿着阀芯杆泄漏出来的上阀盖。

7）上阀盖：上阀盖组合件的主要部分，不包括密封装置。

8）下法兰：该零件用于封闭开在上阀盖对面的阀体的接口。作为三通阀使用时，它可供连接附加的流路。它可以包括一个导向衬套，做三通阀时也可以带一个阀座。

9）蝶阀：利用一个可以旋转的闸阀或阀板做阀门截流件的一种截止阀。

10）套筒：为一个空心圆筒形的阀内零件，在阀芯移动与阀座环对准时起导向作用，并把阀座环固定在阀体上。套筒的筒壁上往往开一些孔，开孔的形状决定了调节阀的流量特性。

11）中间阀体：处于上、下阀体之间的位置以提供另一流路接口，如在三通阀中用于和另一个流路连接。

12）压块：隔膜阀的阀杆组合件中的一个零件，它把隔膜压向阀体内向上突起的腹部，使流体节流。

13）调节阀：一种带有动力驱动定位的执行机构的阀门。执行机构根据外部信号的大小成比例地推动阀门截流件移动至相应的位置。调节阀上执行机构的能源由单独的动力源供给。

14）气缸：供活塞移动的气室。

15）膜片：是一种挠性的压力敏感元件，它把力加给膜片板和执行机构的推杆。

16）隔膜（在隔膜阀中）：是隔膜阀中的截流件，如减压阀型隔膜阀中的隔膜，它对流量提供了一个可变的节流。

17）薄膜式执行机构：利用流体的压力作用在膜片上所产生的力去推动执行机构的一个组合件，为了定位和执行机构推杆的返回，它可以有弹簧，也可以没有弹簧。

18）膜片盒：用于固定膜片，并建立一个或两个压力气室的盒子，它包含上、下两个部分。

19）薄膜调节阀（螺杆泵、隔膜泵）：由膜片或弹簧-膜片执行机构驱动的调节阀。

20）膜片板：膜片上的同心板，用于向执行机构的推杆传递推力。

21）隔膜板：利用挠性隔膜作为阀门截流件的一种调节阀，隔膜向下压使流体受到节流。

22）正作用执行机构：一种薄膜式执行机构。其膜片上的压力增加时，执行机构推杆向外伸出。

23）滑盘：在滑阀的流通口中产生可变阻力的截流件。

24）阀盘：在蝶阀的流通口中产生可变阻力的截流件，有时称为挡板。

25）伸长型上阀盖：在填料函组合件与上阀盖法兰之间有一伸长部分的上阀盖，用于热或冷的介质。

26）球形阀：是调节阀的一种基本的形式，它是从阀体形状像圆球而得名，通常使用阀芯作为阀门的截流件。

27）导向衬套：在上阀盖、下法兰或阀体中用以校准阀芯移动的衬套。一个阀芯的导向可以由上阀盖或下法兰的内部零件来完成，或者是由一个阀座的伸长部分或一个套筒来导向。

28）进入口：直接与流体系统的上游侧相连接的流通口。

29）隔断阀：在填料注油器和填料函之间的一个手动操作阀，用以切断从注油器来的流体压力。

30）下阀体：阀门内部零件的一半壳体，它具有和一个流体管线连接的接口。例如，分离式阀体的一半壳体。

31）注油器：见填料注油器组合件的说明。

32）流出口：直接与流体系统的下游侧相连接的流通口。

（3）气动调节阀分类　气动调节阀可分为：直通双座调节阀、直通单座调节阀、低温调节阀、波纹管密封调节阀、三通调节阀、角型调节阀、高压调节阀、隔膜调节阀、阀体分离调节阀、小流量调节阀、蝶阀、偏心旋转调节阀、套筒调节阀、球阀和低噪声调节阀。

3. 气动单元组合仪表

气动单元组合仪表采用力补偿原理，因此仪表具有很高的灵敏度。仪表是单元组合的，每个单元在控制系统中起独立的作用，并采用了统一的标准联络信号，根据生产过程的不同要求和不同对象，可以组成各种简单的或复杂的自动控制系统，而且允许新的单元不断地补充，同时它还能与电动、液动等装置联合工作。

气动单元组合仪表的优点还在于连续工作性能好、工作可靠、寿命长、结构简单、维修方便，适合于在防火、防爆的场合下工作。因此在石油工业、化学工业、冶炼工业、轻工业以及其他工业生产过程中得到广泛的应用。

气动单元组合仪表按照自动检测与调节系统中各组成部分的功能和现场使用的要求，可划分成若干能独立作用的单元，各单元之间的连接均采用统一的标准压力信号，不同的单元组合可以构成多种多样的自动检测与调节系统。气动单元组合仪表示意图如图 3-39 所示。

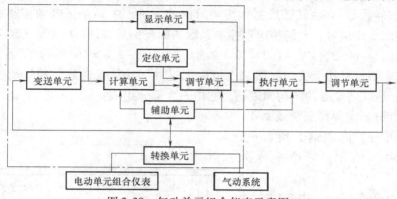

图 3-39　气动单元组合仪表示意图

气动组合仪表按力平衡原理工作，因而仪表结构简单，可动部件的工作位移极小、无机械摩擦、精确、灵敏、工作可靠。

1）气动组合仪表一般组成：

① 变送单元：测定各种参数（如温度、压力、流量、液位等）并将测定值变换成为 20 ~ 100kPa 的标准气压信号之后，传送到其他单元。

② 调节单元：根据被调节参数的测定值与给定值的偏差，实现各种调节作用（如比例、比例积分、比例微分、比例积分微分等），向执行器发出调节信号（20 ~ 100kPa 标准气压信号）。

③ 计算单元：可实现多种代数运算（如加、减、乘、除、开方等）以配合调节单元使用。

④ 定位单元：用于提供调节单元所需的给定值，实现调节系统的定值调节和程序调节等。

⑤ 显示单元：是指示仪表和记录仪表等的总称。与调节、变送等单元组成调节系统，用以对生产过程进行监视和人工操作。

⑥ 辅助单元：在自动检测、调节和控制系统中起着配套或其他单元不能完成的辅助作用。如发信号、功率放大、负荷分配、切换等。

⑦ 转换单元：将电气仪表和控制器的电信号转换成 20 ~ 100kPa 的标准气压信号。

2）气动组合仪表单元主要技术数据：

① 气源压力：140kPa。

② 信号压力：20 ~ 100kPa。

③ 准确度等级：基本准确度为 1.0 级。

④ 灵敏限：0.05% ~ 0.2%。

⑤ 传送时间：内径为 6mm 的 50m 管道，一般不大于 5s。

⑥ 可在防爆及防火的场所使用。

⑦ 使用环境温度：变送单元 $-10 \sim 60 ℃$，其他单元 $+5 \sim 70 ℃$。

⑧ 使用环境湿度：$\leqslant 85\%$。

⑨ 连接气路的管道，根据需要，可采用铜管（外径 $\phi 8mm$ 或 $\phi 16mm$）或橡胶管（塑料管）（外径 $\phi 8mm$）。

4. 气动执行器附件

（1）电-气转换器　电-气转换器作为调节阀的附件，主要是把电动控制器或计算机的电流信号转换成气压信号，它能将电动控制系统的标准信号（DC $0 \sim 10mA$ 或 $4 \sim 20mA$）转换为标准气压信号（$0.2 \times 10^5 \sim 1.0 \times 10^5 Pa$ 或 $0.4 \times 10^5 \sim 2.0 \times 10^5 Pa$），然后把变换后的标准信号送到气动执行机构上去。当然它也可以把这种气动信号送到各种气动仪表。图 3-40 是一种常见的电-气转换器的结构原理图。它由三大部分组成：

1）电路部分。主要指测量线圈 4。

2）磁路部分。由磁钢 5 所构成，磁钢为铝镍永久磁钢，它产生永久磁场。

3）气动力平衡部分。由喷嘴、挡板、功率放大器及正、负反馈波纹管和调零弹簧组成。

电-气转换器的工作原理是力矩平衡原理。当 $0 \sim 10mA$（或 $4 \sim 20mA$）的直流信号通入测量线圈之后，载流线圈在磁场中将产生电磁力，该电磁力与正、负反馈力矩使平衡杠杆平衡。于是输出信号就与输入电流成为一一对应的关系。也就是把电流信号变成对应的 $20 \sim 100kPa$ 的气压信号。

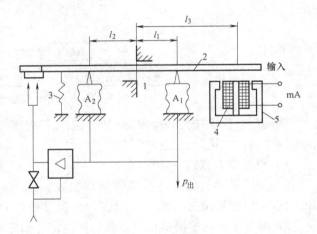

图 3-40　电-气转换器结构原理图
1—十字瓷片　2—平衡杠杆　3—调零弹簧
4—测量线圈　5—磁钢

在电-气转换器的电磁结构（见图 3-41）中，永磁体 4 就是磁钢，软铁心 2 使环形空气隙形成均匀的辐射磁场，并使流过动圈的电流方向处处与磁场方向垂直，从而保证反馈力和电流信号成正比。磁钢罩 1 和磁钢底座 5 既是磁通路，又起屏蔽作用。压圈 3 用不导磁的铜材制造。磁分路调节螺钉 6 与永磁体构成磁分路，调节磁分路间隙可改变分路磁通的大小，即改变主磁路空气隙的磁感应密度。电磁系统产生的反馈力得到微调，达到微调量程的目的。

（2）阀位传送器　阀位传送器与各类调节阀配套使用，用以将调节阀门的位移变化转换成相对应的气动模拟信号或电流信号，从而使操作人员在控制室就能了解现场情况。实际上阀位传送器是调节阀行程输出的反馈装置，可以广泛应用于远距离操作及重要的自控回路中，以监测调节阀的行程状况。

1）气动阀位传送器　气动阀位传送器的动作原理如图 3-42 所示。

当执行机构 1 接受气动信号时，执行机构动作，挡杆 2 与执行机构的推杆相连接，并带动传送器的转轴使凸轮 3 转动，副杠杆 4 向下转动，拉伸弹簧 5 的拉力减小，此时主杠杆 7

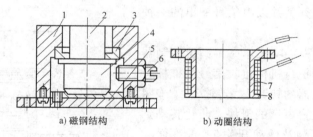

图 3-41 电-气转换器的电磁结构
1—磁钢罩 2—软铁心 3—压圈 4—永磁体 5—磁钢底座
6—磁分路调节螺钉 7—线圈 8—线圈架

绕支点 6 转动，使挡板 13 靠近喷嘴 8，放大器 9 的背压增加，推动滑阀左移，气源压力经放大器滑阀进入气路，一路送到阀位显示仪表 10，一路送到反馈波纹管 11，在主杠杆产生推力，当这个力对支点 6 的作用力矩和弹簧 5 的拉伸力对支点 6 的作用力矩相等时，达到平衡状态，阀位传送器已将阀门行程转换为对应的输出压力。

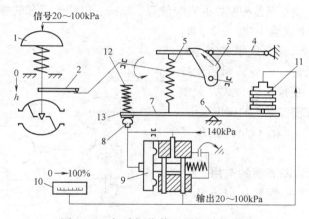

图 3-42 气动阀位传送器的动作原理
1—执行机构 2—挡杆 3—凸轮 4—副杠杆 5—拉伸弹簧 6—支点 7—主杠杆
8—喷嘴 9—放大器 10—阀位显示仪表 11—反馈波纹管 12—调零弹簧 13—挡板

2）电动阀位传送器 电动阀位传送器能把 0°~34°的转角位移变换为和角度成比例的输出信号。这个信号是和载荷无关的直流电信号：4/3 线连接时为 0~20mA；2 线连接时为 4~20mA。

电动阀位传送器和开关元件、信号装置一样装在防爆电动执行机构上，维修量极少。其剖面图如图 3-43 所示，电动阀位传送器可以装有弹簧和止块，也可以不装这些零件。轴可以自由转动并装在各种执行机构上。轴支撑在两个滚珠轴承 3 上，齿轮 2 是一个位置轮，它用摩擦离合器连接在齿轮面上。轴的上端的转子 5 和它周围的定子 6 组成一个电容传感系统，这个系统能感测出转子位置的变化和角度变化。用手或用一字螺钉旋具小心拨动输入齿轮上的定位轮，传送器就能得到精确的设定位置。

（3）阀位控制器 阀位控制器可以与各种调节阀配套使用，用来显示调节阀行程的上限和下限，如果和调节系统或事故保护系统同时使用，可以实现调节系统中阀门的相互联锁，在事故状态时，可以显示调节阀的行程位置。因此，阀位控制器是以调节阀的行程变化来驱动控制器的微动开关并以电信号输出的一种阀位发生装置。

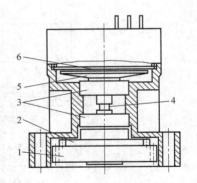

1）工作原理。图 3-44 表示一种阀位控制器的工作原理。当气动执行机构接收信号而推杆运动时，带动阀位控制器的转臂 2、转轴 3、凸轮 4 运动，在凸轮上有位置可调的滑块，凸轮转动到某一位置，滑块就会触及微动开关 5，改变微动开关输出触头的位置，把电路断开或接通。如果在电路中，把控制器的接线板 6 和信号灯、报警器等电器元件连接在一起，就可以显示阀门的工作位置、极限位置，也能及时报警。如果与保护系统中的电磁阀、继电器等元件配套使用，可以进行联锁保护，及时地开启或关闭阀门。

图 3-43　电动阀位传送器剖面图
1—输入齿轮　2—位置轮　3—滚珠轴承
4—轴　5—转子　6—带放大器的定子

2）使用注意事项。阀位控制器在使用前，要检查电器元件的工作电压、负载电流及防爆要求，看是否符合要求。检查阀位控制器的安装位置、结构、电线连接和防爆性。产品出厂前阀位已作调整，上限发信位置为 $100\% \pm 2.5\%$，下限发信位置为 $0\% \pm 2.5\%$。如果发现有偏差，可调整控制器的凸轮，凸轮调整后要拧紧。可根据实际需要，更换接线方式并调整凸轮位置，就可以实现较多形式的阀位显示。

如果是防爆型结构，则不允许在现场通电调整。

5. 控制回路中气动调节阀的选用

气动调节阀的选择一般要从以下几个方面进行考虑。

1）根据工艺条件，选择合适的调节阀结构和类型。

2）根据工艺对象，选择合适的流量特性。

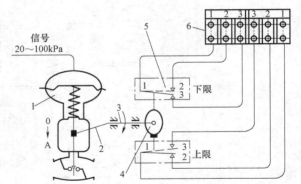

图 3-44　阀位控制器工作原理
1—气动执行机构　2—转臂　3—转轴
4—凸轮　5—微动开关　6—接线板

3）根据工艺参数，计算流量系数，选择阀的口径。

调节阀口径的确定是在计算阀流量系数 C_v 的基础上进行的。流量系数的定义是指在阀门全开条件下，阀两端压差 Δp 为 100kPa，流体密度 ρ 为 1t/m^3 时，通过阀的流体体积流量为 Q（m^3/h），其节流公式为

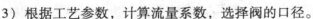

$$Q = C\sqrt{\Delta p/\rho} \tag{3-10}$$

式中，C 是一个比例系数，它与流量系数的关系是 m 倍，即 $C_v = mC$。当流量特性为直线型时 $m = 1.63$，当流量特性为等百分比型时 $m = 1.97$。

式（3-10）是当测量介质为液体时的计算方法，当测量介质为气体时应考虑温度和压力对介质体积的影响，其 C 值的计算分两种情况：

当阀前后压差 Δp 小于 0.5 倍的阀前压力 p_1，即 $\Delta p < 0.5p_1$ 时有

$$C = (Q/4.72) \times \sqrt{\frac{\rho \times (273 + t)}{(p_1 + p_2) \times \Delta p}} \tag{3-11}$$

式中，p_2 为阀后压力，t 为被测量介质的温度。

当 $\Delta p \geqslant 0.5 p_1$ 时有

$$C = (Q/2.9) \times \sqrt{\frac{\rho \times (273 + t)}{p_1}} \tag{3-12}$$

另外，当介质为过热蒸汽时，计算 C 值要考虑蒸汽的过热度。

确定完 C_v 值以后，要对调节阀的开度进行验算，要求最大流量时，阀开度不大于 90%；最小流量时，开度不小于 10%。在正常工况下，阀门开度应在 15%～85% 之间。最后根据 C_v 值确定调节阀口径。

4）气开、气关的选择及实例。气动执行器可分为气关和气开两种形式。

气关式气动执行器：有信号压力时阀关，无信号压力时阀开。

气开式气动执行器：有信号压力时阀开，无信号压力时阀关。

① 选择的原则。气关、气开的选择主要是从生产安全角度考虑，当信号压力中断时，应避免损坏设备和伤害操作人员。如阀门处于打开位置时危害性小，则应选用气关式气动执行器，反之，应选用气开式气动执行器。

例如，调节进入加热炉内的燃料油流量，应选用气开式（见图 3-45），当调节器发生故障或仪表供气中断时，立即停止燃料油加入炉内，以避免炉子温度继续升高而烧坏炉子。

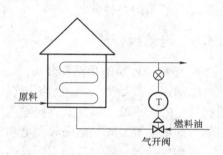

图 3-45　加热炉温度调节系统示意图

② 这里再列举一些化工自动化系统中阀门选用的案例。

对于采用调节载热体的流量来保持冷流体的出口温度的换热器。若冷流体温度过高，会发生结焦、分离等现象，严重影响下一工序操作或造成换热器设备损坏，这时应选用气开式；若冷流体在温度降低时易结晶或凝固，清除换热器内的结晶物的困难比温度继续升高给工艺生产带来的损失更大时，此时则应选用气关式。

对于通过调节火源（如烧重油的炉子调节进油量）控制温度的加热炉，为防止烧毁加热炉，应选用气开式。

塔、罐等容器的压力调节，若通过排出物料来调节压力时，为防止设备压力升高而损坏，应选用气关式；若通过进料量来调节压力时，应选用气开式。

压缩机的吸入压力控制，为避免抽空，应选用气关式。

调节进入设备工艺介质的流量时，若介质为易燃气体，为防止爆炸，应选用气开式；若介质为易结晶物料，为防止堵塞，应选用气关式。

5）组合的方式。从气动执行机构和调节阀的结构讨论中已经知道，气动执行机构

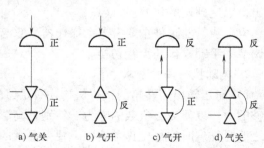

a) 气关　　b) 气开　　c) 气开　　d) 气关

图 3-46　气动执行器的组合方式示意图

有正作用式和反作用式两种，调节阀有正装和反装两种。因此，气动执行器的气关、气开两种形式是由气动执行机构的正、反作用和调节阀的正、反安装来决定的，它们的组合方式有四种（见图 3-46 和表 3-1）。

表 3-1　气动执行器的组合关系

序　号	执行机构	调节阀	气动执行器
1	正	正	气关（正）
2	正	反	气开（反）
3	反	正	气开（反）
4	反	反	气关（正）

在实际使用中，并不全部采用这四种组合方式，对于双导向阀芯的直通双座调节阀与 DN > 25 的直通单座调节阀，一般执行机构均采用正作用式，通过改变调节阀的正、反安装来实现气关、气开，即采用图 3-46a、b 两种方式。对于单导向阀芯的高压调节阀、角形调节阀、DN < 25 的直通单座调节阀，以及隔膜调节阀、三通调节阀等，由于调节阀只能正装，不能反装，因此只能通过改变执行机构的正、反作用来实现气关、气开，即采用图 3-46a、c 所示的两种方式。

3.3.6　电动执行器

1. 电动执行器的用途和分类

电动执行器是指在控制系统中以电为能源的一种执行器。它接受调节仪表等的电信号，根据信号的大小改变操纵量，使输入或输出控制对象的物料量或能量改变，达到自动调节的目的。如电动调节阀、电磁阀和电功率调整器等。

电动执行器一般按其结构原理的不同分类，可分为电动调节阀、电磁阀、电动调速泵、电功率调整器和附件等五类。其中电动调节阀习惯上也称为电动执行器，接受从调节器来的电信号，把它变为输出轴的角位移或直线位移，以推动调节机构——阀门动作，执行调节任务。电动调节阀是应用最广泛的一种电动执行器。

电磁阀是以电磁体为动力元件进行开关动作的调节阀，通过阀门的开关动作，控制工作介质的流通，达到调节的目的。它的特点是结构紧凑、尺寸小、重量轻、维护简单、价格较低，并有较高的可靠性。

电动调速泵通过改变电动机转速来调节泵的流量，要求泵的流量与转速有较好的线性关系。采用调速泵改变流量与采用恒速泵改变流量相比，还能节省能源。

电功率调整器是用电器元件控制电能输出的一种执行器。通常有饱和电抗器、感应调压器和晶闸管调压器等。它通过改变流经负载的电流或加在负载两端的电压大小来调节电功率输出，以达到调节目的。

电动执行器附件主要有电动操作器，它与电动调节器配合用来操作电动执行器，实现自动调节和手动操作的无扰切换。

2. 电动执行器的要求

1）对于输出为转角的执行机构要有足够的转矩，对于输出为直线位移的执行机构要有足够的力，以便克服负载的阻力。特别是高温高压阀门，其密封填料压得比较紧，长时间关闭之后再开启时往往比正常情况下要费更大的力。至于动作速度要求不一定很高，因为流量调节和控制不需要太快。为了加大输出转矩或力，电动机的输出轴都有减速器，如果电动机本身就是低速的，减速器可以简单些。

2）减速器或电动机的传动系统中应该有自锁特性，当电动机不转时，负载的不平衡力（例如闸板阀的自重）不可引起转角或位移的变化。为此，往往要用蜗轮蜗杆机构或电磁制动器。有了这样的措施，在意外停电时，阀位就能保持在停电前的位置上。

3）停电或调节器发生故障时，应该能够在执行器上进行手动操作，以便采取应急措施。为此，必须有离合器及手轮。

4）在执行器进行手动操作时，为了给调节器提供自动跟踪的依据（跟踪是无扰动切换的需要），执行器上应该有阀位输出信号。这既是执行器本身位置反馈的需要，也是阀位指示的需要。

5）为了保护阀门及传动机构不致因过大的操作力而损坏，执行器上应有限位装置和限制力或转矩的装置。

除了以上基本要求之外，为了便于和各种阀门特性配合，执行器上最好具有可选择的非线性特性。为了能和计算机配合，最好能直接输入数字信号。近来还有带 PID 运算功能的执行器，这就是所谓"数字执行器"和"智能执行器"。

目前应用最广泛的还是模拟式电动执行器，其中以我国电动单元组合仪表里的 DKJ 型（输出为转角）和 DKZ 型（输出为直线位移）最为普遍。另外，随着微电子技术和控制技术的不断发展，智能电动执行器也出现了迅速发展的趋势，智能电动执行器的性能得到很大提高，功能日趋完善。

任务四　流量控制系统的安装与调试

3.4.1　流量计的安装

1. 安装条件

各种流量计由于测量原理不同，所以安装条件也各不相同。例如有些仪表（如差压式、涡轮式）需要长的直管段，以保证仪表进口端流动达到充分发展，而另有一些仪表（如容积式、浮子式）则无此要求或要求很低。安装条件方面需考虑的因素包括：仪表的安装方向、流动方向、上下游段管道状态、阀门位置、防护性配件、脉动流影响、振动、电气干扰和维护空间等。

管道安装布置方向应该遵守仪表制造厂家规定。有些仪表水平安装和垂直安装对测量性能有较大影响。水平管道可能沉淀固体颗粒，因此测量浆体的仪表最好装在垂直管道上。

通常在仪表外壳表面标注流体流动方向，使用时必须遵守，因为反向流动可能损坏仪表。为防止误操作可能引起的反向流动，有必要安装止回阀保护仪表。有些仪表允许双向流动，但正向和反向之间的测量性能也可能存在差异，需要对正反两个流动方向分别校验。

理想的流动状态应该无漩涡、无流速分布畸变。大部分仪表或多或少受进口流动状况的影响，管道配件、弯管等都会引入流动扰动，可适当调整上游直管段改善流动特性。对于推理式流量计，上下游直管段长度的要求是保证测量精确度的重要条件，具体长度要求参照制造厂家的建议。

流量计校准是在实验室稳定流条件下进行的，但是实际管道流量并非全是稳定流，如管路上装有定排量泵、往复式压缩机等就会产生非定常流（脉动流），增加测量误差。因此安装流量计必须远离脉动源处。

工业现场管道振动对流量计（涡街流量计、科里奥利质量流量计等）的测量准确性也有影响。可对管道加固支撑、加装减振器等。

仪表的口径与管径尺寸不同，可用异径管连接。流速过低仪表误差增加甚至无法工作，而流速过高误差也会增加，同时还会因使测量元件超速或压力降过大而损坏仪表。

2. 环境条件

环境条件因素包括环境温度、湿度、大气压、安全性、电气干扰等。仪表的电子部件和某些仪表流量检测部分会受环境温度变化的影响。湿度过高会加速大气腐蚀和电解腐蚀并降低电气绝缘，湿度过低则容易产生静电。电力电缆、电动机和电气开关都会产生电磁干扰。应用在爆炸性危险环境，按照气氛适应性、爆炸性混合物分级分组、防护电气设备类型以及其他安全规则或标准选择仪表。有可燃性气体或可燃性尘粒时必须用特殊外壳的仪表，同时不能用高电平电源。如果有化学侵蚀性气氛，仪表外壳必须具有外部防腐蚀和气密性。有些场所还要求仪表外壳防水。表3-2给出了常用流量计在各种环境条件下的适应性。

表3-2 常用流量计在各种环境条件下的适应性

仪表类型		温度影响	电磁干扰、射频干扰影响	本质安全防爆适用	防爆型适用	防水型适用
差压式	孔板	中	最小~小	①	①	①
	喷嘴	中	最小~小	①	①	①
	文丘里管	中	最小~小	①	①	①
	弯管	中	最小~小	①	①	①
	楔形管	中	最小~小	①	①	①
	均速管	中	最小~小	①	①	①
浮子式	玻璃锥管	中	最小	√	√	√
	金属锥管	中	小~中	√	√	√
容积式	椭圆齿轮	大	最小~小	√	√	√
	腰轮	大	最小~小	√	√	√
	刮板	大	最小~小	√	√	√
	膜式	大	最小~小	√	√	√
涡轮式		中	中	√	√	√
电磁式		最小	中	×③	√	√
旋涡式	涡街	小	大	√	√	√
	旋进	小	大	√	×③	√
超声式	传播速度差法	中~大	大	×③	√	√
	多普勒法	中~大	大	√	√	√
靶式		中	中	√	√	√
热式		大	小	√	√	√
科氏力质量式		最小	大	√	√	√
插入式(涡轮、电磁、涡街)		最小~中	中~大	②	√	√

注：√—可用；×—不可用。① 取决于差压计。② 取决于测量头类型。③ 国外产品。

3.4.2 容积式流量计的安装

1. 安装

1) 容积式流量计安装应选择合适的场所，必须避开振动和冲击；周围温度和湿度应符合制造厂规定，一般温度为 -15~50℃，湿度为 10%~90%；避免阳光直射及热辐射；避免有腐蚀性气氛或潮湿场所；要有足够空间便于安装和日常维护。在连续生产或不准断流的场所，应配备有自动切换设备的并联系统冗余；也可采取并联运行方式，一台出故障，另一台仍可流通。

2）容积式流量计的安装姿势必须做到横平竖直。一般为水平安装，垂直安装为防止垢屑等从管道上方落入流量计，将其装在旁路管。

容积式流量计一般只能作单方向测量，要使实际流动方向与仪表壳体上标明的流动方向一致。必要时在其下游装止逆阀，以免损坏仪表。要使流量计不承受管线膨胀、收缩、变形和振动；防止系统因阀门及管道设计不合理产生振动，特别要避免谐振。安装时不要使仪表受应力，例如上下游管道两法兰平面不平行，法兰面间距离过大，管道不同心等不良管道布置的不合理安装。

3）容积式流量计计量室与活动检测件的间隙很小，流体中颗粒杂质会影响仪表正常运行，造成卡死或过早磨损。仪表上游必须安装过滤器，并定期清洗；测量气体在必要时应考虑加装沉渣器或水吸收器等保护性设备。用于测量液体管道时必须避免气体进入管道系统，必要时设置气体分离器。

4）仪表应装在泵的出口端。脉动流和冲击流会损害流量计，理想的流源是离心泵或高位槽。若要用往复泵，或应用在管道易产生过载冲击、水锤冲击等冲击流的场所，应装缓冲罐、膨胀室或安全阀等保护设备。如管系有可能发生过量超载流，应在下游安装限流孔板、定流量阀或流量控制器等保护设施。

5）若需在现场用车装标准体积管、标准表等流量标准装置校准容积式流量计，应在现场适当位置预置支管、连接管和截止阀等。

2. 使用注意事项

1）新投管线运行前要清扫，往往随后还要用实流冲洗，以去除残留焊屑垢皮等。此时应先关闭仪表前后截止阀，让液流从旁路管流过；若无旁路管，仪表位置应装短管代替。

2）通常实液扫线后，管道内还残留较多空气，随着加压运行，空气以较高流速流过流量计，活动测量元件可能过速运转，损伤轴和轴承。因此开始时要缓慢增加流量，使空气渐渐外逸。

3）液流从旁路管转入仪表时，启闭顺序要正确，操作要缓慢，特别在高温高压管线上更应注意。如图 3-47 所示，启用时第 1 步徐徐开启 A 阀，液体先在旁路管流动一段时间；第 2 步徐徐开启 B 阀；第 3 步徐徐开启 C 阀；第 4 步徐徐关闭 A 阀。关闭时按上述逆顺序动作操作。

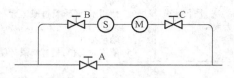

图 3-47 旁路管切换顺序

启动后通过最低位指针或字轮和秒表，确认未达过度流动，最佳流量应控制在最大流量的 70%~80%，以保证仪表使用寿命。

4）新线启动过滤器网最易被打破，试运行后要及时检查网是否完好。同时过滤器网清洁后无污物时记录下常用流量及其压力损失这两个参数，今后不必卸下检查网堵塞状况，即以压力损失增加程度判断是否要清洗。

5）用于高黏度液体，一般均加热后使之流动。当仪表停用后，其内部液体冷却而变稠，再启用时必须先加热待液体黏度降低后才让液体流过仪表，否则会咬住活动测量元件使仪表损坏。

6）测气体的容积式流量计启用前必须加润滑油，日常运行也经常检查润滑油存量的液位计。

7）使用气体腰轮流量计时，应注意不能有急剧的流量变化（如使用快开阀），因腰轮的惯性作用，急剧流量变化将产生较大附加惯性力，使转子损坏。气体腰轮流量计用作控制系统的检测仪表时，若下游控制突然截止流动，转子一时停不下来，产生压气机效应，下游压力升高，然后倒流，产生错误信号。

8）冲洗管道用蒸气禁止通过流量计。容积式流量计常见故障现象、原因及排除措施见表 3-3。

表 3-3　容积式流量计的常见故障现象、原因及排除措施

故障现场	原　因	排除故障措施
计量室转子卡死	（1）管道中有杂物进入计量室 （2）被测流体凝固 （3）由于系统工作不正常，出现水击或过载使转子与驱动齿轮连接的销子损坏 （4）由于流量计长期使用，驱动齿轮轴承磨损过大，造成转子相互碰撞卡死	（1）拆洗流量计，清洗过滤器和管道 （2）设法溶解 （3）改装管网系统，消除水击和过载 （4）必要时更换轴承，驱动齿轮或转子，如果损坏严重不能修复，需要更换新的流量计
转子运转正常但计数器不计数	（1）计量室密封输出部分损坏，磁钢退磁，异物进入磁铁联轴器内卡死 （2）表头（计数器）挂轮松脱 （3）回零计数器和累积计数器损坏 （4）指针松动	（1）拆开清洗或重新冲磁 （2）重新装紧或调整 （3）拆下计数器检修 （4）装紧指针
流量计计量不正确	（1）温度偏差大，自动温度补偿器失灵 （2）被测介质黏度改变 （3）由于修复流量计后表头上挂轮挂反了 （4）操作时系统旁通阀未关紧，有泄漏 （5）实际流量超过规定范围 （6）指示转动部分不灵或转子与壳体相碰 （7）流量有大的脉动 （8）被测介质中混有气体	（1）检查和修理 （2）按使用介质重新调校，或按介质重选新表 （3）取下表头，将挂轮装正确 （4）关紧旁通阀 （5）更换其他规格流量计或使运行流量在规定范围内 （6）检查转子、轴承、驱动齿轮等安装是否正确，或更换磨损零部件 （7）设法减小流量脉动 （8）加装气体分离器
流量计噪声太大	（1）流量计转子与驱动齿轮的销子断了，发生打转子现象 （2）使用不当，流量过载太大 （3）系统中进入气体或系统发生振动 （4）轴承损坏 （5）使用时间长，超过流量计使用寿命	（1）拆下并更换转子，刮尽转子上被碰伤斑痕 （2）在流量计下游处加装限流装置 （3）检修系统，消除振动 （4）更换轴承，检查过滤器是否可靠，减少轴承磨损 （5）更换新流量计
流量计发生渗漏	（1）使用压力超过流量计规定的工作压力，使流量计外壳变形而渗漏 （2）橡胶密封件老化 （3）机械密封渗漏	（1）检查系统中压力计是否完好，降压或更换仪表使工作压力在流量计规定的工作范围内，外壳变形严重的应重新更换修理 （2）更换密封件 （3）更换磨损机械零件或橡胶件
指针时停时走，示值不稳定	指示系统在连接部分松动或不灵活	消除连接部分松动

3.4.3　浮子流量计的安装

1. 安装

1）垂直安装在无振动的管道上，流体自下而上流过仪表。

2）测量污脏流体时应在仪表上游安装过滤器。

3）如果流体本身有脉动，可加装缓冲罐；如仪表本身有振荡，可加装阻尼装置。

4）要排尽仪表内气体。

5）使用条件的流体密度、气体压力温度与标定不一致时，要作必要换算。

2. 浮子流量计故障和处理

浮子流量计常见故障及处理方法见表3-4。

表3-4 浮子流量计的常见故障及处理方法

故障现象	原　因	对　策
实际流量与指示值不一致	因腐蚀，浮子流量、体积、最大直径发生变化；锥形管内径尺寸发生变化	换耐腐蚀材料。若浮子尺寸与调换前相同，可按新重量、密度换算或重新标定；若尺寸也不同，则必须重新标定。浮子最大直径圆柱面磨损而表面粗糙，影响测量值时，更换新转子。工程塑料制成或包衬的浮子，可能产生溶胀，最大直径和体积发生变化，换用合适材料的浮子
	浮子、锥形管附着水垢污脏等异物层	清洗，防止损伤锥形管内表面和浮子最大直径圆柱面，保持原有表面粗糙度
	液体物性变化	按变化后物性参数修正读数
	气体、蒸汽、压缩性流体温度压力变化	按新条件换算修正
	流体脉动、气体压力急剧变化，指示值波动	加装缓冲罐，或改用有阻尼机构仪表
	液体中混有气泡，气体中混有液滴	排除气泡或液滴
	用于液体时仪表内部死角滞留气体，影响浮子部件浮力	对小流量仪表或流量计运行在低流量时影响显著，排除气体
流量变动而浮子或指针移动呆迟	浮子和导向轴间有微粒等异物，或因导向轴弯曲等原因卡住	拆卸清洗，铲除异物或固着层，校直导向轴。导向轴弯曲原因大多是电磁阀快速启闭，浮子急剧升降冲击所致，所以应改变运作方式
	带磁耦合浮子组件磁铁周围附着铁粉或颗粒使指示部分连杆或指针卡住	拆卸清除。运行初期利用旁路管充分清洗管道。在仪表前面加装手动过滤器与磁铁耦合连接的运动连杆，有卡住部位即可做调整。检查旋转轴与轴承间是否有异物阻碍运动，清除或换零件
	工程塑料浮子和锥形管或塑料管衬里溶胀，或热膨胀而使指针卡住	换耐腐蚀材料零件。较高温度介质尽量不用塑料，改用耐腐蚀金属的零件
	磁耦合的磁铁磁性下降	卸下仪表，用手上下移动浮子，确认指示部分指针等平稳地跟随移动；不跟随或跟随不稳定则换新零件或充磁。为防止磁性减弱，禁止两耦合件相互打击

3.4.4 涡轮流量计的安装

1）安装场所必须是无强电磁干扰与热辐射影响、管道无振动、便于维修、避免阳光直射、防雨淋的场所。一般上游直管段长度不小于20D（D为管内径），下游直管段长度不小于5D。如果安装空间限制，不能配有足够长直管段，则可在阻流件与传感器之间安装流动调整器。

2）连接管道在安装时，水平安装的传感器要求与管道水平偏差在5°以内，垂直安装的传感器与管道垂直度偏差也在5℃以内。在需要连续运行不能停流的场所必须安装旁路管和截止阀，测量时要保证旁路管无泄漏。若流体含有杂质，需要在传感器上游安装过滤器。若被测流体为易汽化的液体，为防止产生气穴，应使传感器的出口端压力高于式"$p_{min} = 2\Delta p + 1.25 p_v$"计算的最低压力 p_{min}。其中 Δp 为传感器最大压力时压力损失（Pa）；p_v 为被测液体最高使用温度时饱和蒸汽压（Pa）。如果管道中要安装流量调节阀，则应装在传感器下游。

3）注意投入运行的启闭顺序。未装旁路管的涡轮流量计，先以中等开度开启流量计上游阀，然后缓慢开启下游阀。在以较小流量运行一段时间后，全开上游阀，再开大下游阀开度，调节到所需正常流量。装有旁路管时，先全开旁路阀，以中等开度开启上游阀，缓慢开启下游阀，关小旁路阀开度，使仪表以较小流量运行一定时间。然后全开上游阀，全关旁路阀，最后调节下游阀开度到所需流量。

4）低温流体管道在通流前要排净管道中的水分，通流时先以很小流量运行一段时间，再渐渐升高到正常流量，停流时也要缓慢进行，使管道温度与环境温度逐渐接近。高温流体运行与此类似。

5）涡轮流量计初次投入使用时要先在接入流量计的位置接入一段短管进行扫线清管工作，待确认管道内清扫干净后再接入流量计。有些测量对象，如输送成品油管线更换油品或停用，需定期进行扫线清管工作。扫线清管所用流体的流向、流量、压力和温度等均应符合流量计使用规定，否则将影响流量计精确度甚至损坏流量计。

6）涡轮流量计使用时的常见故障现象及处理见表 3-5。

表 3-5　涡轮流量计使用时的常见故障现象及处理方法

故障现象	可能原因	消除方法
流体正常流动时无显示，总量计数器字数不增加	（1）检查电源线、熔丝、功能选择开关和信号线有无断路或接触不良 （2）检查显示仪内部印制电路板、接触件有无接触不良 （3）检查检测线圈 （4）检查叶轮是否碰到传感器内壁，有无异物卡住，轴和轴承有无杂物卡住或断裂现象	（1）用欧姆表排查故障点 （2）印制电路板故障检查可采用替换"备用板"法，换下故障板再作细致检查 （3）检查线圈有无断线和焊点脱落 （4）去除异物，并清洗或更换损坏零件，复原后气吹或手拨动叶轮，应无摩擦声，更换轴承等零件后应重新校验，求得新的仪表系数
未作减小流量操作，但流量显示却逐渐下降	（1）过滤器是否堵塞，若过滤器压差增大，说明杂物堵塞 （2）流量传感器管段上的阀门出现阀芯松动，阀门开度自动减少 （3）传感器叶轮受杂物阻碍或轴承间隙进入异物，阻力增加而减缓转速	（1）清除过滤器 （2）从阀门手轮是否调节有效判断，确认后再修理或更换 （3）卸下传感器进行清洗，必要时重新校验
流体不流动，流量显示不为零，或显示值不稳	（1）传输线屏蔽接地不良，外界干扰信号混入显示仪输入端 （2）管道振动，叶轮随之抖动，产生误信号 （3）截止阀关闭不严泄漏所致，实际上仪表显示泄漏量 （4）显示仪内部线路板或电子元件变质损坏产生的干扰	（1）检查屏蔽层和显示仪端子是否良好接地 （2）加固管线，或在传感器前后加装支架防止振动 （3）检修或更换阀 （4）采取"短路法"或逐项逐个检查，判断干扰源，查出故障点
显示仪示值与经验评估值差距显著	（1）传感器流通通道内部故障，如受流体腐蚀、磨损严重、杂物阻碍使叶轮旋转失常、仪表系数变化。叶片受腐蚀或冲击，顶端变形，影响正常切割磁力线，检测线圈输出信号失常，仪表系数变化。流体温度过高或过低，轴与轴承膨胀或收缩，间隙变化过大，导致叶轮旋转失常，仪表系数变化 （2）传感器背压不足，出现气穴，影响叶轮旋转 （3）管道流动方面的原因，如未装止回阀出现逆流，旁路阀未关严，有泄漏；传感器上游出现较大流速分布畸变或出现脉动；液体受温度引起的黏度变化较大 （4）显示仪内部故障 （5）检测器中永磁材料元件失效失磁，磁性减弱到一定程度也会影响测量值 （6）传感器流过的实际流量已经超出规定的流量范围	（1）~（4）查出故障原因寻找对策 （5）更换失磁元件 （6）更换合适的传感器

3.4.5 电磁流量计的安装

液体应具有测量所需的电导率，并要求电导率分布大体上均匀。因此电磁流量计（传感器）的安装要避开容易产生电导率不均匀的场所，例如管液中需要加入药液，加液点最好设于电磁流量计的下游。

电磁流量计使用时测量管必须充满液体（非满管型例外）。有混合时，其分布应大体均匀。液体应与地同电位，电磁流量计必须接地。如工艺管道用塑料等绝缘材料时，因输送液体产生摩擦静电等原因，会造成液体与地间有电位差。

1. 安装场所

通常电磁流量计外壳防护等级为 IP65（GB 4208 规定的防尘防喷水级），对安装场所有以下要求：

1）测量混合相流体时，选择不会引起相分离的场所；测量双组分液体时，避免装在混合尚未均匀的下游；测量化学反应管道时，要装在反应充分完成段的下游。

2）尽可能避免测量管内变成负压。

3）选择振动小的场所，特别对一体型仪表。

4）避免附近有大电机、大变压器等，以免引起电磁场干扰。

5）安装在易于实现传感器单独接地的场所。

6）尽可能避开有高浓度腐蚀性气体的环境。

7）环境温度在 −25～50℃ 范围内时，一体型结构温度还受制于电子元器件，温度范围还要窄些。

8）环境相对湿度要在 10%～90% 范围内。

9）尽可能避免受阳光直照。

10）避免雨水浸淋。

如果防护等级是 IP67（防尘防浸水级）或 IP68（防尘防潜水级），则无需上述 8）、10）两项要求。

2. 直管段长度要求

电磁流量计上游要有一定长度直管段，但其长度与大部分其他流量仪表相比要求较低。可以安装在 90°弯头、T 形管、同心异径管、全开闸阀后，通常认为只要离电极中心线（不是传感器进口端连接面）5 倍直径（5D）长度的直管段，不同开度的阀则需 10D，下游直管段为（2～3）D 或无要求，但要防止蝶阀阀片伸入到传感器测量管内。各标准或检定规程所提出上下游直管段长度亦不一致，见表 3-6，表中所列要求比通常要求高，这是为了保证达到当前 0.5 级准确度仪表的要求。

表 3-6 各标准或检定规程所提出上下游直管段长度

扰流件名称		标准或检定规程号				
		ISO6817	ISO9104	JIS B7554	ZBN12007	JJG198
上游	弯管、T 形管、全开闸阀、渐扩管渐缩管	10D 或制造厂规定	10D	5D	5D	10D
	其他各种阀			可视作直管		
				10D		
下游	各类	未提要求	5D	未提要求	2D	2D

如阀不能全开使用时，应按阀截流方向和电极轴成 45°安装，则附加误差可大为减少。

3. 安装位置和流动方向

传感器安装方向水平、垂直或倾斜均可，不受限制。但测量固液两相流体最好垂直安装，自下而上流动。这样能避免水平安装时衬里下半部局部磨损严重和低流速时固相沉淀等缺点。

水平安装时要使电极轴线平行于地平线，不要垂直于地平线，因为处于底部的电极易被沉积物覆盖，顶部电极易被液体中偶存气泡擦过遮住电极表面，使输出信号波动。图 3-48 所示管系中，c、d 为适宜位置，a、b、e 为不宜位置，b 处可能液体不充满，a、e 处易积聚气体且 e 处传感器后管段也有可能不充满，对于固液两相流 c 处也是不宜位置。

4. 旁路管、便于清洗连接和预置入孔

为便于在工艺管道继续流动和传感器停止流动时检查和调整零点，应装旁路管。但大管径管系因投资和位置空间限制，往往不易办到。根据电极污染程度来校正测量值，或确定一个不影响测量值的污染程度判断基准是困难的。可采用非接触电极或带刮刀清除装置电极的仪表。有时还需要清除内壁附着物，则可按图 3-49 所示，不卸下传感器就地清除。对于管径大于 1.5～1.6m 的管系在电磁流量计附近管道上预置入孔，以便管系停止运行时清洗传感器测量管内壁。

5. 负压管系的安装

氟塑料衬里传感器须谨慎地应用于负压管系，正压管系应防止产生负压，例如液体温度高于室温的管系，关闭传感器上下游截止阀停止运行后，流体冷却收缩会形成负压，应在传感器附近装负压防止阀，如图 3-50 所示。

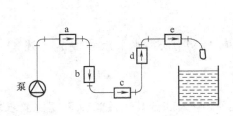

图 3-48　传感器的安装位置图

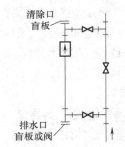

图 3-49　便于清洗管道连接

6. 接地

传感器的接地措施一般有如下三种：

1）传感器在金属管道上的安装。金属管道内壁有绝缘涂层，则接地安装方式如图 3-51 所示。

2）传感器在塑料管道上或有绝缘涂料、油漆、衬里的管道上安装。传感器的两端面应连接传感器的管道内，若涂有绝缘层或是非金属管道时，传感器两侧应装有接地环，如图 3-52 所示。此外，传感器、转换器及显示仪表间的回路接地及屏蔽接地也应予以足够的重视。

3）传感器在阴极保护管道上的安装，防护电解腐蚀的管道通常其内壁或外壁是绝缘的，因此被测介质没有接地电位，传感器必须使用接地环，如图 3-53 所示。

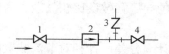

图 3-50   负压防止连接

1、4—截止阀   2—传感器   3—负压防止阀

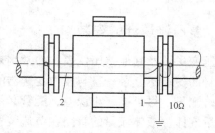

图 3-51   传感器接地措施 1

1—测量接地   2—接地线，接地铜芯截面积为 16mm²

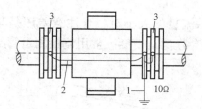

图 3-52   传感器接地措施 2

1—测量接地线   2—接地线，接地铜芯截面积为 18mm²

3—接地环

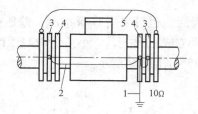

图 3-53   传感器接地措施 3

1—测量接地线   2—接地线   3—接地环

4—螺栓，安装时应与法兰相互绝缘

5—连接导线，铜芯截面积 16mm²

传感器必须单独接地（接地电阻 100Ω 以下）。分离型原则上接地应在传感器一侧，转换器接地应在同一接地点。如传感器装在有阴极腐蚀保护管道上，除了传感器和接地环一起接地外，还要用较粗铜导线（16mm²）绕过传感器跨接管道两连接法兰上，使阴极保护电流于传感器之间隔离。

有时杂散电流过大，如电解槽沿着电解液的泄漏电流会影响正常测量，则可在流量传感器与其连接的工艺之间采用电气隔离的办法。同样有阴极保护的管线上，阴极保护电流影响测量时，也可以采取本方法。

7. 转换器的安装和连接电缆

一体型电磁流量计无单独安装转换器；分离型电磁流量计的转换器安装在传感器附近或仪表室，场所选择余地较大，环境条件比传感器好些，其防护等级是 IP65 或 IP64（防尘防溅级）。

转换器和传感器间的距离受制于被测介质的电导率和信号电缆型号，即电缆的分布电容、导线截面积和屏蔽层数等。要用制造厂随仪表所附（或规定型号）的信号电缆。电导率较低液体和传输距离较长时，按规定要用三层屏蔽的电缆。一般仪表使用说明书会对不同电导率液体给出相应传输距离范围。单层屏蔽电缆用于工业用水或酸碱液，通常可传送的距离为 100m。

为了避免干扰信号，信号电缆必须单独穿在接地保护钢管内，不能把信号电缆和电源线安装在同一钢管内，如图 3-54 所示。

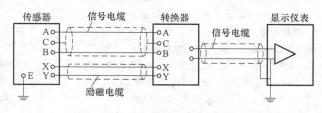

图 3-54   电磁流量计连接电缆

3.4.6 差压流量计的安装

差压变送器及其他差压仪表，如常用来作现场指示、记录和累积的双波纹管差压计，其仪表本身的安装不复杂，且与压力变送器的安装相同，但它的导压管敷设比较复杂，为使差压能正确测量，尽可能缩小误差，配管必须正确。

测量气体、液体流量的管路在节流装置近旁连接分差压计，分差压计相对节流装置的位置的高低有三种情况。对于测量蒸汽流量的管路连接分差压计，该分差压计的安装位置可有低于和高于节流装置两种情况。还有许多管路连接法，如隔离法、吹气法、测量高压气体的管路连接等。

小流量时，也可采用 U 管指示。差压指示要表示流量的大小时，要注意差压是与对应的流量的平方成正比关系。小流量用差压计来检测，会降低其精度。常用流量测量管路连接图如图 3-55 ~ 图 3-60 所示。

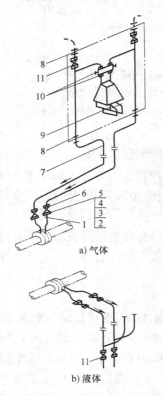

a) 气体

b) 液体

图 3-55 测量气体、液体流量管路连接图
（差压计高于节流装置）

1—无缝钢管　2—法兰　3—螺栓　4—螺母　5—垫片
6—取压球阀（PN25 时）或取压截止阀（PN64 时）
7—无缝钢管　8—直通穿板接头　9—直通终端接头
10—三阀组附接头　11—卡套式球阀（PN25 时）
或卡套式截止阀（PN64 时）

注：图中虚线部分 8 和 11 均为液体所采用，气体不采用。
　　PN 指压力等级，如 PN25 指每平方厘米能承受 25 公斤压力

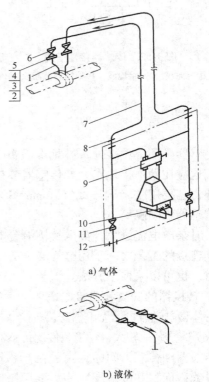

a) 气体

b) 液体

图 3-56 测量气体、液体流量管路连接图
（差压计低于节流装置）

1—无缝钢管　2—法兰　3—螺栓　4—螺母　5—垫片
6—取压球阀（PN25 时）或取压截止阀（PN64 时）
7—无缝钢管　8—直通穿板接头　9—三阀组附接头
10—直通终端接头　11—卡套式球阀（PN25 时）
或卡套式截止阀（PN64 时）　12—填料函

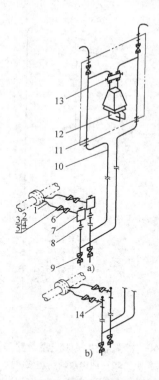

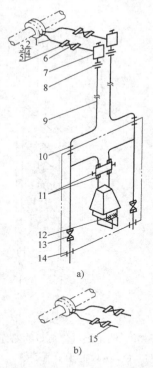

图 3-57　测量蒸汽流量管路连接图
（差压计高于节流装置）

1—无缝钢管　2—凸面法兰　3—螺栓　4—螺母　5—垫片
6—截止阀　7—冷凝容器　8—直通中间接头
9—卡套式截止阀　10—无缝钢管　11—直通穿板接头
12—直通终端接头　13—三阀组附接头　14—三通中间接头

注：1. a）图装有冷凝容器，适用于各种差压计测量蒸汽
　　　　流量；
　　　b）图采用冷凝管，仅适用于 QDZ、DDZ 型力平衡中、
　　　　高、大差压变送器测量蒸汽流量。
　　2. 若特殊需要，也可将三阀组安装在变送器的
　　　　下方。

图 3-58　测量蒸汽流量管路连接图
（差压计低于节流装置）

1—无缝钢管　2—凸面法兰　3—螺栓　4—螺母
5—垫片　6—截止阀　7—冷凝容器　8—直通中间接头
9—无缝钢管　10—直通穿板接头　11—三阀组附接头
12—直通终端接头　13—卡套式截止阀　14—填料函
15—三通中间接头（带堵头）

注：1. a）设有冷凝容器，它适用于各种差压计测量蒸汽流量。
　　2. b）图采用冷凝管，仅适用于 QDZ、DDZ 型力平衡中、
　　　　高、大差压变送器测量蒸汽流量。

3.4.7　执行器的安装

执行器在单元组合仪表中称为执行单元。电动单元组合仪表中执行单元包括伺服放大器和角行程执行器和电动调节阀。气动单元组合仪表中执行单元包括薄膜执行机构、活塞式执行机构和长行程执行机构，特别是气动薄膜调节阀应用最为普遍。液动单元组合仪表中的执行器包括执行机构与油泵装置，其中执行机构又有曲柄式、直柄式与双侧连杆直柄式之分。液动、电动单元组合仪表中执行器使用不很普遍，安装也较为简单，因此这里重点介绍气动执行器的安装。

1. 气动薄膜调节阀的安装

虽然目前已经有电动调节阀可以接受 DDZ-Ⅱ型的标准信号（DC0～10mA）和 DDZ-Ⅲ型的标准信号（DC 4～20mA），可以直接配合 DDZ-Ⅱ型和 DDZ-Ⅲ型仪表，但由于规格的

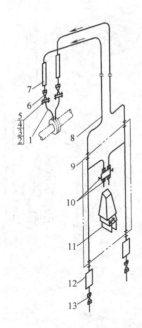

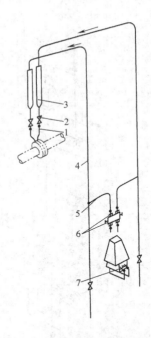

图 3-59　测量湿气体流量管路连接图
（差压计低于节流装置）

1—无缝钢管　2—法兰　3—螺栓　4—螺母　5—垫片　6—取
压球阀（PN25 时）或取压截止阀（PN64 时）　7—短管
8—无缝钢管　9—直通穿板接头　10—三阀组附接头
11—直通终端接头　12—分离器　13—卡套式球阀
（PN25 时）或卡套截止阀（PN64 时）

注：1. 本图适用于气体相对湿度较大的场合。

　　2. 若差压计高于节流装置，则从节流装置引出的
导压管由保温箱的下方引至三阀组及差压计，
并取消 12、13 设备及减少 2 个直通穿板接头。

图 3-60　测量粉尘气体流量管路连接图
1—无缝钢管　2—内螺纹填料旋塞　3—短管
4—水煤气管　5—无缝钢管　6—三阀组附接头
7—直通终端接头

限制、压力等级的限制和调节品质的限制，它尚不能代替气动调节阀，尽管气动调节阀的调
节单元、指示单元、记录单元都是电动的，但执行单元还是气动的。可见气动薄膜调节阀有
它特别的优点。

以前的仪表施工图上，气动薄膜调节阀是仪表工的安装任务之一。近几年，随着引进装
置的增多，国内设计也逐渐向标准设计接轨，调节阀画在管道图上，并由管道施工人员安
装，而不是由仪表工安装。但技术上的要求，仪表工必须掌握，最后的调试和投产后的运
行、维修都属于仪表工的工作范畴。

调节阀安装应考虑如下问题：

1）调节阀安装要有足够的直管段。

2）调节阀与其他仪表的一次点，特别是孔板，要考虑它们的安装位置。

3）调节阀安装高度不妨碍和便于操作人员操作。

4）调节阀的安装位置应使人在维修或手动操作时能过得去，并在正常操作时能方便地
看到阀杆指示器的指示。

5）调节阀在操作过程中要注意是否有可能伤及人员或损坏设备。

6）如调节阀需要保温，则要留出保温的空间。

7）调节阀需要伴热，要配置伴热管线。

8）如果调节阀不能垂直安装，要考虑选择合适的安装位置。

9）调节阀是否需要支撑？应当如何支撑？

这些问题，设计者不一定能考虑周到，但在安装过程中，仪表工发现这类问题时，应及时取得设计者的认可与同意。

安装调节阀必须给仪表维修工有足够的空间，包括上方、下方和左、右、前、后侧面。有可能卸下带有阀杆和阀芯的顶部组件的阀门，应有足够的上部空隙。有可能卸下底部法兰、阀杆、阀芯部件的阀门，应有足够的下部空隙。

对于有配件的，如电磁阀、阀门定位器，特别是手动操作器和电机执行器的调节阀，应有足够的侧面空间。

在压力波动严重的地方，为使调节阀有效而又平稳地运转，应该采用一个缓冲器。

（1）调节阀的安装　调节阀的安装通常情况下有一个调节阀组，即上游阀、旁路阀、下游阀和调节阀。阀组的组成形式应该由设计来考虑，但有时设计可能会考虑不周，作为仪表工，要了解和掌握调节阀组的几种基本组成形式。

图3-61为调节阀组组成的六种基本形式。

切断阀（上游阀、下游阀）和旁路阀的安装要靠近三通，以减少死角。

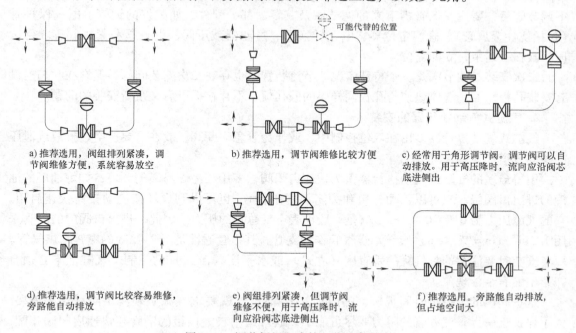

a）推荐选用，阀组排列紧凑，调节阀维修方便，系统容易放空

b）推荐选用，调节阀维修比较方便

c）经常用于角形调节阀。调节阀可以自动排放。用于高压降时，流向应沿阀芯底进侧出

d）推荐选用，调节阀比较容易维修，旁路能自动排放

e）阀组排列紧凑，但调节阀维修不便，用于高压降时，流向应沿阀芯底进侧出

f）推荐选用。旁路能自动排放，但占地空间大

图3-61　调节阀组组成的六种基本形式
注：调节阀的任一侧的放空和排放管没有表示，调节阀的支撑也没有表示。

（2）调节阀安装方位的选择　通常调节阀要求垂直安装。在满足不了垂直安装时，对法兰用4个螺栓固定的调节阀可以有向上倾斜45°、向下倾斜45°、水平安装和向下垂直安装四个位置。对法兰用8个螺栓固定的调节阀则可以有9个安装位置，即垂直向上安装，向上倾斜 22.5°，向上倾斜 45°，向上倾斜 67.5°，水平安装，向下倾斜 22.5°，向下倾斜 45°，向下倾斜 67.5°和向下垂直安装。

在这些安装位置中，最理想的是垂直向上安装，应该优先选择；向上倾斜的位置为其次，依次是 22.5°、45°、67.5°；向下垂直安装位为再次位置；最差位置是水平安装，它和接近水平安装的向下倾斜 67.5°，一般不被采纳。

（3）调节阀安装注意事项

1）调节阀的箭头必须与介质的流向一致。用于高压降的角式调节阀，流向是沿着阀芯底进侧出。

2）安装用螺纹连接的小口径调节阀时，必须要安装可以拆卸的活动连接件。

3）调节阀应牢固地安装。大尺寸的调节阀必须要有支撑。操作手轮要处于便于操作的位置。

4）调节阀安装后，其机械传动应灵活，无松动和卡涩现象。

5）调节阀要保证在全开到全闭或从全闭到全开的活动过程中，调节机构动作灵活且平稳。

（4）调节阀的二次安装　调节阀分为气开和气闭两种。气开阀是有气便开。在正常状态下（指没有使用时的状态）调节阀是关闭的。在工艺配管时，调节阀安装完毕，对气开阀来说还是闭合的。当工艺配管要试压与吹扫时，没有压缩空气，打不开调节阀，只能把调节阀拆除，换上与调节阀两法兰间同等长度的短节。这时，调节阀的安装工作已经结束。拆下调节阀后，要注意保管拆下来的调节阀及其零、部、配件，如配好的铜管、电气保护骨（包括挠性金屑管）、阀门定位器、电气转换器、过滤器减压阀、电磁阀和紧锁阀等。待试压、吹扫一结束，立即复位。

二次安装对调节阀是一个特殊情况。节流装置虽也存在二次安装问题，但它在吹扫前没有安装孔板，而是有厚垫或与孔板同样厚的假孔板，不存在拆下后又重新安装的问题。

2. 气缸式气动执行器的安装

气缸式气动执行器多用在双位控制中，或作为紧急切断阀，放在需要放空、排故或泄压的关键管道上。

用得最多的气缸式气动执行器多为快速启闭阀，多用在易爆易燃的环境，如炼油厂的油罐的进出口阀门。它可以手动开启和关闭（用手轮），也可以到现场按气动按钮快速启闭。它的气源压力为 0.5 ~ 0.7MPa，这是一般仪表空气总管的压力。因此，进出口阀门的配管采用 1/2in（1in = 25.4cm）镀锌水煤气管作为支管，其主管通常是 1/2 ~ 2in 的镀锌水煤气管。

安装时要注意的是气罐的垂直度（立式）或水平度（卧式）的控制。气缸上下必须自如，不能有卡涩现象。

这种阀门的全行程时间很短，一般为 3s 左右，这就要求气源必须满足阀动作的需要。为了保证这一点，气源管的阻力要尽可能小，通常选用较大口径的铜管与快速启闭阀相配，接头处与焊接处严防有漏、堵现象。快速启闭阀气源管不允许有泄漏，稍有泄漏，0.5 ~ 0.7MPa 的气源就不够使用，阀或开、关不灵，满足不了快速的要求。

在控制室也可以遥控快速启闭阀，其接上限位开关，还可以在中控室实现灯光指示，这时的电气保护管、金属挠性管、开关的敷设和安装要符合防爆要求，也就是说零、部件必须是防爆的，有相应的防爆合格证。安装要符合防爆规程的要求，严防出现疏漏，产生火花。

气缸式气动阀常用于放空阀、泄压阀、排污阀，在这些阀中，它作为执行器。这几种阀是作为切断阀使用的，严防泄漏。因此，对这种阀的本体必须要进行仔细检查与试验，如阀体的强度试验、泄漏量试验，必要时阀要进行研磨。

放空阀、泄压阀、排污阀都属遥控阀，气源管一直配到控制室。管道多用 1/2in 的镀锌水煤气管。在小型装置中一般采用螺纹连接。螺纹攻完丝后，要清洗干净，不要把金属碎末留在管子里，以防 0.5MPa 的压力把它们吹到气缸里，卡死气缸壁与活塞的活动间隙，影响阀的运动。

在空分装置中，多用气缸或气动执行器作为蓄冷器的自动切换阀的执行器。切换信号通过电/气转换，由电信号转换成气信号，其转换器是电磁阀。所以在自控系统或遥控系统中，大多数情况是控制指令通过电信号到达现场的，在现场通过电-气转换（例如电磁阀）达到气动控制目的。这种方式也是大中型装置常使用的方法。

3. 电磁阀的安装

电磁阀是自控装置中常用的执行器，或者作为直接的执行阀使用。

电磁阀是电-气转换元件之一，电信号通电后（励磁）改变了阀芯与出气孔的位置，从而达到改变气路的目的。

常用的电磁阀有两通电磁阀、三通电磁阀、四通电磁阀和五通电磁阀，它们各有各的用处。其主要功能就是通过出气孔的闭合与开启，来改变其气路。

电磁阀有直流与交流两种，安装时，要注意其电压。电磁阀的线圈都是用很细的铜丝（线）绕制而成的，电压等级不一致，很容易烧断。

电磁阀的安装位置很重要。通常电磁阀是水平安装的，这样可不考虑铁心的重量。垂直安装时，若线圈的磁吸力不能克服铁心的重力，那么电磁阀将不能正常工作。因此，安装前，要仔细阅读说明书，弄清它的安装方式。

有些电磁阀不能频繁工作，频繁的工作会使线圈发热，影响正常工作和使用寿命。在这种情况下，一方面可以加强冷却，另一方面可以加些润滑油，以减少其活动的阻力。

电磁阀的安装要用支架固定，有些阀在线圈动作时振动过大，更要注意牢固地固定。固定的方法通常要用角铁做成支架，用扁钢固定。若电磁阀本身带固定螺钉孔，那么固定就简单多了。

电磁阀的配管、配线也要注意。配线除选择合适的电缆外，保护管一般为 1/2in 镀锌水煤气管或电气管，与电磁阀相连接的也要用挠性金属管。若用在防爆、防火的场合，要注意符合防爆防火的条件，电磁阀本身必须是防爆产品，挠性金属管的接头也必须是防爆的。

电磁阀的气源管采用 1/2in 镀锌水煤气管。有时也用 $\phi18mm \times 3mm$（管道外径为 18mm，管壁厚为 3mm）或 $\phi14mm \times 2mm$ 的无缝钢管，1/2in 镀锌水煤气管采用螺纹连接，$\phi18mm \times 3mm$ 和 $\phi14mm \times 2mm$ 的无缝钢管采用焊接。不管采用什么连接方法，管道配好后要进行试压与吹扫，要保持气源的干净。

上述电磁阀的作用其实是电-气转换，作为直接控制用的电磁阀多用在操作不方便的排污或放空。这时，电磁阀一般为 DN50 左右，直接接在工艺管道上。这类电磁阀是通过线圈的励磁或断磁，来吸合或排斥铁心的（或直接是阀芯，或通过铁心带动阀芯）。通常存在着铁心或阀芯的重力问题。安装时要仔细，不要安装错位置，以免电磁阀起不了作用。

这类阀门与工艺阀一样，需经过试压，包括强度试验与泄漏量试验。泄漏量不合要求的电磁阀不能作为排污阀或放空阀。这类阀门与工艺介质直接接触，要注意介质是否有腐蚀性。对腐蚀介质要选择耐腐蚀性材质制造的阀芯。对空气是腐蚀性的环境，电磁阀不宜使用，因为它的线圈是铜制的，耐腐蚀性较差。电磁阀在安装前，要测量其接线端子间的绝缘电阻，也要测量它们与地的绝缘电阻，并做好记录。

思考与练习三

3-1　工业生产过程中测量流量的意义是什么？

3-2　什么是节流现象？流体经过节流装置时为什么会产生静压差？

3-3　试述差压式流量计测量流量的原理，并说明哪些因素对差压式流量计的流量测量有影响？

3-4　什么叫标准节流装置？

3-5　试简述漩涡流量计的工作原理及特点。

3-6　电磁流量计的工作原理是什么？它对被测介质有什么要求？

3-7　涡轮流量计的工作原理及特点是什么？

3-8　气动执行器主要由哪两部分组成？各起什么作用？

3-9　试问控制阀的结构主要有哪些类型？各使用在什么场合？

3-10　试分别说明什么叫控制阀的流量特性和理想流量特性？常用的控制阀理想流量特性有哪些？

3-11　为什么说等百分比特性叫对数特性？与线性特性比较起来它有什么优点？

3-12　什么叫控制阀的工作流量特性？

3-13　什么叫控制阀的可调范围？在串、并联管道中可调范围为什么会变化？

3-14　如果控制阀的旁路流量较大，会出现什么情况？

3-15　什么是气动执行器的气开式与气关式？其选择原则是什么？

3-16　要想将一台气开阀改为气关阀，可采取什么措施？

3-17　试述电-气转换器的用途与工作原理。

3-18　控制阀的安装与维护要注意哪些事项？

3-19　电动执行器有哪几种类型？各使用在什么场合？

3-20　电动执行器的反馈信号是如何得到的？试简述差动变压器将位移转换为电信号的基本原理。

项目四

恒压供水控制系统的集成与安装调试

项目引入：设计一个恒压供水系统，被控系统如图4-1所示。被控对象参数：可供水人数200人（250L/人/日），最大供水量7t/h，扬程50m，水压力控制精度5%。学生按3～5人1小组，自行组合。请各小组合作完成，并要求每组制作PPT讲稿在下一次课中向全班同学汇报设计思路、元器件选择及最终方案，对检测环节、控制环节、执行机构、控制规律选择、PID参数的整定等5部分内容分别由各位学生分工介绍，并特别注意每一部分与其他部分的匹配与衔接，汇报结束后接受老师和同学的答辩。教师点评并帮助修改完善每一小组的设计方案。最后各小组按照完善后的方案进行安装调试，每位同学负责其中的一部分，最后合作完成整个项目的安装与调试。

任务一 了解恒压供水控制系统的组成与工作原理

4.1.1 变频恒压供水控制系统的组成

1. 恒压供水的目的

恒压供水系统如图4-1所示。对供水系统进行的控制，归根结底，是为了满足用户对流量的需求。所以，流量是供水系统的基本控制对象。而流量的大小又取决于扬程，但扬程难以进行具体测量和控制。考虑到在动态情况下，管道中水压的大小与供水能力（由供水流量 Q_G 表示）和用水需求（由用水流量 Q_U 表示）之间的平衡情况有关：

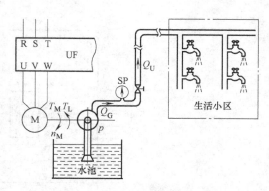

图4-1 恒压供水系统示意图

如供水能力 Q_G > 用水需求 Q_U，则压力上升。

如供水能力 Q_G < 用水需求 Q_U，则压力下降。

如供水能力 Q_G = 用水需求 Q_U，则压力不变。

可见，供水能力与用水需求之间的矛盾具体地反映在流体压力的变化上。从而，压力就成为了用来作为控制流量大小的参变量。就是说，保持供水系统中某处压力的恒定，也就保证了该处的供水能力和用水需求处于平衡状态，恰到好处地满足了用户所需的用水流量，这就是恒压供水所要达到的目的。

2. 恒压供水系统的构成与工作过程

（1）恒压供水系统框图　恒压供水系统由水泵、变频器、压力控制器、压力检测与变送装置组成，如图 4-2 所示。恒压供水控制系统如图 4-3 所示。由图可知，变频器有两个控制信号。

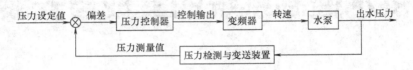

图 4-2　恒压控制系统的组成框图

1）目标信号 X_T。即给定端 VRF 上得到的信号，该信号是一个与压力的控制目标相对应的值，通常用百分数表示。目标信号也可以由键盘直接给定，而不必通过外接电路来给定。

2）反馈信号 X_F。是压力变送器 SP 反馈回来的信号，该信号是一个反映实际压力的信号。

（2）系统的工作过程　现代的变频器一般都具有 PID 调节功能，其内部框图如图 4-4 中的点画线框所示。由图 4-4 可知，X_T 和 X_F 两者是相减的，其合成信号 $X_D = （X_T - X_F）$ 经过 PID 调节处理后得到频率给定信号 X_G，从而控制变频器的输出频率 f_X。

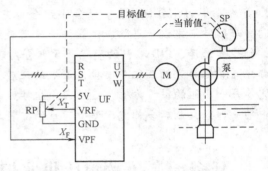

图 4-3　恒压供水控制系统示意图

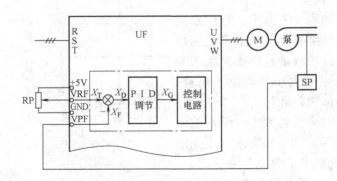

图 4-4　变频器内部的控制框图

当用水流量减小时，供水能力 Q_G 大于用水流量 Q_U，则压力上升，$X_F \uparrow \rightarrow$ 合成信号 $（X_T - X_F） \downarrow \rightarrow$ 变频器输出频率 $f_X \downarrow \rightarrow$ 电动机转速 $n_x \downarrow \rightarrow$ 供水能力 $Q_G \downarrow \rightarrow$ 直至压力大小恢复到目标值、供水能力与用水流量重新平衡（$Q_G = Q_U$）时为止；反之，当用水流量增加，使 $Q_G < Q_U$ 时，则 $X_F \downarrow \rightarrow （X_T - X_F） \uparrow \rightarrow f_X \uparrow \rightarrow n_x \uparrow \rightarrow Q_G \uparrow \rightarrow Q_G = Q_U$，系统又达到新的平衡。

4.1.2 恒压供水的实例

1. 恒压供水控制电路

如图 4-5 所示，水泵电动机 M 由变频器 UF 供电。

变频器有两个模拟量控制信号的输入端：

（1）目标信号输入端 通过功能预置，将"PID 设定通道选择"选择为 VI1。则当 PID 功能有效时，VI1 端即自动地成为目标信号的输入端。目标信号 X_T 从电位器 RP 上取出。

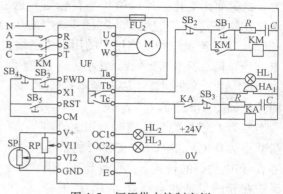

图 4-5 恒压供水控制实例

目标信号是一个与压力的控制目标相对应的值，当 PID 功能有效时，显示屏上通常以百分数表示。

（2）反馈信号输入端 通过功能预置，将"PID 反馈通道选择"选择为 VI2。则当 PID 功能有效时，VI2 端即自动地成为反馈信号的输入端，接收从远传压力表 SP 反馈的信号。

图 4-5 中，远传压力表 SP 的电源由变频器提供（端子 V + 和 GND），其输出信号便是反映实际压力的反馈信号 X_F，接至变频器的 VI2 端。

反馈信号的大小在显示屏上也用百分数表示。

2. 控制电路介绍

（1）变频器供电 由按钮开关 SB$_1$ 和 SB$_2$ 通过接触器 KM 进行控制，变频器内部报警继电器的常闭触头（Ta 和 Tb）与 KM 线圈串联，一旦变频器因故障而跳闸，KM 将立即使变频器脱离电源。

（2）变频器的运行 采用自锁控制（三线控制）方式，通过功能预置，使端子 Xl 成为自锁控制端。按下 SB$_3$，变频器即开始运行，并自锁；按下 SB$_4$，变频器即停止运行。

（3）变频器跳闸后的声光报警 当变频器因故障而跳闸时，其报警继电器的常开触头（Ta 和 Tc）闭合，报警指示灯 HL$_1$ 和报警电笛 HA$_1$ 同时发出报警信号。与此同时，继电器 KA 线圈得电，其触头自锁，使变频器切断电源后，声光报警电路仍保持通电，直至操作人员闻讯赶来，按下 SB$_5$ 时为止。

（4）压力的上、下限报警 将输出信号端子 OC1 和 OC2 分别预置为压力的上、下限报警输出即可。

3. 系统的工作过程

图 4-6 所示是变频调速恒压供水系统在正常工况下的 PID 调节过程。图 4-6a 所示是管道内流量 Q 的变化情形；图 4-6b 所示是供水压力 p 的变化情形，由于 PID 调节的结果，它的变化是很小的；图 4-6c 所示是管道内流量发生变化时，PID 的调节量 Δ_{PID} 的变化情形，Δ_{PID} 只是在压力反馈信号 X_F 与目标值 X_T 之间有偏差时才出现，在无偏差的情况下，$\Delta_{PID} = 0$；图 4-6d 所示是变频器输出频率 f_X 和电动机转速 n_X 的变化情形。

（1）稳态运行 水泵装置供水能力与用户的用水需求处于平衡状态（$Q_G = Q_U$），供水

压力 p 稳定而无变化，反馈信号与目标信号近乎相等（$X_F \approx X_T$），PID 的调节量 Δ_{PID} 为 0，电动机在频率 f_X 下匀速运行，如图 4-6 中的 $0 \sim t_1$ 段。

（2）用水流量增加　当用户的用水流量增大，超过了供水能力（$Q_U > Q_G$）时，供水压力 P 有所下降，反馈信号 X_F 减小，合成信号（$X_T - X_F$）则增大，PID 产生正的调节量（Δ_{PID} 为 "+"），变频器的输出频率 f_X 和电动机的转速 n_X 上升，使供水能力 Q_G 增大，压力回升，如图 4-6 中的 $t_1 \sim t_2$ 段。

当压力 P 恢复到目标值时，PID 的调节量减小为 0（$\Delta_{PID} = 0$），变频器的输出频率 f_X 和电动机的转速 n_X 不再上升，供水系统在新的平衡状态（$Q_G = Q_U$）下稳定运行，如图 4-6 中之 $t_2 \sim t_3$ 段。

（3）用水流量减小　当用户的用水流量减少时，供水能力 $Q_G >$ 用水需求 Q_U，则供水压力上升，反馈信号 X_F 增大，合成信号（$X_T - X_F$）则减小，PID 产生负的调节量（Δ_{PID} 为 "–"）。结果是变频器的输出频率 f_X 和电动机的转速 n_X 下降，使供水能力 Q_G 下降，压力又开始回落，如图 4-6 中之 $t_3 \sim t_4$ 段。

当压力大小重新恢复到目标值时，供水

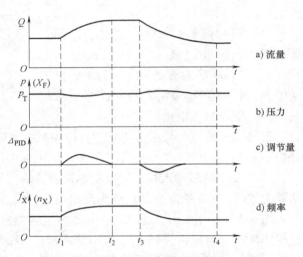

图 4-6　恒压供水系统的正常工况下的 PID 调节过程

能力与用水需求又取得新的平衡（$Q_G = Q_U$），系统恢复稳定运行，如图 4-6 中 t_4 以后的情形。

任务二　学习变频器的工作原理与选择方法

变频器通常是指将频率固定的工频交流电，变换成频率可调的三相交流电的电力控制装置。下面以通用变频器为例，简要介绍变频器的基本原理、内外部结构、功能特点以及主要应用领域。

4.2.1　变频器的工作原理

1. 变频器的组成

变频器是把电压、频率固定的交流电压变成电压、频率可调的交流电的一种电力电子装置。图 4-7 是 "交-直-交" 变频器的结构示意图。

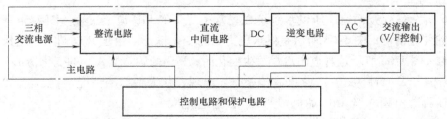

图 4-7　"交-直-交" 变频器的结构示意图

变频器通常由整流电路、直流中间电路、逆变电路、交流输出电路、控制电路和保护电路等构成。其中，整流电路用于将工频交流电变换为直流电。直流中间电路用于提供稳定的直流毛源（恒压或恒流），有的变频器还提供交流电动机反馈制动时的再生电流电路。逆变电路主要是将直流电源变换为频率和电压均可控的三相交流电源。交流输出电路，一般包括输出滤波电路、驱动电路以及反馈电路等。上述这些电路部分通常称为主电路。控制电路的功能是按要求产生和调节一系列的控制脉冲来控制逆变器开关管的导通和关断，从而配合逆变电路完成逆变任务。在变频技术中，控制电路和逆变电路同样重要，都是衡量变频器质量的重要指标。控制电路大多采用计算机技术，以实现自动控制和增强变频器的功能。保护电路主要包括输入和输出的过电压保护、欠电压保护、过载保护、过电流保护、短路保护、过热保护等。在不少应用场合，变频器自身还有过速保护、失速保护、制动控制等辅助电路。通用变频器内部结构组成框图详见图4-8。

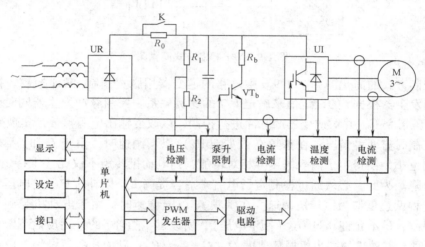

图4-8 通用变频器内部结构组成框图

2. 变频器的工作原理

变频器控制方式是针对电动机的自身特性、负载特性以及运转速度的要求，来控制变频器的输出电压（电流）和频率。

异步电动机的转速与电源频率成正比，即

$$转速\ n_M = n_0(1-s) = \frac{60f_1}{p}(1-s) \tag{4-1}$$

式中，f_1 为电流的频率（Hz），p 为电机磁极对数，s 为转差率，n_0 为同步转速（r/min）。

另外，异步电动机还满足式（4-2）和式（4-3），即：

$$磁通\ \varPhi_M = \frac{E_1}{4.44N_1f_1} \approx \frac{U_1}{4.44N_1f_1} \tag{4-2}$$

式中，N_1 为绕组线圈匝数，E_1 为绕组反电动势，f_1 为绕组电流的频率，U_1 为绕组外加电压。

$$转矩\ T = K\varPhi_M I_2\cos\varphi_2 \tag{4-3}$$

式中，K 为电机常数，$\varPhi_M$ 为磁通日，I_2 为每相绕组电流，$\cos\varphi_2$ 为功率因素。

由式（4-2）可知，在电源电压不变的情况下，随着 f_1 的升高，电动机的磁通 $\varPhi_M$ 减小，导致转矩 T 下降，最大转矩 T_m 也降低，严重时将使电动机堵转（停车）；当减少 f_1 时，

则使 Φ_M 增加，导致电动机的磁路过饱和，励磁电流增加，铁心过热。为此变频器在逆变过程中，在改变频率 f_1 的同时必须按一定比例改变 U_1，以避免出现上述问题。这种控制方式用 VVVF（Variable Voltage Variable Frequency）表示，简称 V/F 控制，其目的是维持磁通 Φ_M 不变。

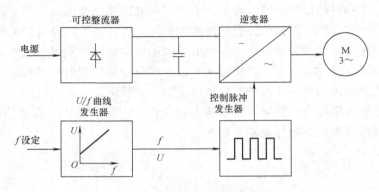

图 4-9　V/F 控制方式简化图

V/F 控制方式的简化图见图 4-9。主电路的逆变器用脉宽调制 PWM 控制。控制电路中的 U/f 曲线发生器根据 f 的设定值来确定 U/f 的比例关系。控制脉冲发生器同时受控于频率指令 f 和电压指令 U，并对逆变器的脉冲进行控制，以改变输出电源参数来实现变频调速。

实际控制时有两种情况：在基频 f_N（如 50Hz）以下调速时，由于 U 和 f 都较小，定子绕组的感抗也小，使得定子内阻的压降相对增加，则电动机转矩不仅无法维持负载转矩 T_L，转矩反而下降。为此，必须通过检测定子电流来适当提高 U，以补偿定子的电压损失来维持 T_L，所以这种调速近似为恒转矩调速。在基频 f_N 以上调速时，由于电动机受到定子绕组绝缘强度的限制，U 不允许超过 U_N（额定电压），所以 Φ_M 随着 f 的升高反而下降，导致转矩 T 减小。同时，电动机的同步机械角速度 Ω（$\Omega = 2\pi f/P_d$）随 f 升高而增加。由电动机的功率 $P_d = T\Omega$ 可知，这种调速近似为恒功率调速。

V/F 控制方式的基本特点是通过使 U/f 的值保持一定而得到所需的转矩特性，属于开环控制，电路成本低，多用于精度要求不高的通用变频器。它的基本控制特性曲线如图 4-10 所示。

一般来说，若电动机需要低于额定转速运行时，可采用恒转矩调速。若电动机需要高于额定转速运行时，应采用恒功率调速，类似于直流电动机的弱磁调速情况。变频器提供多种 U/f（函数）曲线，用户可根据电动机的负载性质和运行状况加以设定。

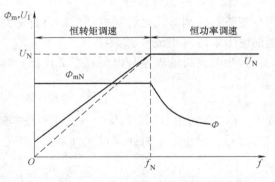

图 4-10　V/F 控制方式的基本控制特性曲线

4.2.2　变频器的分类

目前国内外变频器种类很多，可按以下几种方式分类。

1. 按变换环节分类

（1）交-直-交变频器 交-直-交变频器首先将频率固定的交流电整流成直流电，经过滤波，再将平滑的直流电逆变成频率连续可调的交流电。由于把直流电逆变成交流电的环节较易控制，因此在频率的调节范围和改善频率调整后电动机的特性等方面都有明显的优势，目前，此种变频器已得到普及。

（2）交-交变频器 交-交变频器把频率固定的交流电直接变换成频率连续可调的交流电。其主要优点是没有中间环节，故变换效率高，但其连续可调的频率范围窄，一般为额定频率的1/20以下，故它主要用于低速大容量的拖动系统中。

2. 按电压等级分类

（1）低压型变频器 这类变频器电压单相为 AC220～240V，三相为 AC220V 或 AC380～460V。通常用 200V 类、400V 类标称这类三相变频器。容量为 0.2～280kW，多则达500kW。因此，这类变频器又称为中小容量变频器。

（2）高压型变频器 它有两种形式，一种采用升降压变压器形式，称之为"高-低-高"式变频器，亦称做间接高压变频；另一种采用高压大容量门极可关断晶闸管（GTO）或晶闸管功率元件串联结构，无输入输出变压器，称为直接高压变频器。

3. 按电压的调制方式分类

（1）脉幅调制 脉幅调制（Pulse Amplitude Modulation，PAM）是通过调节输出脉冲的幅值来调节输出电压的一种方式，调节过程中，逆变器负责调频，相控整流器或直流斩波器负责调压。目前，在中小容量变频器中很少采用，这种方式基本不用。

（2）脉宽调制 脉宽调制（Pulse Width Modulation，PWM）是通过改变输出脉冲的宽度和占空比来调节输出电压的一种方式，调节过程中，逆变器负责调频调压。目前，普遍应用的是脉宽按正弦规律变化的正弦脉宽调制方式，即 SPWM 方式。中小容量的通用变频器几乎全部采用此类型的变频器。

4. 按滤波方式分类

（1）电压型变频器 在交-直-交变压变频装置中，当中间直流环节采用大电容滤波时，直流电压波形比较平直，在理想情况下可以等效成一个内阻抗为零的恒压源，输出的交流电压是矩形波或阶梯波，这类变频装置称为电压型变频器。一般的交-交变压变频装置虽然没有滤波电容，但供电电源的低阻抗使它具有电压源的性质，也属于电压型变频器。

（2）电流型变频器 在交-直-交变压变频装置中，当中间直流环节采用大电感滤波时，直流电流波形比较平直，因而电源内阻抗很大，对负载来说基本上是一个电流源，输出交流电流是矩形波或阶梯波，这类变频装置称作电流型变频器。有的交-交变压变频装置用电抗器将输出电流强制变成矩形波或阶梯波，具有电流源的性质，它也是电流型变频器。

5. 按输入电源的相数分类

1）三进三出变频器的输入和输出侧都是三相交流电，绝大多数变频器都属于此类。

2）单进三出变频器的输入侧为单相交流电，输出侧是三相交流电，家用电器里的变频器都属于此类，通常容量较小。

6. 按控制方式分类

（1）V/F 控制变频器 V/F 控制是在改变变频器输出频率的同时控制变频器输出电压，

使电动机的主磁通保持一定，在较宽的调速范围内，电动机的效率和功率因数保持不变。因为是控制电压和频率的比，所以称为 V/F 控制。它是转速开环控制，无需速度传感器，控制电路简单，是目前通用变频器中使用较多的一种控制方式。

（2）转差频率控制变频器　转差频率控制需检测出电动机的转速，构成速度闭环。速度调节器的输出为转差频率，然后以电动机速度与转差频率之和作为变频器的给定输出频率。转差频率控制是指能够在控制过程中保持磁通中 f_1 的恒定，能够限制转差频率的变化范围，且能通过转差频率调节异步电动机的电磁转矩的控制方式。与 V/F 控制方式相比，加减速特性和限制过电流的能力得到提高。另外，还有速度调节器，它是利用速度反馈进行速度闭环控制的。速度的静态误差小，适用于自动控制系统。

（3）矢量控制方式变频器　上述的 V/F 控制方式和转差率控制方式的控制思想是建立在异步电动机的静态数学模型上，因此动态性能指标不高。而矢量控制是一种高性能异步电动机控制方式，基于电动机的动态模型，分别控制电动机的转矩电流和励磁电流，具有直流电动机相类似的控制性能。采用矢量控制方式的目的，主要是为了提高变频器调速的动态性能。

（4）直接转矩控制　直接转矩控制是继矢量控制之后发展起来的另一种高性能的异步电动机的控制方式，该技术在很大程度上解决了矢量控制的不足，并以新颖的控制思想、简洁明了的系统结构、优良的动态性能得到了迅速发展。

不同于矢量控制，直接转矩控制具有鲁棒性强、转矩动态响应好、控制结构简单、计算简便等优点，在很大程度上解决了矢量控制中结构复杂、计算量大、对参数变化敏感等问题。然后作为一种新技术，自然有其不完善之处，一是在低速区，由于定子电阻的变化带来了一系列的问题，主要是电子电流和磁链的畸变非常严重；二是低速区转矩脉动大，因而限制了调速范围。目前，直接转矩控制已成功应用于电力机车牵引的大功率交流传动上。

7. 按用途分类

（1）通用变频器　低频下能输出大力矩，载频任意可调，调节范围为 1～12kHz。有很强的抗干扰能力，噪声小。通过变频器也有采用空间电压矢量随机 PWM 控制方法的，功率因数高，动态性能好，转矩大，噪声低。通用型变频器是用途最为广泛的变频器。

（2）风机、泵类专用变频器　这类变频器具有无水、过压、过流、过载等保护功能。水泵控制时，采用"一拖一"、"一拖二"控制模式。V/F 补偿曲线更加适合风机泵类的负载特性，内置 PID 调节器和软件制动功能模块。变频器运行前的制动保护功能，能保护变频器和风机泵类不受损害。

（3）注塑机专用变频器　注塑机专用变频器具有更强的过载能力，有更高的稳定性和更快的响应速度，且抗干扰性强。具有隔离双通道模拟输入，提供电压型或电流型分离变量的加权比例控制，控制灵活。具有模拟量输入输出补偿的电流补偿功能，可提供丰富多彩的补偿方法和补偿参数。

（4）其他专用变频器　如电梯专用变频器、能量可回馈变频器、地铁机车变频器、纺纱机专用变频器等。

4.2.3　变频器的应用领域

现代工业对节能的重视以及变频调速技术的飞速发展，使变频器的应用范围得到扩大。

早期一直由直流调速占领的应用领域，已经逐步被交流变频调速所取代。原来直流调速难以应用的超大容量、极高转速和环境恶劣的场所，现在可应用交流调速变频器；原来使用交流传动但不能调速的领域，通过采用变频调速系统，不仅具有良好的调速性能，而且大大节约了能源。因为变频调速具有节约能量损耗，提高生产效率和提升产品质量等主要特点，所以它的应用场合遍及国民经济的各行各业，主要涉及冶金机械、电气牵引、数控机床、矿井提升机械、起重和装卸机械、建筑电气设备、纺织和食品机械、家用电器等领域。

4.2.4 变频器的选择方法

1. 变频器容量的选择

在变频器的技术数据中，有一栏为"配用电动机容量"。从一般概念来说，在容量适配的情况下，变频器的额定电流应该大于或等于对应电动机的额定电流，但实际情况却并不完全如此。

（1）电动机的额定电流因磁极对数而异 电动机的磁极对数越多，则额定电流越大。一般说来，2 极（$2p=2$）和 4 极（$2p=4$）电动机的额定电流，都小于同容量变频器的额定电流；但 6 极以上（$2p\geqslant6$）电动机的额定电流往往比同容量变频器的额定电流大。通用的 Y 系列电动机和若干种变频器的额定电流见表 4-1。

表 4-1 Y 系列电动机和若干种变频器的额定电流

电动机容量/kW		7.5	11.0	15.0	18.5	22.0	30.0	37.0	45.0	55.0
电动机额定电流/A	$2p=2$	15.0	21.8	29.4	35.5	42.2	56.9	70.4	83.9	102.7
	$2p=4$	15.4	22.6	30.3	35.9	42.5	56.9	69.8	84.2	102.5
	$2p=6$	17.0	24.6	31.5	37.7	44.6	59.5	72.0	85.4	104.9
	$2p=8$	17.7	25.1	34.1	41.3	47.6	63.0	78.2	93.2	112.1
变频器额定电流/A	艾默生	17.0	25.0	32.0	37.0	45.0	60.0	75.0	90.0	110.0
	安川 G7	21.0	27.0	34.0	42.0	52.0	65.0	80.0	97.0	128.0
	西门子440	19.0	26.0	32.0	38.0	45.0	62.0	75.0	90.0	110.0
	瓦萨 CX	18.0	24.0	32.0	42.0	48.0	60.0	75.0	90.0	110.0

由表 4-1 可以看出，变频器的额定电流小于 8 极电动机额定电流的情况比较普遍，需要引起注意。

（2）变频器的额定电流因载波频率而异 西门子 440 系列变频器的技术数据对不同载波频率的额定电流有明确规定，以适配电动机为 22kW 的变频器为例，其额定电流见表 4-2。

表 4-2 不同载波频率时的额定电流 （22kW）

载波频率/kHz	4	6	8	10	12	14	16
额定电流/A	62.0	58.9	55.8	49.6	43.4	37.2	31.0
百分数(%)	100	95	90	80	70	60	50

表 4-2 表明，随着载波频率的上升。变频器允许的额定电流将有较大幅度的下降。绝大多数变频器的技术数据中，并未说明额定电流与载波频率的关系。用户在选择时必须根据变频器周围的具体环境慎重选择。

例如，变频器所处环境比较安静时，若电动机发出电磁噪声，将十分刺耳，载波频率必须较高者，应注意变频器的额定电流是要打折扣的。

又如，生产机械本身的噪声较大，足以掩盖电动机的电磁噪声，但周围的仪器、仪表较多，容易受到变频器的干扰，则变频器的载波频率应尽量地低。在这种情况下，变频器的额定电流是较大的。

（3）负载工况与变频器容量的关系　电动机在运行时，存在着铜损、铁损以及机械损耗等各种功率的损失。这些损耗功率都要转化成热能，使电动机的温度上升。温度太高了，会破坏电动机各部分的绝缘，使电动机由局部短路扩展成相间短路而将电动机"烧坏"。

生产机械在选配电动机时，主要的依据是电动机的温升。只要电动机的温升不超过额定值，在大多数情况下是允许的。电动机规定的额定温升，定义为电动机允许的最高温度与环境温度之差，我国的环境温度定为40℃。

2. 不同负载下的变频器选择

（1）连续不变负载的变频器选择　所谓连续不变负载，是指负载是连续运行的，在运行过程中，负载转矩的大小基本不变，如图4-11中的曲线①所示。

电动机在拖动这类负载时，温升能够达到稳定温升 θ_S，θ_S 是与负载转矩对应的稳定温升。常见的连续不变负载有：带式输送机、风机、水泵等。这类负载在选择变频器时，原则上只需使变频器的配用电动机的容量不小于电动机的实际容量即可：

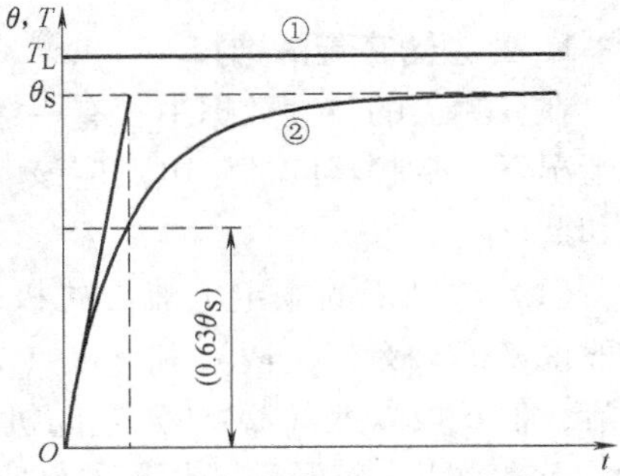

$$P_N \geqslant P_{MN} \tag{4-4}$$

式中，P_N 是变频器的配用电动机的容量（kW）；P_{MN} 是电动机的额定容量（kW）。

图 4-11　连续不变负载

（2）连续变动负载与断续负载的变频器选择

1）连续变动负载一般是连续运行的，但负载的轻重却是经常变动的，如图4-12a所示。例如，挤塑机的工况就属于这一类。

当电动机拖动这类负载时，其温升将随着负载转矩的轻重而变化。对于这类负载，选择电动机容量的基本原则是：只要电动机的温升不超过额定温升，允许短时间过载。

2）断续负载即时开时停的负载，开的时候，电动机的温升达不到稳定温升，停的时候电动机的温升也降不到0，如图4-12b所示。

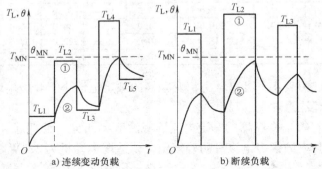

a）连续变动负载　　　　b）断续负载

图 4-12　连续变动负载与断续负载

对于这类负载，选择电动机容量的基本原则和连续变动负载相同，即只要电动机的温升不超过额定温升，短时间的过载是允许的。

这里的短时间，是相对于电动机的发热过程而言的，通常是几分钟、几十分钟，乃至更长。而变频器的过载能力最多只有1min。所以，对于电动机来说，可以认为，变频器是没有过载能力的。因此，对于以上两类负载，在选择变频器容量时，原则上应该加大一档。如果更准确一点，则应测量电动机在运行过程中的最大电流，变频器的额定电流应满足

$$I_N \geqslant I_{Mmax} \tag{4-5}$$

式中，I_N 是变频器的额定电流（A），I_{Mmax}是电动机的最大运行电流（A）。

式（4-5）称为最大电流原则，即变频器的额定电流一定要超过电动机运行过程中可能出现的最大电流。

（3）短时负载的变频器选择　负载运行的时间很短，而停止的时间则很长，如图4-13中的曲线①所示。在运行时间内，电动机的温升达不到稳定温升，而在休息时间内，电动机的温升能够下降为0，其温升曲线如图4-13中的曲线②所示。龙门刨床的刀架和横梁电动机、三峡水电站船闸的闸门电动机等的工况就属于这一类。对于这类负载，在决定电动机容量时，并不考虑电动机的发热问题，而主要考虑电动机的过载能力。实际上，这类负载的电动机总是在过载状态下运行的。在选择变频器时，必须按照最大电流原则，也就是按式（4-5）来决定其容量。

3. 变频器的类别与选择

在选择变频器的类型时，大致应注意以下几个方面。

（1）国产与进口　一般说来，进口变频器的功能比较齐全，故障率也略低一些。但是，在一旦发生故障，需要配置元器件时，进口变频器的部件不仅价格较昂贵，而且常常不易买到，耽误生产。所以，在没有特殊要求的情况下，建议尽量选用国产变频器。

（2）高性能与普通型　所谓高性能变频器，一般指具有矢量控制功能的变频器，主要用于对转速精度和动态响应能力，或对生产安全要求较高的场合。如起重机械、印刷机械、金属切削机床等。

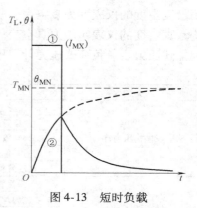

图 4-13　短时负载

对于二次方律负载，以及一些在低频运行时负载变化不大、对转速精度的要求也不高的负载，应考虑选用比较价廉的普通型变频器。

（3）专用型与通用型　目前，许多变频器生产厂都生产了不少专用变频器，如起重机械专用变频器、电梯专用变频器等。一般说来，由于专用变频器针对各种机械的特殊需要设置了一些专用功能，所以，选择专用变频器是较好的。

任务三　学习压力仪表和压力传感器

4.3.1　压力的概念及单位

压力是工业生产中四大重要工艺参数之一，为了保证生产正常运行，往往需要进行压力测量和控制。此外，有些物理量如温度、流量、液位等也常采用间接测量压力的方法获得。压力测量在生产自动化中具有特殊的地位。工程上，习惯将介质（包括气体和液体）垂直均匀地作用于单位面积上的力称为压力，实际就是物理学中的"压强"。压力测量仪表是用来测量气体或液体压力的仪表，又称压力表或压力计。

压力的大小常用两种表示方法，即绝对压力和表压力。绝对压力是从绝对真空算起的，而表压力是表示物体受到超出大气压力的压力。习惯上把低于大气压力的绝对压力称为负压或真空度。一般负压用表压力表示，而真空度用绝对压力表示。绝对压力、表压力、真空度的关系如图 4-14 所示。

  压力的国际单位为帕斯卡，1 帕斯卡即每平方米的面积上垂直作用 1 牛顿的力（N/m²），简称帕，符号为 Pa。该单位所表示的压力较小，工程上常用的是千帕（kPa）或兆帕（MPa），它们的关系为 1 MPa $= 10^3$ kPa $= 10^6$ Pa。

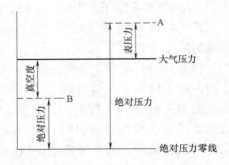

图 4-14 绝对压力、表压力、真空度的关系

4.3.2 压力测量仪表的分类

  压力包括绝对压力、大气压力、表压力、真空度和差压。工程技术上压力仪表所测的多为表压。用来测量真空度的仪表称为真空表。既能测量压力值又能测量真空度的仪表叫压力真空表。测量压力的仪表按工作原理的不同可分为液柱式压力计、弹性式压力表、负荷式压力计、压力传感器（包括变送器）及压力开关，见表 4-3。

表 4-3 压力测量仪表分类

类别	子类别		工作原理	用途
液柱式压力计	U 形管压力计		流体静力学原理	低微压测量。高精度者可用作压力基准器。常用于静态压力测量
	单管压力计			
	斜管压力计			
	补偿微压计			
	自动液柱式压力计			
弹性式压力表	弹簧管压力表		胡克定律（弹性元件受力变形）	测量范围宽、精度差别大、品种多，是最常见的工业用压力仪表
	膜片压力表			
	膜盒压力表			
	波纹管压力表			
负荷式压力计	活塞式压力计	单活塞式	静力平衡原理（压力转换成砝码重量）	用于静压测量，是精密压力测量基准器
		双活塞式		
	浮球式压力计			
	钟罩式微压计			
压力传感器	电阻应变片压力传感器	应变式	应变效应	用于将压力转换成电信号,实现远距离监测、控制
		压阻式	压阻效应	
	压电式压力传感器		压电效应	
	电感式压力传感器		压力引起磁路磁阻变化，造成铁心线圈等效电感变化	
	电容式压力传感器	极距变化式	压力引起电容变化	
		面积变化式		
		介质变化式		
	电位器式压力传感器		压力推动电位器滑头位移	
	霍尔压力传感器		霍尔效应	
	光纤压力传感器		用光纤测量由压力引起的位移变化	
	谐振式压力传感器	振弦式	压力改变振体的固有频率	
		振筒式		
		振膜式		
压力开关	位移式压力开关		压力推动弹性元件位移，引起开关触点动作	位式报警、控制
	力平衡式压力开关			

　　压力测量仪表发展迅速，特别是压力传感器（包括压力变送器）。随着集成电路技术和半导体应用技术的进步，出现了各类新型压力仪表，它们不仅能满足高温、高黏度、强腐蚀性等特殊介质的压力测量，抗环境干扰能力也在不断提高。尤其是微电子技术、微机械加工技术、纳米技术的发展，压力仪表正朝着高灵敏度、高精确度、高可靠性、响应速度快、宽温度范围发展，越来越小型化、多功能数字化和智能化。

4.3.3　液柱式压力计

1. 认识液柱式压力计

　　液柱式压力计是一种利用一定高度的液柱对底面产生的静压力与被测压力相平衡的原理，通过液柱高度反映被测压力大小的仪器，是最早用来测量压力的仪表，目前应用仍较广。各种液柱式压力计如图 4-15 所示。

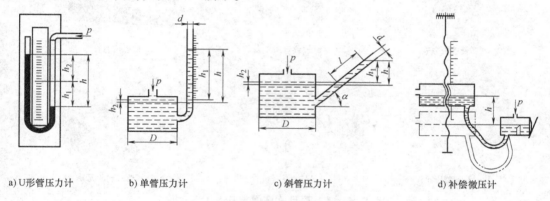

a) U形管压力计　　　　b) 单管压力计　　　　c) 斜管压力计　　　　d) 补偿微压计

图 4-15　各种液柱式压力计

2. 液柱式压力计的分类及特点

　　表4-4 列出了主要液柱式压力计类型及特点。除表中所列液柱式压力计外，另外还有多管压力计、Π 式压力计等。多管压力计和斜管压力计工作原理类似，Π 式压力计与倒 U 形管类似。

表4-4　液柱式压力计分类表

类型	特点	用途
U 形管压力计	1）适合静压测量 2）需两次读数，读数误差大 3）高精度者带读数放大镜，并进行温度补偿和重力补偿 4）测量范围 −10～10kPa，精度 0.2 级、0.5 级	实验室低压、负压和小差压测量
单管压力计	1）适合静压测量 2）只需一次读数，读数误差比 U 形管小 3）高精度者考虑重力、温度补偿、游标读数，零位可调 4）标度尺刻度包括大容器工作液改变的修正	压力基准仪器或压力测量
斜管压力计	1）适合静微压测量 2）倾斜度越小，灵敏度越高，但测量范围也越小 3）精度 0.5 级以上者带有读数放大镜	微压（小于 1.5kPa）测量
补偿微压计	1）适合静压测量 2）采用光学法监视液面，用精密丝杆调整液面 3）测量范围 −2.5～2.5kPa，精度 0.02 级、0.1 级	微压基准仪器
自动液柱式压力计	1）用光电信号自动跟踪液面 2）测量范围 −10² ～10² kPa，精度 0.005 级、0.1 级	压力基准器

　　液柱式压力计的测量范围约在 10Pa 至 200～300kPa 之间，用于低压、微压、压差和负压的测量。这种压力计结构简单，使用方便，价格低廉，灵敏度和精度都较高。常作为压力

基准器，用于校正其他类型压力计。缺点是体积大，玻璃管易碎，测量速度慢，量程受液柱高度限制，一般只能就地指示，难以自动测量，且不能给出远传信号，进行监督控制，故多用于实验室静压的测量。

4.3.4 弹性式压力表

1. 认识弹性式压力表

弹性式压力测量仪表，利用不同形状的弹性元件在压力作用下产生变形（位移或挠度），经传动机构转换成指针偏转的原理制成。各种弹性式压力表及测压元件如图4-16所示。

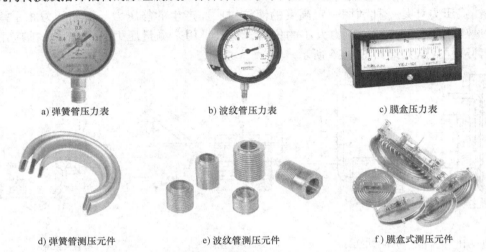

a) 弹簧管压力表   b) 波纹管压力表   c) 膜盒压力表

d) 弹簧管测压元件   e) 波纹管测压元件   f) 膜盒式测压元件

图4-16　各种弹性式压力表及测压元件

2. 弹性式压力表的分类及特点

弹性式压力表按采用的弹性元件不同主要分为弹簧管压力表、膜片压力表、膜盒压力表和波纹管压力表；按功能不同分为指示式压力表、电接点式压力表和远传压力表；按输出信号的不同可分为模拟压力表和数字压力表等。常用弹性式压力表分类及特点见表4-5。这类仪表的特点是结构简单、结实耐用，测量范围宽（-0.1~1500MPa），适用范围广，是工业压力测量最常用的仪表。

表4-5　弹性式压力表分类及特点

类型		特点	用途
弹簧管压力表	普通型	1) 结构简单, 价格低廉, 经常使用 2) 量程大, 精度高 3) 对冲击、振动敏感 4) 正、反行程有滞回现象	适用于不结晶、不凝固, 对钢、铜合金没有腐蚀作用的液体、蒸气和气体介质压力的测量
	精密型		主要用于普通压力表的校验
	矩形		适用于对钢、铜合金没有腐蚀作用介质的压力测量
	差压型		差压测量
	板簧型		适用于测量黏度较大、杂质较多的介质压力
	热带型		适用于湿热带气候环境
	化工专用型		耐腐蚀性介质等压力测量, 如氨用压力表、乙炔压力表、氧气压力表、抗硫压力表等
膜片压力表		1) 超载性能好, 线性度好 2) 尺寸小, 价格适中 3) 抗振、抗冲击性能差 4) 测量压力较低, 维修困难	适用于黏度高或浆料的绝压、差压测量

（续）

类　型	特　点	用　途
膜盒压力表	由两块波纹膜片对接而成	适用于无腐蚀性气体微压或负压的测量
波纹管压力表	1）输出推力大 2）价格适中 3）需要环境温度补偿，不能用于高压测量，要靠弹簧调整特性 4）需要选择特殊的弹性材料	用于低、中压力测量，特别适合作压力记录仪

3. 弹性式压力表的结构及工作原理

（1）弹簧管压力表　弹簧管又称波登管，是法国人波登首先发明的。弹簧管压力表是一种指示仪表，单圈弹簧管结构如图 4-17 所示。弹簧管是横截面呈扁圆形或椭圆形的空心管，弯曲成中心角 270° 的圆弧。管子的一端封闭，作为自由端；另一端开口，作为固定端。被测压力的介质从开口端进入并充盈整个空心管内腔，使其横截面趋向圆形并伴有伸直的倾向，由此产生力矩使自由端出现位移，同时改变其中心角。

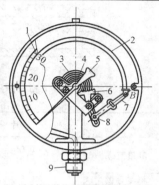

图 4-17　单圈弹簧管结构
1—面板　2—弹簧管　3—游丝
4—中心齿轮　5—指针
6—扇形齿轮　7—拉杆
8—调整螺钉　9—引压接头

被测压力经引压接头 9 引入弹簧管 2，弹簧管的自由端产生的位移经拉杆 7 带动扇形齿轮 6 做逆时针偏转，从而带动中心齿轮 4 及其同轴指针 5 做顺时针偏转，在面板 1 上显示被测压力，游丝 3 的作用是克服扇形齿轮和中心齿轮的间隙所产生的仪表偏差，改变调整螺钉 8 的位置可以调整压力表的量程。如上所述，弹簧管压力表为线性刻度。

除上述的单圈弹簧管和多圈弹簧管外，另有扭曲形和空间螺旋形弹簧管。

近年来由于弹性材料的发展和加工技术的提高，弹簧管压力表不仅经常用作工业仪表，也可作压力精密测量，单圈弹簧管最大可测压力为 686MPa，精度可达 0.1%。

（2）膜片压力表　图 4-18 所示的膜片测压元件，一般是由金属制成的平膜片，膜片中心上下压着两个金属硬盘，称为硬心，当被测压力改变时，膜片将压力转换为位移，小位移量时两者线性关系良好。

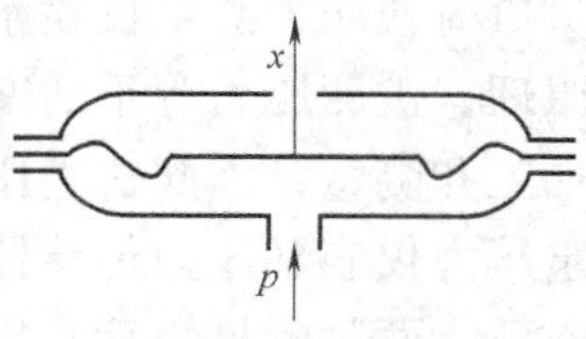

膜片受压产生的位移，可直接带动传动机构指示，成为膜片压力表。由于膜片位移太小，膜片压力表灵敏度低，指示精度不高，一般为 2.5 级。主要用于微压和黏滞性介质的压力测量。

图 4-18　膜片测压元件

常用膜片材料有：锡锌青铜、磷青铜、铍青铜、高弹性合金、恒弹性合金、碳素铜、不锈钢等，厚度在 0.05~0.3mm 之间。

为提高膜片大位移量时的线性关系，可将平膜片制成环状同心波纹的圆形薄膜，称波纹膜。有时也将两块波纹膜片沿周边对焊起来，做成膜盒，用于差压测量，其结构如图 4-19 所示。两个金属膜片分别感受被测压力 p_1 和 p_2，压差使固定在膜盒中的硬心产生上下的位移或力输出。密闭的膜盒中一般充有膨胀系数小、化学性能稳定、不易汽化和凝固的硅油，一方面用于传递压力，另一方面对膜盒起过载保护作用，内部抽真空的膜盒就没有这种功能。

（3）波纹管压力表　波纹管测压元件如图 4-20 所示，由金属薄片折皱成手风琴风箱状，当波纹管轴向受压时，由于伸缩变形产生较大的位移，故一般可在其自由端安装传动机构，带动指针直接读数，构成波纹管压力表。波纹管的特点是低压区灵敏度高，常用于低压测量，但迟滞误差大，压力位移线性度差，精度一般只能达到1.5级。为改善其线性度，常在其管内安装线性度较好的螺旋弹簧。

膜片压力表、膜盒压力表及波纹管压力表主要技术指标比较见表4-6。

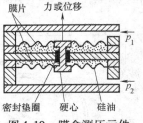

图4-19　膜盒测压元件

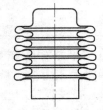

图4-20　波纹管测压元件

表4-6　膜片、膜盒、波纹管压力表主要技术指标比较

类型	膜片压力表	膜盒压力表		波纹管压力表
		普通型	矩型	
测量范围	0~0.06 至 2.5MPa； -0.1~0.06 至 2.4MPa	0~5 至 40kPa 0~4 至 40kPa -20~20kPa	0~250 至 40kPa -250~-40~0kPa -2~0.24 至 40~0.12kPa	0~0.025 至 0.4kPa
精度等级	1.5 级、2.5 级	1.5 级	2.5 级	1.5 级、2.5 级

在压力测量中，各种弹性元件大多作为敏感元件，和转换元件结合构成压力传感器，以获得电信号输出。当此电信号为标准信号时，又称压力变送器，压力变送器输入输出多为线性关系。弹性元件将压力转变成位移或力输出，转换元件再将弹性元件的输出转换成电信号。主要有电阻应变片压力传感器、压电式压力传感器、电容式压力传感器、电感式压力传感器、霍尔压力传感器、振弦式压力传感器等。

4.3.5　负荷式压力计

1. 认识负荷式压力计

负荷式压力测量仪表常称为负荷式压力计。它是直接按压力的定义制作的。根据静力学的原理，被测压力等于活塞系统和砝码的重力除以活塞的有效面积。由于活塞和砝码均可精确加工和测量，因此这类压力计的误差很小，精度高，性能稳定。负荷式压力计既是检验、标定压力仪表和压力传感器的标准仪器，又是一种标准压力发生器，可以保证量值传递的准确一致。两种常见负荷式压力计如图4-21所示。

a) 活塞式压力计

b) 浮球式压力计

图4-21　两种负荷式压力计

2. 负荷式压力计的分类及特点

常见的负荷式压力计有活塞式压力计、浮球式压力计和钟罩式微压计，见表4-7。

表4-7 常见的负荷式压力计分类表

类型	工作原理	性能特点	用途
活塞式压力计	被测压力等于活塞与砝码的总重量除以活塞的有效面积	结构简单,性能稳定,精度高,操作稍复杂,不能直接测量	中、高压标准校验仪器
浮球式压力计	被测压力等于浮球、托架与砝码的总重量除以浮球的有效面积	结构简单,性能稳定,精度高,操作方便	低压标准压力发生器
钟罩式微压计	被测压力等于钟罩天平平衡砝码的总重量除以钟罩的有效面积	精度与灵敏度高,可测正压、负压、绝对压力	微压标准校验仪器和标准微压发生器

3. 负荷式压力计的结构及工作原理

（1）活塞式压力计 活塞式压力计是广泛应用的一种高精度压力基准器。具有结构简单,性能稳定,灵敏度高的特点,但不能连续直接测量。活塞式压力计利用的是自由运动活塞上,被测压力所形成的力与标准重物（砝码）所产生的力相互平衡的测量原理。根据砝码及活塞本身重量的大小来判别被测压力的数值。活塞式压力计有基准压力计和标准压力计之分,标准压力计又分为一等、二等、三等。根据结构的不同,活塞式压力计又分为密封式和非密封式。在密封式活塞压力计中,为了防止活塞系统漏油,加了特殊密封装置,而在非密封式活塞式压力计中,没有密封装置,只是把活塞及活塞筒进行了精细地加工,并保证它们之间有极小的间隙。密封式活塞压力计目前采用较少,因为它有较大的机械摩擦,并且这个摩擦值不是恒定的。目前广泛应用的是非密封式活塞压力计。

根据活塞的数目,活塞式压力计又分单活塞和双活塞两种,单活塞式压力计结构如图4-22所示。手轮7、丝杆8、工作活塞9、手摇泵4组成压力发生器,产生压力 p 作用于工作液,根据静力学平衡原理和帕斯卡定律,压力 p 经工作液传递给测量活塞1,使测量活塞及置于其上的托盘及托盘上的砝码2稳定上升到一定的位置,平衡时,被测压力可表示为

$$p = \frac{(m_1 + m_2)g}{A} \quad (4\text{-}6)$$

式中, p 为被测压力（Pa）; m_1 为活塞、托盘的质量（kg）; m_2 为砝码的质量（kg）; g 为重力加速度（m/s²）; A 为测量活塞承受压力的有效面积（m²）。

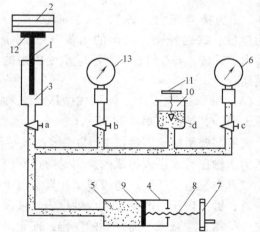

图 4-22 单活塞式压力计结构
1—测量活塞 2—砝码 3—活塞筒 4—手摇泵 5—工作液 6—被校压力表 7—手轮 8—丝杆 9—工作活塞 10—油杯 11—进油阀 12—砝码托盘 13—标准压力表 a、b、c—切断阀 d—进油阀

被测压力也可从标准压力表13中直接读出。比较被校压力表6与标准压力表13的读数,活塞式压力计可用于仪表的校验。

活塞式压力计的工作液有变压器油、蓖麻油、甘油、水或癸二酸二酯（2-乙基已基）等。

双活塞压力计比单活塞压力计多一组测量装置和一组平衡砝码。

测量活塞与活塞筒组成的测压装置有多种结构，小压力时一般采用简单的活塞杆与活塞缸结构，中压一般采用带传动装置的滑动轴承或滚动轴承结构，高压采用带反压圆筒或控制间隙型结构，防止活塞缸内孔膨胀变形增大间隙。

（2）浮球式压力计　浮球式压力计实际上是一种标准压力信号发生器，它能连续输出标准压力信号，用于其他压力仪表的校验。浮球式压力计的工作介质是压缩空气，没有液体活塞式压力计的漏液问题，结构简单，灵敏度高，精度高，操作方便。浮球式压力计的结构如图 4-23 所示，由浮球、喷嘴、砝码托架、气体流量调节器、底座水平调整器等组成。压缩空气经气体流量调整器进入喷嘴 3，气体向上的压力 P 使浮球 1 漂浮在喷嘴中，浮球上挂有砝码托架及砝码，此时，浮球向下的重力和空气向上的压力相平衡，压力计输出的标准压力为

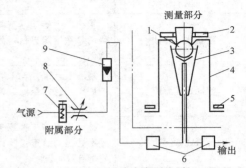

图 4-23　浮球式压力计
1—浮球　2—小砝码　3—喷嘴　4—托架
5—砝码　6—气容　7—气动恒差器
8—针阀　9—流量计

$$p = \frac{(m_1 + m_2 + m_3)g}{A} \qquad (4\text{-}7)$$

式中，p 为被测压力（Pa）；m_1、m_2、m_3 分别为浮球、砝码托架、砝码的质量（kg）；g 为重力加速度（m/s^2）；A 为浮球承受压力的有效面积（m^2）。

（3）钟罩式微压计　钟罩式微压计又称钟罩天平，其结构如图 4-24 所示。

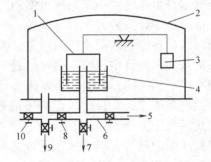

图 4-24　钟罩式微压计
1—钟罩　2—稳压罩　3—砝码　4—液槽　5—造压器
6—输压管　7、9—真空机组　8、10—阀

天平一臂吊挂承压钟罩 1，另一臂吊挂平衡砝码 3，钟罩浸入盛有密封液的槽 4 中。被测压力由输压管 6 进入钟罩内，同时通过阀门 8 与罩外稳压空间连通。被测压力也可由造压器 5 或真空机组 7 产生。稳压罩 2 和真空机组 9 用于稳压、调整单端静压或测量绝对压力。测量时，钟罩内压力改变，造成钟罩内外液面变化，引起钟罩所受的作用力变化，从而使天平失去平衡，增减天平另一端的砝码，使天平平衡。此时，钟罩内被测压力为

$$p = \frac{mg}{A} \qquad (4\text{-}8)$$

式中，p 为被测压力（Pa）；m 为砝码质量（kg）；g 为重力加速度（m/s^2）；A 为钟罩承受压力的有效面积（m^2）。

4.3.6　压力传感器

1. 电阻应变片压力传感器

（1）电阻应变片及其应变效应和压阻效应　图 4-25 为电阻应变片构造图。排列成网状

的高阻金属丝、栅状金属箔或半导体片构成压力敏感栅 1，用黏合剂贴在绝缘的基片 2 上，敏感栅上再覆盖保护片 3。电阻丝较细（0.015～0.06mm），其两端焊有低阻镀锡粗铜丝引线 4，便于与后续转换元件连接。

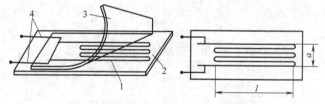

图 4-25　电阻应变片构造图
1—压力敏感栅　2—基片　3—保护片　4—引线

以一根圆截面的金属丝为例，设其直径为 d，初始电阻为

$$R = \rho \frac{l}{s} \tag{4-9}$$

式中，R 为金属丝的初始电阻；ρ 为金属丝的电阻率；l 为金属丝的长度。当金属丝受轴向压力作用被拉伸时，设长度变化 Δl，电阻率变化 $\Delta \rho$，直径变化 Δd，则金属丝电阻的相对变化量约为

$$\frac{\Delta R}{R} = (1 + 2\mu)\varepsilon + \frac{\Delta \rho}{\rho} \tag{4-10}$$

$$\mu = -\frac{\Delta d}{d} \Big/ \frac{\Delta l}{l} \tag{4-11}$$

式中，μ 为金属丝的泊松比，又称径向应变，ε 为轴向应变，$\varepsilon = \Delta l / l$。式（4-10）表明，应变片电阻的相对变化取决于两个因素，一个是由尺寸变化引起的，$(1 + 2\mu)\varepsilon$ 称为应变效应，以应变效应为主的应变片组成的压力传感器称为应变式压力传感器，金属应变片属于此类；二是由材料的电阻率发生变化引起的，$\Delta \rho / \rho$ 称为压阻效应，以压阻效应为主的应变片组成的压力传感器称为压阻式压力传感器，半导体应变片以压阻效应为主。无论是应变效应还是压阻效应，都造成应变片电阻的变化，统称电阻应变片压力传感器。

由式（4-10）可得

$$K = \frac{\dfrac{\Delta R}{R}}{\varepsilon} = (1 + 2\mu) + \frac{\Delta \rho}{\rho \varepsilon} \tag{4-12}$$

式中，K 称为应变片的灵敏系数；ε 无量纲，因为其值极小，常用微应变 $\mu\varepsilon$ 表示。$1\mu\varepsilon$ 即相当于 $1m$ 的试件，其变形量为 $1\mu m$ 的相对变形量（$1\mu\varepsilon = 10^{-6}\varepsilon$）。

应变片按敏感元件材料的不同可分为金属和半导体两大类，从敏感元件的形态又可进一步细分如表 4-8 所示。金属电阻应变片中丝式、箔式、薄膜式最为常见，丝式应变片是最早使用的应变片。性能较之优越的箔式敏感栅是通过光刻、腐蚀等工艺制成，便于批量生产，薄膜式应变片是采用真空离子束溅射技术或真空沉积技术，在薄绝缘基片上蒸镀金属电阻薄膜，再加上保护层制成，具有更高的灵敏度和更宽的工作温度。

表 4-8　应变片分类

金属				半导体				
体型		箔式	薄膜式	体型	薄膜型	扩散型	外延型	PN 结等
丝式								
纸基	胶基							

应变片使用环境可分为高温、低温、核辐射、高压及强磁场，不同的场合应选用相应的应变片。表4-9列出了几种电阻应变片的使用温度范围。常用的金属敏感材料为康铜（铜镍合金）、镍铬合金、铁铬铝合金、铁镍铬合金等。常温下的应变片多由康铜制成，国产 BPR-2 压力传感器采用的就是康铜应变片。应变片对温度变化敏感，使用时要考虑温度对它的影响。

表 4-9　电阻应变片的使用温度范围

应变片种类	电阻丝栅材料	基片材料	使用温度/℃
纸基应变片	康铜	纸	−50 ~ 80
胶基应变片	康铜	聚酯树脂渗透纸基	−50 ~ 170
胶基应变片	康铜	酚醛树脂渗透纸基	−50 ~ 180
高温应变片	卡马尔合金	石棉	−50 ~ 400
高温应变片	镍	镍箔	−50 ~ 800

半导体应变片比金属应变片的灵敏度高 50 ~ 100 倍，体型半导体应变片是将晶片按一定取向切片、研磨、再切割成细条，粘贴于基片上，薄型半导体应变片是将半导体材料沉积在绝缘基片上或蓝宝石基片上，扩散型半导体应变片及外延型半导体应变片的基片一般采用硅基片或蓝宝石基片，常用于压阻式压力传感器中。半导体应变片的缺点是灵敏度一致性差、温漂大、非线性严重。

（2）电阻应变片压力传感器的结构

1）应变式压力传感器的结构。应变式压力传感器以应变效应为主，采用的是金属应变片。为使应变片能感受压力的变化，一般要和弹性变形体一起使用。常见的变形体有筒式、膜片式、振梁式、杆式、双铰链式和剪切杆式等。

2）压阻式压力传感器的结构。压阻式压力传感器以半导体应变片为主，其常用的弹性变形体是单晶硅膜片。因此，半导体应变片可采用集成电路技术直接在弹性元件上形成扩散电阻。在膜片上扩散四只应变电阻，组成一个全桥测量电路。压阻式压力传感器的特点是体积小，结构简单，灵敏系数大，单晶硅膜片既是弹性元件又是压敏元件，易于批量生产。有的压阻式传感器甚至将温度补偿电路、电源变换电路、放大电路集成在同一硅膜片上，既提高传感器的静态特性和稳定性，又实现传感器的微型化、集成化和智能化，是目前发展和应用较为迅速的压力传感器。这种传感器又称固态压力传感器，也称集成压力传感器。

（3）电阻应变片压力传感器的测量桥路　由应变片的应变效应可知，压力使其电阻发生变化，测出电阻的这种变化就能测出压力。实际上，电阻的变化量相对较小，用一般的仪表难以直接检测，必须采用专门的电路，最常用的测量电路为惠斯通电桥，如图 4-26 所示。为使电桥在测量前的输出为零，设计时要求桥臂电阻

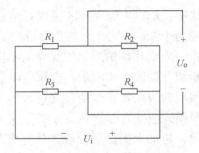

图 4-26　惠斯通电桥

$$R_1 R_3 = R_2 R_4 \ \text{或} \ \frac{R_1}{R_2} = \frac{R_3}{R_4} \tag{4-13}$$

测量电桥一般采用全等臂工作，即 R1 = R2 = R3 = R4，每只桥臂均由应变片构成。设电桥电源电压为 U_i，输出电压为 U_o，当电桥四个桥臂电阻的相对变化值 $\Delta R_i \leqslant R_i$，且电桥输出端的负载电阻为无穷大时，电桥输出电压为

$$U_{\mathrm{o}} = \frac{U_{\mathrm{i}}}{4}\left(\frac{\Delta R_1}{R_1} - \frac{\Delta R_2}{R_2} + \frac{\Delta R_3}{R_3} - \frac{\Delta R_4}{R_4}\right) = \frac{U_{\mathrm{i}}k}{4}(\varepsilon_1 - \varepsilon_2 + \varepsilon_3 - \varepsilon_4) \qquad (4\text{-}14)$$

式中，k 为应变片灵敏系数；ε_1、ε_2、ε_3、ε_4 分别为四只桥臂应变片的应变量。为提高惠斯通电桥测量的灵敏度，减小输入输出非线性误差，式（4-14）提供了应变片的布片根据。

四只应变片中，最好使 R_1、R_3 为拉伸应变，电阻增加；R_2、R_4 为压缩应变，电阻减小。四只应变片组成全桥差动结构，具有最高的灵敏度和最小的非线性误差。一种典型的电阻应变式差压传感器的测量电路原理图如图4-27所示，包括采用恒流源供电的惠斯通测量电桥、恒流源、输出放大及电压-电流转换电路等部分。其输出信号为 4～20mA 标准电流信号，也称为差压变送器。作为变送器，不仅要求输出标准信号，而且输入输出要求有较好的线性关系。常用于自动控制系统中。

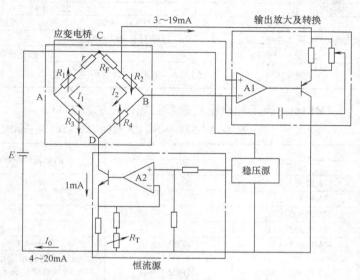

图 4-27　电阻应变式差压传感器的测量电路原理图

（4）常见电阻应变片变送器及其技术参数　电阻应变片压力传感器包括电阻应变式压力传感器和压阻式压力传感器，其测量范围在 $-10^2 \sim 10^5 \mathrm{kPa}$ 之间，精度等级在 $0.02 \sim 0.5$ 之间。SITRANS PZ 系列压力变送器和 MPM280 压力传感器就属于电阻应变式压力变送器。

SITRANS PZ 系列压力变送器中，7MF1563（量程 <0.1MPa）的压力敏感元件就是四只制作在硅膜片上的扩散电阻组成的一个测量电桥，为防止测量电桥直接与被测介质接触，由一个不锈钢膜片密封隔离，压力通过硅油隔离液传递。测量电路做在一块电子部件板上，共同安装在一个不锈钢外壳内。7MF1562 和 7MF1563（量程≥0.1MPa）变送器由安装在陶瓷膜片上的膜片应变片和一块电子部件板组成，共同安装在一个黄铜外壳（7MF1562）或不锈钢外壳（7MF1563）内。两变送器均带有温度补偿，其主要技术参数见表4-10。

表 4-10　西门子 SITRANS PZ 系列变送器主要技术参数

型号		7MF1562		7MF1563	
量程		0～1.6MPa	0～2.5MPa	<0.1MPa 多种规格	≥0.1MPa 多种规格
测量原理		薄膜应变片		压阻	薄膜应变片
测量压力类型		表压		表压、绝压	
电源电压	电流输出时	DC10～36V（两线制）			
	电压输出时			DC15～36V（三线制）	
输出	电流	4～20mA（两线制）			
	电压			DC0～10V（三线制）	
测量误差(25%，包括非线性、迟滞、重复性)		0.5% 满分度值（典型值）		0.25% 满分度值（典型值）	
响应时间		<0.1s			

续表

型号		7MF1562	7MF1563
长期漂移	刻度起始值	0.3%满分度值/年(典型值)	0.25%满分度值/年(典型值)
	量程	0.3%满分度值/年(典型值)	0.26%满分度值/年(典型值)
介质条件		−30 ~ +120℃	
环境温度		−25 ~ +85℃	
接液部分材料	测量	A1203——96%	不锈钢,材料号 1.4571 · A1203——96%
	过程接件	黄铜材料号 2.0402	不锈钢材料号 1.4571
	O 环圈	氟化橡胶	
过程连接件		G1/2A—阳螺纹,G1/8A—阴螺纹	G1/2A—阳螺纹 · G1/2A—阳螺纹 G1/8A—阴螺纹

7MF1563 表压和绝压变送器的规格表见表 4-11。

表 4-11　SITRANS PZ 系列 7MF1563 表压和绝压变送器规格表

型号		测量范围/MPa	最大允许运行压力/MPa
表压	绝压		
7MF1563-3AA		0 ~ 10	0.06
7MF1563-3AB		0 ~ 16	0.06
7MF1563-3AC		0 ~ 25	0.1
7MF1563-3AD		0 ~ 40	0.1
7MF1563-3AG	7MF1563-5AG	0 ~ 60	0.3
7MF1563-9AC	7MF1563-9AC	其他型号测量范围小于0.1 MPa 添加订货代码和文字说明:测量范围××到××kPa	
7MF1563-3BA	7MF1563-5BA	0 ~ 0.1	0.7
7MF1563-3BB	7MF1563-5BB	0 ~ 0.16	0.7
7MF1563-3BD	7MF1563-5BD	0 ~ 0.25	1.2
7MF1563-3BE	7MF1563-5BE	0 ~ 0.4	1.2
7MF1563-3BG	7MF1563-5BG	0 ~ 0.6	2.5
7MF1563-3CA	7MF1563-5CA	0 ~ 1.0	2.5
7MF1563-3CB	7MF1563-5CB	0 ~ 1.6	5
7MF1563-3CD		0 ~ 2.5	12.0
7MF1563-3CE		0 ~ 4.0	12.0
7MF1563-30G		0 ~ 6.0	25
7MF1563-3DA		0 ~ 10.0	25
7MF1563-3DB		0 ~ 16.0	50
7MF1563-3DD		0 ~ 25.0	50
7MF1563-3DE		0 ~ 40.0	60
7MF1563-9AA	7MF1563-9AB	其他形式测量范围大于或等于0.1MPa 添加订货代码和文字说明测量范围××到××MPa	

它们用于化学、医药和食品工业,以及机械工程、造船、供水和自然资源保护等领域。变送器 7MF1562 用来测量气体、液体和蒸汽的相对压力;变送器 7MF1563 用来测量液体和气体的绝对压力和相对压力。

2. 压电式压力传感器

(1) 压电式压力传感器的工作原理　某些压电材料外部受到一定方向的压力作用变形时,内部产生极化现象,在其表面产生电荷,这种现象称为压电效应。

石英晶体是单晶体材料中最具代表性的压电材料。先将天然六角形石英晶体沿其光轴

（z 轴）垂直的方向切割出一平行六面体的切片，再从该六面体上切割出一块平行六面体薄片，该薄片的六个面分别垂直于光轴（z 轴）、电轴（z 轴）、机械轴（y 轴），即获得工业上常用的石英晶片。当石英晶片沿电轴（z 轴）方向受到压力时，晶格产生变形，在 z 轴后表面产生正电荷，前表面产生负电荷。反之，当电轴方向受到拉力时，在 z 轴后表面产生负电荷，前表面产生正电荷，即出现压电效应。

当石英晶片的工作温度上升到 573℃ 时，压电效应消失，该温度点称为居里点。

压电陶瓷是人工制造的多晶体压电材料，比石英晶体压电系数高，且制造成本低，是目前最常用的压电元件，尤其是锆钛酸铅（PZT），使用最广。压电单晶和压电陶瓷均是脆性材料，近年来出现了一些新型柔性高分子压电材料，在压力传感器中得到广泛的应用。表 4-12 列出了部分常用压电材料及其特点。

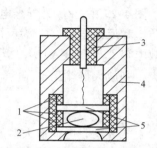

图 4-28　膜片式压力传感器结构

1、3—绝缘体　2—压电元件

4—壳体　5—膜片

压电式压力传感器的种类繁多，按弹性元件的形式可分为活塞式和膜片式两大类。图 4-28 为膜片式压力传感器的结构。压力作用于膜片上，使位于膜片中间的压电元件受压，出现压电效应，产生的电荷经测量电路放大输出，输出电流或电压与被测压力成正比。

表 4-12　部分常用压电材料及其特点

材料类型		特　　　点
石英晶体		性能稳定,自振频率高,动态响应好,机械强度高,绝缘性能好,迟滞小,重复性好,线性范围宽,居里点高(575℃),但压电系数小(2.31×10℃/N),用作标准传感器和高精度传感器
压电陶瓷	钛酸钡(BaTiO3)	压电常数高(190×10-nC/N),居里点较低(120℃),机械强度低,基本不用
	锆钛酸铅(PZT)	压电常数高((200~500)×10-azC/N),较高的居里点(500℃),应用最广
	铌镁酸铅(PMN)	压电常数高((800~900)×10⁻¹²C/N),居里点一般(260℃)
高分子压电材料		包括聚偏二氟乙烯(PVF2 或 PVDF)、聚氟乙烯(PVF)、改性聚氯乙烯(PVC)等,不易破碎,防水,价格便宜,测量动态范围达80dB,频率响应宽(0.1~109Hz),压电常数高,但居里点低(<100℃),机械强度差

（2）压电式压力传感器的测量电路　由于压电元件产生的电荷量很小，它除自身要有极高的绝缘电阻外，同时要求测量电路要有极大的输入阻抗，否则产生的电荷将因泄漏而引起测量误差，所以，一般的压电式压力传感器只适用于动态压力测量。常见的压电式压力传感器测量电路有电压放大器和电荷放大器两种。电压放大器的输出电压易受传感器连接屏蔽电缆线的分布电容和放大器本身输入电容的影响，故目前较多采用性能稳定的电荷放大器，它是测量电路的核心，如图 4-29 所示。

Q 为压电元件产生的电荷，其值与被测压力有关；R_a 为压电元件

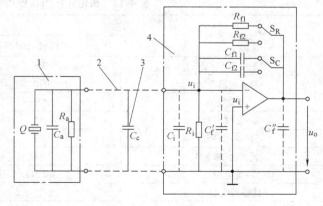

图 4-29　电荷放大器

1—压电传感器　2—屏蔽电缆　3—分布电容　4—电荷放大器

的绝缘漏电阻，与空气湿度等环境因素有关；C_a 为压电元件的等效电容，其值为

$$C_a = \frac{\varepsilon_r \varepsilon_0 S}{\delta} \tag{4-15}$$

式中，S 为压电元件电极面面积；δ 为压电元件厚度；ε_r 为压电材料的相对介电常数；ε_0 为真空介电常数。

图4-29 中，C_c 为屏蔽电缆分布电容；C_i 为放大器输入电容；R_i 为放大器输入电阻；R_f 为防饱和反馈电阻；C_f 为反馈电容；若放大器的开环增益为 A，则反馈电容折算到输入端的等效电容 $C_f' = (1 + A)C_f$，折算到输出端的等效电容为 C_f''。考虑运放为理想运放，且 R_f、R_o 极大，则放大器输出电压为

$$u_o = \frac{-AQ}{C_a + C_c + C_i + (1 + A)C_f} \approx -\frac{Q}{C_f} \tag{4-16}$$

上式表明，电荷放大器的输出只与传感器产生的电荷及反馈电容有关，电缆分布电容等其他因数的影响可忽略不计。

反馈电容 C_f 决定了传感器的灵敏度。可以通过切换开关调整 C_f 值的方法进行灵敏度调节，其值越小，灵敏度越高。此外，采用电容反馈的放大器零漂很大，电阻 R_f 引进直流负反馈，对减小零漂，稳定放大电路有重要作用，同时也改变了放大电路的频率响应。

（3）常见压电式压力传感器及其技术参数　压电式压力传感器，特别是石英压力传感器，具有长期稳定性能好，良好的线性和重复性，迟滞小，使用温度范围宽，频率响应范围宽，体积小，重量轻，使用方便等特点。特别适合于动态压力测量。如汽车安全气囊、发动机、涡轮机、热交换器、燃烧室及弹道压力、激波、腔室压力、低温物理压力、压缩机、汽缸、蒸汽机、工程燃烧、流体噪声、高强度声场、爆炸、反应堆等高频压力测量。当其绝缘漏电阻 $R_0 \geqslant 1012\Omega$ 时，也可用于准静态压力的测量。低中压压电式压力传感器的量程为 $0 \sim 50\text{MPa}$，高压、超高压传感器可达 $4000 \sim 10000\text{MPa}$。压电式传感器的精度在 $0.1 \sim 1.0$ 之间。

两种市售的压电式压力传感器的技术指标如表 4-13 所示。型号为 SYC 系列膜片式石英压力传感器的技术指标见表 4-14。采用全密封膜片式结构，使用石英压电材料，具有精度高、有一定的过载能力、自振频率高、动态响应好的特点，但需定期进行动态和静态校准。

表 4-13　压电式压力传感器技术指标

参数名称	型　号	
	CY-YD-203	CY-YD-DT
灵敏度/（pC/MPa）	35	40
测量范围/MPa	0 ~ 30；0 ~ 60	1 ~ 250
过载能力	120%	
非线性（% FS）	<1	<1
迟滞（% FS）	<1	<0.5
重复性（% FS）	<1	<1
绝缘电阻/Ω	≥1013	≥1013
传感器电容/pF	7	
自振频率/kHz	≥100	≥100 ~ 200
工作温度/℃	−40 ~ +150	−50 ~ +200

表 4-14 SYC 系列膜片式石英压力传感器技术指标

参数名称	型 号							
	100	1000	2000	4000	5000	6000	8000	10000
测量范围/MPa	0 ~ 10	1 ~ 100	0 ~ 200	0 ~ 400	0 ~ 500	0 ~ 600	0 ~ 800	0 ~ 1000
过载能力	15	110	220	450	550	650	850	1100
灵敏度/(pC/MPa)	− 120 ± 20	50 ± 5	50 ± 5	25 ± 5	− 20 ± 5	− 15 ± 5	− 15 ± 5	− 20 ± 5
自振频率/kHz	≥65	≥150	≥150	≥200	≥200	≥200	≥150	≥150
传感器电容/pF	7			5				
非线性(% FS)	< 1							
重复性(% FS)	< 1							
分辨率/MPa	0.02							
绝缘电阻/n	≥10^{13}							

3. 霍尔式压力传感器

霍尔式压力传感器是以霍尔效应为基础的电气式压力表。它主要由弹性元件和霍尔元件构成。这类仪表有较高的灵敏度，并能远传指示。但因霍尔元件受温度影响较大，其本身的稳定性又受工作电流的影响，所以精度只能达到 1 级。

（1）霍尔效应与霍尔元件　根据物理学原理，在磁场中运动的带电粒子必然要受到力的作用。设有一个 N 型（硅）半导体薄片，在 Z 轴方向施加一个磁感应强度为 B 的磁场，在其 Y 轴方向通入电流 I，此时 N 型（硅）半导体薄片内有带电粒子沿 Y 轴方向运动，如图 4-30 所示。于是带电粒子将受到洛仑兹力 F_L 的作用而偏离其运动轨迹。带电粒子受力方向符合左手定则，使得电子的运动轨迹朝 X 轴负方向偏转，如图虚线所示。造成霍尔片左端面产生电子过剩呈负电位，而右端面则

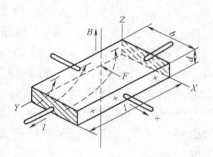

图 4-30　霍尔效应原理

相应地显示出正电位。因而在霍尔片的 X 轴方向形成了电场，该电场力 F_E 与洛仑兹力 F_L 方向相反随着电子积累越多，F_E 也越大，当 $F_E = F_L$ 时，电子积累达到动态平衡，这时 X 方向的电位差就称为霍尔电势 V_H。这一物理现象称为霍尔效应。能产生霍尔效应的导体或半导体的薄片就称为霍尔元件或霍尔片。

霍尔电势 V_H 的大小与霍尔片的材料、几何尺寸、所通过的电流（称为控制电流）、磁感应强度 B 等因素有关，可用下式表示：

$$V_H = R_H \frac{IB}{d} f(l/b) = K_H IB \tag{4-17}$$

式中，R_H 是霍尔系数；d 是霍尔片厚度；b 是霍尔片的电流通入端宽度；l 是霍尔片的电势导出端宽度；$f(l/b)$ 是霍尔片的形状系数；K_H 是霍尔片的灵敏度系数，$K_H = \dfrac{R_H}{d} f(l/b)$，单位为 mV/(mA · T)。

由式（4-17）可知，霍尔电势 V_H 与磁感应强度 B、控制电流 I 成正比。根据霍尔电势 V_H 与磁感应强度 B、控制电流 I 的乘积成正比的特性，霍尔传感器得到广泛的应用。

制作霍尔片的材料有锗（Ge）、锑化铟（InSb）、砷化铟（InAs）等半导体或化合物半

导体。与半导体相比金属的霍尔效应很微弱，一般较少采用。

（2）霍尔式压力传感器工作原理　在使用的霍尔式压力传感器中，均采用恒定电流I，而使B的大小随被测压力P变化来达到转换目的。

1）压力—霍尔片位移转换。将霍尔片固定在弹簧管自由端，当被测压力作用于弹簧管时，把压力转换成霍尔片线性位移。

2）非均匀线性磁场的产生。为了达到不同的霍尔片位移，施加在霍尔片的磁感应强度B应不同，为了保证霍尔片位移—磁感应强度B线性转换，就需要一个非均匀线性磁场。非均匀线性磁场是靠极靴的特殊几何形状形成的，如图4-31所示。

3）霍尔片位移—霍尔电势转换。由图4-31可知，当霍尔片处于两对极靴间的中央平衡位置时，由于霍尔片左右两半所通过的磁通方向相反、大小相等，且互相对称，故在霍尔片左右两半上产生的霍尔电势也大小相等、极性相反，因此，从整块霍尔片两端导出的总电势为零，当有压力作用，则霍尔片偏离极靴间的中央平衡位置，霍尔片两半所产生的两个极性相反的电势大小不相等，从整块霍尔片导出的总电势不为零。压力越大，输出电势越大。沿霍尔片偏离方向上的磁感应强度的分布呈线性状态，故霍尔片两端引出的电势与霍尔片的位移呈线性关系，即实现了霍尔片位移和霍尔电势的线性转换。

（3）霍尔式压力传感器的结构　常见的霍尔式压力传感器有YSH-1型和YSH-3型两种。图4-32所示为YSH-3型压力传感器结构示意图。被测压力由弹簧管1的固定端引入，弹簧管自由端与霍尔片3相连接，在霍尔片的上下垂直安放着两对磁极，使霍尔片处于两对磁极所形成的非均匀线性磁场中，霍尔片的四个端面引出四根导线，其中与磁钢2相平行的两根导线与直流稳压电源相连接，另两根用来输出信号。当被测压力引入后，弹簧管自由端产生位移，从而带动霍尔片移动，改变了施加在霍尔片上的磁感应强度，依据霍尔效应进而转换成霍尔电势的变化，达到了压力—位移—霍尔电势的转换。

为了使V_H与B成单值函数关系，电流I必须保持恒定。为此，霍尔式压力传感器一般采用两级串联型稳压电源供电以保证控制电流I的恒定。

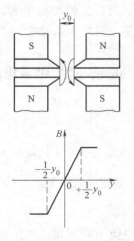

图4-31　极靴间磁感应强度的分布

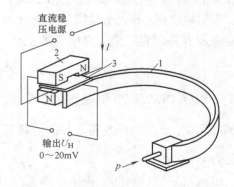

图4-32　YSH-3型压力传感器结构示意图

1—弹簧管　2—磁钢　3—霍尔片

（4）霍尔式压力传感器的使用 传感器应垂直安装在机械振动尽可能小的场所，且倾斜度小于3°。当介质易结晶或黏度较大时，应加装隔离器。通常情况下，以使用在测量上限值1/2左右为宜，且瞬间超负荷应不大于测量上限的二倍。由于霍尔片对温度变化比较敏感，当使用环境温度偏离仪表规定的使用温度时要考虑温度附加误差，采取恒温措施（或温度补偿措施）。此外还应保证直流稳压电源具有恒流特性，以保证电流的恒定。

4. 电容式压力传感器

（1）电容式压力传感器的结构及工作原理

1）单电容平板型压力传感器的结构及工作原理。电容式压力传感器分为极距变化型、面积变化型和介质变化型，当被测参数的变化通过这三种情况之一直接影响电容量 C 的大小时，检测出电容的变化量就等于获得了被测参数的大小。电容式压力传感器常采用极距变化型。压力使传感器唯一的可动部件即测量膜片极板产生微小的位移，造成与固定极板所形成的电容量发生变化。图4-33为单电容平板型压力传感器的结构。

对平板型电容，不考虑边缘效应的电容量为

$$C = \frac{\varepsilon S}{d} \qquad (4\text{-}18)$$

式中，d 为极板间的距离；S 为平行极板相互覆盖的有效面积；ε 为极板间介质的介电常数。当极板间距减小 Δd 时，其电容量将增大。

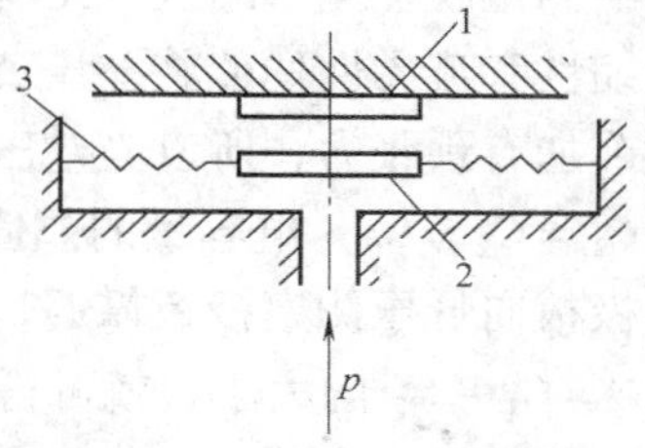

2）双电容平板差动式压力传感器的结构及工作原理。为提高灵敏度和减小非线性，大多压力传感器采用图4-34所示的双电容平板差动式结构。可动极板位于两块固定极板之间，与两固定极板等距离。当压力使可动极板向上移动 Δd 时，引起差动电容 C_L 增大，C_H 减小。设可动极板初始位置与任一固定极板间的电容为 C，则

图4-33 单电容平板型压力传感器结构
1—固定极板 2—可动极板 3—弹簧

$$C_L = C \frac{1}{1 - \dfrac{\Delta d}{d}} \qquad (4\text{-}19)$$

$$C_H = C \frac{1}{1 + \dfrac{\Delta d}{d}} \qquad (4\text{-}20)$$

与单电容式压力传感器相比，不仅灵敏度提高了，非线性误差也变小了，可见差动式压力传感器优于单电容压力传感器。

3）两室结构的电容式差压传感器。该电容式压力传感器是依据变电容原理工作的压力检测仪表。它利用弹性元件受压变形来改变可变电容器的电容量，从而实现压力-电容的转换。传感器具有结构简单、体积小、动态性能好、电容相对变化大、灵敏度高等优点，获得广泛应用。如西安仪表厂的1151系列，压力测量范围0～1.25kPa～42MPa，差压测量范围0～1.25kPa～7MPa。传感器由测量环节和转换环节组成。测量环节感受被测压力，将压力转换成电容量的变化，转换环节则将电容变化量转换成标准电流信号4～20mA。

两室结构的电容式差压传感器的测量环节如图4-35所示，其核心部分是一个球面电容器。

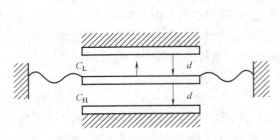

图 4-34 双电容平板差动式结构

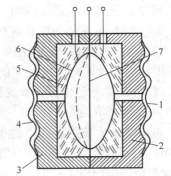

图 4-35 两室结构的电容式差压传感器

1，4—波纹隔离膜片 2，3—基座
5—玻璃 6—金属膜 7—测量膜片

在测量膜片左右两室中充满硅油，当隔离膜片分别承受高压 P_1 和低压 P_2 时，硅油的不可压缩性和流动性便能将差压 $\Delta P = P_1 - P_2$ 传递到测量膜片的左右面上。因为测量膜片在焊接前加有预张力，所以当差压 $\Delta P = 0$ 时十分平整，使得定极板左右两电容的容量完全相等，$C_1 = C_2 = C_0$，电容量的差值为零，$\Delta C = 0$。在有差压作用时，测量膜片发生变形，也就是动极板向低压侧定极板靠近，同时远离高压侧定极板，使电容 $C_1 > C_2$，测出电容量的差值 $\Delta C = C_1 - C_2$ 的大小，就可得到被测差压的值。

采用差动电容法的好处是，灵敏度高，可改善线性，并可减少由于介电常数 ε 受温度影响引起的不稳定性。

（2）常见电容式压力传感器及其技术参数 电容式压力传感器灵敏度高，其需要的作用能量小，可动质量小，因而有较高的固有频率，电容式压力传感器能在几兆赫兹的频率下工作，具有良好的动态响应。其测量范围一般在 $0 \sim 50\text{MPa}$，精度等级在 $0.05 \sim 0.5$ 之间。

1151 系列的压力变送器就属于典型的电容式压力传感器。1151 系列压力变送器有多种型号，可用于差压、表压、绝压、真空度、流量、液位和密度的测量。图 4-36 给出了1151AP 型绝压变送器的测量电路原理图。该传感器是典型的双电容平板差动型结构，差动电容被置于充满隔离液的密封容器中，工作时，高、低压侧的隔离膜片和隔离液将介质压力传递给传感器中心的传感膜片（可动极板）上。传感膜片是一种张紧的弹性元件，其位移随所受差压而变化（对于 GP 表压变送器，大气压力如同施加在传感膜片的低压侧一样）。AP 绝压变送器，低压侧始终保持一个参考压力。传感膜片的最大位移量 Δd 为 0.10mm，且位移量与压力成正比。两侧的固定电容极板与传感膜片构成双电容差动结构。差动电容经测

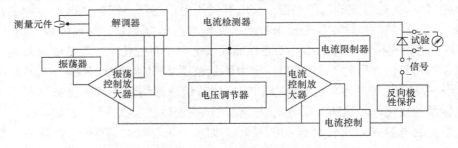

图 4-36 1151AP 型绝压变送器测量电路原理图

量变换电路转换为相应的电流、电压或数字 HAPT（高速可寻址远程发送器数据公路）输出信号。

智能型变送器的线路板模块采用专用集成电路（ASIC）和表面封装技术。线路板模块接收来自测量传感器的数字信号和修正系数后，对信号进行修正和线性化。线路板模块的输出部分将数字信号转换成一个模拟信号输出，并可与 HART 手操器通信。可选的液晶表头插入线路板上，可显示以压力工程单位或百分比为单位的数字输出。液晶表头适用于标准变送器和低功耗变送器。组态数据存储在变送器线路板上的永久性 EEPROM 存储器中。变送器断电数据仍能保存，因此变送器一通电立刻就可工作。

智能型变送器将过程变量以数字数据方式存储，可进行精确地修正和工程单位转换，之后经修正的数据被转换成一个模拟输出信号。HART 手操器可直接存取传感器的数字信号，而不需数-模转换，从而达到更高精度。1151 智能型压力变送器采用 HART 协议通信，该协议采用工业标准 Bell202 频移键控（FSK）技术，将一个高频信号叠加在电流输出信号上实现远程通信。这个技术可以同时通信和输出，而不会影响回路的一致性。

HART 手操器使用户很容易对 1151 智能型压力变送器进行组态、测试和具体设置。组态包括两个方面，第一，对变送器可操作参数的设置，包括：设置零点和量程、设置点线性或平方根输出、工程单位选择等；第二，可存入变送器的信息性数据，以识别变送器和对变送器作物理描述，这些数据包括：工位号（8 个字母数字字符）、描述符（16 个字母数字字符）、信息（32 个字母数字字符）、日期等。除了以上可组态参数外，1151 智能型压力变送器的软件中还包含许多非用户可修改信息：变送器类型、传感器极限、最小量程、隔离液、隔离膜片材料、膜头系列号和变送器软件版本号。

1151 智能型压力变送器可进行连续自检。如发现问题，变送器则激活用户可选的模拟输出报警。用 HART 手操器可以查询变送器以确定问题所在。变送器向手操器输出特定信息，以便识别问题，实现快速检修。如果操作者确信是回路问题，变送器可根据要求提供特定输出，供回路测试使用。

该系列变送器采用小型化设计，精度高，体积小，重量轻，坚固耐振，长期稳定性好，具有防爆性能、启动时间短的特点。可用于储气系统、精馏塔、流体输送设备和传热设备中的压力测量。为保证测量精度，变送器应定期校正。1151 系列电容式压力变送器技术参数见表 4-15。

表 4-15　1151 系列电容式压力变送器技术参数

型　　号		1151GP 压力变送器	1151DP 差压变送器
供电电源（V DC）	无负载时正常值最高	12	12
		24	24
		45	45
量程/kPa		0 ~ 1.3 ~ 7.5,0 ~ 6.2 ~ 37.4, 0 ~ 31.1 ~ 186.8,0 ~ 117 ~ 690, 0 ~ 345 ~ 2068,0 ~ 1170 ~ 6890, 0 ~ 3450 ~ 20680,0 ~ 6890 ~ 41370	0 ~ 1.3 ~ 7.5,0 ~ 6.2 ~ 37.4, 0 ~ 31.1 ~ 186.8
输出信号（mA DC）		4 ~ 20	4 ~ 20
精度（线性 + 重复性 + 变差）		0.25% 调校量程	0.20% 调校量程
稳定性		0.25% 最大量程/半年	0.20% 最大量程/半年
工作温度范围/℃	放大器	−29 ~ 93	−29 ~ 93
	敏感元件	−40 ~ 104	−40 ~ 104
	储存温度	−50 ~ 120	−50 ~ 120

型　号	1151GP 压力变送器	1151DP 差压变送器
启动时间/s	2	2
调节特性	量程和零点外部连续可调	量程和零点外部连续可调
正、负迁移　正迁移	最大值为最小调校量程的 500%	最大值为最小调校量程的 500%
正、负迁移　负迁移	最大值为最小调校量程的 600%	最大值为最小调校量程的 600%
电气连接	1/2NPT 螺纹端导线管及 微型香蕉配套的实验插头	1/2NPT 螺纹端导线管及 微型香蕉配套的实验插头

5. 扩散硅式压力传感器

扩散硅式压力传感器实质是硅杯压阻传感器。它以 N 型单晶硅膜片作敏感元件，通过扩散杂质使其形成四个 P 型电阻，并组成电桥。当膜片受力后，由于半导体的压阻效应，电阻阻值发生变化，使电桥有相应的输出。

（1）工作原理　由半导体的应变效应 $\frac{\Delta R}{R} = \pi \cdot E \cdot \varepsilon$ 及弹性元件的虎克定律 $\sigma = E \cdot \varepsilon$ 得到

$$\frac{\Delta R}{R} = \pi \cdot E \cdot \varepsilon = \pi \cdot \sigma \tag{4-21}$$

因半导体材料的各向异性，对不同的晶轴方向其压阻系数不同，则有

$$\frac{\Delta R}{R} = \pi_r \cdot \sigma_r + \pi_t \cdot \sigma_t \tag{4-22}$$

式中，π_r、π_t 是纵向压阻系数和横向压阻系数，大小由所扩散电阻的晶向来决定；σ_r、σ_t 是纵向应力和横向应力（切向应力），其状态由扩散电阻所处位置决定。

对扩散硅式压力传感器，敏感元件通常都是周边固定的圆膜片。如果膜片下部受均匀分布的压力作用时，由图 4-37 所示膜片的应力分布曲线可得如下结论：

1）在膜片的中心处，$r = 0$，具有最大的正应力（拉应力），且 $\sigma_r = \sigma_t$；在膜片的边缘处，$r = r_0$，纵向应力 σ_r 为最大的负应力（压应力）。

2）当 $r = 0.635 r_0$ 时，纵向应力 $\sigma_r = 0$。

$r > 0.635 r_0$ 时，纵向应力 $\sigma_r < 0$，为负应力（压应力）。

$r < 0.635 r_0$ 时，纵向应力 $\sigma_r > 0$，为正应力（拉应力）。

3）当 $r = 0.812 r_0$ 时，横向应力 $\sigma_t = 0$，纵向应力 $\sigma_r < 0$。

根据以上分析，在膜片上扩散电阻时，四个电阻都利用纵向应力 σ_r，如图 4-38 所示。只要其中两个电阻 R_2、R_3 处于中心位置（$r < 0.635 r_0$），使其受拉应力；而另外两个电阻 R_1、R_4 处于边缘位置（$r > 0.635 r_0$），使其受压应力。四个应变电阻排成直线，沿硅杯膜片的法线方向扩散而成，只要位置合适，可满足

$$\frac{\Delta R_2}{R_2} = \frac{\Delta R_3}{R_3} = -\frac{\Delta R_1}{R_1} = -\frac{\Delta R_4}{R_4}$$

这样就可以组成差动效果，通过测量电路，获得最大的电压输出灵敏度。

（2）传感器结构　扩散硅式压力传感器具有体积小、重量轻、结构简单、稳定性好和精度高等优点。其核心结构如图 4-39 所示。它主要由硅膜片、硅杯、扩散电阻、引线、外壳等组成。传感器膜片上下有两个压力腔，分别与被测的高低压室连通，用以感受压力的变化。

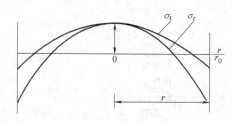

图 4-37 膜片应力分布曲线

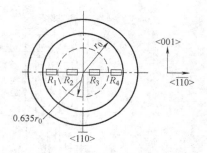

图 4-38 硅杯膜片上的电阻布置

通常硅杯尺寸十分小巧紧凑，直径约为 1.8 ~ 10mm，膜厚 $\delta = 50 ~ 500 \mu m$。

（3）ST3000 系列智能压力、差压变送器 上海调节器厂引进山武·霍尼威尔（Yamatake-Honeywell）公司的 ST3000 系列智能压力、差压变送器，就是根据扩散硅应变电阻原理进行工作的。在硅杯上除制作了感受差压的应变电阻外，同时还制作了感受温度和静压的元件，即把差压、温度、静压三个传感器中的敏感元件，都集成在一起组成带补偿电路的传感器，将差压、温度、静压这三个变量转换成三路电信号，分时采集后送入微处理器。微处理器利用这些数据信息，能产生一个高精确度的，温度、静压特性优异的输出。

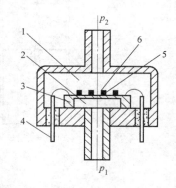

图 4-39 扩散硅式压力传感器结构
1—低压腔 2—高压腔 3—硅杯
4—引线 5—硅膜片 6—扩散电阻

1）工作过程。ST3000 系列变送器是以各部分易于维护的单元结构来组成的，主要包括测量头，与测量头单配的 PROM 板，带有内装式噪声滤波器、闪电放电避雷器的端子板，通用电子部件等环节。其中测量头截面结构如图 4-40 所示。

过程差压（或压力）通过隔离膜片、封入液传到位于测量头内的传感器上，引起传感器的电阻值相应地变化。此电阻值的变化由形成于传感器芯片上的惠斯登电桥检出，并由 A-D 转换器转换成数字信号，再送至发信部。与此同时，在此传感器芯片上形成的两个辅助传感器（温度传感器和静压传感器）检出周围温度和过程静压。辅助传感器的输出也被转换成数字信号并送至发信部。在发信部将数字信号经微处理器运算处理转换成一个对应于设定的测量范围的 DC 4 ~ 20mA 模拟信号输出。

由于半导体传感器的大范围的输出输入特性数据被存储在 PROM 中，使得变送器的量程比可做得非常大，为 400:1。因变送器配以微处理器，所以仪表的精确度可达到 0.1 级，其 6 个月总漂移不超过全量程的 0.03%，且时间常数在 0 ~ 32s 之间可调。利用现场通信器，在中央控制室就可对 1500m 以内的各个智能变送器进行各种运行参数的选择和标定。

现场通信器是带有小型键盘和显示器的便携式装置，不需敷设专用导线，借助原有的两线制直流电源兼信号线，用叠加脉冲法传递指令和数据，使变送器的零点及量程、线性或开方都能自由调整或选定，各参数分别以常用物理单位显示在现场通信器上。调整或设定完毕，可将现场通信器的插头拔下，变送器即按新的运行参数工作。

2）组成原理。图 4-41 为 ST3000 系列智能变送器原理结构图。图中 ROM 里存有微处理

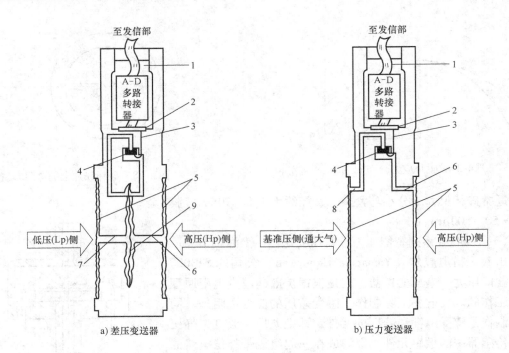

图 4-40　测量头截面结构

1—罐颈　2—陶瓷封装　3—引线　4—半导体复合传感器　5—隔离膜片
6—HP 侧封入液　7—LP 侧封入液　8—基准压侧封入液　9—中央膜片

器工作的主程序，该程序是通用的。PROM 里所存内容则根据每台变送器的压力特性、温度特性而有所不同。它是在加工完成之后，经过逐台检验，分别写入各自的 PROM 中，使之依照其特性自行修正，保证材料工艺在稍有分散性因素下仍能获得较高的精确度。此外，传感器所允许的整个工作参数范围内的输入输出特性数据，也都存入 PROM 里，以便用户对量程或测量范围有灵活迁移的余地。

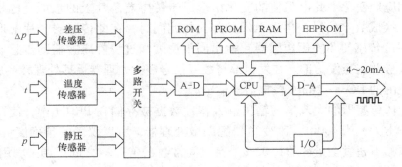

图 4-41　ST3000 系列智能变送器原理结构

RAM 是微处理器运算过程中必不可少的存储器，它也是通过现场通信器对变送器进行各项设定的记忆硬件。例如变送器的标号、测量范围、线性或开方输出、阻尼时间常数、零点和量程校准等，一旦经过现场通信器逐一设定之后，即使把现场通信器从连接导线上去掉，变送器也应该按照已设定的各项数值工作，这是因为 RAM 已经把指令存储起来了。

EEPROM 是 RAM 的后备存储器，它是电可擦除改写的 PROM。在正常工作期间，其内容和 RAM 是一致的，但遇到意外停电，RAM 中的数据立即丢失，而 EEPROM 里的数据仍然可以保存下来。供电恢复之后，它自动将所保存的数据转移到 RAM 里去。这样就不必用后备电池也能保证原有数据不丢失，否则每台变送器里都装后备电池是十分不便的。

数字输入输出接口 I/O 的作用，一方面使来自现场通信器的脉冲信号能从 DC 4~20mA 信号导线上分离出来送入 CPU。另一方面使变送器的工作状态、已设定的各项数据、自诊断的结果、测量结果等送到现场通信器的显示器上。

现场通信器为便携式，既可在控制室与某个变送器的信号导线相连，用于远方设定或检查，也可到现场接在变送器信号线端子上，进行就地设定或检查。只要连接点与电源间有不小于 250Ω 电阻就能进行通信，而变送器的信号线肯定要接 250Ω 电阻以便将 4~20mA 的信号变为 1~5V 的联络信号。

3）系统接线。ST3000 系统接线示意图如图 4-42 所示。ST3000 系列智能压力、差压变送器所用的现场通信器为 SFC 型，它具有液晶显示及 32 个键的键盘，由电池供电，用软导线与测量点连接，可实现以下功能。

① 组态。包括给变送器指定标号、测量范围、输出与输入的关系（线性或开方）、阻尼时间常数。

② 测量范围的改变。不需到现场调整。

③ 变送器的校准。不必将变送器送到实验室，也不需要专用设备便可校准零点和量程。

④ 自诊断。包括组态的检查、通信功能检查、变送功能检查、参数异常检查，诊断结果以不同的形式在显示器上出现，便于维修。

⑤ 变送器输送/输出显示。以百分数显示当时的输出，以工程单位显示当时的输入。

⑥ 设定恒流输出。这一功能是把变送器改作恒流源使用，可任意在 4~20mA 范围内输出某一直流电流，以便检查其他仪表的功能，这时输出电流恒定不变，与输入差压无关。

智能变送器与现场通讯器配合起来，给运行维护带来很大方便。维护人员不必往返于各个生产现场，更无需攀登塔顶或探身地沟去拆装调整，远离危险场所或高温车间便能进行一般的检查和调整。这样，既节省了时间和人力，也保证了维护质量。

微处理器的应用也直接提高了变送器的精确度，主要体现于在 PROM 中存入了针对本变送器的特性修正公式，使其能达到 0.1 级的精确度。而且在较大的量程和 50% 以上的输出下，平方根输出的精确度也能达到 0.1 级，这点常规差压变送器很难做到。

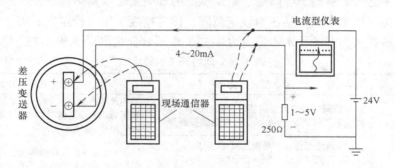

图 4-42 ST3000 系统接线示意图

6. 膜盒式压力（差压）传感器

膜盒式压力（差压）传感器如图 4-43 所示，它由测量部分和转换部分组成。其测量部分结构原理图如图 4-44，作用是把被测差压 Δp 或压力 p 转换成作用于主杠杆下端的输入力 F。这个输入力 F 再经过转换、放大后，可以输出 $0\sim10mA$ 或 $4\sim20mA$ 电流信号，送给其他仪表进行显示或组成自动控制系统。

以此传感器为基础的各种压力（差压）变送器广泛应用于工业生产中。与单元组合仪表配套使用，组成压力检测系统和压力控制系统等。

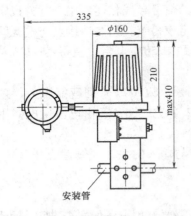

图 4-43　膜盒式压力（差压）传感器

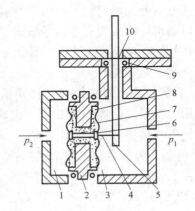

图 4-44　测量部分结构原理图
1—低压室　2—膜盒体　3—高压室　4—C 形簧片
5—主杠杆　6—膜盒硬芯　7—金属膜片
8—硅油　9—密封圈　10—轴封膜片

7. 压力开关

（1）压力开关的结构及工作原理　压力开关的功能是当被测压力达到设定值时输出开关信号，用于报警或控制。其压力检测元件常采用弹簧管、膜片、膜盒及波纹管等，开关元件有磁性开关、水银开关、微动开关、触头及电子开关，输出开关信号分常开式和常闭式两种。压力开关按工作原理可分为位移式和力平衡式两种，其结构如图 4-45 和图 4-46 所示，特点见表 4-16。

（2）常见压力开关及其技术参数　压力开关种类繁多，有普通型、微压型、差压型、真空型压力开关之分，有耐压、防爆、耐腐型压力开关之分，具体应根据实际使用情况加以选择。压力开关的技术参数包括压力设定范围、设定精度、压力设定方式等。部分日本长野计器生产的机械式压力开关技术参数见表 4-17，电子式压力开关见表 4-18。

表 4-16　压力开关的特点

类别	位移式压力开关	力平衡式压力开关
原理	当被测压力达到设定值时，弹性元件产生的位移正好使常开触头闭合，常闭触头断开	弹性元件产生力矩和比较装置的力矩比较，当被测压力达到设定值时，触动开关元件动作，使常开触头闭合，常闭触头断开
特点	（1）弹性元件多为单圈弹簧管、膜片等 （2）开关元件多为触头板、微动开关 （3）有常开触头及常闭触头可供选择 （4）可做成密封型开关	（1）弹性元件多为单圈弹簧管、波纹管等 （2）开关元件多为微动开关 （3）有常开触头及常闭触头可供选择

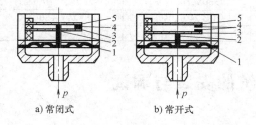

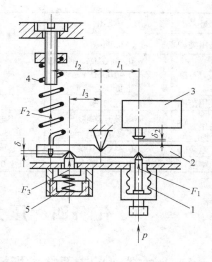

a) 常闭式　　　b) 常开式

图 4-45　位移式压力开关结构
1—膜片　2—硬芯　3、5—簧片　4—触头

图 4-46　力平衡式压力开关结构
1—波纹管　2—杠杆系统　3—微动开关
4—平衡弹簧　5—差动弹簧

表 4-17　机械式压力开关技术参数

型号	CB15	CQ20	CQ30	CD30（防爆型）	CD31（防爆型）
测量介质	气体或液体	气体或液体	气体或液体	气体或液体	气体或液体
安装方式	径向安装	径向安装，轴向安装	面板安装	面板安装，2B 管装	
压力范围	0.01~0.1MPa 1~10MPa	0~0.1MPa 0~70MPa -0.1~0MPa	0~2MPa 0~70MPa	0~0.2MPa 0~35MPa -0.1~0.2MPa -0.1~2MPa	0~0.03MPa 0~0.4MPa
最大允许压力	0.15~15MPa	额定压力的150%	0.3~105MPa	0.3~52.5MPa	0~1MPa
灵敏度	可调： 0.005~0.02MPa 0.5~2MPa 固定式： 0.005~0.5MPa	固定式 0.01~3.1%MPa	固定式 0.014~5.6MPa	固定式 0.014~1.75MPa	固定式 8% maxP（maxP 表示承受的最大压力）以下
输出方式	SPDT/DPDT	SPDT/DPDT	SPDT/DPDT	SPDT/DPDT	SPDT/DPDT
设定方式	外部调节	外部调节	内部调节	外部调节	外部调节
流体接触材料	接口，腔体： C3771，SCSl4 弹簧管：C5212R SUS316L	接口：CAC203 SC314 弹簧管：SUS316	接口：SCSl4 弹簧管：SUS316	接口：SCSl4 弹簧管：SUS316	接口：C3604BD SU-s316 波纹管：C5212R SUS316L
特点	采用弹簧管作为感应元件，压力设定有固定式和可调节式两种可选	通过弹簧管的变形触发微动开关，开关具有良好的抗震性	采用弹簧管作为感应元件，压力开关触点结构为微动开关，可选择单接点型或双接点型。耐酸涂层可以防止腐蚀	使用高可靠性、高稳定性及抗震的特殊的弹簧管。可选择单接点型或双接点型。耐压防爆	采用波纹管感压元件，压力开关由一个差压指示器和微压开关组成，适用于需要现场压差指示和控制的工作场合。耐压防爆

表4-18　电子式压力开关

型号	CE10	CE11	CE20	2T30
适用类型	标准型	经济型	带数字设定显示	带数字设定显示
压力范围	0~0.3MPa 0~100MPa 正负压可测	0~1MPa 0~50MPa	0~0.3MPa 0~100MPa 正负压可测	0~300kPa 0~20MPa 正负压可测
使用范围	室内用	防滴	室内用	
输出方式	集电极开路输出 （DC 30V,80mA max）	集电极开路输出 （DC 30V,150mA max）	集电极开路输出 （DC 30V,80mA max）	集电极开路输出 （DC 30V,80mA max）
电源	DC 24V±10%	DC 24V	DC 24±10%	DC 24V±20%
精度	±0.2（重复性）	±3.0（-10~70℃）	±0.2（重复性）	1.0%Fs+1位数

任务四　压力控制系统的安装与调试

4.4.1　压力仪表的主要技术指标

普通压力表的主要技术指标列于表4-19，压力表的选用应根据生产要求和使用环境做具体分析。在符合生产过程提出的技术条件下，本着节约的原则，进行种类、型号、量程、精度等级的选择。

表4-19　普通压力表主要技术指标

型号	Y-40	Y-60	Y-100	Y-150	Y-250
公称直径/mm	φ40	φ60	φ100	φ150	φ250
接头螺纹	M10×1	M14×1.5	M20×1.5		
精度等级	2.5		1.5		
测量范围 MPa	0~0.1;0.16;0.25;0.4;0.6;1;1.6;2.5;4;6				0~0.6;1; 1.6;2.5;4;6
	0~10,16,25		0~10,16,25,40,60		
	-0.1~0;-0.1~0.06;0.15;0.3;0.5;0.9;1.5;2.4				

4.4.2　仪表种类和型号的选择

压力仪表的选择，首先应该满足生产工艺对压力检测的要求，在此基础上考虑测量成本，合理选择仪表的类型、量程、精度。

1. 压力仪表的选择

压力仪表选型要根据工艺要求、介质性质及现场环境等因素来确定。

首先应考虑被测介质的性质，例如其温度的高低、黏度的大小、腐蚀性、易燃易爆性能等，以选择相应的仪表。

其次，要考虑使用现场的条件。对湿热环境，宜采用热带型压力表；震动环境，宜采用抗震型压力表；易燃易爆环境，宜采用防爆型压力表；腐蚀性环境，则应选用防腐型压力仪表等。

最后，根据工艺对压力测量的要求，确定采用现场指示型压力仪表、远传指示型压力传感器或是用于控制的压力变送器，从而选择压力仪表的类型。

具体选择原则如下：

1）在大气腐蚀性较强、粉尘较多和易喷淋液体等环境恶劣的场合，宜选用密闭式全塑压力表。

2）稀硝酸、醋酸、氨类及其他一般腐蚀性介质，应选用耐酸压力表、氨压力表或不锈钢膜片压力表。

3）稀盐酸、盐酸气、重油类及其类似的具有强腐蚀性、含固体颗粒、黏稠液等介质，应选用膜片压力表或隔膜压力表。其膜片或隔膜的材质，必须根据测量介质的特性选择。

4）结晶、结疤及高黏度等介质，应选用膜片压力表。

5）在机械振动较强的场合，应选用耐震压力表或船用压力表。

6）在易燃、易爆的场合，如需电接点讯号时，应选用防爆电接点压力表。

7）下列测量介质应选用专用压力表。

① 气氨、液氨：氨压力表、真空表、压力真空表。

② 氧气：氧气压力表。

③ 氢气：氢气压力表。

④ 氯气：耐氯压力表、压力真空表。

⑤ 乙炔：乙炔压力表。

⑥ 硫化氢：耐硫压力表。

⑦ 碱液：耐碱压力表、压力真空表。

2. 变送器、传感器的选择

1）以标准信号（4～20mA）传输时，应选变送器。

2）易燃易爆场合，选用气动变送器或防爆型电动变送器。

3）对易结晶、堵塞、黏稠或有腐蚀性的介质，优选法兰变送器。

4）使用环境好，测量精度和可靠性要求不高时，可选取电阻式、电感式、霍尔式远传压力表及传感器。

5）测压小于5kPa时，可选用微差压变送器。

3. 外型尺寸的选择

1）在管道或设备上安装的压力表，$DN = \phi 100mm$ 或 150mm。

2）在仪表气动管路的辅助设备上装压力表，$DN = \phi 60mm$。

3）安装照度较低或较高，指示不易观察的压力表，$DN = \phi 200$ 或 250mm。

4. 仪表量程的确定

压力仪表量程的确定，主要是根据被测压力的大小，并考虑可能出现的过压情况，保证仪表在安全可靠的范围内工作，并留有一定的余地。

对于非弹性式压力表一般取仪表量程系列值中比最大被测压力大的相邻数值，或按仪表说明书规定选用。对于弹性式压力表，为了保证弹性元件在弹性变形的安全范围内工作，在选择仪表量程时，必须考虑留有余地，一般在被测压力较稳定的情况下，最大被测压力应不超过满量程的2/3；在被测压力波动较大的情况下，最大被测压力应不超过满量程的1/2；测量高压力时，最大被测压力应不超过满量程的3/5。为了保证测量精度，被测压力值以不低于全量程的1/3为宜。按此要求算出仪表量程后，实取稍大的相邻系列值。

我国压力检测仪表统一的量程等级分为1kPa、1.6kPa、2.5kPa、4.0kPa、6.0kPa及其10的 n 倍数（n 为整数）。目前我国生产的弹簧管压力表量程系列值为：0.1、0.16、0.25、0.4、0.6、1.0、1.6、2.5、4.0、6.0、10、16、25、40MPa。

5. 仪表精度的确定

我国压力仪表的精度等级分为 0.005、0.02、0.03、0.05、0.1、0.16、0.2、0.35、0.5、1.0、1.5、2.5、4.0 等，工业用仪表的精度一般在 0.5 以下。

压力仪表的精度是根据工艺生产所允许的最大测量误差来确定的，选择过高精度等级会造成不必要的浪费。一般就地指示用弹性压力表，选用 1.0、1.5 或 2.5 级，压力变送器类精度为 0.2 级 ~0.5 级。

例 某汽水分离器的最高工作压力为 1.0 ~ 1.1MPa，要求测量值的绝对误差小于 ±0.06MPa，试确定用于测量该分离器内压力的弹簧管压力表的量程和精度。

解： 依压力波动范围，按稳定压力考虑，该仪表的量程应为

$$1.1 \div \frac{2}{3} MPa = 1.65 MPa$$

根据仪表产品量程的系列值，应选用量程 0 ~ 2.5MPa 的弹簧管压力表。依对测量误差要求，所选用压力表的允许误差应小于

$$\frac{\pm 0.06}{2.5 - 0} \times 100\% = \pm 1.2\%$$

应选用 1.0 级的仪表。

因此，应选用 0 ~ 2.5MPa，1.0 级的普通弹簧管压力表测量分离器内的压力。

4.4.3 压力仪表的校验

1. 压力仪表的校验规则

在仪表使用以前或使用一段时间以后，都需要进行校验，看是否符合自身精度，如果误差超过规定的数值，就应对该仪表进行检修。

压力仪表的校验，常采用比较校验法，即比较被校表与标准表在同一压力下的示值误差。一般校验零点、25% 满量程、50% 满量程、75% 满量程及满量程五点。所谓校验就是将被校压力表和标准压力表通以相同的压力，比较它们的指示数值。在标准表的量程大于等于被校表量程情况下，所选用的标准表的绝对误差一般应小于被校仪表绝对误差的 1/3，此时标准表的误差可以忽略，认为标准表读数就是真实值。如果被校仪表对于标准仪表的基本误差小于被校仪表的规定误差，则认为被校仪表精度合格。

2. 常用的压力校验仪器

常用的压力校验仪器是活塞式压力计和压力校验泵。活塞式压力计是用砝码法校验标准压力表，压力校验泵则是用标准表比较法来校验工业用压力表。活塞式压

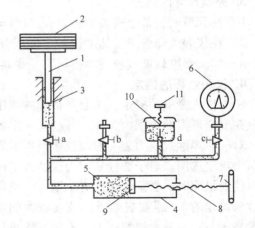

图 4-47 活塞式压力计

1—测量活塞 2—砝码 3—活塞柱 4—螺旋压力发生器
5—工作液 6—压力表 7—手轮 8—丝杆 9—工作活塞
10—油杯 11—进油阀 a、b、c—切断阀 d—进油阀

力计的结构原理见图 4-47 所示。

3. 标准压力表的选型原则

标准压力表选型原则，包括：

1）对于以量值（活塞有效面积等）传递为主要任务的专业计量/校准实验室，建议以活塞式压力计作为主标准器，利用活塞压力计计量性能稳定的优点，保证量值传递工作的准确可靠。

2）对于大量的重复性校验工作，例如实验室或生产线上大批量压力传感器/变送器的校验，建议采用数字式压力标准装置，以提高工作效率，降低人工成本。

3）标准仪表的量程应与被检定仪器或被测试仪器的量程相匹配，如不能匹配，应以计量性能满足要求为原则。

4）标准仪表的精度以够用为原则，不必求高、求精，避免购置资金的浪费，并降低使用和维护成本。

英国德鲁克（drunk）公司生产的压力校验表分类见表 4-20。国产活塞式压力计型号有 YU-6、YU-60、YU-600，量程分别为 0.6MPa、6MPa、60MPa。

表 4-20　压力校验表分类

类别	活塞式压力计/压力真空计	数字式压力计/校验仪	数字式压力控制器/校验仪
测量范围	5Pa ~ 500MPa	250Pa ~ 275MPa	气体控制器:2.5kPa ~ 70MPa,液体控制器:最高至 275MPa
测量精度	0.0015% 读数精度 ~ 0.05% 读数精度	0.005% 读数精度 ~ 0.05% 满量程精度	0.005% 读数精度 ~ 0.1% 满量程精度
特点	精度高、计量性能稳定	采用硅应变、硅谐振和石英弹簧管压力传感器技术,多量程设计、电池供电、高精度	响应快,控制稳定性好,工作效率高,便于实现压力校验自动化

4.4.4　压力仪表的安装

压力仪表的安装将直接影响测量的准确性和压力仪表的使用寿命。压力检测系统由取压口、导压管、压力表及一些附件组成，各个部件安装正确与否对压力测量精度都有一定影响。为此，应注意三个问题：①取压口的选择；②导压管的铺设；③压力表的安装方式。

1. 取压口的选择

取压口是被测对象上引取压力信号的开口。选择取压口的原则是要使选取的取压口能反映被测压力的真实情况，具体选用原则如下：

1）取压口要选在被测介质直线流动的管段上，不要选在管道拐弯、分岔、死角及流束形成涡流的地方。

2）就地安装的压力表在水平管道上的取压口，一般在顶部或侧面。

3）引至变送器的导压管，其水平管道上的取压口方位要求如下：测量液体压力时，取压口应开在管道横截面的下部，与管道截面水平中心线夹角在 45°以内；测量气体压力时，取压口应开在管道横截面的上部；测量水蒸气压力时，在管道的上半部及下半部，与管道截面水平中心线在 45°夹角内。

4）取压口处在管道阀门、挡板前后时，其与阀门、挡板的距离应大于 $2 \sim 3$ 倍的 D（D 为管道直径）。

2. 导压管的安装

安装导压管应遵循以下原则。

1）在取压口附近的导压管应与取压口垂直，管口应与管壁平齐，并不得有毛刺。

2）导压管的粗细、长短应选用合适，防止产生过大的测量滞后，一般内径为6～10mm，长度不超过60m，测量高温介质时不得小于3m。各种介质导压管直径见表4-21。

表4-21　各种介质导压管直径　　　　　　　　　　　（单位：mm）

被测介质	导压管长度/m		
	<16	16～45	45～90
水、蒸汽、干气体	7～9	10	13
湿气体	13	13	13
低、中黏度的油品	13	19	25
脏液体、脏气体	25	25	38

3）水平安装的导压管应有1:10～1:20的坡度，坡向应有利于排液（测量气体压力时）或排气（测量水的压力时）。

4）当被测介质易冷凝或易冻结时，应加装保温伴热管。

5）测量气体压力时，应优选变送器高于取压点的安装方案，以利于管道内冷凝液回流至工艺管道，可不设置分离器；测量液体压力或蒸汽时，应优选变送器低于取压点的安装方案，使测量管不易集气体，也不必另加排气阀，在导压管路的最高处应装设集气器；当被测介质可能产生沉淀物析出时，在仪表前的管路上应加装沉降器。

6）为了检修方便，在取压口与仪表之间应装切断阀，并应靠近取压口。

3. 压力表的安装方式

压力表有就地式安装和控制室安装两种。就地安装应做到：

1）压力表应安装在能满足仪表使用环境条件，安装位置力求振动小、灰尘少、相对湿度小、温度在0～40℃的地方，电气式压力表还要求电磁干扰小，并且应安装在易观察、易检修的地方。

2）安装地点应尽量避免振动和高温影响，对于蒸汽和其他可凝性热气体以及当介质温度超过60℃时，就地安装的压力表选用带冷凝管的安装方式。高温介质压力表的安装如图4-48和图4-50a所示。

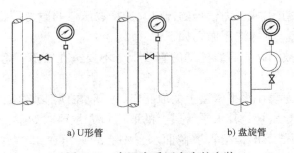

a) U形管　　　　　　　　　b) 盘旋管

图4-48　高温介质压力表的安装

3）测量有腐蚀性、黏度较大、易结晶、有沉淀物的介质时，应优先选取带隔离膜片的压力表及远传膜片密封变送器。腐蚀性介质压力表的安装如图4-49和图4-50b所示。

4）压力表的连接处应加装密封垫片，一般低于80℃及2MPa以下时，用石棉纸板或铝片；温度及压力更高时（50MPa以下）用退火纯铜或铅垫。选用垫片材质时，还要考虑介质的影响。例如测量氧气压力时，不能使用浸油垫片、有机化合物垫片；测量乙炔压力时，不得使用铜质垫片。否则它们均有发生爆炸的危险。

5）仪表必须垂直安装，若装在室外时，还应加装保护箱。

6）当被测压力不高，而压力表与取压口又不在同一高度，如图4-50c所示时，对由此高度差所引起的测量误差应进行修正。

7）测量波动频繁和有剧烈的压力时，应加装针形阀、缓冲器，必要时还应加装阻尼器。总之，要针对具体的情况采取相应的防护措施。

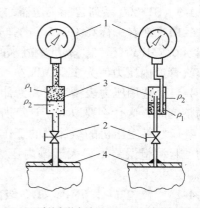

a) $\rho_1 < \rho_2$ 时的安装方法　b) $\rho_1 > \rho_2$ 时的安装方法

图 4-49　腐蚀性介质压力表的安装
1—压力表　2—切断阀　3—隔离器
4—和产设备

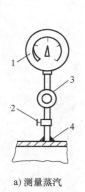 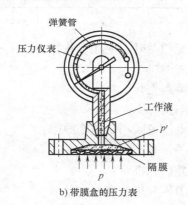 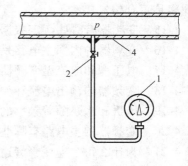

a) 测量蒸汽　　　　b) 带膜盒的压力表　　　　c) 压力表位于生产设备之下

图 4-50　压力表安装示意图
1—压力表　2—切断阀　3—回转冷凝器或隔离装置　4—生产设备

思考与练习四

4-1　某减压塔的塔顶和塔底的表压力分别为 -40kPa 和 300kPa，如果当地大气压力为标准大气压，试计算该减压塔塔顶和塔底的绝对压力及塔底和塔顶的差压。

4-2　弹性式压力表的测压原理是什么？简述弹簧管压力表的变换原理。

4-3　电接点压力表与普通压力表在结构上有何异同？什么情况下选用它？

4-4　什么是应变效应？试述应变片式压力传感器的转换原理。

4-5　什么是霍尔效应？试述霍尔式压力传感器的转换原理。

4-6　电容式压力传感器的基本原理是什么？

4-7　说明 1151 智能型压力变送器的特点？

4-8　扩散硅式压力传感器的基本原理是什么？

4-9 ST3000 系列智能变送器的工作过程是什么？它有什么特点？

4-10 现有一标高为 1.5m 的弹簧管压力表测某标高为 7.5m 的蒸汽管道内的压力，仪表指示 0.7MPa，已知，蒸汽冷凝水的密度为 $\rho = 966kg/m^3$，重力加速度为 $g = 9.8m/s^2$，试求蒸汽管道内压力值为多少 MPa？

4-11 选用压力表精度时，为什么要取小于计算所得引用误差的邻近系列值？而检定仪表的精度时，为什么要取大于计算所得引用误差的邻近系列值？

4-12 某空压机的缓冲罐的工作压力变化范围为 0.9 ~ 1.6MPa，工艺要求就地观察罐内压力，且测量误差不得大于罐内压力的 ±5%，试选用一合适的压力表（类型、量程、精度）。

4-13 校验 0 ~ 1.6MPa、1.5 级的工业压力表时，应使用下列标准压力表中的哪一块：a，0 ~ 1.6MPa、0.5 级；b，0 ~ 2.5MPa、0.35 级；c，0 ~ 4.0MPa、0.25 级。

4-14 有一块 0 ~ 40MPa、1.5 级的普通弹簧管压力表，其校验结果如下：

被校表刻度数/MPa		0	1.0	2.0	3.0	4.0
标准表读数/MPa	正行程	0	0.96	1.98	3.01	4.02
	反行程	0.02	1.02	2.01	3.02	4.02

问此表是否合格？

4-15 变频器有哪些额定数据？选择变频器时，应注意些什么？

4-16 变频器的内部主电路是怎样构成的？

4-17 电压型和电流型变频器的主要特点是什么？

4-18 变频器的输出电流和频率有关吗？

4-19 风机和水泵随着频率的下降，电流也减小是什么原因？

4-20 变频器的主电路有哪些接线端子？

4-21 为什么每个逆变管旁边都要反并联二极管？

4-22 变频器的逆变电路中直流电是怎样变成交流电的？

4-23 在哪些情况下，可以按说明书中的配用电动机功率来选择变频器？在哪些情况下，有必要考虑加大变频器的容量？

4-24 变频器的几种控制方式有哪些主要特点？

4-25 常用变频器有哪几种频率给定方式？

项目五

物位控制系统的集成与安装调试

项目引入：设计一个储液罐液位控制系统，储液罐参数：内径 φ1000mm，内高 3m，最大出水量 Q_o 为 0.5m³/h，此液体为非腐蚀性的清水，如图 5-1 所示。要求液位控制在 2.5m，控制精度1%。学生按 3~5人1 小组，自行组合。请各小组合作完成，并要求每组制作 PPT 讲稿在下一次课中向全班同学汇报设计思路、元器件选择及最终方案，对检测环节、控制环节、执行机构、控制规律选择、PID 参数的整定这5部分内容分别由各位学生分工介绍，并特别注意每一部分与其他部分的匹配与衔接，汇报结束后接受老师和同学的答辩。教师点评并帮助修改完善每一小组的设计方案。最后各小组按照完善后的方案进行安装调试，每位同学负责其中的一部分，最后合作完成整个项目的安装与调试。

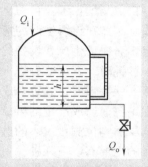

图 5-1　储液罐液位控制系统

任务一　了解物位控制系统的组成与工作原理

物（液）位控制在医药化工及环保等行业有着广泛的应用。较多的液位控制采用简单控制。与温度、流量、压力简单控制系统一样，前面引入项目的液位控制系统要求罐内液位一直保持在一给定值，其控制系统框图一般如图 5-2 所示。

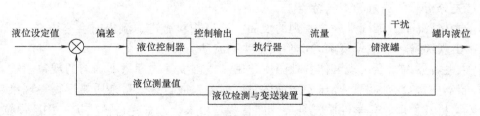

图 5-2　液位控制系统的组成

液位简单控制系统的液位控制器一般也采用带 PID 功能的控制器，其控制原理前面已经介绍过。其执行器可以采用调节阀，也可以用变频器拖动输送泵，调节阀和变频器拖动输送泵作为执行器的应用及选用也已经在前面讲述过了，这里不再重复介绍。物（液）位检测的原理及传感器的选用在任务二里学习。

任务二　物位测量传感器的选择

5.2.1　物位检测概论

1. 物位的定义

物位是指储存容器或工业生产设备里的液体、粉粒状固体或互不相溶的两种液体间由于密度不等而形成的界面位置。液体-液体（两种密度不等且互不相溶的液体）或液体-固体间的分界面称为界面；液体介质液面的高低称为液位；固体颗粒或粉料的堆积高度称为料位。一般将界面、液位、料位统称为物位。界面、液位、料位的测量统称为物位测量。

2. 物位测量的目的与意义

物位测量在工业自动化系统中具有重要的地位，是保证生产连续性和设备安全性的重要参数。例如在连续生产的情况下，维持某些设备（如蒸汽锅炉、蒸发器等）中液位高度的稳定，对保证生产和设备的安全是必不可少的。比如大型锅炉的水位波动过大，在一旦停水几十秒钟时，就可能有烧干的危险。又如合成氨生产中铜洗塔塔底液位控制，如液位过高，精炼气就会带液，导致合成塔触媒中毒；反之如液位过低时，会失去液封作用，高压气冲入再生系统，造成严重的事故。

虽然物位测量仪表的选型和使用与生产工艺有紧密相关，但是综合来说，使用物位仪表的目的主要有以下几种：

1) 正确测得容器中储藏物质的体积或重量，即物位测量的目的是用于计量与经济核算。

2) 监视容器内物位，对物位允许的上、下限发出报警，即不用连续检测和输出物位的具体数值，只要输出物位变化的开关信号。

3) 连续地监视生产和进行调节，使物位保持在所要求的高度，即要求物位检测仪表连续输出物位的瞬时信号数值。

3. 物位测量的工艺特点

物位测量与实际的工艺条件紧密相关，由于不同的工业生产过程其特点显著不同，为了能更好地分析物位仪表的工作原理、使用特点和应用要求，必须对物位测量的工艺特点进行分析，首先分析液位测量的工艺特点：

1) 通常情况下，液面是一个规则的表面。但当物料流进、流出时会有波动，或者在生产过程中出现沸腾、起泡等现象时也会发生明显波动。

2) 大型容器中常会出现液体各处温度、密度或黏度等物理量不均匀的现象。

3) 容器中常会有高温、高压，或液体黏度很大，或含有大量杂质悬浮物等现象。

固体物料其物理、化学性质较复杂。如有些是粉末状，有些是颗粒状，并且颗粒大小极为不均匀；物料的温度、含水量变化等也不均匀变化；料仓形状不规则、料仓震动等。综合起来，料位测量的工艺特点主要有：

1) 物料自然堆积时，有堆积倾斜，因此料面是不平的，难以确定料位准确的高度；物料进出时，存在滞留区，影响到物位最低位置的测量。

2) 储仓或料斗中，物料内部可能存在大的孔隙，或粉料之中存在小的间隙。前者影响对物料储量的计算，而后者则在振动、压力或温度变化时使物位也随之变化。

物位测量中常见的问题是界面位置不明显，泡沫或浑浊段的存在对测量也有影响。

此外，容器中管道、搅拌和加热等设备的存在也会对物位检测带来影响，特别是像雷达、超声这些依赖回波信号的测量方法。

4. 物位测量方法

在生产过程中的物位测量，不仅有常温、常压、一般性介质的液位、料位、界面的测量，而且还常常会遇到高温、低温、高压、易燃、易爆、易结晶、黏性及多泡沫沸腾状介质的物位测量问题。为适应生产过程被测对象的特点，满足物位测量的不同要求，目前已经建立了多种物位测量方法，按照测量原理，这些方法可以分成以下几类：

1）直读式物位测量。用与容器相连通的玻璃管或玻璃板来显示容器中的液位高度，这种方法最原始，但仍然得到较多的应用。

2）压力式物位测量。根据流体静力学原理，静止介质内某一点的静压力与介质上方自由空间压力之差与该点上方的介质高度成正比，因此可以利用差压来测量物位，这种方法一般常用于液位测量，某些情况下也可以用于料位测量。

3）浮力式物位测量。利用漂浮于液面上的浮子随液面变化位置，或者部分浸没于液体中的浮子所受到的浮力随液位而变化来进行物位测量。前者称为恒浮力法，后者称为变浮力法，这两种方法可用于液位或界面的测量。

4）电气式物位测量。把敏感元件做成一定形状的电极放置在被测介质中，则电极之间的电气参数，如电阻、电容或电感等随物位的变化而变化。这种方法既可以测量液位，也可以测量料位。

5）声学式物位测量。利用超声波在介质中的传播速度及在不同相界面之间的反射特性来检测物位。该方法可以检测液位、料位和界面。

6）雷达式物位测量。利用雷达波的不同特点进行物位测量，主要有脉冲雷达、调频连续波雷达和导波雷达三种物位测量方法，可以进行液位、料位和界面的检测。

此外，还有磁致伸缩、光学式、射频导纳等各种新型的物位测量方法。

由于物位测量的复杂性，没有一种测量方法适合所有的物位测量要求。近年来各种非接触式物位测量方法由于其技术的先进性、使用成本的不断降低及能够适应一些特殊工况，应用显著增加。

5.2.2 浮力式液位测量仪表

1. 测量原理

浮力式液位测量仪表是利用液体对浸没在其中的物体产生浮力的原理进行液位测量的，主要包括恒浮力与变浮力两种类型。靠浮子随液面升降的位移反映液位变化的，属于恒浮力式；靠液面升降对物体浮力改变反映液位变化的属于变浮力式。

（1）恒浮力法液位测量 恒浮力法液位测量原理如图 5-3 所示。

将浮标 1 用绳索连接并悬挂在滑轮上，绳索的另一端挂有平衡重物，利用浮标所受重力和浮力之差与平衡重物相平衡使浮标漂浮在液面上，因此有

$$W - F = G$$

式中，W 为浮标所受重力（N）；G 为平衡重物的重力（N）；F 为浮标所受到的浮力（N）。

当液位 H 升高时，浮标所受到的浮力增加，则 $W - F <$ G，则原有的平衡关系被破坏，浮标上移，F 下降，使 $(W - F)$ 增加。当 $W - F = G$ 时，浮标停留在新位置上，从与浮标相连的重物的位置（从标尺上可以读出）就可知道被测液位的大小。反之亦然。这样就实现了浮标对液位的跟踪。在一定测量条件下 W、G 是常数，因此浮标停留在任何高度的液面上时，F 值不变，故称此为恒浮力法。这种方法的实质是通过浮标把液位的变化转换成机械位移。

在实际应用中，还可以采用各种不同的结构形式来实现液位-位移的转换，并可以通过机械传动机构带动指针对液位进行就地指示。若在此装置上再配上位移-电量转换电路，就可以将位移转换成电信号从而最终实现液位测量信号的远传。

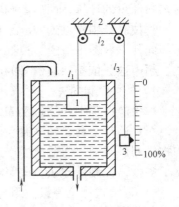

图 5-3 恒浮力法液位测量
1—浮标　2—滑轮　3—平衡重物

恒浮力法测量液位靠绳索重锤传动，浮子上除承受重锤的重力，还有绳索长度 l_1 与 l_2 不等、绳索本身的重力及滑轮的摩擦力等。这些外力的改变将影响平衡关系，使浮子吃水线相对于浮子上下移动，因而使读数出现误差。

绳索对浮子施加的重力载荷随液位而变化，相当于在恒定的重锤重力 W 之上附加了变动成分，肯定会引起误差。但这种误差有规律，能够在刻度时予以修正。

摩擦力引起的误差最大，且与运动方向有关，无法修正，唯有加大浮子的定位力以减小其影响。浮子的定位力是指吃水线移动 ΔH 所引起的浮力增量 ΔF，而

$$\Delta F = \rho g \Delta V = \rho g A \Delta H$$

故得出定位力表达式为

$$\frac{\Delta F}{\Delta H} = \frac{\rho g A \Delta H}{\Delta H} = \rho g A$$

式中，A 为浮筒的截面积（m^2），ρ 为被测液体的密度（kg/m^3），g 为重力加速度（m/s^2）。

可见采用大直径的浮子能显著地增大定位力，这是减少摩擦阻力误差的最有效途径，在被测介质密度小时尤其如此。

（2）变浮力法液位测量　当物体被浸没在液体的体积不同时，物体所受的浮力也不同。因此，通过检测物体所受浮力的变化，便可以知道液位的变化。该测量方法原理如图 5-4 所示。

将一横截面相同，重量为 W 的圆形金属浮筒悬挂在弹簧上，浮筒的重量被弹簧力所平衡。当浮筒的一部分被液体浸没时，由于受到液体的浮力作用而使浮筒向上移动，当与弹簧力达到平衡时，浮筒才停止移动，平衡时其关系如下：

$$cx = W - AH\rho g \qquad (5-1)$$

式中，c 为弹簧的刚度（N/m）；x 为弹簧压缩的位移（m）；A 为浮筒的截面积（m^2）；H 为浮筒被液体浸没的深度（m）；ρ 为被测液体的密度（kg/m^3）；g 为重力加速度（m/s^2）。

当容器内液体的液位变化时，浮筒浸入部分的深度 H 就要发生变化，弹簧所受的力也跟着变化，则弹簧变形产生位移 Δx，形成新的平衡关系如下：

$$c(x - \Delta x) = W - A(H + \Delta H - \Delta x)\rho g \qquad (5-2)$$

将式（5-1）减去式（5-2）得

$$c\Delta x = A(\Delta H - \Delta x)\rho g$$

$$\Delta x = \frac{A\rho g}{c + A\rho g}\Delta H = K\Delta H$$

式中，Δx 为浮筒的位移量；ΔH 为液位的变化量；K 为比例系数。

由此可知，浮筒的位移量与液位的变化量成正比，比例系数 K 只与弹簧的刚度、浮筒的截面积、液位的密度有关。欲改变量程和灵敏度，可通过改变 K 来实现。

变浮力法测量液位是通过检测元件把液位的变化转化为力的变化，然后再把力的变化转换为位移。如果通过转换器把位移转换成电信号，就可以进行指示和远传。

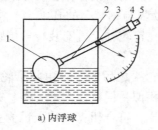

图 5-4　变浮力法液位测量

2. 恒浮力式液位计

（1）浮球式液位计　对于温度、黏度较高而压力不太高的密闭容器内的液体介质的液位测量，一般采用浮球式液位计。其工作原理如图 5-5 所示。浮球 1 由铜或不锈钢制成，它通过连杆 2 与转动轴 3 相连，转动轴 3 的另一端与容器外侧的杠杆 5 相连，并在杠杆 5 上加以平衡重锤 4，组成以转动轴 3 为支点的杠杆系统，而把液位显示出来。一般要求浮球的一半浸入液体时，实现系统的力矩平衡。当液位升高时，浮球被液体浸没的深度增加，浮球所受的浮力增加，破坏了原有的力矩平衡状态，平衡重物拉动杠杆 5 作顺时针方向转动，浮球上升，直到浮球的一半浸没在液体中时，恢复了杠杆系统的力矩平衡，浮球停留在新的位置上。杠杆平衡式

$$(W - F)L_1 = GL_2$$

式中，W 为浮球的重力（N）；F 为介质的浮力（N）；G 为重锤的重力（N）；L_1 为转轴到浮球中心的垂直距离（m）；L_2 为转轴到重锤中心的垂直距离（m）。

如果在转动轴的外侧安装指针，便可以从输出的角位移知道液位的高低。也可以用喷嘴-挡板等气动转换的方法或用差动变压器等电动转换的方法将信号进行远传，或进行液位控制。

浮球式液位计可将浮球直接装在容器内部（即内浮式），如图 5-5a 所示。当容器直径很小

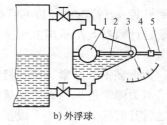

a) 内浮球　　　　　b) 外浮球

图 5-5　浮球式液位计

1—浮球　2—连杆　3—转动轴　4—平衡重锤　5—杠杆

时，也可在容器外侧另做一浮球室（即外浮式）与容器相连通，如图 5-5b 所示。外浮式便于维修，但它不适用于黏稠或易结晶、易凝固的液体，内浮式的特点则与此相反。球式液位计必须用轴、轴套、盘根等结构才能既保持密封，又能将浮球的位移传送出来，因此球摩擦、润滑及介质对浮球的腐蚀等问题均需很好考虑，否则，可能造成很大的测量误差。它的

量程范围也受到一定限制而不能太大。

在安装检修时，必须十分注意浮球、连杆与转动轴等部件连接是否切实牢固，以免日久浮球脱落，造成严重事故。在使用时，遇液体中含有沉淀物或凝结的物质附着在浮球表面时，要重新调整平衡重物的位置，调整好零位。但一经调好，就不能随便移动平衡重物，否则会引起测量误差。

（2）磁翻转式液位计　磁翻转式液位计，用以测量有压容器或开口容器内液体的液位。它不仅可就地指示，而且随着磁浮的升降会改变传感器的电阻值，将其转换成电信号数值，实现远距离液位报警和监控。磁翻转式液位计的结构原理如图5-6所示。

磁钢与浮子内的磁钢磁性连接。因此，液位上升时红半球翻向外面，液位下降时白半球翻向外面。根据红半球指示的液位高度可以读出具体液位数值。

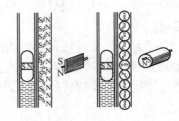

a) 磁翻板液位计　　b) 磁滚柱液位计

图5-6　磁翻转式液位计

图5-6a所示为磁翻板液位计，其结构是自被测容器接出不锈钢管，管内有带磁铁的浮子，管外设置一排轻而薄的翻板，每个翻板都有水平轴，可灵活转动，每块翻板高约10mm。翻板一面涂红色，另一面涂白色。翻板上还附有小磁铁，小磁铁彼此吸引，使翻板始终保持红色朝外或白色朝外。当浮子在近旁经过时，浮子上的磁铁就会迫使翻板转向，以致液面下方的红色朝外，上方的白色朝外，观察起来和彩色柱效果一样。

图5-6b所示为磁滚柱液位计，将上述磁翻板改用有水平轴的小柱体代替，一侧涂红色，另一侧涂白色，也附有小磁铁，同样能显示液位。柱体可以是圆柱，也可以是六角柱，其直径为10mm。

磁翻转液位计具有准确、直观的特点，通过翻板颜色转换，能清晰观察液位情况，其测量误差为±3mm；此外还具有安全性高、密封性好的特点，十分适用于高压容器液位测量。

（3）浮子钢带式液位计　如图5-7所示，为了结构紧凑便于读数，将重锤改用弹簧代替，浮子上的钢丝绳改用中间打孔的薄钢带代替。浮子1经过钢带2和滑轮3，将升降动作传到钉轮4。钉轮4周边的钉状齿与钢带上的孔啮合，将钢带直线运动变为转动，由指针5和滚轮计数器6指示出液位。在钉轮轴上再安装转角传感器或变送器，就不难实现液位的远传送。

为保证钢带张紧，绕过钉轮4之后的钢带由收带轮7收紧，其收紧力则由恒力弹簧提供。恒力弹簧外形与钟表发条相似，但特性大不一样。钟表发条在自由状态下是松弛的，卷紧之后其回松力矩与变形成正比，符合胡克定律。恒力弹簧在自由状态是卷紧在轴9上的，受力反绕在轴8上以后，其恢复力 f_8 始终保持常数，首端至尾端一样，因而有"恒力"之称。

从图5-7可以看出，由于恒力弹簧有厚度，虽然 f_8 恒定，但它对轴8形成的力矩并非常数，液位低时力矩大；同样，由于钢带厚度使液位低时收带轮7的直径变小，于是，在 f_8 恒定的情况下，钢带上的拉力 f_7 就和液位有关了。在液位低时 f_7 大，恰好和液位低时图中 L段钢带的重力抵消，使浮子所受提升力几乎不变，从而减少了误差。此外，滑轮、钢带连同仪表壳体全都密封起来，有效地保护了滑轮轴承的润滑，使摩擦阻力降到最小。密封措施对罐内油品减少挥发和防火安全，也极为有利。

3. 变浮力式液位计

（1）扭力管式浮筒液位计　扭力管液位计测量部分如图 5-8 所示。作为液位检测元件的浮筒 1 垂直地悬挂在杠杆 2 的一端，杠杆 2 的另一端与扭力管 3、芯轴 4 的一端垂直地固结在一起，并由固定在外壳上的支点所支撑。扭力管的另一端通过法兰固定在仪表外壳 5 上。芯轴的另一端为自由端，用来输出角位移。当液位低于浮筒时，浮筒的全部重量作用在杠杆上，因而作用在扭力管上的扭力力矩最大，扭力管带动芯轴扭转的角度最大（朝顺时针方向），这一位置就是零液位。当液面高于浮筒下端时，作用在杠杆的力为浮筒重量与其所受浮力之差。因此，随着液位升高，浮力增大而扭力矩逐渐减小，扭力管所产生的扭角也相应减小（朝逆时针方向转回一个角度）。在液位最高时，扭角最小，即转回的角度最大。这样就把液位变化转换成芯轴的角位移，再经传动及变换装置将角位移转换为电信号远传、显示或记录。

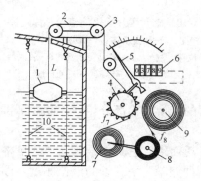

图 5-7　浮子钢带式液位计

1—浮子　2—钢带　3—滑轮　4—钉轮　5—指针　6—滚轮计数器

7—收带轮　8—轴　9—恒力弹簧轮　10—导向钢丝

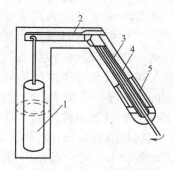

图 5-8　扭力管液位计测量部分

1—浮筒　2—杠杆　3—扭力管

4—芯轴　5—外壳

扭力管输出的角位移可经转换电路转换成 4～20mA 的电流输出。转换电路框图如图 5-9 所示，主要由振荡器、涡流差动变压器、解调器、直流放大器组成。振荡器是一多谐振荡电路，产生 6kHz 正弦电压，作为涡流差动变压器的初级线圈的激励电压。解调器将涡流差动变压器的输出信号 Δu 通过解调器变为直流输出 U 送入差分放大器 U1 的同相输入端，其输出电压经功率放大器 Q1、Q2 输出电流 I_0，I_0 经反馈网络送回到 U1 的反相输入端，实现负反馈。可通过改变负反馈量的大小实现满度调整。

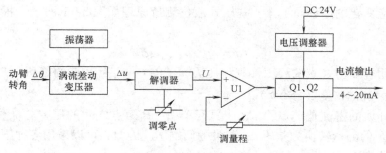

图 5-9　转换电路框图

浮筒式液位变送器的量程取决于浮筒的长度。国产液位变送器的量程范围为 300mm、500mm、800mm、1200mm、1600mm、2000mm。所适用的密度范围为 $0.5 \sim 1.5 \mathrm{kg/m^3}$。变送器的输出信号不仅与液位高度有关，并且与被测液体的密度有关，因此密度发生变化时，必须进行密度修正。浮筒式液位计还可用于两种液体分界面的测量。

（2）轴封膜片式浮筒液位计　轴封膜片式浮筒液位计由测量机构和转换机构两部分组成。如图 5-10 所示。测量机构部分的主要元件是浮筒。转换机构部分包括主杠杆、矢量机构、副杠杆、反馈机构、差动变压器、调零装置及放大器。当液位发生变化时，作用于浮筒上的力亦发生变化，液位越高，浮力越大，此力经测量元件浮筒转换为输入力 F_1，作用在主杠杆的一端，主杠杆以轴封膜片为支点产生顺时针方向的偏转。转换机构部分的作用是将测量部分产生的力矩转

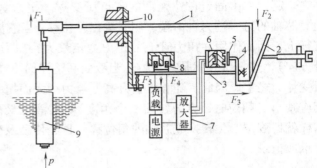

图 5-10　轴封膜片式浮筒液位计原理图
1—主杠杆　2—矢量机构　3—副杠杆　4—支杠杆
5—位移检测片　6—差动变压器　7—放大器
8—反馈线圈　9—浮筒　10—轴封膜片

换为相应的电信号。其结构原理与电动差压变送器的转换机构部分相同，此处不再重复。

4. 浮力式物位测量仪表的应用

浮力式物位测量仪表在液位、界面的检测中广泛使用。它具有结构简单、价格低廉、安装使用方便等特点，适合石化、油品储运等行业各种储罐、塔、釜的液位测量。浮力式液位计在测量中如果介质密度发生变化，会引起测量误差。

5.2.3　压力式液位测量仪表

压力式液位测量仪表主要根据压力与液位高度成比例的原理工作，主要有静压式和差压式两种类型液位测量仪表。压力式液位测量仪表具有精度高、长期稳定性好、结构简单等特点，适合液体黏度小、流动性强、不易粘接等物位测量，广泛用于石油、化工、冶金、电力、医药、食品等行业的物位测量与控制。

1. 测量原理

静压式液位测量方法是根据液柱静压与液柱高度成正比的原理来实现的，通过测得液柱高度产生的静压实现液位测量的。差压式液位计，是利用当容器内的液位改变时，由液柱产生的静压也相应变化的原理而工作。差压式液位测量原理如图 5-11 所示，根据流体静力学原理可知

$$\Delta p = p_B - p_A = \rho g H$$

式中，p_A 为密闭容器中 A 点的静压（气相压力）（Pa）；p_B 为 B 点的静压（Pa）；H 为液柱高度（m）；ρ 为液体密度（$\mathrm{kg/m^3}$）。

通常被测介质的密度是已知的，由上式可知 A、B 两点之间的压差与液位高度成正比，这样就把液位 H 的测量转换为差压 Δp 测量的问题了。因此，可以采用各种压力（差压）测量仪表测量液位高度。

一种用于液位测量的压力仪表是投入式液位计，即把液位测量仪表投入到待测液位的介质中，随着液位的变化，压力变送器中的扩散硅等压力检测元件将静压力转换为电阻信号进行液位检测。投入式液位计可以直接投入被测介质中，采用固态结构，无可动部件，高可靠性，使用寿命长，安装使用相当方便，可以测量从水、油到黏度较大的糊状物等，它不受被测介质起泡、沉积、电气特性的影响，无材料疲劳磨损，对振动、冲击不敏感，广泛应用于城市给水、排水、水库、开口容器等领域。

对于敞口或密闭容器中的液位，可以通过检测被测液面与最低液位（基准液位）之间的压力差来测定。测量敞口容器的液位如图 5-12 所示，敞口容器液位变化范围为 H，差压变送器的正压室与最低液位处于同一平面；因为气相压力为大气压力，所以差压变送器的负压室通大气即可，这时作用在正压室的压力就是液位高度所产生的静压力，即

$$p_A = 0$$

$$\Delta p = p_B = \rho g H$$

被测液位与差压呈正比例关系，由差压变送器的差压指示值，便可知道被测液位的值。

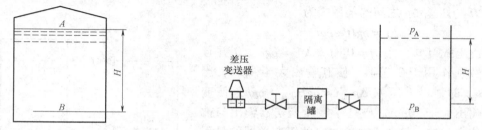

图 5-11　差压式液位测量原理　　　　图 5-12　静压式敞口容器液位测量

2. 差压式液位计

（1）测量原理　差压式液位计主要用于密闭有压容器的液位测量。测量密闭容器的液位如图 5-13 所示，由于容器内气相压力 p_A 对 p_B 点的压力有影响，需要将差压变送器的负压室与容器的气相空间相连，以平衡气相压力的静压作用。这时作用于正压室和负压室的压力差为

$$\Delta p = p_B - p_A = p_A + \rho g H - p_A = \rho g H$$

由上式可知：差压的大小同样代表了液位高度的大小。用差压计测量气、液两相之间的差压值来得知液位高低。由测量原理可知，凡是能够测量差压的仪表都可以用于密闭容器液位的测量。实际生产中，应用最多的是电动Ⅲ型差压变送器和电容式差压变送器。

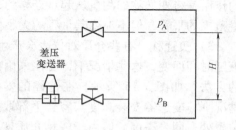

不论静压式还是差压式液位测量仪表，在应用图 5-13　差压法测量液位

中如果介质密度发生变化，不管这种变化是由于温度变化还是组分变化引起，都会产生显著的测量误差。

（2）零点迁移

1）无迁移。使用差压变送器来测量液位高度，被测介质黏度较小、无腐蚀、无结晶，并且气相部分不冷凝，变送器安装高度与容器下部取压位置在同一高度。其压差 Δp 与液位

高度 H 之间有如下关系：

$$\Delta p = \rho g H$$

当 $H=0$ 时，作用在正、负压室的压力是相等的；当液位由 $H=0$ 变化到最高液位 $H=H_{\max}$ 时，Δp 由零变化到最大差压 $\Delta p_{\max}$，变送器对应的输出为 $4\sim20\text{mA}$（以电动Ⅲ型变送器为例）。但是在实际应用中，往往 H 与 Δp 之间的对应关系往往没那么简单，例如在实际测量中，变送器的安装位置往往不和最低液位在同一水平面上，变送器的位置比最低液位 $H=H_{\min}$ 低 h 距离，当液面上的介质是可凝气体（如蒸汽）时，或为了防止容器内液体和气体进入变送器而造成管线堵塞或腐蚀，并保证负压室的液柱高度恒定，在变送器正、负压室与取压点之间分别装有隔离罐，并充以隔离液。这样 $\Delta p \neq \rho g H$，破坏了差压变送器输出与被测液位之间的比例关系。

2）正迁移。实际测量中，变送器的安装位置往往不与容器下部的取压位置同高，如图 5-14 所示，被测介质也是黏度较小、无腐蚀、无结晶，并且气相部分不冷凝，变送器安装高度与容器下部取压位置在同一高度，但下部取压位置低于测量下限的距离为 h。这时液位高度 H 与压差 Δp 之间的关系式为

$$\Delta p = \rho g H + \rho g h$$

由上式可知，当 $H=0$ 时，$\Delta p = \rho g h > 0$ 并且为常数项作用于变送器，使其输出大于 4mA；当 $H=H_{\max}$ 时，最大压差 $\Delta p_{\max} = \rho g H_{\max} + \rho g h$，使变送器输出大于 20mA。破坏了差压变送器输出与被测液位之间的比例关系。这时在差压变送器的量程允许的情况下调整差压变送器的迁移部件（机械或电子），使变送器在 $H=0$、$\Delta p = \rho g h$ 时，其输出为4mA；变送器的量程仍然为 $\rho g H_{\max}$；当 $H=H_{\max}$、

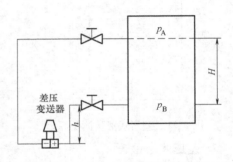

图 5-14　正迁移时安装图

$\Delta p_{\max} = \rho g H_{\max} + \rho g h$ 时，变送器的输出为 20mA，从而实现了变送器输出与液位之间的正常对应关系。由于零点迁移量 $\Delta p = \rho g h > 0$，故称之为正迁移。实现差压变送器零点正迁移的方法是：在变送器中加一调零迁移弹簧，迁移弹簧的作用是将变送器的测量从起点迁移到某一正数值，同时改变测量范围的上下限值，实现测量范围的平移，但不改变其量程的大小。

3）负迁移。有些介质对仪表会产生腐蚀作用，或者气相部分会产生冷凝使导管内的凝液随时间而变，这些情况下，往往采用在正、负压室与取压点之间分别安装隔离罐或冷凝罐的方法，如图 5-15 所示。在这样的安装情况下，变送器安装高度与容器下部取压位置处在同一高度，但由于气相介质容易冷凝，而且冷凝液高度随时间而变，一般事先将负压导管充满被测液体，但这会引起负压侧引压导管也有一个附加的静压作用于变送器，使得被测液位 $H=0$ 时，压差不等于零。假设隔离罐内介质的密度为 ρ_2，容器中介质密度为 ρ_1，则此时液位高

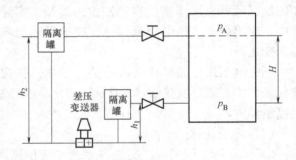

图 5-15　负迁移安装图

度 H 与压差 Δp 之间的关系式为

$$p_+ = \rho_2 g h_1 + \rho_1 g H + p_A$$
$$p_- = \rho_2 g h_2 + p_A$$

则有

$$\Delta p = p_+ - p_- = \rho_1 g H + \rho_2 g (h_1 - h_2)$$

由上式可知，当 $H=0$ 时，$\Delta p = \rho_2 g (h_1 - h_2) < 0$，即有附加常数项作用于变送器，使其输出小于 4mA；当 $H = H_{max}$ 时，最大压差 $\Delta p_{max} = \rho_1 g H_{max} + \rho_2 g (h_1 - h_2)$，该最大差压使变送器输出小于 20mA，破坏了差压变送器输出与被测液位之间的比例关系。因此，需要在差压变送器的量程允许的情况下调整差压变送器的迁移部件，使变送器在 $H=0$、$\Delta p = \rho_2 g (h_1 - h_2)$ 时，其输出为 4mA；当 $H = H_{max}$、$\Delta p_{max} = \rho_1 g H_{max} + \rho_2 g (h_1 - h_2)$ 时，变送器的输出为 20mA。由于零点迁移量 $\Delta p = \rho_2 g (h_1 - h_2) < 0$，故称之为负迁移。通过负迁移，实现了变送器输出与液位之间的正常对应关系，而且变送器的量程仍然为 4～20mA。实现差压变送器的零点负迁移方法是：调整负迁移弹簧，其作用是将变送器的测量从起点迁移到某一负值，同时改变测量范围的上下限值，实现测量范围的平移，但不改变其量程的大小。

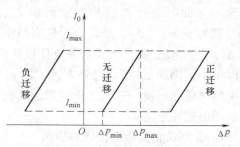

图 5-16　差压变送器零点无迁移、正迁移和负迁移示意图

需要注意的是并非所有的差压变送器都带有迁移作用，实际测量中，由于变送器的安装高度不同，会存在正迁移或负迁移的问题。在选用差压式液位计时，应在差压变送器的规格中注明是否需要带有正、负迁移装置并要注明迁移量的大小。差压变送器零点迁移后其特性曲线如图 5-16 所示。

3. 特殊介质的液位、料位测量

（1）腐蚀性、易结晶或高黏介质　当测量具有腐蚀性或含有结晶颗粒，以及黏度大、易凝固等介质的液位时，为解决引压管线腐蚀或堵塞的问题，可以采用法兰式差压变送器，如图 5-17 所示。变送器的法兰直接与容器上的法兰连接，作为敏感元件的测量头（金属膜盒）经毛细管与变送器的测量室相连通，在膜盒、毛细管和测量室所组成的封闭系统内充有硅油，作为传压介质，起到变送器与被测介质隔离的作用。变送器本身的工作原理与一般差压变送器完全相同。毛细管的直径较小（一般内径在 0.7～1.8mm），外面套以金属蛇皮管进行保护，具有

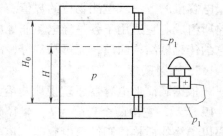

图 5-17　法兰式差压变送器

可绕性，单根毛细管长度一般在 5～11mm 之间，安装比较方便。法兰式差压变送器有单法兰、双法兰、插入式或平法兰等结构形式，可根据被测介质的不同情况进行选用。

法兰式差压变送器测量液位时，同样存在零点"迁移"问题，迁移量的计算方法与前述差压式相同。由于正、负压侧的毛细管中的介质相同，变送器的安装位置升高或降低，两侧毛细管中介质产生的静压，作用于变送器正、负压室所产生的压差相同，迁移量不会改

变，即迁移量的计算与变送器的安装位置无关。

（2）流态化粉末状、颗粒状固态介质　在石油化工生产中，常遇到流态化粉末状催化剂在反应器内流化床床层高度的测量。因为流态化的粉末状或颗粒状催化剂具有一般流体的性质，所以在测量它们的床层高度或藏量时，可以把它们看作流体对待。测量的原理也是将测量床层高度的问题变成测差压的问题。但是，在进行上述测量时，由于有固体粉末或颗粒的存在，测压点和引压管线很容易被堵塞，因此必须采用反吹风系统，即采用吹气法用差压变送器进行测量。流化床内测压点的反吹风取压系统如图 5-18 所示，在有反吹风存在的条件下，设被测压力为 p，测量管线引至变送器的压力为 p_2（即限流孔板后的反吹风压力），反吹管线压降为

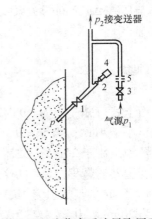

图 5-18　流化床反吹风取压系统
1、2、3—针阀　4—堵头　5—限流孔板

Δp，则有 $p_2 = p + \Delta p$，理论上看仪表显示压力 p_2 较被测压力高 Δp，但实践证明，当采用限流孔板只满足测压点及引压管线不堵的条件时，反吹风气量可以很小，因而 Δp 可以忽略不计，即 $p_2 = p$。为了保证测量的准确性，必须保证反吹风系统中的气量是恒流。适当的设计限流孔板，使 $p_2 \leqslant 0.528 p_1$，并维持 p_1 不发生大的变化，便可实现上述要求。

4. 压力式液位测量仪表的应用

压力式液位测量仪表在工业生产过程中各类塔、釜、罐等设备的液位检测中应用极为广泛。但压力式液位测量仪表受介质密度和温度影响较大，因此，在这些操作条件下，必须采取补偿措施，或选用其他的液位测量仪表。

5.2.4　电容式物位测量仪表

1. 概述

应用电容法测量物位首先是通过电容传感器把物位转换成电容量的变化，然后再通过测量电容量的方法求被测物位的数值。电容式物位测量仪表由电容物位传感器和检测电容的电路所组成。它适用于各种导电、非导电液体的液位或粉末状料位的测量以及界面测量，由于它的传感器结构简单，无可动部分，故应用范围较广。

2. 测量原理

根据圆筒形电容器原理说明电容式物位传感器的工作原理。圆筒形电容器的结构如图 5-19 所示，它由两个长度为 L，半径分别为 R 和 r 的圆筒形金属导体组成内、外电极，中间隔以绝缘物质构成圆筒形电容器。该电容器的电容为

$$C = \frac{2\pi\varepsilon L}{\ln \dfrac{R}{r}}$$

式中，ε 为内、外电极之间的介电常数（F/m）。

改变 R、r、L、ε 其中任意一个参数时，均会引起电容 C 的变化。实际物位测量中，一般是 R 和 r 固定，采用改变 ε 或 L 的方式进行物位测量。电容式物位传感器实际上是一种可变电容器，电容量的变化随着物位的变化而变化，且与被测物位高度成正比，从而测量电容

值可以测得物位。由于所测介质的性质不同，采用的方式也不同，下面分别介绍测量不同性质介质的方法。

（1）非导电介质的液位测量 当测量石油类制品、某些有机液体等非导电介质时，电容传感器可以采用如图5-20所示方法。它用一个光电极作为内电极，用与它绝缘的同轴金属圆筒作为外电极，外电极上开有孔和槽，以便被测液体自由地流进或流出。内、外电极之间采用绝缘材料进行绝缘固定。

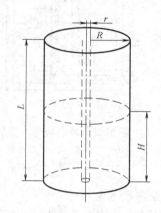

图5-19 圆筒形电容器的结构

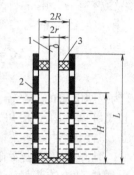

图5-20 非导电液位测量
1—内电极 2—外电极 3—绝缘材料

当被测液位 $H=0$ 时，电容器内、外电极之间气体的介电常数为 $\varepsilon_1=\varepsilon_0$，电容器的电容量为

$$C_0 = \frac{2\pi\varepsilon_0 L}{\ln\dfrac{R}{r}}$$

当液位为某一高度 H 时，整个电容器等效于两个电容分别为 C_1 和 C_2 的电容器的并联，其中 C_1 和 C_2 的数值分别为

$$C_1 = \frac{2\pi\varepsilon_1(L-H)}{\ln\dfrac{R}{r}}$$

$$C_2 = \frac{2\pi\varepsilon_2 H}{\ln\dfrac{R}{r}}$$

若气体的介电常数 $\varepsilon_1=\varepsilon_0$，被测液体的介电常数 $\varepsilon_2=\varepsilon_x$，则电容器的电容量为

$$C_x = C_2 + C_1 = \frac{2\pi\varepsilon_x H}{\ln\dfrac{R}{r}} + \frac{2\pi\varepsilon_0(L-H)}{\ln\dfrac{R}{r}}$$

$$= \frac{2\pi\varepsilon_0 L}{\ln\dfrac{R}{r}} + \frac{2\pi(\varepsilon_x-\varepsilon_0)H}{\ln\dfrac{R}{r}}$$

$$= C_0 + \Delta C$$

$$\Delta C = \frac{2\pi(\varepsilon_x-\varepsilon_0)H}{\ln\dfrac{R}{r}}$$

可见，ΔC 与被测液位 H 成正比，因此测得电容的变化量便可以得到被测液位的高度。

为了提高灵敏度，希望 H 前的系数尽可能大，但介电常数取决于被测介质，因此在电极结构上应使 r 接近于 R 以减小分母，所以一般不采用容器壁作外电极，而是采用直径较小的竖管作外电极。不过这种方法只适用于流动性较好的介质。

（2）导电介质的液位测量 如果被测介质为导电液体，内电极要采用绝缘材料覆盖，即加一个绝缘套管（一般采用聚四氟乙烯护套），可以采用金属容器壁与导电液体一起做外电极，如图 5-21 所示。

若绝缘材料的介电常数为 ε_0，电极被导电液体浸没的高度为 H，则该电容器的电容变化量可以表示为

$$\Delta C = \frac{2\pi\varepsilon_0}{\ln\dfrac{R}{r}}H$$

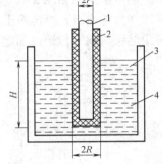

图 5-21 导电液位的测量
1—闪电极 2—绝缘套管
3—外电极 4—导电液体

式中，R 为绝缘套管的外半径（m）；r 为内电极的外半径（m）。

由上式可见，由于 R 和 r 均为常数，测得 ΔC 即可获得被测液位 H。但此种方法不能适用于黏滞性介质，因为当液位变化时，黏滞性介质会黏附在内电极绝缘套管表面上，造成虚假的液位信号。

（3）固体料位的测量 由于固体物料的流动性较差，故不宜采用双筒电极。对于非导电固体物料的料位测量，通常采用一根不锈钢金属棒与金属容器壁构成电容器的两个电极，如图 5-22 所示。金属棒作为内电极，而容器壁作为外电极。将金属电极棒插入容器内的被测物料中，电容变化量 ΔC 与被测料位 H 的关系为

$$\Delta C = \frac{2\pi\varepsilon_x}{\ln\dfrac{R}{r}}H$$

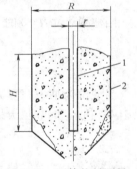

式中，ε_x 为固体物料的介电常数（F/m）；R 为容器器壁的内径（m）。

如果测量导电的固体料位，则需要对图中的金属棒内电极加上绝缘套管，测量原理同导电液位测量。同理，还可以用电容式物位计测量导电和非导电液体之间及两种介电常数不同的非导电液体之间的分界面。

图 5-22 固体物料测量
1—金属棒 2—容器壁

3. 电容的检测方法

工业生产中应用的电容式物位计，其电容量很小（一般在微微法拉数量级），因此需要通过电子线路的放大和转换才能进行显示或远传。测量电容的方法有多种，这里简介几种常用的方法。

（1）电桥法

1）普通交流电桥。普通交流电桥法测量电容如图 5-23 所示。将实际电容器等效为串联或并联两种电路，与电容器串联或并联的电阻表示电容器的损耗。前者用于测量损耗较小的电容，后者用于测量损耗较大的电容。

当 $H = 0$、$C_x = C_0$ 时，电桥处于平衡状态，a-c 对角线没有电流输出；若物位 H 变化，被测电容 C_x 也发生变化，此时，桥路平衡状态被破坏，在 a-c 对角线上便有电流输出，经

二极管检波后，可以得到直流输出信号，该信号大小即反映出物位的高低。

2）变压器电桥。变压器电桥如图 5-24 所示。与普通交流电桥相比，具有电桥的输入阻抗大、输出阻抗小和抗干扰能力强的优点。由桥路平衡原理对应臂阻抗相乘相等，可推导出其平衡条件为

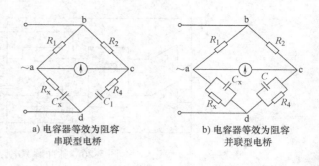

a) 电容器等效为阻容串联型电桥　　b) 电容器等效为阻容并联型电桥

图 5-23　电桥法测量电容

$$C_x = \frac{W_2}{W_3} C_1$$

$$R_x = \frac{W_3}{W_2} R_1$$

当时 $H = 0$、$C_x = C_0$、$R_x = R_0$，调整 C_1、R_1 满足平衡条件，电桥处于平衡状态，输出电压为 0，若物位变化，被测电容也发生变化，此时，桥路平衡状态被破坏，有电压输出，经二极管

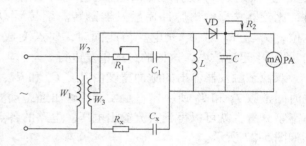

图 5-24　变压器电桥

VD 检波后，由毫安表 PA 指示输出电流的数值，该数值即反映出物位的高低。

（2）谐振法　谐振法测量电容框图如图 5-25a 所示。传感器 C_x 是谐振回路的调谐电容，谐振回路（L_1、C_2 和 C_x）通过电感耦合从稳定的高频振荡器取得振荡电压。C_x 变化时，谐振回路的阻抗发生变化。当谐振回路的谐振频率和振荡电路的振荡频率一致时，谐振回路的阻抗达到最大值，其输出信号和经过整流放大后的直流信号都达到最大值，该值对应于图 5-25b 中曲线的顶点。为了得到较好的线性，工作点一般选在谐振曲线的一边，最大振幅的 70% 处（见图 5-25b 中 N 点）。

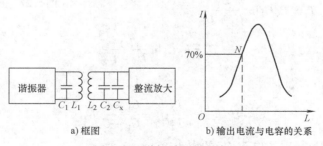

a) 框图　　　　　b) 输出电流与电容的关系

图 5-25　谐振法测量电容

此电路的特点是灵敏度高，多用于测量小电容量的变化，如用于电容液位或物位传感器。此电路对振荡器的振荡频率稳定性要求较高，其稳定性要达到 10^{-6} 数量级。

（3）脉冲宽度调制法　脉冲调宽电路又称脉冲调制电路，如图 5-26 所示。图中 C_x 为电容传感元件，A_1 和 A_2 为比较器，U_W 是比较器的基准电压，R_1、C_1 和 R_2、C_x 组成脉宽计时电路。其工作过程是：通电瞬间触发器的两个输出端一个是高电位 U_1，另一个则是低

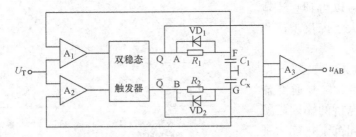

图 5-26 脉冲调宽电路

电位。设这时 Q 为高电位，则 VD_1 截止，U_1 经电阻 R_1 对 C_1 充电，U_r 按指数规律上升，直到它略高于基准电压 U_W 时，比较器立即输出脉冲使触发器翻转。翻转后 Q 点为高电位，U_1 经 R_2 对 C_x 充电。与此同时，Q 点变成低电位，C_1 经 VD_1 迅速放电，这样的过程重复进行。

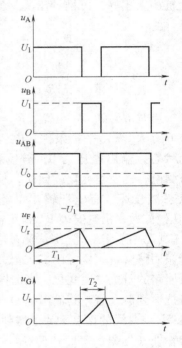

双稳态触发器输出的脉冲宽度由 R_1、C_1 和 R_2、C_x 的充电时间常数 T_1 和 T_2 所决定。触发器的输出经差动滤波器滤掉高频分量，就可以得到直流输出电压。电路的各点工作波形如图 5-27 所示。

输出电压为不等宽的矩形波，经滤波后即可得到一直流输出电压 U_o，在理想情况下，它等于 u_{AB} 的平均值，即

$$U_o = \frac{T_1 U_1}{T_1 + T_2} - \frac{T_2 U_1}{T_1 + T_2} = \frac{T_1 - T_2}{T_1 + T_2} U_1$$

式中，T_1、T_2 为 C_1 和 C_x 的充电时间（s）；U_1 为触发器的输出高电位（V）。由于 U_1 的值是已定的，因此，输出直流电压 U_o 随 T_1 和 T_2 改变，亦即随 C_1 和 C_x 的充电时间改变，它分别为

图 5-27 脉冲调宽电路波形图

$$T_1 = R_1 C_1 \ln \frac{U_1}{U_1 - U_r}$$

$$T_2 = R_2 C_x \ln \frac{U_1}{U_1 - U_r}$$

在电阻 $R_1 = R_2 = R$ 时，有

$$U_o = \frac{T_1 - T_2}{T_1 + T_2} U_1 = \frac{C_1 - C_x}{C_1 + C_x} U_1$$

直流输出电压 U_o 反映了电容 C_x 的大小。

（4）环形二极管电桥充放电法 简单的环形二极管电桥如图 5-28 所示。二极管 $VD_1 \sim VD_4$ 依次相接组成闭合环形电桥。频率为 f 的矩形波电压加在电桥的 A 端。C_x 是电容物位传感器，C_o 是用来平衡传感器起始分布电容 C_{xo} 的可变电容器，用以调节零点。电桥对角线 AC 间接微安电流表，与之并联的电容 C_m 作滤波用。实际上微安表是用直流放大电路代替的，为了便于说明，这里简化为微安表符号。

为了便于说明环形二极管电桥的原理，可略去二极管的正向压降，也不考虑起始截止

区。对于微安表则认为其内阻很小，而且并联的电容 C_m 很大。当矩形波由低电位 U_1 跃变到高电位 U_2 时，C_x 和 C_0 同时被充电，它们的端电压都升高到 U_2。C_x 的充电途径由 VD_1 到 C_x；C_0 的充电途径是先经微安表及与之并联的电容 C_m，再经 VD_3 到 C_0。充电过程中，VD_1 和 VD_2 截止。矩形波达到平顶后充电结束，4 个二极管全部截止。充电期间由 A 点流向 C 点的电荷量为 $C_0(U_2 - U_1)$。当矩形波由 U_2 降到 U_1 时，C_x 和 C_0 同时放电。C_x 的放电途径是经 VD_2、微安表和 C_m 返回 A 点，而 C_0 则经 VD_1 放电。放电过程中，VD_3 和 VD_4 都截止。在矩形波底部平坦部分放电结束，4 个二极管又全部截止。放电期间由 C 点流向 A 点的电荷量为 $C_x(U_2 - U_1)$。充电和放电的途径由箭头示于图 5-28 中。

由上所述，每秒钟发生的充放电过程的次数等于外加方波的频率。因此，由 A 点经电流表流向 C 点的平均电流 $I_1 = C_0 f(U_2 - U_1)$；而从 C 点经电流表流向 A 点的平均电流 $I_2 = C_x f(U_2 - U_1)$，故流经电流表的瞬时电流平均值为

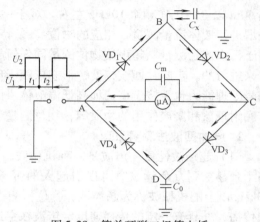

$$I = f C_x(U_2 - U_1) - f C_0(U_2 - U_1)$$
$$= f(U_2 - U_1)(C_x - C_0)$$
$$= f \Delta U \Delta C$$

当被测物位 $H = 0$ 时，调整 $C_0 = C_x$ 使上式 $I = 0$；当有物位时，引起 ΔC 变化，I 与 ΔC 成正比，因而 I 与 H 成正比。将电流 I 经

图 5-28　简单环形二极管电桥

适当电路处理变为标准电流信号，就构成了电容式物位变送器。

4. 射频导纳物位计

射频导纳物位计是一种从电容式物位测量技术发展起来的新型物位测量技术，它具有防挂料、可靠性高、测量准确、适用性广的特点。射频导纳中"导纳"的含义为电学中阻抗的倒数，它由阻性成分、容性成分、感性成分综合而成；而"射频"即高频，所以射频导纳技术可以理解为用高频测量导纳。高频正弦振荡器输出一个稳定的测量信号源，测量频率一般在 $10 \text{kHz} \sim 1 \text{MHz}$ 的范围内。利用电桥原理精确测量安装在待测容器中的传感器上的导纳，在直接作用模式下，仪表的输出随物位的升高而增加。

5. 电容式物位测量仪表的应用

在火力发电厂中，广泛采用静电除尘器除去锅炉燃烧烟气中的飞灰，飞灰被高压静电吸附在极板上后，被振动落入除尘器下部的灰斗中。当灰位达到一定高度，打开灰斗进行排灰。控制中需要采用两只物位计测量灰在灰斗中的高位和低位，以便控制灰斗的开和关。飞灰是煤粉燃烧后的产物，颗粒直径很小，在几十微米范围内，刚刚落下的飞灰与空气形成疏松的混合物，密度很小，电阻率很高。另外由于静电除尘器内温度约为 160℃，存在强静电干扰，使一般物位计的应用存在困难。因此，可以采用具有防飞灰的黏结、挂料功能的射频导纳物位计。

5.2.5　超声式物位测量仪表

1. 概述

物位测量是超声学较成功的应用领域之一，国内外已广泛将超声物位计应用于料仓或容

器内料位（液体或固体）的测量。超声测距的方法有脉冲回波法、连续波调频法，相位法等多种，目前应用最多的是脉冲回波法。超声物位计已能可靠地应用在许多较高温度、蒸汽、粉尘、腐蚀性和易燃等环境条件下。

超声物位计基本上由两部分构成：超声换能器和电子装置（或称变送器），多点测量相应增加的扫描器和超声换能器多呈分体结构，也有许多品种采用一体化结构，尤其是量程不大的产品。超声物位计按量程可以分为：小量程，测量范围 2m 以内，工作频率 60 ~ 300kHz；短量程，测量范围 2 ~ 10m，工作频率 40 ~ 60kHz；中量程，测量范围 10 ~ 30m，工作频率 16 ~ 30kHz；长量程，测量范围 30 ~ 50m，工作频率 16kHz 左右；大量程，测量范围 50m 以上，工作频率 10kHz 左右。对于一些小量程的超声物位计，许多可配合明渠或各种堰进行液体流量测量，相应的物位-流量特性曲线都存储于电子装置中，国内外已广泛应用于污水流量测量。超声波物位测量同任何超声测量一样，也是通过对传播时间和波幅的分析来进行的。声脉冲回波幅度、形态依赖于环境和被测量对象。若回波信号不良，再强大的信号处理能力也无济于事，如高低温液体、由于搅拌而带有倾斜或弯曲表面物质的状况、具有黏附现象和凝聚作用的物质等，物位测量仍旧难以实现。

2. 脉冲回波法测量原理

（1）超声波性质　声波是一种机械波，是机械振动在介质中的传播过程，当振动频率在十余赫兹到万余赫兹时可以引起人的听觉，称为声波；更低频率的机械波称为次声波；20kHz 以上的机械波为超声波，物位检测一般使用超声波。声波可以在气体、液体、固体中传播，并具有一定的传播速度。声波在穿过介质时会被吸收而产生衰减，气体吸收最强衰减最大，液体次之，固体吸收最少衰减最小。声波穿过不同介质的分界面时会产生反射，反射波的强弱决定于分界面两边介质的声阻抗，两介质的声阻抗差别越大，反射波越强。声阻抗即介质的密度与声速的乘积。当声波从液体或固体传播到气体，或相反的情况下，由于两种介质的声波抗相差悬殊，声波几乎全部被反射。声波传播时的方向性随声波的频率的升高而变强，发射的声波也越尖锐，超声波可近似为直线传播，具有很好的方向性。根据声波从发射至接收到反射回波的时间间隔与物位高度之间的关系，就可以进行物位的测量。

（2）测量原理　超声波式液位计是利用超声波在液面处反射原理进行液位高度检测的，即是应用回声测量距离原理工作的，如图 5-29 所示。当超声波探头向液面发射短促的超声波脉冲时，经过时间 t 后，探头接到从液面反射回来的回声脉冲。设超声探头到容器底部的距离为 h，则液位数值 H 为

$$H = h - \frac{1}{2}vt$$

式中，v 为超声波在被测介质中的传播速度（简称声速）（m/s）。

由此可见，只需知道声速 v，就可以通过精确地测量时间 t 的方法求出液位高度。当然，其前提条件是声速 v 必须是恒定的，或者采用某种办法补偿声速的变化。

（3）超声波换能器　超声波液位计最主要的元件就是超声波换能器，换能器实现超声波的发射和接受。超声波的发射与接收根据压电效应，通过换能器实现，换能器的核心是压电材料。通过压电材料实现机械能与电能的转换，进而实现超声波

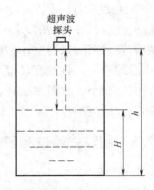

图 5-29　超声波液位测量

的发射与接收，其原理如图 5-30 所示。

用于超声波物位计上的超声换能器品种
繁多，归纳起来其振动模式为纵向振动和弯
曲振动。使用的压电材料为压电陶瓷（PZT）
或聚偏氟乙烯（PVDF）。PVDF 压电薄膜材
料除有良好的物理性能外，在厚度、面积上
有很大的选择余地，具有易于加工和频率范
围宽等优点，常用来制成 40 ~ 300kHz 的超
声波换能器。超声波换能器的压电材料的工
作频率、声束半角、工作温度，换能器外壳
材料耐压、耐腐蚀等特性在很大程度上决定了换能器的性能，进而影响超声波物位计的使
用。在实际工作中，评价一个超声波换能器，常考虑到以下性能和特点：工作频率、灵敏
度、盲区、指向性、使用的温度范围、密封性、耐腐蚀性、防爆性等。

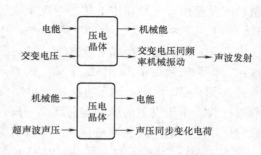

图 5-30　超声波的发射与接收

在具体使用超声波物位计中，面临的一个问题就是如何确定超声波的发射能量。若增大
发射能量，可以增加声波在介质中的传播距离，适合较大物位检测，达到接收器的能量较
高，提高精度。但是这也会对测量带来不利影响，对液体测量而言，高发射能量会产生不利
的超声效应，使得液体中大量空化气泡的形成，使超声能量在此区域消耗，不能传到较远
处，而且声能被介质吸收后，会提高介质温度，使介质特性变化，降低测量精度。因此，通
常采用较高频率的超声脉冲，既减少了单位时间内超声波发射的能量，又提高超声脉冲的
幅值。

3. 超声波物位计测量方法

超声波物位计实际应用中可以采用多种测量方法。应用超声波测量物位，可以使用两个
探头，也可以使用一个探头，即双探头式或单探头式。前者是一个探头发射声波，另一个探
头用来接收。后者发射与接收声波都是由一个探头进行，只是发射与接收时间相互错开。根
据传声介质的不同，有气介式、液介式和固介式；根据探头的工作方式，又有自发自收的单
探头方式和收、发分开的双探头方式。
它们相互组合就可得到不同的测量
方法。

（1）基本测量方法　图 5-31 所示
是超声波测量液位的几种基本方法。

图 5-31a 所示是液介式测量方法，
探头固定安装在液体中最低液位处，探
头发出的超声脉冲在液体中由探头传至
液面，反射后再从液面返回到同一探头
而被接收。采用这种测量方式，通常要
求液体的温度变化不大，介质中杂质等
影响超声波传播的因素较少。否则，超
声波在液体中的传播速度变化会对测量
结果造成较大影响。

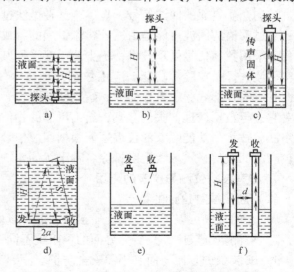

图 5-31　超声波测量液位的几种方法

图 5-31b 所示是气介式测量方式，探头安装在最高液位之上的气体中，这种方式的液位测量精度受超声波在气体中的传播速度影响较大。通常情况下，只要安装条件允许，采用图 5-31b 较好，这种使用方式有利于调试和维护。

图 5-31c 所示是固介式测量方法，将一根传声的固体棒或管插入液体中，上端要高出最高液位，探头安装在传声固体的上端，式 $H = vt/2$ 仍然适用，但 v 代表固体中的声速。

图 5-31a、b、c 所示测量方法属于单探头工作方式，即该探头发射脉冲声波，经传播反射后再接收。由于发射时脉冲需要延续一段时间，放在该时间内的回波和发射波不易区分，这段时间所对应的距离称测量盲区。探头安装时高出最高液面的距离应大于盲区距离。

图 5-31d、e、f 所示是一发一收双探头方式，声波的接收与发射由两探头独立完成，可以使盲区大为减小，这在某些安装位置较小的特殊场合是很方便的。

（2）超声波测量中的温度补偿　根据前面介绍，利用声速特性采用回声测距的方法进行物位测量，测量的关键在于声速的准确性，即要求声速恒定。实际上被测介质不同其声速也不同，即使是同一种介质，也因温度不同而有不同的声速。由于声波在介质中的传播速度与介质的密度有关，而密度是温度压力的函数，例如 0℃时空气中声波的传播速度为 331m/s，而当温度为 100℃时声波的传播速度增加到 387m/s。因此，当温度变化时，声速也要发生变化，而且影响比较大，使得测量结果难以精确。因此，除非液体密度是均匀的，液体各处温度也是均匀的，才能认为声速是定值，否则就不可能靠测量时间来精确地测量距离，因而必须采取补偿措施。目前常采用的补充方式是直接温度补充，即利用超声波换能器中温度补偿传感器进行温度自动补充。由于温度传感器是换能器电路的一部分，所以大多数发射接收器能获得换能器电路系统的温度。内设温度补偿提高了系统的准确度，降低了安装费用。

（3）超声波物位测量仪表中的信号处理技术　超声波物位计的基本原理是要测量声波发射及经过界面反射后的运行时间，因此声波的发射及接受应该处于最佳匹配状态，以保证信号的有效反射。此外，从复杂的回波信号中识别真正来自界面反射的信号对于物位测量起决定性的作用。

早期的模拟信号处理是根据观察给定阈值来确定回波的，它把第一个过阈值的回波作为来自被测介质界面的回波信号。显然，这种做法过于理想化，容易造成测量误差。因为这个第一个过阈值的回波可能是由注入料流引起的，或其他各种干扰引起的。现在的超声波物位计普遍采用数字信号处理技术，不少公司都采用其专利回波信号处理技术，实现回波增强、真实回波选择及校验等功能。应用数字处理技术使仪表能对容器中的物位状态进行快速拍照，并以图片形式存于寄存器中，建立回波曲线。一旦寄存器中得到一个回波曲线，仪器就能对它进行数据处理，去伪存真，给出可靠的物位测量值。对于干扰信号的处理，普遍采用数字滤波技术。功能强大的仪表还能根据回波信号调整超声波探头的瞄准角度，以得到置信度较高的回波信号，最大限度排除各种干扰的影响，提高测量精度和可靠性。

4. 超声波物位测量仪表的应用

（1）超声波物位计的特点

1）它的探头可以不与被测介质接触，即可以做到非接触测量。

2）可测范围较广，只要分界面的声阻抗不同，液体、粉末、块状的物位均可测量。

3）安装维护方便，而且不需安全防护。

4）不仅能够定点连续测量物位，而且能够方便地提供遥测或遥控所需的信号。

超声波测物位的缺点是：

1）探头本身不能承受高温。

2）声速受介质温度、压力影响，有些介质对声波吸收能力很强，此方法受到一定限制。

（2）应用中应注意的问题

在实际应用超声波物位计时，会有各种因素对其稳定性、可靠性产生影响。

1）搅拌器对物位计测量的影响。如果物料容器内装搅拌器，它同样会反射超声波信号，造成假反射回波，并被传送到变送器中的微处理器单元。微处理器将根据统计学原理处理真假面回波，所以要求超声波从物料表面反射的回波应至少为从搅拌器臂反射的回波的3倍。适当降低搅拌器的转速，或将探头偏离搅拌中心，都可以有效消除搅拌器产生的假面反射对料位测量的影响。

2）超声波物位计测量料位的极限值。当一束超声波脉冲向物料表面传送过程中，若收到从物料表面来的反射波，将无法进行测量，这段距离是盲区。物料最高料位不得高于盲区。

最低料位是指超声波能到达的距离传感器的最远距离，并且使反射回波能被传感器接收。由于超声波在传播过程中的衰减以及物料表面对声波的吸收，这一传播距离对物料性质依赖很强。

3）防积尘措施。大多数固体材料的料位测量都会产生大量的灰尘。严重的灰尘聚集会衰减超声波发射信号，大多数情况下，这种衰减是由于声波向下传输时与灰尘粒作用而引起的衍射造成的。为避免这种衰减，目前已有若干种有效的方法。例如，在灰尘严重的场合选用大输出功率的换能器。在灰尘更严重的场合，可使用远程换能器。因为这类换能器通常工作在较低的频率上，而低频通过灰尘环境的能力比高频要好。保持换能器的清洁也是一个重要的方法，一种做法是在其表面重复产生脉动位移；另一种方法是采用具有良好释放特性的材料和设计带有表面脉动位移的大功率换能器。

（3）在工业物位测量中的应用　虽然雷达物位计的发展占领了超声波物位计的一部分市场，但在下列领域物位测量中超声波仍有优势：

1）常规的短量程（12m以下）液位测量（常温及常压）。主要是应用一体式的超声液位计，应用领域为：水和废水处理中的液位，化工、石化中的酸碱罐。超声液位计使用方便，仪表尺寸小，性能、精确度都能满足要求，价格便宜，应用也很成熟。

2）水和废水处理中的液位测量。该领域除了广泛应用一体式超声波液位计外，还有一些根据水行业要求设计的分体形超声波液位计，它具有专有的一些功能，如液位差测量、明渠流量测量、先进的泵控制功能和泵送体积计算功能等，量程一般在15m以下。在水行业中广泛应用。

3）固态物料（矿石、煤、谷物等）物位测量。除了细粉料物位外，该领域仍是超声波物位测量有优势的领域，虽然雷达物位计也推出了测量固态物位的产品，但是在常用量程（15m以下）的应用中，超声波物位计在性能和价格上都有优势。超声波反射是基于声阻抗率的差别，空气和固态物料的声阻抗率相差极大，故超声波在块状及颗粒状固态物料上几乎是全反射，而雷达的反射是基于介电常数的差别，对于介电常数低的被测物料，信号反射就会减少。此外，由于固态物料料面都有一定安息角，测量固态料面基本上利用波在粗糙表面的漫反射，形成漫反射的条件是表面粗糙度（近似于颗粒直径）大于或等于 $1/6\lambda$（λ 为波长），量程 15m 的超声物位计大都采用 40kHz 频率，声波波长为 8.5mm，所以对 2mm 以上颗粒直径的物料都可形成良好的漫反射。而雷达物位计采用 X 波段时频率为 5.8 或 6GHz，波长约为 52mm，对于粒径较小的颗粒状物位，漫反射效果差；用 K 波段（24 或 26GHz）会改善很多，但价格较高。故该领域目前仍以选择超声波方法为多。

目前超声波物位计最大量程在测量固态物料时约 60m；在反射面为平面时达 80～90m。有些产品采用降低频率（5kHz 或更低）来减少传播衰减，从而使得最大距离可达 100～120m，但低工作频率会产生人耳能闻的噪声，且实用中也没多少超大量程应用要求。

5.2.6 射线式物位测量仪表

1. 概述

射线式物位测量仪表是基于被测物质对 γ 射线的吸收原理工作的。这类仪表具有非接触测量的优点，可以连续或定点测量物位、料位或界面，特别适合低温、高温、高压容器中的高黏度、强腐蚀、易结晶、易燃、易爆等十分恶劣环境的介质物位的测量，对两相界面或多层界面的物位测量，具有其他仪表无法替代的优势。但此类仪表成本高，使用维护不方便，且射线对人体危害性大。

2. 测量原理

射线式物体测量仪表应用放射性同位素例如钴 $C_0{}^{60}$ 或铯 $C_s{}^{137}$ 放射的 γ 射线能够穿过被测物质（液体或固体）而被吸收的原理。介质不同吸收射线的能力也不同，固体吸收能力最强，液体次之，气体最弱。射线式物位计根据射线穿过介质后的强度随物质的厚度而变化的原理来测量物位。射线穿过被测物质后，其强度随厚度变化的规律为 $I = I_0 e^{-\mu H}$，式中，I、I_0 分别为射入介质前和通过介质后的射线强度；μ 为介质对射线的吸收系数；H 为介质的厚度（m）。

当放射源和被测物质一定时，I_0 和 μ 都为常数，则介质厚度 H 与射线强度 I 的关系为

$$H = \frac{1}{\mu}\ln I_0 - \frac{1}{\mu}\ln I$$

由上式可知，测出通过介质后的射线强度 I，便可求出被测介质的厚度 H。因此，可以利用放射性同位素来测量物位，这种仪表称为同位素物位计或射线式物位计。

3. 仪表结构

射线式物位计由放射源、探测器、信号处理（前置放大）和显示仪表组成，其结构框图如图 5-32 所示。

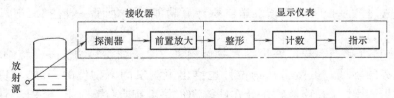

图 5-32 射线式物位计结构框图

4. 检测方法

按放射源的安装方式，物位计分为定点检测法和跟踪法两种。

（1）定点检测法 放射源和探测器固定安装在容器的一定位置上，如图5-33所示，图5-33a放射源装于容器底部，探测器装于容器的顶部，射线穿过液柱，可连续检测液位。

图5-33b所示方法将放射源和探测器安装于容器两侧同一平面上，当液位超过或低于此平面时，射线就穿过液位或空间气体。由于液体吸收射线能力比气体强，致使探测器接收到的射线强度发生明显的变化，显示仪表就可以显示出液位值或发生上下限报警信号。

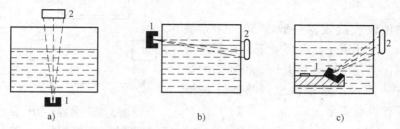

图5-33 射线式物位计检测方法

图5-33c中放射源安装在容器底部适当的位置，探测器安装在容器外侧一定高度上，它只能接收到一定射角范围的射线，这种方式适用于检测大容器内液位（料位）的变化或作超限警。应用射线式物位计测量物位的方法和输出特性如图5-34所示。

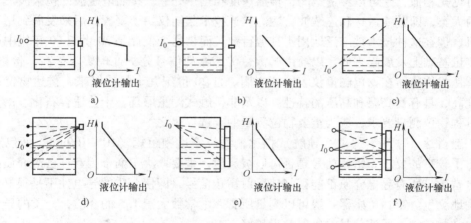

图5-34 各种放射线式物位计测量物位的方法和输出特性示意图

（2）跟踪法 如图5-35所示，跟踪法射线式物位计的放射源和探测器分别装在容器两侧的导轨上。当它们处于同一平面上时，系统处于平衡状态。当液面发生波动时，透过液面的射线强度相应改变，探测器接收到的射线强度与平衡状态时不同。此信号经放大处理后，输出一个不平衡电压信号，使自整角机带动放射源和探测器沿导轨向平衡位置运动，并使显示仪表指示出液位的变化。

5. 射线式物位测量仪表的应用

射线式物位测量仪表因为放射源的存在，在国内的使用受到较多的限制，只有常规物位测量方法满足不了要求时，才考虑使用。在国内外，辐射式物位计应用较多的是在料位和界面的测量中。固体物料的种类繁多，有块状，有颗粒状，大多是粉状，这些物料的介电常数、密度、温度、含水分等也各不相同。过去常用的接触式物位测量方法，如电容式、重锤式、音叉式、阻旋式等测量方法，由于受物料特性的影响，在使用中往往会出现各种问题。

因此一些非接触式物位测量方法得到了较多的应用，射线式物位计便是其中的一种，如山东大宇水泥厂采用射线式料位计用于原料调配库物位和四、五级预热器的物料防堵的测量。总体而言，射线式物位计在国内的使用要远少于国外的使用。

射线式物位仪表接收器一般在 50 ~ 60℃ 就不能正常工作，因此用于高温环境下，必须进行冷却。放射源在半衰期后必须更新，否则影响测量精确度。在应用中还必须采取严格的防护措施，确保人身和设备安全。

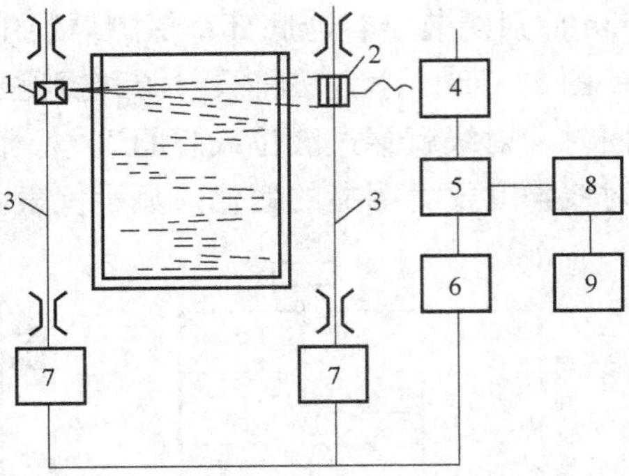

图 5-35 跟踪法射线式物位计

1—放射源 2—探测器 3—导轨 4—放大器
5—执行器 6、7—自整角机发送器和接收器
8—显示仪器 9—远传指示仪表

5.2.7 雷达式物位测量仪表

1. 概述

雷达信号是一种特殊形式的电磁波，其物理特性与可见光相似，它可以穿透空间，传播速度相当于光速。按照电磁波的包络波形，雷达可分为两大类，即脉冲雷达和连续波雷达。雷达技术起初仅用于军事，后来发展到用于监控民用飞机，现在这种技术被广泛地用于其他行业，而雷达物位计是 20 世纪 60 年代中期从油轮液位测量基础上发展起来的。以前由于雷达传感器的信号分析处理要求极高，价格较贵，影响了雷达式传感器在物位测量仪表中的应用。自 20 世纪九十年代以来，雷达物位计由于测量精度高、具有耐高温和高压的特性，以及非接触式测量原理，十分适合石化、冶金等复杂工业过程物位测量要求，成为重要物位测量的首选仪表之一。

与一般雷达（军用、气象、导航）相比，物位雷达测距短（10 ~ 100m），所以对测量精度提出了较高的要求。雷达信号是否可以被反射，主要取决于两个因素：被测介质的导电性和介电常数。所有导电介质都能很好地反射雷达信号，即使介质的导电性不是很好，也能被很准确地测量。雷达传感器一般可以测量所有介电常数大于 1.5 的介质，介质的导电性越好或介电常数越大，回波信号的反射效果越好。

2. 测量原理

作为一种新型的物位测量技术，现在广泛使用的雷达物位计有以下 3 种类型：脉冲雷达物位计（Pulse Radar，PR）、调频连续波（Frequency Modulated Continuous Wave，FMCW）雷达物位计和导波雷达（Guided Wave Radar，GWR）物位计。

（1）脉冲雷达物位计 脉冲雷达采用高频、窄脉冲对微波源信号进行调制，以波束的形式发射固定频率（即载波频率）的脉冲波，在介质表面反射后由接收器接收，脉冲的时间行程决定了由发射天线至介质表面的距离。对如图 5-36 所示的物位测量系统，物位 H 为

$$H = h - \frac{1}{2}ct$$

式中，h 为雷达传感器到容器底部的距离（m）；c 为电磁

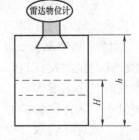

图 5-36 脉冲雷达物位测量系统

波传播的速度（即光速，m/s）；t 为雷达波从发出到接收的时间（s）。

由于 t 的数值极小，因此这种方法不适合近距离的高精度测量。

脉冲雷达也能测量界面，只要上层介质的介电常数低于下层介质即可。雷达波遇到低介电常数介质会将一定强度的波反射，其余波继续在介质中传播，直至遇到高介电常数介质界面后再反射，通过测量该回波的时间差即可实现界面测量。

大多数经济型的脉冲微波物位计都采用 5.8GHz 或 6.3GHz 的微波频率，其辐射角较大（约 30°），容易在容器壁或内部构件上产生干扰回波。虽然加大扬声器天线尺寸可稍微减少发射角度，但体积增大，使用会不便。

（2）调频连续波雷达物位计　与脉冲雷达相比，调频连续波雷达天线发射的微波是频率被线性调制的连续波，当回波被天线接收到时，天线发射频率已经改变，于是通过测量雷达波往返信号的频谱而非雷达波的往返时间进行物位测量。

调频连续波雷达物位计的基本测量原理如图 5-37 所示。雷达物位计探头同时进行雷达波的发射和接收，由于回波信号频率的滞后，使得反射频率与发射信号频率之间有频差，而该频差 Δf 与雷达物位计测量的距离 H 呈正比关系，即 H 越大，Δf 也越大。因此，通过对锯齿波的频差检测即可得到一个高精度的物位信号。为了排除干扰信号，雷达物位计的信号处理电路通常测量混合信号频谱，用快速傅里叶变换（FFT）来计算混合信号，从中对混合信号频谱进行分析，排除掉干扰信号，然后确定天线到反射界面的距离。信号频谱由于采用了调频连续波雷达物位计的测量原理，使雷达波能够源源不断地射向测量介质，使其抗干扰能力加强，"失波"的可能性降到最低，从而提高了它的可靠性，从而完成测量。

早期的调频连续波雷达是采用平均频率计数的方式，对回波中频信号进行处理以获取回波中的距离信息。该方法采用结构简单，精度较高，但只能适用于单目标的场合。20 世纪 80 年代以后，随着计算机技术的飞速发展，调频连续波雷达回波中频的处理普遍采用数字信号处理的方法获取回波中频的距离谱，根据其最大值点所处距离位置来测量距离。这种方法主要是进行 FFT 运算，计算出回波在距离轴上的功率谱曲

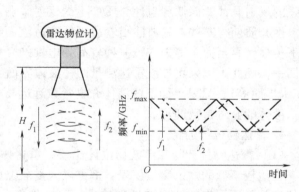

图 5-37　调频连续波雷达物位计的基本测量原理

线，可充分利用调频连续波雷达的高距离分辨率和高测距精度的特点，适用于更为复杂的目标环境，是近距离微波测距的重要手段。调频连续波雷达与脉冲雷达相比，连续波不仅能够消除距离盲区，而且采用大的带宽能够获得高的距离分辨率和测距精度，在高精度近距离测量领域得到广泛应用。

3. 导波雷达物位计

脉冲雷达物位计天线的辐射能约为 1mW，是一种微弱的信号，当这种信号发射进入空气中传播时，能量减弱得非常快，当信号到达液面并反射回来时，自液面反射的信号强度与液面的介电常数有直接关系，介电常数非常低的非导电类介质反射回来的信号非常小，这种被削弱的信号在返回至安装于罐顶部的接收天线的途中，能量又被进一步削弱，这会导致雷

达液位计所接收到的返回信号能量小于它所发出信号能量的1％；当液面出现波动和泡沫时，情况就变得更复杂，它将信号散射脱离传播途径或吸收大部分能量，从而使返回到脉冲雷达液面计接收天线的信号更加弱小或无信号返回；另外，当储罐中有搅拌器、管道等障碍物时，这些障碍物也会反射电磁波信号，从而产生虚假的液位信号。

为了弥补脉冲雷达液位计的这些缺陷，导波雷达液位物位计应运而生，导波雷达的工作原理与常规通过空间传播电磁波的雷达非常相似，导波雷达物位计的基础是电磁波的时域反射（Time Domain Refectory，TDR）原理，采用该原理可以发现埋地电缆和墙内埋设电缆的断头。测电缆断头时，TDR发生器发出的电磁脉冲信号沿电缆传播，遇到断头时，就会产生测量反射脉冲；同时，在接收器中预先设定好的与电缆总长度相应的阻抗变化也引发出一个基本脉冲，将反射脉冲与基本脉冲相比较，可精确测出断头的位置。将该原理用于物位测量时，微波脉冲不是在空间传播的，而是通过一根（或两根）从罐顶伸入、直达罐底的波导体传播的。导波体可以是金属硬杆或柔性金属缆绳。TDR发生器每秒中产生约20万个能量脉冲，当这些脉冲遇到波导体与液体表面的接触处时，由于波导体在气体中和在液体中的导电性能大不相同，这种波导体导电性的改变使波导体的阻抗发生骤然变化，从而产生一个液位反射原始脉冲，同时在波导体的顶部具有一个预先设定的阻抗，该阻抗产生一个可靠的基本脉冲，该脉冲又称为基线反射脉冲。雷达液位计检测到液位反射原始脉冲，并与基线反射脉冲相比较，从而计算出介质的液位高度，如图5-38所示。由于高导电性介质液位产生较强的反射脉冲，而低导电性介质产生的反射较弱。低导电性介质使得某些电磁波能沿着波导体穿过液面继续向下传播，直至完全消失或被一种较高导电性的介质反射回来，因此可以采用导波雷达测量两种液体界面（如油/水界面等），只要界面下的液体介电常数远远高于界面上液体的介电常数即可。

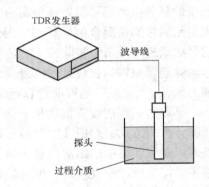

图5-38 导波雷达物位计原理

4. 雷达物位计的特点

（1）雷达物位计与超声波物位计比较 雷达物位计与超声波物位计都属于非接触式测量，是比较新型的物位测量仪表，都可以测量液位、物位和界面，并且这两种类型的物位测量仪表都采用了先进的回波处理技术，以排除各种干扰信号的影响，识别出正确的回波信号。与超声波物位检测方法相比，雷达物位检测方法具有较多的优点。超声波物位计发出的声波是一种通过介质传播的机械波，介质成分的构成、介质密度、温度等的变化会引起声速的变化，例如液体的蒸发气化会改变声波的传播速度从而引起超声波液位测量的误差。而电磁能量的传送则没有这些局限性，它可以在缺少介质（真空）或具有汽化介质的条件下传播，介质温度的变化也不影响电磁波的传播速度。

（2）脉冲雷达与调频连续波雷达物位计特点 这两种测量方式都属于非接触式测量，微波信号通过天线发射与接收。天线可以有各种类型：绝缘棒、锥形扬声器、平面阵列、抛物面等。绝缘棒天线通常用聚四氟乙烯、聚丙烯等高分子材料制成，耐腐蚀性能较好，可用于强酸、强碱等介质。但微波发射角较大（约30°），并且边瓣较多，对于罐内结构较复杂的情况，干扰回波会较多，有时调试较复杂。锥形扬声器天线尺寸与波束角的关系见表5-1。

表 5-1 锥形扬声器天线尺寸与波束角关系

微波频率	5.8GHz X 波段				26GHz K 波段			
天线尺寸/mm	Φ100	Φ150	Φ200	Φ250	Φ40	Φ50	Φ80	φ100
波束角(°)	32	23	19	15	23	18	10	8

在同频率下，扬声器直径越大，发射角越小。抛物面天线发射角最小，约 7°，但天线尺寸更大，如果微波频率为 X 波段，则直径达 φ454mm，开孔尺寸要大于 500mm，安装使用不太方便。发射角小，微波能量集中，可测较远距离（或较低介电常数的物料，也能有较强回波，也可测较远距离），由于波束范围小，干扰回波少，可以测量较狭窄的料仓。平面天线采用平面阵列技术，即发射源为多点发射源，与单点发射源相比，由于其测量基于一个平面，而不是一个确定的点，配合相应电子线路，可使微波物位计的测量精确度达 ±1mm，可用于储罐精密计量，主要用于计量级微波物位计。

（3）导波雷达的优点 导波雷达采用一个波导体（探头）传播电磁能量，具有常规通过空间传播电磁波的雷达液位仪表的全部性能，并具有如下独特的优点，可很好地用于石油化工设备中烃类及其他介质液位的测量。

1）能耗低。GWR 输出到波导探头的信号能量非常小，约为常规雷达发射能量（1mW）的 10%。这是因为波导体为信号至液面往返传输提供一条快捷高效的通道，信号的衰减保持在最小限度，因而可用以测量介电常数非常低的介质液位；另外由于导波雷达耗能小，采用回路供电而不是单独的交流供电，从而大大节省了安装费用。

2）由于信号在波导体中传输不受液面波动和储罐中的障碍物等的影响，因而仪表所接收到的返回信号能量相应较强，约为所发射能量的 20%，而且返回信号中的干扰性杂散信号极小，基本对测量信号无影响。

3）介质介电常数的变化对测量性能无明显影响。导波雷达和常规雷达一样，采用传输时间来测量介质液位，信号自烃类（介电常数 2~3）液体表面或自水（介电常数 80）面反射回传的时间一样，不同的只是信号幅度的差别。普通雷达需考虑介质的影响，比较难辨识返回的各种信号和从杂散信号中检出真正的液位信号，而导波雷达仅需测量电磁波的传输时间即可，无须信号的处理和辨别。

4）介质密度的变化对测量无影响，介质密度的变化影响浸没于介质中物体所受到的浮力，但不影响电磁波在波导体中的传播。

5）雾气和泡沫对测量无影响，由于电磁波不通过空间传播，因而雾气不会引起信号的衰减，泡沫也不会对信号进行散射而损失能量。

6）介质在波导体上的沉积和涂污对液位测量的影响极小。介质在探头上的涂污对测量液位的影响可分为两种：膜状涂污和桥接。膜状涂污是在液位降低时，高黏液体或轻油浆在探头上形成的一种覆盖层。由于这种涂污在探头上涂层均匀，因此对测量基本无影响。但桥接性涂污的形成却能导致明显的测量误差，当块状或条状介质污垢黏结于波导体上或桥接于两个波导体之间时，就会在该点测得虚假液位。

5. 雷达物位测量仪表的应用

（1）应用中应注意的问题 雷达物位计在使用中要注意以下问题：发射天线中心轴线与被测物料表面保持垂直，并与罐壁至少保证 30cm 的间距。天线扬声器口的前端应伸入料罐内部，以减少由于安装接管和设备间焊缝所造成的发射能量损失。避免安装于槽的中心位置，因为这样会使虚假回波增强。不要安装在加料口的上方，主要为防止加料时可能产生幅度比被测液面反射的有效回波大得多的虚假回波。当测量带有搅拌器的容器液面时，应尽量避开搅拌器搅拌时所形成的涡旋区，以尽可能地消除不规则液面对微波信号散射所造成的衰减。当储罐制造材料的介电常数小于 7，如纤维强化玻璃、聚乙烯、聚丙烯或无铅玻璃等，且壁厚适中时，可安装于储罐外部。若介质储槽为球形容器时，应采用导波管或旁通管方式安装，这样可以消除由容器形状所带来的多重回波的干扰，提高信噪比。在测量介电常数较小的介质（如液化气、汽油、柴油、变压器油等）时，因这些介质会对微波产生相对较大的衰减，为提高反射能量以确保测量精度，也应该用导波管方式安装。

在选型时，应充分考虑被测物料的具体情况。根据过程压力及温度选择对应的连接法兰；根据量程及介质的介电常数、摇晃或涡旋及泡沫等，决定天线尺寸，量程越大、介电常数越低，则天线尺寸应该越大；如测量场合为强腐蚀性，应选用表面涂覆 PTFE 的杆式天线测量系统；如测量场合为高温（超过 200℃）、高压时，应选用带天线延伸管的高温型和高压型；若介质易冷凝则可选用带屏蔽管的杆式天线系统；对于食品、卫生行业来说，还有卫生型产品可供选择。

（2）雷达物位仪表的应用　与一些传统物位仪表相比，雷达物位仪表在下列领域的应用技术上有优势：

1）高温、高压、腐蚀、带搅拌等复杂工况。如用于沥青、酸碱罐、反应釜等化工行业。

2）高炉炉料料位和高温融熔金属液位。这类工况被测物料温度较高，由于热辐射，物位计安装位置温度很高，故通常采用带弯曲延伸管的扬声器天线，电子部件在远离热辐射区域，不锈钢扬声器天线能耐受较高温度。而雷达的传播与反射不受温度影响。典型应用场合有高炉炉料料位测量、钢水液位测量、融熔铝液位测量等。

3）粉状、颗粒状料位。测量固态物料要用专用型号的雷达物位计，其信号处理软件和测量液位的雷达物位计是不同的。粉状料位（电厂灰库、水泥厂均化库及成品库料位）一般采用气动输送，料仓中空间粉尘很大。水泥厂均化库还从下部往上吹气，料面不是很清晰。超声波测量效果不理想，在吹气进料时由于空间粉尘很大，声波被大量衰减，收不到回波，而雷达很少受影响。导波式雷达物位计也可以用，价格会便宜些，但因为是接触式，安装及维护较麻烦。

4）大型储罐液位精密测量。原油、成品油罐、液化气、化工液体等液位测量，可本安或隔爆。过程级的仪表测量精确度可达 ±3mm，计量级仪表可达 ±1mm。近年来，雷达物位计会逐步成为该领域中主要仪表。

5.2.8　磁致伸缩物位测量仪表

1. 概述

随着科学技术的迅猛发展，尤其是新材料的不断涌现和计算机、通信技术的飞速发展，液位测量原理和测量方法在不断发展和更新。同时，工业生产也对液位测量提出了越来越高的要求，要同时满足高准确度、大量程、多参数测量的要求，传统的浮子式、电阻式、电容式、超声波等液位测量仪表不能很好地满足这些测量要求，而磁致伸缩物位测量仪表能同时测量液位、界面和温度等参数，并具有较高的精度。

2. 测量原理

（1）磁致伸缩效应　磁致伸缩液位传感器基于磁致伸缩效应。铁磁材料或亚铁磁材料在居里点温度以下于磁场中被磁化时，会沿磁化方向发生微量伸长和缩短，称之为磁致伸缩效应，又称焦耳效应。磁致伸缩的产生是由于铁磁材料在居里点温度以下发生自发磁化，形成大量磁畴，并在每个磁畴内晶格发生形变。在未加外磁场时，磁畴的磁化方向是随机的，不显示宏观效应；在有外磁场作用时，大量磁畴的磁化方向转向外磁场磁力线方向，其宏观效应表现为材料在磁力线方向的伸长或缩短。相反，由于形状变化致使磁场强度发生变化的现象，称为磁致伸缩逆效应。其材料变形的大小用磁致伸缩系数 λ_S 来度量，即

$$\lambda_S = \Delta L / L$$

式中，L 为受外磁场作用的物体总长（m）；ΔL 为物体长度尺寸变形量（m）。λ_S 越大，材料的磁致伸缩效果越好，越有利于测量。传统磁致伸缩材料如 Fe、Co、Ni 等的磁致伸缩系数较小，而稀土超磁致伸缩材料其 λ_S 比传统磁致伸缩材料的磁致伸缩系数大 100～1000 倍，随磁场的变化产生敏锐而精确的长度变化，因此得到了广泛的应用和研究。

20 世纪 80 年代美国和德国等少数国家利用磁致伸缩原理开发出了绝对位移传感器，之后美国 MTS 公司首先将磁致伸缩原理用于液位测量技术上，开发出测量油罐液位的传感器。磁致伸缩效应在测量长度、位移等方面得到了广泛的应用，而在液位测量中的应用只有十几年的历史。近年来，各种高新技术迅猛发展，使得磁致伸缩液位传感器发生了很大变化。新技术主要是采用新材料、新工艺，以提高测量的精确度、可靠性和应用范围，进而实现传统传感器不可能完成的全新功能。

（2）磁致伸缩液位传感器总体结构　磁致伸缩液位传感器是由保护套管、波导管、磁浮子和测量头四个主要部分组成，图 5-39 为一种典型的安放于储罐中的液位传感器总体结构。测量头安装在罐体之外，包括脉冲发生、回波接收、信号检测与处理电路。由不锈钢或铝合金材料做的保护套管套在波导管外，插入液体中直达罐底，底部固定在罐底。磁浮子可以有两个，一个测量油位，另一个安放在波导管对应的油水界面处，用于测量界位。若在波导管底端再设置一块磁铁，还可以完成自校正功能，这样就无需对传感器定期标定。

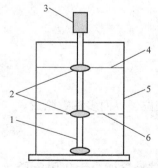

图 5-39　磁致伸缩液位传感器总体结构
1—波导管　2—磁浮子　3—测量头
4—液面　5—罐体　6—界面

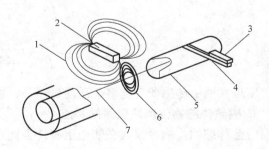

图 5-40　磁致伸缩液位传感器工作原理图
1—移动磁铁产生磁场　2—移动磁铁　3—偏置磁铁
4—线圈　5—波导管　6—脉冲电流产生磁场　7—铜丝

（3）磁致伸缩液位传感器工作原理　利用两个不同的磁场相交使波导管发生波导扭曲，产生一个超声波信号，然后计算这个信号被探测所需的时间，便能换算出动磁铁的准确位

置。图 5-40 中，位于中央的是形成机械弹性波的磁致伸缩波导管，在它的轴向方向配置非接触移动的磁环，为磁致伸缩波导管产生轴向磁场。在进行液位测量时，将磁环装置在浮子中，而将波导管垂直安装在罐中，则磁环（磁浮子）随着液面（界面）的变化上下滑动。当在金属线（铜丝）上有一个轴向的电流脉冲时，在波导管上产生周向磁场，周向和轴向磁场矢量合成倾斜磁场，因周向磁场产生于瞬间，所以倾斜磁场也瞬间产生。一旦磁场发生瞬间变化时，根据威德曼（Wiedemann）效应，波导管随其瞬间变形产生波导扭曲，同时产生一个应变脉冲的超声波信号，在波导管中以固定的速度向两端传播。其传播速度为

$$v = \sqrt{\frac{G}{\rho}}$$

式中，G 为波导管的切变模量（N/m^2）；ρ 为波导管密度（kg/m^3）。

由于 G 和 ρ 均是恒定（对于一定的波导管来说）的，所以传播速度也恒定。当超声波沿波导管传到控制器一端时，超声波被固连在波导管上的回波接收装置接收转换为电脉冲，该脉冲经放大送到主要由计数器所组成的测量电路中。因为超声波在波导管中是以恒速传播的，所以只要测出脉冲发射与脉冲接收两者之间的时间间隔，再乘以这个固定速度，即可得到磁铁的位置，实现位置检测。这个过程是连续不断的，所以，每当磁铁移动时，新的位置就被感测出来。由于磁铁距离传感器的电子检测装置越远，声波传播所需的时间就越长，所以传感器的更新时间也越长。

波导管中超声波的传播速度一般为 1800～2000m/s。当计数频率为 200MHz 时，以超声波传播速度 2000m/s 为例，液位传感器的测量分辨率可达到 0.01mm。由此可见，只要计数脉冲的频率足够高，磁致伸缩液位传感器的理论分辨率可以达到无穷小，实际上可以达到甚至优于 0.01mm，而且还可采用温度补偿等措施，所以磁致伸缩传感器能够达到很高的准确度。传感器的测量头内含单片机控制系统，可以探测到同一发射脉冲所产生的连续返回脉冲，所以在同一传感器上安装两个浮子，可以同时进行油位、水位的测量。若在波导管底部（罐底）固定一个磁环，还可完成自校准功能，消除温度对波速的影响。设罐总高 L，超声波从油面、油水界面和罐底返回的时间分别为 T_1、T_2 和 T_3，则油位为

$$L_1 = \frac{L(T_3 - T_1)}{T_3}$$

水位为

$$L_2 = \frac{L(T_3 - T_2)}{T_3}$$

所以在同一传感器上配多个活动磁浮子，可以同时进行液位、界面多参数测量。

3. 磁致伸缩物位测量仪表的特点

磁致伸缩物位测量仪表在使用上有许多优点：

1）测量精度高。最高可达 0.01%FS（满量程），其非线性精度能小于 0.01%FS，重复精度能小于 0.001%FS。在现有液位测量仪表中，只有伺服式、雷达式和光纤式几种液位测量仪表的测量精度可达到毫米数量级。

2）测量范围较大，硬杆式为 9.1m，软缆式可达 18m，一般的测量范围均可满足。

3）由于采用波导管来传播超声波，故介质的雾化、蒸汽和介质表面的泡沫等都不会对测量精度造成较大的影响。

4）测量仪表的整个变送器密封在保护套管内，其传感器元件和被测液体非接触。虽然测量时，磁性浮球不断移动，但不会对传感器造成任何磨损，所以性能可靠，使用寿命长，无故障工作时间最长可达23年，适合多种恶劣环境。

5）安装、调试、标定简单方便。在现场安装确定之后，可准确计算出液位（或界面）零点及满量程在测量保护套管上的相应位置，在安装前即可通电调试，把浮子分别置于零点和满量程位置，调零点和满量程输出分别为4mA和20mA，无须通过液面（或界面）升降来调试、标定。由于输出信号反映的是绝对位置的输出，而不是比例或需要再处理的信号，所以不存在信号漂移或变值的情况，不需要像其他类型的液位传感器那样进行定期标定和维护，大大节省了人力和物力，为用户带来极大的方便。

6）可进行多点、多参数的液位测量，有自校正、免维护等独特功能。安全性高，磁致伸缩液位传感无须人工开启罐盖，避免了人工测量带来的不安全因素。

磁致伸缩物位测量仪表在应用中要注意以下几点，否则可能会带来较大测量误差。

1）被测液体的密度分布不均时，其浮子在液体中的高度会有变化，需要以实际介质进行标定。

2）被测介质的温度变化的影响。由于采用磁性浮子作为液位和油水界面的感应元件，当被测介质受温度影响引起密度变化时，会使浮子浸在液体中的高度发生变化，给测量准确度带来影响，因此要减小介质密度随温度变化对测量的影响一般可采取以下措施：一方面，从浮子材质及结构尺寸考虑，尽量减小浮子密度，使浮子浸入介质的深度减小。若不是柱状浮子（如球状），减小其外径，也可减小密度变化对测量的影响。另一方面，应考虑温度影响的补偿。磁致伸缩液位传感器要实现高精度测量，必须配有高分辨率的信号检测接口及温度补偿措施才能得以实现。

3）浮子沿着波导管外的保护套管上下移动，长期工作黏结污垢后，浮子容易被卡死。

4）使用时的工作压力也不宜太高，一般要求在30MPa以下。

4. 磁致伸缩物位测量仪表的应用

磁致伸缩液位计可以同时测量液位、界面和温度，广泛应用于石油化工、电力、冶金、生化制药、食品加工等工业过程中，包括原油、各种化学品、各种溶剂、污水等介质液位测量。特别适合灌区计量应用的高精度液位测量。磁致伸缩液位计的探杆可以由耐腐蚀材料制成，用于测量腐蚀性介质，也可以选用卫生型探杆用于生化制药和食品加工场合。

5.2.9 光纤式液位计

随着光纤传感技术的不断发展，其应用范围日益广泛。在液位测量中，光纤传感技术的有效应用，一方面缘于其高灵敏度，另一方面是由于它具有优异的电磁绝缘性能和防爆性能，从而为易燃易爆介质的液位测量提供了安全的检测手段。

1. 全反射型光纤液位计

全反射型光纤液位计由液位敏感元件、传输光信号的光纤、光源和光检测元件等组成。图5-41所示为光纤液位传感器部分的结构原理图。棱镜作为液位的敏感元件，它被烧结或粘接在两根大芯径石英光纤的端部。这两根光纤中的一根光纤与光源耦合，称为发射光纤；另一根光纤与光电元件耦合，称为接收光纤。棱镜的角度设计必须满足以下条件：当棱镜位于气体（如空气）中时，由光源经发射光纤传到棱镜与气体界面上的光线满足全反射条件，即入射光线被全部反射到接收光纤上，并经接收光纤传送到光电检测单元中；而当棱镜位于液体中时，由于液体折射率比空气大，入射光线在棱镜中全反射条件被破坏，其中一部分光线将透过界面而泄漏到液体中去，致使光电检测单元收到的光强减弱。

设光纤折射率为 n_1，空气折射率为 n_2，液体折射率为 n_3，光入射角为 Φ_1，入射光功率为 P_i，则单根光纤对端面分别裸露在空气中时和淹没在液体中时的输出光功率 P_{o1} 和 P_{o2} 分别为

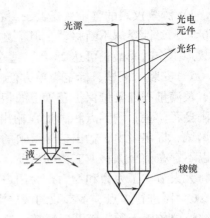

图 5-41　全反射型光纤液位传感器结构原理

$$P_{o1} = P_i \frac{(n_1\cos\Phi_1 - \sqrt{n_2^2 - n_1^2\sin^2\Phi_1})^2}{(n_1\cos\Phi_1 + \sqrt{n_2^2 - n_1^2\sin^2\Phi_1})^2} = P_i E_{o1}$$

$$P_{o2} = P_i \frac{(n_1\cos\Phi_1 - \sqrt{n_3^2 - n_1^2\sin^2\Phi_1})^2}{(n_1\cos\Phi_1 + \sqrt{n_3^2 - n_1^2\sin^2\Phi_1})^2} = P_i E_{o2}$$

二者差值为

$$\Delta P_o = P_{o1} - P_{o2} = P_i(E_{o1} - E_{o2}) \quad (5\text{-}3)$$

由式（5-3）可知，只要检测出差值 ΔP_o，便可确定光纤是否接触液面。

由上述工作原理可以看出，这是一种定点式的光纤液位传感器，适用于液位的测量与报警，也可用于不同折射率介质（如水和油）的分界面的测定。另外，根据溶液折射率随浓度变化的性质，还可以用来测量溶液的浓度和液体中小气泡含量等。若采用多头光纤液面传感器结构，便可实现液位的多点测量，如图 5-42 所示。

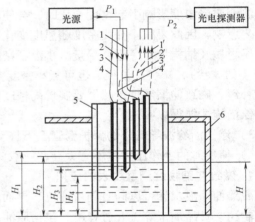

图 5-42　光纤对多头传感器结构
P_1—入射光线　P_2—出射光线
1,2,3,4—入射光纤　1',2',3',4'—出射光纤
5—管状支撑部件　6—大储水槽

由图可见，在大储水槽 6 中，储水深度为 H，5 为垂直放置的管状支撑部件，其直径很细，侧面穿很多孔，图中所示是采用了多头结构 1-1'、2-2'、3-3' 和 4-4'。用图 5-41 所示的同样光纤对，分别固定在管状支撑部件 5 内，距底部高度分别为 H_1、H_2、H_3 和 H_4。入射光纤 1、2、3 和 4 均接到发射光源上，虚线 1'、2'、3' 和 4' 表示出射光纤，分别接到各自光电探测器上，将光信号转变成电信号，显示其液位高度。

光源发出的光分别向入射光纤 1、2、3 和 4 送光，因为结合部 3 和 4 位于水中，而结合部 1 和 2 位于空气中，所以光电探测器的检测装置从出射光纤 1' 和 2' 所检测到的光强大，而对出射光纤 3' 和 4' 所检测的光强就小。由此可以测得水位 H 位于 H_2 和 H_3 之间。为了提高测量精度，可以多安装一些光纤对，由于光纤很细，故其结构体积可做得很小。安装也容易，并可以远距离观测。

由于这种传感器还具有绝缘性能好，抗电磁干扰和耐腐蚀等优点，故可用于易燃易爆或具有腐蚀性介质的测量。但应注意，如果被测液体对敏感元件（玻璃）材料具有黏附性，则不宜采用这类光纤传感器，否则当敏感元件露出液面后，由于液体黏附层的存在，将出现虚假液位，造成明显的测量误差。

2. 浮沉式光纤液位计

浮沉式光纤液位计是一种复合型液位测量仪表，它由普通的浮沉式液位传感器和光信号检测系统组成，主要包括机械转换部分、光纤光路部分和电子电路部分，其工作原理及检测系统如图 5-43 所示。

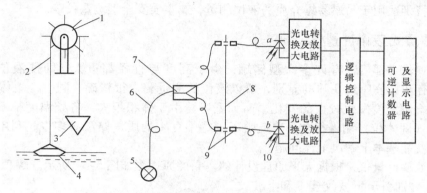

图 5-43　浮沉式光纤液位计工作原理及检测系统
1—计数齿盘　2—钢索　3—重锤　4—浮子　5—光源　6—光纤
7—等强度分束器　8—计数齿盘　9—透镜　10—光电元件

1）机械转换部分由浮子 4、重锤 3、钢索 2 及计数齿盘 1 组成，其作用是将浮子随液位上下变动的位移转换成计数齿盘的转动齿数。当液位上升时，浮子上升而重锤下降，经钢索带动计数齿盘顺时针方向转动相应的齿数；反之，若液位下降，则计数齿盘逆时针方向转动相应的齿数。通常，总是将这种对应关系设计成液位变化一个单位高度（如 1cm 和 1mm）时，齿盘转过一个齿。

2）光纤光路部分由光源 5（激光器或发光二极管）、等强度分束器 7、两组光纤光路和两个相应的光电元件 10（光电二极管）等组成。两组光纤分别安装在齿盘上下两边，每当齿盘转过一个齿时，上下光纤光路就被切断一次，各自产生一个相应的光脉冲信号。由于对两组光纤的相对位置做了特别的安排，从而使得两组光纤光路产生的光脉冲信号在时间上有一很小的相位差。通常，导先的脉冲信号用做可逆计数器的加、减指令信号，而另一光纤光路的脉冲信号用做计数信号。

如图 5-43 所示，当液位上升时，齿盘顺时针转动，假设是上面一组光纤光路先导通，即该光路上的光电元件先接收到一个光脉冲信号，那么该信号经放大和逻辑电路判断后，就提供给可逆计数器作为加法指令（高电位）。紧接着导通的下一组光纤光路也输出一个脉冲信号，该信号同样经放大和逻辑电路判断后提供给可逆计数器作为计数运算，使计数器加1。相反，当液位下降时，齿盘逆时针转动，这时先导通的是下面一组光纤光路，该光路输出的脉冲信号经放大和逻辑电路判断后提供给可逆计数器作减法指令（低电位），而另一光路的脉冲信号作为计数信号，使计数器减 1。这样。每当计数齿盘顺时针转动一个齿，计数器就加1；计数齿盘逆时针转动一个齿，计数器就减 1，从而实现了计数齿盘转动齿数与光电脉冲信号之间的转换。

3）电子电路部分由光电转换及放大电路、逻辑控制电路、可逆计数器及显示电路等组成。光电转换及放大电路主要是将光脉冲信号转换为电脉冲信号，再对信号加以放大。逻辑控制电路的功能是对两路脉冲信号进行判别，将先输入的一路脉冲信号转换成相应的"高电位"或"低电位"，并输出送至可逆计数器的加减法控制端，同时将另一路脉冲信号转换成计数器的计数脉冲。每当可逆计数器加1（或减1），显示电路则显示液位升高（或降低）1个单位（1cm或1mm）高度。

浮沉式光纤液位计可用于液位的连续测量，而且能做到液体储存现场无电源、无电信号传送，因而特别适用于易燃易爆介质的液位测量，属本质安全型测量仪表。

5.2.10 称重式液罐计量仪

在石油、化工部门，有许多大型储罐，由于高度与直径都很大，即使液位变化 1 ~ 2mm，就会有几百公斤到几吨的差别，所以液位的测量要求很精确。同时，液体（例如油品）的密度会随温度发生较大的变化，而大型容器由于体积很大，各处温度很不均匀，因此即使液位（即体积）测得很准，也反映不了罐中真实的质量储量有多少。利用称重式液罐计量仪，就能基本上解决上述问题。

称重式液罐计量仪是根据天平原理设计的。它的原理图如图 5-44 所示。罐顶压力 p_1 与罐底压力 p_2 分别引至下波纹管 1 和上波纹管 2。两波纹管的有效面积 A_1 相等，差压引入两波纹管，产生总的作用力，作用于杠杆系统，使杠杆失去平衡，于是通过发讯器、控制器，接通电机线路，使可逆电机旋转，并通过丝杠 6 带动砝码 5 移动，直至由砝码作用于杠杆的力矩与测量力（由压差引起）作用于杠杆的力矩平衡时，电机才停止转动。下面推导在杠杆系统平衡时砝码离支点的距离 L_2 与液罐中总的质量储量之间的关系。

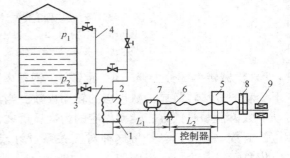

图 5-44 称重式液罐计量仪
1—下波纹管 2—上波纹管 3—液相引压管
4—气相引压管 5—砝码 6—丝杠
7—可逆电机 8—编码盘 9—发讯器

杠杆平衡时，有

$$(p_2 - p_1)A_1L_1 = MgL_2 \qquad (5\text{-}4)$$

式中，M 为砝码质量；g 为重力加速度；L_1、L_2 为杠杆臂长；A_1 为纹波管有效面积。

由于

$$p_2 - p_1 = H\rho g$$

代入式（5-4），就有

$$L_2 = \frac{A_1L_1}{M}\rho H = K\rho H \qquad (5\text{-}5)$$

式中，ρ 为被测介质密度；K 为仪表常数。

如果液罐是均匀截面，其截面积为 A，于是液罐内总的液体储量 M_0 为

$$M_0 = \rho HA$$

即

$$\rho H = \frac{M_0}{A} \qquad (5\text{-}6)$$

将式（5-6）代入式（5-5），得

$$L_2 = \frac{K}{A}M_0$$

因此，砝码离支点的距离 L_2 与液罐单位面积储量成正比。如果液罐的横截面积 A 为常数，则可得

$$L_2 = K_i M_0$$

式中

$$K_i = \frac{K}{A} = \frac{A_1 L_1}{AM}$$

由此可见，L_2 与液罐内介质的总质量储量 M_0 成比例，而与介质密度无关。

如果储罐横截面积随高度而变化，一般是预先制好表格，根据砝码位移量 L_2 就可以查得储存液体的质量。

由于砝码移动距离与丝杠转动圈数成比例，丝杠转动时，经减速带动编码盘 8 转动，因此编码盘的位置与砝码位置是对应的，编码盘发出编码信号至显示仪表，经译码和逻辑运算后用数字显示出来。

由于称重式液罐计量仪是按天平平衡原理工作的，因此具有很高的精度和灵敏度。当罐内液体受组分、温度等影响，密度变化时，并不影响仪表的测量精度。该仪表可以用数字直接显示，显示醒目，并便于与计算机联用，进行数据处理或进行控制。

5.2.11 物位开关

1. 概述

物位开关有液位开关和料位开关之分。物位开关因其简单、价廉，在工业自动化领域应用广泛。目前液位开关的主导产品还是浮球式液位开关，其次是音叉式和电容式液位开关。射频导纳式液位开关具有安装简单、无可动件、可靠性高、维修量小等特点，而且在耐压和防腐方面优于浮球开关，因此其应用开始增加。超声波物位开关属于无接触式测量，具有明显优点，在一些特殊测量场合得到应用。测量固体、粉末等介质的料位开关目前主要是阻旋式，其次是音叉式和电容式。阻旋式物位开关处在不断地旋转中，可靠性较低。作为较新型的物位开关，射频导纳式和超声波式料位开关的应用逐步增加。从应用来说，各种电子型物位开关开始逐步替代传统浮球液位开关，只有在高温、高压的工况下仍采用浮球型液位开关。

2. 浮球型液位开关

浮球型液位开关种类极多，但是其工作原理却基本相同。浮球的材料主要有金属、塑料、磁性材料等，以适应不同的温度、压力、介质、物理、化学特性。

（1）电缆浮球液位开关 电缆浮球开关是利用微动开关或水银开关做接点零件，当电缆浮球以重锤为原点上扬一定角度时（通常微动开关上扬角度为 $28° \pm 2°$，水银开关上扬角度为 $10° \pm 2°$），开关便会有接通或断开信号输出。电缆浮球液位开关可以加工成多点控制，实现多个液位报警。电缆根据介质的不同以及液位高低等采用不同的材料和长度。

（2）小型浮球液位开关 通常将密封的非磁性金属或塑胶管内根据需要设置一点磁簧开关，再将中空而内部有环形磁铁的浮球固定在杆径内磁簧开关相关位置上，浮球密度小于液体密度，液体使浮球在一定范围内上下浮动，利用浮球内的磁铁去吸引磁簧开关的闭合，产生开关动作，以控制液位。常开和常闭是没有注入液体时的状态。连杆浮球液位开关一般

为定制品，依照被测液体的温度、压力、比重、耐酸碱等特性，选择适合规格的浮球。选购时还需确定接续规格（法兰安装或螺纹安装等），各动作点位置，动作形式（常开或常闭）和总长。

（3）侧装式浮球液位开关　侧装式浮球液位开关依其使用温度有磁簧型及微动开关型两种，因浮力作用而上下运动时，接线盒内的开关也受到臂端磁铁的影响，其常闭接点与常开接点会发生状态变换。这两种开关动作原理稍有不同，磁簧型是因磁臂端的吸引与否而产生开关动作，而微动开关型则是因磁臂与微动开关前的磁铁间相互排斥运动而推压微动开关产生开闭动作。侧装式浮球液位开关为桶槽内水平装置的液位侦测器，可用于高低液位侦测。

（4）磁性浮子液位开关　磁性浮子液位开关安装于桶槽外侧延伸管上，桶槽内部的液位能由翻板指示器清楚得知。在桶槽外侧装置延伸旁路管，旁路管外加装液位指示器，将装有磁铁的浮球放进旁路管内，因磁性色片内装着与浮球磁性相反的磁铁，所以当浮球上升时会吸引磁性色片翻动，磁性色片颜色会由白色翻成红色（或银色翻为金色），以指示实际液面高度。旁路管外侧亦可加装磁性开关，作电气接点信号输出。磁性浮子液位开关适用于高温、高压、强酸、强碱及防爆等环境，具有结构简单、可靠耐用的特点。

3. 光电式液位开关

光电式液位开关主要由红外线光源、接收信号的光电接收器，如光敏晶体管，以及放大驱动电路等组成，如图 5-45 所示。它利用光线的折射及反射原理进行液位测量，即光线在两种不同介质的分界面将产生反射或折射现象。当被测液体处于高位，没有浸没光电开关时，光线全部经由棱镜折射回接收器；当被测液体处于低位，浸没光电开关时，光线一部分穿透尖端棱镜，一部分光线折射回到接收器。在这两种不同状态时，光电接收器接收的能量有显著的差别，通过放大电路驱动，可以输出开关信号。

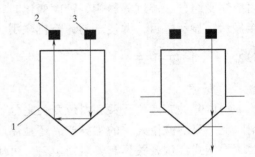

图 5-45　光电式液位开关工作原理
1—棱镜　2—光电接收器　3—光源

光电式液位开关具有体积小、安装容易等特点，适用于有杂质或带黏性液体的液位检测，使用一定材质的外壳材料后，可以耐油、耐水、耐酸碱。

4. 音叉式物位开关

音叉由晶体激励产生振动，当音叉被液体或固体浸没时振动频率发生变化，这个频率变化由电子线路检测出来并输出一个开关量。音叉式物位开关用于液位测量时，又称作电气浮子。当普通的浮球型液位开关由于结构、湍流、搅动、气泡、振动等原因而不能正常使用时，可使用音叉式物位开关。

一些新型的音叉开关采用压电材料产生感应振动，在音叉式料位开关之感应棒底座，透过压电晶片驱动音叉棒，并且由另外一压电晶片接收振动信号，使振动信号得以循环，并且使感应棒产生共振。当物料与感应棒接触时，振动信号逐渐变小，直到停止共振时，控制电路会输出电气接点信号。由于感应棒感度由前端向后座依次减弱的自然原理，当桶槽内物料于槽周围向上堆积，触及感应棒底座（后部）或排料时，均不会产生错误信号。此外，振动的感应棒亦会自然震落黏附在杆上的物料，所以感应棒上不会有堆积的物料。这种新型音叉开关可广泛应用于各种不同密度、湿度、成分之固态物料；精确度高且操作简单，没有校准的麻烦，即使再细的料粉也能使用。音叉物位开关可以任何方向安装于液体罐、槽或其他设备上，也可安装于管道上防止泵的无料运行。

5. 静电容式物位开关

属接触式测量，以被测物为介质，利用感应棒检测感应棒与桶壁（对地电极）间电容量，当感应棒被物料覆盖时电容渐增，当达到开关内部设定线路值时，测量线路产生高频谐振，检出谐振信号，转换成开关动作。静电容料位开关由于构造简单，无机械传动结构，因此不会磨损。静电容物位开关可以测量的介质可以是金属及非金属，因此可用于液位高低位、粉体高低位、塑料类之检测。像音叉物位开关一样，静电容物位开关也可以任何方向安装于液体罐、槽或其他设备上。

6. 射频导纳式物位开关

射频导纳物位开关基于射频电容技术，通过电路产生稳定的高频信号来检测被测介质的阻抗变化。仪表工作时，电路产生的高频测量信号施加在测量电极上，此时仪表将空气的介电常数产生的阻抗设为零点。当探头与被测介质接触并产生阻抗变化，并且这一变化达到设定的数值时，产生开关信号输出。射频导纳物位开关为了适应复杂的测量环境，普遍采用了一些独特的探头和电路设计技术，如在测量电极与接地电极间增加了保护电极以解决物料黏附、挂料等问题；增加温度修正电路解决工作点漂移问题。因此，新型的射频导纳物位开关具有更高的系统稳定性，在较恶劣的现场条件下，也能可靠工作，不受温度、压力、材料密度、湿度、甚至物料化学特性变化的影响。射频导纳物位开关适用于液体、浆料、固体、颗粒介质物位测量，但其更多的应用还是固体、浆料等料位测量及高压场合。

7. 超声式物位开关

超声式物位开关主要有两种类型，一类与连续物位测量类似，报警物位可以设置，适用于液体和固体介质；它通常可以检测较大距离，而传感器内置的温度补偿元件可以增强其适应性，提高测量精度。但由于超声波传播速度受传播介质振动、噪声影响较大，因此一般不能在粉尘、高温、高压场合使用。还有一类是外贴式超声液位开关，即超声开关安装在槽、罐等容器外侧。由于仪表不受介质压力作用，因此其较常规超声开关要耐压，特别适于高压罐液位报警。外贴式超声液位开关对罐内介质或机构不产生干扰，无污染、无泄漏，因此还适用于对卫生要求严格的食品罐、医药卫生罐及强腐蚀性罐。

超声式物位开关在化工、石化、食品、制药、水和水处理等领域已经逐步得到应用。

8. 阻旋式料位开关

阻旋式料位开关的叶片是利用传动轴与离合器相连，在未接触物料时，电动机保持正常运转，当叶片接触物料时，电动机会停止转动，同时输出一接点信号而测出料位高度。阻旋式料位开关属于接触式测量，因此，一般产品在设计中都采取一定措施延长其寿命，增加测量的可靠性和准确性，如采用独特的油封设计防止粉尘沿轴渗入；扭力稳定可靠，且扭力大小可以调整；叶片承受过重的负荷，电动机回转机构会自动打滑，保护其不受损坏。

阻旋式料位开关适用于化学塑胶、制药、饲料、水泥、化学肥料及食品粉类制造加工等行业的料位测量。

5.2.12 物位测量仪表的选型

物位测量仪表的选型原则如下：

1）液面和界面测量应选用差压式仪表、浮筒式仪表和浮子式仪表。当不满足要求时，可选用电容式、射频导纳式、电阻式（电接触式）、声波式、磁致伸缩式等仪表。

料面测量应根据物料的粒度、物料的安息角、物料的导电性能、料仓的结构形式及测量要求进行选择。

2）仪表的结构形式及材质，应根据被测介质的特性来选择。主要的考虑因素为压力、温度、腐蚀性、导电性；是否存在聚合、黏稠、沉淀、结晶、结膜、汽化、起泡等现象；密度和密度变化；液体中含悬浮物的多少；液面扰动的程度以及固体物料的粒度。

3）仪表的显示方式和功能，应根据工艺操作及系统组成的要求确定。当要求信号传输时，可选择具有模拟信号输出功能或数字信号输出功能的仪表。

4）仪表量程应根据工艺对象实际需要显示的范围或实际变化范围确定。除供容积计量用的物位仪表外，一般应使正常物位处于仪表量程的 50% 左右。

5）仪表精确度应根据工艺要求选择。但供容积计量用的物位仪表的精确度应不劣于 ±1mm。

6）用于可燃性气体、蒸汽及可燃性粉尘等爆炸危险场所的电子式物位仪表，应根据所确定的危险场所类别以及被测介质的危险程度，选择合适的防爆结构形式或采取其他的防爆措施。

液面、界面、料面测量方法选型推荐表如表 5-2 所示。

表 5-2　各种物位测量方法选型推荐表

检测方式		直读式		差压式			浮力式			电磁式				
		玻璃管式	玻璃板式	压力式	差压式	法兰差压式	浮子式	浮球式	浮筒式	电阻式	电容式	电感式	磁性	磁致伸缩
检测元件	测量范围/m	<1.5	<3	3	20	20	20	1.5	2.5	2.5~30			4	23
	测量精确度				±1%	±1%	±1.5%	±1.5%	±1%	±10mm	±2%		±10mm	0.01%
	可动部件	无	无	无	无	无	有	有	有	无	无	无	无	无
	与介质接触否	是	是	是	是	是	是	是	是	是	是	是	是	是
信号输出		就地目视	就地目视	远传	远传	远传	远传	远传	远传	远传	远传	远传	远传	远传
是否要标定		否	否	是	是	是	是	是	是	是	是			否
被测对象	所测参数	液位	液位	液位料位	液位界面	液位界面	液位	液位界面	液位界面	液位料位	液位料位界面	液位	液位	液位界面温度
	最大工作压力/MPa	1.6	15				2.5	2.5	4		32		10	20
	介质温度影响	否	否	是	是	是	是	是	是	是	是	否		是
	黏性介质					可用	可用						可用	可用
	多泡沸腾介质			适用	适用	适用		适用	适用					

（续）

检测方式	声学式				射线式	雷达式			其他形式			
	气介式超声波	液介式超声波	固介式超声波	音叉式物位开关	射线式物位	脉冲	调频连续波	导波	射频导纳	重锤料位测量仪	激光式	光电开关
检测元件　测量范围/m	30	30			30	20	20	35		70		
测量精确度	±3mm	±3mm	±5mm		±2%	±3mm	±2mm	±1.5mm		±5cm		
可动部件	无	无	无	无	无	无	无	无	无	有	无	无
与介质接触否	否	是	否	是	否	否	否	是	是	是		是
信号输出	远传	远传	远传	远传	远传	远传	远传	远传	远传	远传	远传	远传
是否要标定	是	是	是		否	否	否	否		否	否	
被测对象　所测参数	液位料位界面	液位界面	液位界面	液体固体	液位料位界面	液位料位	液位料位	液位料位界面	液位料位界面	料位	液位料位	
最大工作压力/MPa	0.3	0.3	0.3	1	20	4	4	40	20	0.3		
介质温度影响	气体介质	是	否	是	否	否	否	否	是	否	否	否
黏性介质	适宜	适宜	适宜		适宜	适宜	适宜		适宜		适宜	
多泡沸腾介质					适宜			适宜				

注：同类仪表具体参数会随产品不同而有较大差别。

任务三　液位控制系统的安装与调试

物位测量在生产过程和计量方面占有极其重要的地位，物位测量的作用在于为生产过程提供一个真实、准确反映物位是否处在正常位置的操作参数，保证生产的有序进行和安全。另外是计量方面的要求，为计量需要提供原料罐（槽）、半成品罐（槽）和产品眼（仓）内存物质数量，并为生产活动、经营业务提供必要数据。

5.3.1　浮力式液位计的安装

1）内浮子（筒）式液位计的安装，应在容器内设置导向装置，以防容器内液体涌动，对浮子产生偏向力。内浮子（筒）式液位计导向装置形式有管式导向（图 5-46）、环式导向和绳索导向（图 5-47），在此仅介绍管式导向和绳索导向。

管式导向装置，管壁钻有小孔。为了便于罐底清淤，管子底部应离开罐底约 120mm，管子应垂直安装，用型钢支架支撑，应固定牢固。

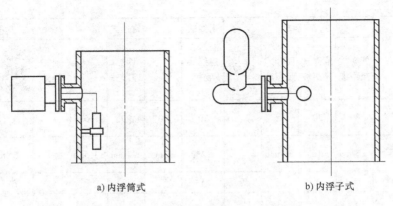

a) 内浮筒式 b) 内浮子式

图 5-46　管式导向型内浮子（筒）式液位计的安装形式

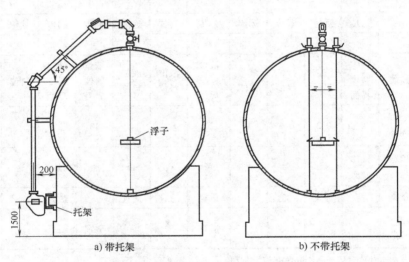

a) 带托架 b) 不带托架

图 5-47　绳索导向型液位计安装形式

浮筒、浮标安装后应上、下活动灵活，无卡涩现象。

浮子式液位开关，在容器上焊接的法兰短管不可过长，否则会影响浮子的行程，应保证浮球能在全行程范围内自由活动，如图 5-46b 所示。

绳索导向装置的两根钢索之间间距以浮标上导向环的尺寸确定。为保证钢索垂直安装，必须从容器顶部放线锤确定容器底部钢索锁紧部件的固定地点，如图 5-47 所示。

2）外浮筒式液位计的安装如图 5-48 所示，浮筒外壳上一般都有中心线标志，浮筒式液位计安装的高度，以浮筒外壳中心线对准容器被测液位全量程的 1/2 处为准。

外浮筒式液位计的浮筒外壳，如果采用侧-侧型法兰连接方式，工艺容器上焊接的法兰短管，其上、下法兰之间的中心间距，法兰连接螺栓孔的方位必须与浮筒外壳法兰一致，上、下两法兰密封面必须处于同一垂直平面，且法兰的中心处在同一垂直线上。

外浮筒式液位计的浮筒，如果采用顶-底螺纹连接方式或顶-底法兰连接方式，管件预制应预先测量尺寸，然后下料，组对管件时，应保证浮筒外壳中心线与容器上、下法兰间距中点相符，且保证外壳处在垂直位置。外浮筒顶部应设调整螺母，以备现场校准用，其底部应设排水阀短节。

　　浮力式液位计所用阀门必须经试压、检漏合格后方可使用。法兰、管件材质、规格应符合设计要求。浮力式液位计安装完毕后应与设备一起试压。

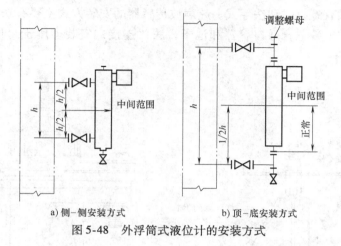

a) 侧−侧安装方式　　　　　b) 顶−底安装方式

图 5-48　外浮筒式液位计的安装方式

5.3.2　差压式液位计的安装

　　差压式液位计或差压变送器测量液位时，仪表安装高度通常不应高于被测容器液位取压接口的下接口标高。安装位置应易于维护，便于观察，且靠近取压部件的位置。若选用双法兰式差压变送器测量液位，变送器安装位置只受毛细管长度的限制，毛细管的弯曲半径应大于 50mm，且应对毛细管采取保护和绝热措施。对于腐蚀性介质，如果采用吹气法测量液位，差压变送器安装标高应高于工艺容器的上接口。差压液位计应垂直安装，保持"＋"、"－"压室标高一致。差压液位计的"＋"压室应与工艺容器的下接口相连，"－"压室与容器的上接口相连。

　　如果被测介质为低沸点介质（如液氨），低沸点介质在环境温度下极易汽化，为了输出信号和示值的稳定性，测量管道不宜过短，液位计安装位置宜高于被测容器液位下取压接口。

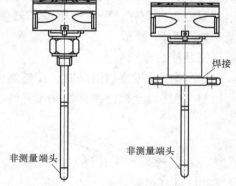

图 5-49　电容式物位传感器外形形式图

5.3.3　电容式物位测量仪表的安装

　　电容式物位测量仪表将高频振荡器与传感器、继电开关集成一体，并采用屏蔽技术将传感部件与电子部件隔离，安装、维护都很方便。

　　电容式物位传感器外部连接形式有螺纹式和法兰式两种连接方式，如图 5-49 所示。电气结构有普通型、隔爆型、本安型。

　　电容式物体传感器用于物位测量时，应垂直安装。

　　对于大量程物位测量，通常利用工艺试车条件进行实地调校。

5.3.4　超声波物位测量仪表的安装

　　超声波物位测量仪表的超声波传感器外部结构与使用场合有关，接触式为潜水型，非接触型外壳结构形式有两种：一种为普通型；另一种为散热型。超声波物位测量仪表的检测元件不能承受高温，不宜在高温环境下使用。

仪表连接方式有螺纹式和法兰式。超声波传感器的安装方式主要有悬吊式安装和法兰连接式安装。悬吊式安装适合敞口容器和池子，法兰连接式安装多用于封顶容器。如图 5-50 所示。

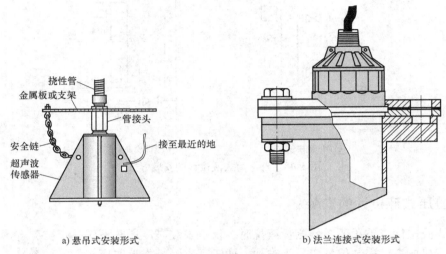

a) 悬吊式安装形式

b) 法兰连接式安装形式

图 5-50　超声波传感器的安装方式

法兰式安装比较方便，在容器顶部选择一处合适位置，按照传感器法兰连接尺寸制作一个带法兰的立管，焊接于顶部即可。悬吊式安装，因敞口容器和池子上部没有可固定位置，可根据周围环境条件制作延伸支架，如果池（或容器）边地面或通道平台较宽，可在地面或平台上制作立式伸长型支架，如图 5-51 所示。如果池体或容器较高，且是水泥结构，若池壁厚度条件允许，可在池壁或容器壁的上沿预埋螺栓固定件，制作一个水平式伸长型支架，如图 5-52 所示。

安装注意事项如下。

1）超声波传感器安装时，传感器中轴线应垂直于被测物的表面。

2）传感器至被测物面之间不允许有障碍物。

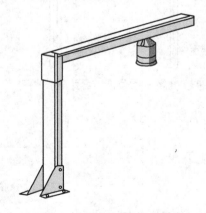

图 5-51　地面立式伸长型支架

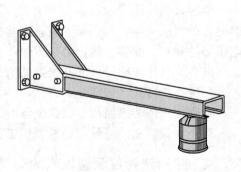

图 5-52　池（墙）壁水平式伸长型支架

3）传感器固定应牢固可靠，电缆口应密封良好，以防潮气侵入。

4）传感器壳体应接地，如图5-50a 所示。

5）电缆屏蔽层只允许在监视器一端接地，如图5-53 所示。

6）信号电缆敷设应敷设在已接地的金属保护管内，线路附近不得有高电压或大电流的动力电缆或电气接触器等控制设备。

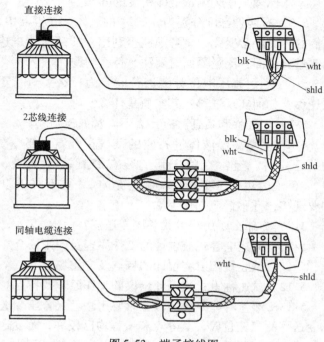

图 5-53　端子接线图

5.3.5　控制器参数的工程整定方法

与温度等控制系统一样，物位控制系统常用工程整定法有经验整定法、临界比例度法和衰减曲线法，也可以使用反应曲线法。

反应曲线法是根据广义对象的时间特性，通过经验公式求取的。这是一种开环的整定方法，由 Ziegler 和 Nichols 在 1942 年首先提出。

当操纵变量作阶跃变化时，被控变量随时间的变化曲线称为反应曲线。对自衡的非振荡过程，广义对象的传递函数常用 $G_0(S) = \dfrac{K_0}{T_0 s + 1} e^{-\tau}$ 来近似。式中，K_0 表示增益，τ 表示延迟，T_0 为时间常数。K_0、τ 和 T_0 则可由反应曲线用图解法得出。控制器参数整定的反应曲线法是根据广义对象的 K_0、τ 和 T_0 来确定控制器参数的方法。

有了 K_0、τ 和 T_0，就可以根据表5-3 中的经验公式，计算出满足 4:1 衰减振荡的控制器整定参数。

表 5-3　反应曲线法控制器参数计算表 （4:1 衰减比）

控制作用	$\delta/\%$	T_I	T_D
P	$K_0(\tau/T) \times 100$	—	—
PI	$11K_0(\tau/T)100$	3.3τ	—
PID	$0.85K_0(\tau/T)100$	2.0τ	—

思考与练习五

5-1　试述物位测量的意义。

5-2　按工作原理不同，物位测量仪表有哪些主要类型？它们的工作原理各是什么？

5-3　差压式液位计的工作原理是什么？当测量有压容器的液位时，差压计的负压室为什么一定要与容器的气相相连接？

5-4　生产中欲连续测量液体的密度，根据已学的测量压力及液位的原理，试考虑一种利用差压原理来连续测量液体密度的方案。

5-5　有两种密度分别为 ρ_1、ρ_2 的液体，在容器中，它们的界面经常变化，试考虑能否利用差压变送器来连续测量其界面？测量界面时要注意什么问题？

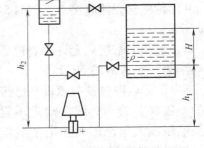

图 5-54　高温液体的液位测量

5-6　利用差压液位计测液位时，为什么要进行零点迁移？如何实现迁移？其实质是什么？

5-7　正迁移和负迁移有什么不同？如何判断？

5-8　测量高温液体（指它的蒸汽在常温下要冷凝的情况）时，经常在负压管上装有冷凝罐（见图 5-54），问这时用差压变送器来测量液位时，要不要迁移？如要迁移，迁移量应如何考虑？

5-9　为什么要用法兰式差压变送器？

5-10　简述电容式液位计的工作原理及应用场合？

5-11　试述核辐射物位计的特点及应用场合。

5-12　试述称重式液罐计量仪的工作原理及特点。

5-13　测量哪些介质的液位时要用法兰式差压变送器？它有哪几种结构？在双法兰式差压变送器测量液位时，其零点和量程均已校好，若变送器的安装位置上移了一段距离，变送器的零点和量程是否需要重新调整？为什么？

5-14　有一台差压变送器，其检测范围为 0 ~ 20kPa，该仪表如果可以实现 100% 的负迁移，试问该表的最大迁移量是多少？

5-15　某量程为 0 ~ 100kPa 的电动差压变送器的输出电流为 12mA 时，其液位有多高（被测介质密度 ρ = 1000kg/m³）？

5-16　图 5-55 所示为一密闭容器，气相是不凝性气体，利用单法兰差压变送器测量液位。已知法兰安装位置比最低液位低 0.2m，最高液位与最低液位的距离 H = 0.5m，介质密度 ρ = 400kg/m³，求：

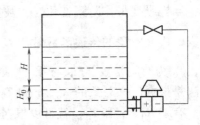

图 5-55　单法兰差压变送器测量液位

1）差压计量程应选多大（以 Pa 表示）？

2）是否需要迁移？若需要迁移，选哪种迁移？迁移量是多少？

3）迁移后的测量范围为多少？

5-17　用吹气法测量稀硫酸储罐的液位，已知稀硫酸密度 ρ_1 = 1250kg/m³，当压力表的指示为 P = 60kPa 时，问储罐中液位高度为多少？

5-18　恒浮力式液位计与变浮力式液位计在测量原理上有哪些异同点？

5-19　用浮筒式液位计测量液位时，最大测量范围是由什么确定的？浮筒长度有哪几种？

5-20　浮筒式液位计的校准方法有哪几种？各用在何种场合？

5-21　用干校法校验一浮筒液位变送器，其量程为 0 ~ 800mm，浮筒外径为 20mm，其浮筒质量为 0.376kg，被测介质密度为 800kg/m³。试计算被校点为全量程的 25% 和 75% 时应分别挂多大的砝码？

5-22 用水校法校验一电动浮筒液位变送器，其量程为 0 ~ 500mm，被测介质的密度为 850kg/m³。输出信号为 4 ~ 20mA，求当输出为全量程的 20%、40%、60%、80% 和 100% 时，浮筒灌水高度和变送器的输出信号分别为多少？

5-23 用电容式液位计测量导电液体和非导电液体时，为什么前者因虚假液位而造成的影响不能忽视？而后者却可忽略？

5-24 雷达式液位计测量原理是什么？雷达式液位计主要用于什么样的容器？有什么特点？

5-25 雷达式液位计根据其测量时间的方式不同可分为哪两种？各有什么特点？

5-26 超声波液位计的工作原理是什么？有何特点？

5-27 物位开关有哪些？各用在何种场合？

项目六

温度串级控制系统的集成与安装调试

项目引入：电力电容器生产的一个环节真空干燥与浸渍，工艺要求真空干燥的加热不能直接用电加热管对真空状态下的电容器直接加热，而是通过电加热管对导热油加热，然后再通过导热油对真空室内的电容器加热，其系统结构如图6-1所示。这种加热机构温度容量滞后及时间常数比较大。为保证产品的质量，在真空干燥与浸渍过程中，电容器的温度控制精度要求比较高（温度偏差不超过1℃），某系统电加热功率为90kW，导热油循环泵电机功率11kW，电容器温度在30~90℃间可调。请设计电容器温度控制系统。

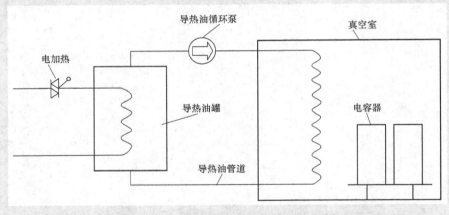

图6-1 电力电容器真空干燥与浸渍系统结构示意图

任务一 了解串级控制系统的组成与工作原理

6.1.1 串级控制系统的概念

简单控制系统由于结构简单而得到广泛的应用，其数量占所有控制系统总数的80%以上，在绝大多数场合下已能满足生产要求。但随着科技的发展，新工艺、新设备的出现，生产过程的大型化和复杂化，必然导致对操作条件的要求更加严格，变量之间的关系更加复杂。同时，现代化生产往往对产品的质量提出更高的要求（例如，造纸过程中纸页定量偏差±1%以下，甲醇精馏塔的温度偏离不允许超过1℃，石油裂解气的深冷分离中，乙烯纯度要求达到99.99%等），此外，生产过程中的某些特殊要求（如物料配比问题、前后生产工序协调问题、为了安全而采取的软保护问题、管理与控制一体化问题等）的解决都是简单控制系统所不能胜任的，因此，相应地就出现了复杂控制系统。

在简单反馈回路中增加了计算环节、控制环节或其他环节的控制系统统称为复杂控制系统。复杂控制系统的种类较多，按其所满足的控制要求可分为两大类：以提高系统控制质量为目的的复杂控制系统，主要有串级和前馈控制系统；满足某些特定要求的控制系统，主要有比值、均匀、分程、选择性等。

串级控制系统（Cascade Control System）是所有复杂控制系统中应用最多的一种，它对改善控制品质有独到之处。当过程的容量滞后较大，负荷或扰动变化比较剧烈、比较频繁，或者工艺对生产质量提出的要求很高，采用简单控制系统不能满足要求时，可考虑采用串级控制系统。

什么叫串级控制系统？它是怎样提出来的？其组成结构怎样？现以氯乙烯聚合反应釜的温度控制为例加以说明。图6-2所示为反应釜的温度控制示意图。图中进料自顶部进入釜中，经反应后由底部排出。反应产生的热量由夹套中的冷却水带走。为了保证生产质量，对反应釜温度 T_1 要进行严格控制。为此，选取冷却水流量为操纵变量。被控过程有三个热容积，即夹套中的冷却水、釜壁和釜中物料。引起温度 T_1 变化的干扰因素是进料和冷却水。进料方面有进料流量、进料入口温度和进料化

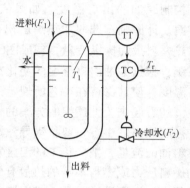

图6-2　反应釜温度控制示意图

学组成，用 F_1 表示；冷却水方面有水的入口温度和阀前压力，用 F_2 表示。图中所示为简单控制，其原理框图如图6-3所示。

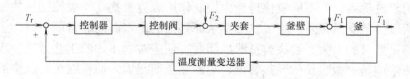

图6-3　反应釜温度控制系统原理框图

由图6-3可见，当冷却水方面的变量发生变化，例如冷却水入口温度突然升高时，要经过上述三个容积后才能使反应温度 T_1 升高，经反馈后控制器输出产生变化，导致控制阀开始动作，从而使冷却水流量增加，迫使温度 T_1 下降。这样，从干扰开始到控制阀动作，期间经历了比较长的时间。在这段时间里，冷却水温度的升高，使反应温度 T_1 出现了较大的偏差，这主要是由于控制不及时所致。如果能在干扰出现后，控制器立即开始动作，则控制效果就会大大改善。如何才能使控制器适时动作呢？经过分析不难看到，冷却水方面的干扰 F_2 的变化很快会在夹套温度 T_2 上表现出来，如果把 T_2 的变化及时测量出来，并反馈给控制器 T_2C，则控制动作即可大大提前了。但是仅仅依靠控制器 T_2C 的作用是不够的，因为控制的最终目标是保持 T_1 不变，而 T_2C 的作用只能稳定 T_2 不变。它不能克服 F_1 干扰对 T_1 的影响，因而也就不能保证 T_1 符合工艺要求。为解决这一问题，办法之一是适当改变 T_2C 的设定值 T_{2r}，从而使 T_1 稳定在所需要的数值上。这个改变 T_{2r} 的工作，将由另一个控制器 T_1C 来完成。它的主要任务就是根据 T_1 与 T_{1r}（温度 T_1 的设定值）的偏差自动改变 T_2C 的

设定值 T_{2r}。这种将两个控制器串联在一起工作，各自完成不同任务的系统结构，就是串级控制的基本思想。根据这一构思，反应釜温度串级控制示意图如图6-4所示。

管式加热炉是工业生产中常用的设备之一。工艺要求被加热物料（原油）的温度为某一定值，将该温度控制好，一方面可延长炉子的寿命，防止炉管烧坏；另一方面可保证后面精馏分离的质量。为了控制原油的出口温度，如果依据简单控制系统的方案设计原则，选取加热炉的出口温度为被控变量，加热燃料量为操纵变量，构成图6-5a所示的简单控制

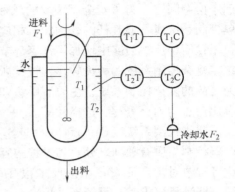

图 6-4　反应釜温度串级控制示意图

系统，根据原油出口温度的变化来控制燃料控制阀的开度，即通过改变燃料量来维持原油出口温度，使其保持在工艺所规定的数值上。

初看起来，上述控制方案的构成是可行的、合理的，它将所有对温度的扰动因素都包括在控制回路之中，只要扰动导致温度发生了变化，控制器就可通过改变控制阀的开度来改变燃料油的流量，把变化了的温度重新调回到设定值。但在实际生产过程中，特别是当加热炉的燃料压力或燃料本身的热值有较大波动时，上述简单控制系统的控制质量往往很差，原料油的出口温度波动较大，难以满足生产上的要求。

控制失败的原因在于，当燃料压力或燃料本身的热值变化后，先影响炉膛温度，然后通过传热过程才能逐渐影响原料油的出口温度，这个通道的容量滞后很大，时间常数约15min左右，反应缓慢，而温度控制器 T_1C 是根据原料油的出口温度与设定值的偏差工作的。所以当扰动作用于过程后，并不能较快地产生控制作用以克服扰动对被控变量的影响。由于控制不及时，所以控制质量很差。当工艺上要求原料油的出口温度非常严格时，上述简单控制系统是难以满足要求的。为了解决容量滞后问题，还需对加热炉的工艺做进一步分析。

管式加热炉内是一根很长的受热管道，它的热负荷很大。燃料在炉膛燃烧后，是通过炉膛温度与原料油的温差将热量传递给原料油的。燃料量的变化或燃料热值的变化，首先使炉膛温度发生变化。因此，为减小控制通道的时间常数，选择炉膛温度为被控变量，燃料量为操纵变量，设计如图6-5b所示的简单控制系统，以维持炉出口温度的稳定要求。该系统的特点是对于包含在控制回路中的燃料油压力及热值的波动 $f_2(t)$、烟囱抽力的波动 $f_3(t)$ 等均能及时有效地克服。但是，因来自于原料油方面的进口温度及流量波动等扰动 $f_1(t)$ 未包括在该系统内，故系统不能克服扰动 $f_1(t)$ 对炉出口温度的影响。实际运行表明，该系统仍

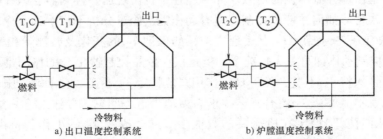

a) 出口温度控制系统　　　　　　　　　　b) 炉膛温度控制系统

图 6-5　加热炉温度简单控制系统

然不能达到生产工艺要求。

综上分析，为了解决管式加热炉的原料油出口温度的控制问题，人们在生产实践中，往往根据炉膛温度的变化，先改变燃料量，然后再根据原料油出口温度与其设定值之差，进一步改变燃料量，以保持原料油出口温度的恒定。模仿这样的人工操作程序就构成了以原料油出口温度为主要被控变量的炉出口温度与炉膛温度的串级控制系统，如图 6-6 所示。该串级控制系统的框图如图 6-7 所示。

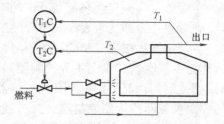

图 6-6　加热炉出口温度与炉膛温度串级控制系统

由图 6-6 或图 6-7 可以看出，在这个控制系统中，有两个控制器：原料油出口温度控制器 T_1C 和炉腔温度控制器 T_2C，它们分别接收来自被控对象不同部位的测量信号，其中控制器 T_1C 的输出作为控制器 T_2C 的设定值，而后者的输出去控制控制阀以改变操纵变量。从系统的结构来看，这两个控制器是串接工作的。

串级控制系统是由其结构上的特征而得名的。它是由主、副两个控制器串接工作的。主控制器的输出作为副控制器的给定值，副控制器的输出去操纵执行器，以实现对变量的定值控制。

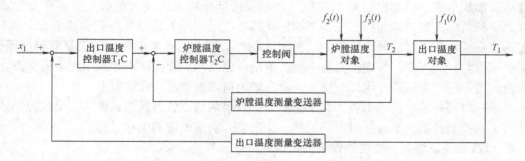

图 6-7　加热炉温度串级控制系统框图

6.1.2　框图及常用名词

图 6-8 表示的是通用的串级控制系统典型框图，为了更好地阐述和研究问题，这里介绍几个串级控制系统中常用的名词。

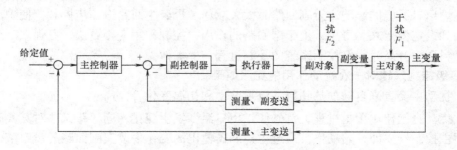

图 6-8　串级控制系统典型框图

1）主变量：是工艺控制指标，在串级控制系统中起主导作用的被控变量。

2）副变量：串级控制系统中为了稳定主变量或因某种需要而引入的辅助变量。

3）主对象：为主变量表征其特性的工艺生产设备。

4）副对象：为副变量表征其特性的工艺生产设备。

5）主控制器：按主变量的测量值与给定值而工作，其输出作为副变量给定值的那个控制器，称为主控制器（又名主导控制器）。

6）副控制器：其给定值来自主控制器的输出，并按副变量的测量值与给定值的偏差而工作的那个控制器称为副控制器（又名随动控制器）。

7）主回路：是由主变量的测量变送装置，主、副控制器，执行器和主、副对象构成的外回路，亦称外环或主环。

8）副回路：是由副变量的测量变送装置，副控制器执行器和副对象所构成的内回路，亦称内环或副环。

6.1.3 串级控制系统的控制过程

仍以管式加热炉为例，来说明串级控制系统是如何有效地克服被控对象的容量滞后而提高控制质量的。对于图 6-6 所示的加热炉出口温度与炉膛温度串级控制系统，为了便于分析，先假定已根据工艺的实际情况选定控制阀为气开式，气源中断时关闭控制阀，以防止炉管烧坏而酿成事故。温度控制器 T_1C 和 T_2C 都采用反作用方式（控制阀气开、气关形式的选择原则与简单控制系统相同，主、副控制器的正、反作用的选择原则后面再介绍），并且假定系统在扰动作用之前处于稳定的"平衡"状态，即此时被加热物料的流量和温度不变，燃料的流量与热值不变，烟囱抽力也不变，炉出口温度和炉膛温度均处在相对平衡状态，燃料控制阀也相应地保持在一定的开度上，此时炉出口温度稳定在设定值上。

当某一时刻系统中突然引进了某个扰动时，系统的稳定状态就遭到破坏，串级控制系统便开始了其控制过程。下面针对不同的扰动情况来分析该系统的工作过程。

1. 串级控制系统对二次扰动作用的克服效果

进入副回路的二次扰动有来自燃料热值的变化、压力的波动 $f_2(t)$ 和烟囱抽力的变化 $f_3(t)$。

扰动 $f_2(t)$ 和 $f_3(t)$ 先影响炉膛温度，使副控制器产生偏差，于是副控制器的输出立即开始变化，去调整控制阀的开度以改变燃料流量，克服上述扰动对炉膛温度的影响。在扰动不太大的情况下，由于副回路的控制速度比较快，及时校正了扰动对炉膛温度的影响，可使该类扰动对加热炉出口温度几乎无影响；当扰动的幅值较大时，经过副回路的及时校正也可使其对加热炉出口温度的影响比无副回路时大大减弱，再经主回路进一步控制，使炉出口温度及时调回到设定值上来。可见，由于副回路的作用，控制作用变得更快、更强。

当燃料压力升高时串级控制系统的控制过程与上类似。

2. 串级控制系统对一次扰动作用的克服效果

一次扰动主要有来自被加热物料的流量波动和初温变化 $f_1(t)$。

一次扰动直接作用于主过程，首先使炉出口温度发生变化，副回路无法对其实施及时的校正，但主控制器立即开始动作，通过主控制器输出的变化去改变副回路的设定值，再通过副回路的控制作用去及时改变燃料量以克服扰动 $f_1(t)$ 对炉出口温度的影响。在这种情况下，副回路的存在仍可加快主回路的控制速度，使一次扰动对炉出口温度的影响比简单控制（无副回路）时要小。这表明，当扰动作用于主对象时，串级控制系统也能有效地予以克服。

当被加热物料流量增大时串级控制系统的控制过程与上类似。

3. 串级控制系统对一次扰动和二次扰动共同作用的克服效果

当作用在主、副对象上的一、二次扰动同时出现时，两者对主、副变量的影响又可分为同向和异向两种情况。

1）一、二次扰动同向作用时。在系统各环节设置正确的情况下，如果一、二次扰动的作用是同向的，也就是扰动作用均使主、副变量同时增大或同时减小，则主、副控制器对控制阀的控制方向是一致的，即大幅度关小或开大阀门，加强控制作用，使炉出口温度很快地调回到设定值上。

例如，当炉出口温度因原料油流量的减小或初温的上升而升高，同时炉膛温度也因燃料压力的增大而升高时，炉出口温度升高，主控制器感受的偏差为正，因此它的输出减小，也就是说，副控制器的设定值减小。与此同时，炉膛温度升高，使副测量值增大。这样一来，副控制器感受的偏差是两方面作用之和，是一个比较大的正偏差。于是它的输出要大幅度地减小，控制阀则根据这一输出信号，大幅度地关小阀门，燃料流量则大幅度地减小下来，使炉出口温度很快地回复到设定值。

2）一、二次扰动反向作用时。如果一、二次扰动的作用使主、副变量反向变化，即一个增大而另一个减小，此时主、副控制器控制控制阀的方向是相反的，控制阀的开度只需做较小的调整即可满足控制要求。

例如，当炉出口温度因原料油流量的减小或初温的上升而升高，而炉膛温度却因燃料压力的减小而降低时，炉出口温度升高，使主控制器的输出减小，即副控制器的设定值也减小。

与此同时，炉膛温度降低，副控制器的测量值减小。这两方面作用的结果，使副控制器感受的偏差就比较小，其输出的变化量也比较小，燃料油流量只需做很小的调整就可以了。事实上，主、副变量反向变化，它们本身之间就有互补作用。

从上述分析中可以看出，在串级控制系统中，由于引入了一个副回路，因而能及早克服从副回路进入的二次扰动对主变量的影响，又能保证主变量在其他扰动（一次扰动）作用下能及时加以控制，因此能大大提高系统的控制质量，以满足生产的要求。

4. 串级控制系统的特点

串级控制系统有以下几个特点。

1）在系统结构上串级控制系统有两个闭合回路：主回路和副回路；有两个控制器：主控制器和副控制器；有两个测量变送器：分别是测量主变量和副变量。

串级控制系统中，主、副控制器是串联工作的。主控制器的输出作为副控制器的给定值，系统通过副控制器的输出去操纵执行器动作，实现对主变量的定值控制。所以在串级控制系统中，主回路是个定值控制系统，而副回路是个随动控制系统。

2）在串级控制系统中有两个变量：主变量和副变量。

一般来说，主变量是反映产品质量或生产过程运行情况的主要工艺变量。控制系统设置的目的就在于稳定这一变量，使它等于工艺规定的给定值。所以，主变量的选择原则与简单控制系统中介绍的被控变量选择原则是一样的。关于副变量的选择原则后面再详细讨论。

3）在系统特性上串级控制系统由于副回路的引入，改善了对象的特性，使控制过程加快，具有超前控制的作用，从而有效地克服滞后，提高了控制质量。

4）串级控制系统由于增加了副回路，因此具有一定的自适应能力，可用于负荷和操作条件有较大变化的场合。

串级控制系统由于副回路的存在，对于进入其中的扰动具有较强的克服能力；由于副回路的存在改善了过程的动态特性，提高了系统的工作频率，所以控制质量比较高；此外副回路的快速随动特性使串级控制系统对负荷的变化具有一定的自适应能力。因此对于控制质量要求较高、扰动大、滞后时间长的过程，当采用简单控制系统达不到质量要求时，采用串级控制方案往往可以获得较为满意的效果。不过串级控制系统比简单（单回路）控制系统所需的仪表多，系统的投运和参数的整定相应地也要复杂一些。因此，如果单回路控制系统能够解决问题，就尽量不要采用串级控制方案。

对于一个控制系统来说，控制器参数是在一定的负荷，一定的操作条件下，按一定的质量指标整定得到的。因此，一组控制器参数只能适应一定的负荷和操作条件。如果对象具有非线性，那么，随着负荷和操作条件的改变，对象特性就会发生变化。这样，原先的控制器参数就不再适应了，需要重新整定。如果仍用原先的参数，控制质量就会下降。这一问题，在单回路控制系统中是难于解决的。在串级控制系统中，主回路是一个定值系统，副回路却是一个随动系统。当负荷或操作条件发生变化时，主控制器能够适应这一变化及时地改变副控制器的给定值，使系统运行在新的工作点上，从而保证在新的负荷和操作条件下，控制系统仍然具有较好的控制质量。

5. 串级控制系统的主要应用场合

与简单控制系统相比，串级控制系统具有许多特点，但串级控制有时效果显著，有时效果并不一定理想，只有在下列情况下使用时，它的特点才能充分发挥。串级控制系统主要应用于：对象的滞后和时间常数很大、干扰作用强而频繁、负荷变化大、对控制质量要求较高的场合。

（1）用于具有较大纯滞后的过程　一般工业过程均具有纯滞后，而且有些比较大。当工业过程纯滞后时间较长，用简单控制系统不能满足工艺控制要求时，可考虑采用串级控制系统。其设计思路是，在离控制阀较近、纯滞后较小的地方选择一个副变量，构成一个控制通道短且纯滞后较小的副回路，把主要扰动纳入副回路中。这样就可以在主要扰动影响主变量之前，由副回路对其实施及时的控制，从而大大减小主变量的波动，提高控制质量。

应该指出，利用副回路的超前控制作用来克服过程的纯滞后仅仅是对二次扰动而言的。当扰动从主回路进入时，这一优越性就不存在了。因为一次扰动不直接影响副变量，只有当主变量改变以后，控制作用通过较大的纯滞后才能对主变量起控制作用，所以对改善控制品质作用不大。下面举例说明。

例　锅炉过热蒸汽温度串级控制系统。

锅炉是石油、化工、发电等工业过程中必不可少的重要动力设备。它所产生的高压蒸汽既可作为驱动透平（涡轮）的动力源，又可作为精馏、干燥、反应、加热等过程的热源。锅炉设备的控制任务是，根据生产负荷的需要，供应一定压力或温度的蒸汽，同时要使锅炉在安全、经济的条件下运行。

　　锅炉的蒸汽过热系统包括一级过热器、减温器和二级过热器。工艺要求选取过热蒸汽温度为被控变量，减温水量作为操纵变量，使二级过热器出口温度维持在允许范围内，并保护过热器使管壁温度不超过允许的工作温度。影响过热蒸汽温度的扰动因素很多，如蒸汽流量、燃烧工况、减温水量、流经过热器的烟气温度和流速等。在各种扰动下，控制过程的动态特性都有较大的惯性和纯滞后，这给控制带来一定的困难，所以要选择合理的控制方案，以满足工艺要求。

　　根据工艺要求，如果以二级过热器出口温度 T_1 作为被控变量，选取减温水量作为操纵变量组成简单控制系统，由于控制通道的时间常数及纯滞后均较大，则往往不能满足生产的要求。因此，常采用图 6-9 所示的串级控制系统，以减温器出口温度 T_2 作为副变量，将减温水压力波动等主要扰动纳入纯滞后极小的副回路，利用副回路具有较强的抗二次扰动能力这一特点将其克服，从而提高对过热蒸汽温度的控制质量。

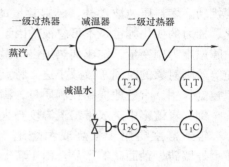

图 6-9　过热蒸汽温度串级控制系统

　　例　造纸厂网前箱温度串级控制系统。某造纸厂网前箱的温度控制系统，如图 6-10 所示。纸浆用泵从储槽送至混合器，在混合器内用蒸汽加热至 72℃ 左右，经过立筛、圆筛除去杂质后送到网前箱，再去铜网脱水。为了保证纸张质量，工艺要求网前箱温度保持在 61℃ 左右，最大偏差不得超过 1℃。

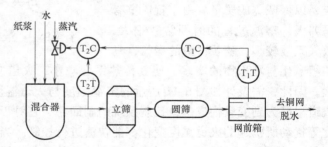

图 6-10　网前箱温度串级控制系统

　　若采用简单控制系统，从混合器到网前箱的纯滞后达 90s，当纸浆流量波动 35kg/min 时，温度最大偏差达 8.5℃，过渡过程时间长达 450s。控制质量较差，不能满足工艺要求。

　　为了克服 90s 的纯滞后，在控制阀较近处选择混合器出口温度为副变量，网前箱出口温度为主变量，构成串级控制系统，把纸浆流量达 35kg/min 的波动及蒸汽压力波动等主要扰动包括在了纯滞后极小的副回路中。当上述扰动出现时，由于副回路的快速控制，网前箱温度的最大偏差在 1℃ 以内，过渡过程时间为 200s，完全满足工艺要求。

　　（2）用于具有较大容量滞后的过程　在工业生产中，有许多以温度或质量参数作为被控变量的控制过程，其容量滞后往往比较大，而生产上对这些参数的控制要求又比较高。如果采用简单控制系统，则因容量滞后较大，对控制作用反应迟钝而使超调量增大，过渡过程时间长，其控制质量往往不能满足生产要求。如果采用串级控制系统，可以选择一个滞后较小的副变量组成副回路，使等效副过程的时间常数减小，以提高系统的工作频率，加快响应速度，增强抗各种扰动的能力，从而取得较好的控制质量。但是，在设计和应用串级控制系统时要注意：副回路时间常数不宜过小，以防止包括的扰动太少；但也不宜过大，以防止产生共振；副变量要灵敏可靠，确有代表性，否则串级控制系统的特点得不到充分发挥，控制质量仍然不能满足要求。

例   炼油厂加热炉出口温度与炉膛温度串级控制系统。

仍以前面图 6-6 所示的炼油厂加热炉出口温度与炉膛温度串级控制系统为例。

加热炉的时间常数长达 15min 左右，扰动因素较多。使简单控制系统不能满足要求的主要扰动除燃料压力波动外，燃料热值的变化、被加热物料流量的波动、烟囱挡板位置的变化、抽力的变化等也是不可忽视的因素，为了提高控制质量，可选择时间常数和滞后较小的炉膛温度为副变量，构成加热炉出口温度对炉膛温度的串级控制系统。利用串级控制系统能使等效副对象的时间常数减小这一特点，可改善被控过程的动态特性，充分发挥副回路的快速控制作用，有效地提高控制质量，满足生产工艺要求。

例   辊道窑中烧成带窑道温度与火道温度的串级控制系统。

辊道窑主要用于素烧或釉烧地砖、外墙砖、釉面砖等产品。由于辊道窑烧成时间短，要求烧成温度在较小的范围内波动，所以必须对烧成带和其他各区的温度实现自动控制。其中烧成带窑温控制可确保其窑温稳定，以保证烧成质量。由于辊道窑有马弗板，窑温过程的时间常数很大，放大系数较小；随着窑龄的增长，马

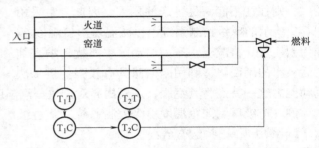

图 6-11   窑道温度与火道温度的串级控制系统

弗板老化与堆积物的增多，使其传热系数减小，火道向窑道的传热效率降低，时间常数增大。因此，需设计如图 6-11 所示的窑道温度与火道温度的串级控制系统。如图所示，选取火道温度为副变量构成串级控制系统的副回路，它对于燃料油的压力和黏度、助燃风量的变化等扰动所引起的火道温度变化都能快速进行控制。当产品移动速度变化、窑内冷风温度变化等扰动引起窑道温度变化时，由于主回路的控制作用能使窑道温度稳定在预先设定的数值上，所以采用串级控制，提高了产品质量，满足了生产要求。

（3）用于存在变化剧烈和较大幅值扰动的过程   在分析串级控制系统的特点时已指出，串级控制系统对于进入副回路的扰动具有较强的抑制能力。所以，在工业应用中只要将变化剧烈而且幅值大的扰动包含在串级系统的副回路之中，就可以大大减小其对主变量的影响。

例   加热炉出口温度与燃料油压力串级控制系统。

在前面图 6-6 所示的炼油厂加热炉出口温度与炉膛温度串级控制系统中，将炉膛温度作为副变量，就能在燃料油压力比较稳定的情况下较好地克服燃料热值等扰动的影响，这样的回路设计是合理的。但如果燃料油压力是主要扰动，则应将燃料油压力作为副变量，可以更及时地克服扰动，如图 6-12 所示。这时副对象仅仅是一段管道，时间常数很小，控制作用很及时。

例   某厂精馏塔提馏段塔釜温度的串级控制。

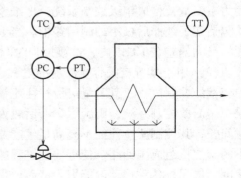

图 6-12   加热炉出口温度与
燃料油压力串级控制系统

精馏塔是石油、化工等众多生产过程中广泛应用的主要工艺设备。精馏操作的机理是：利用混合液中各组分挥发度的不同，将各组分进行分离并分别提纯到规定的纯度要求。

某精馏塔，为了保证塔底产品符合质量要求，以塔釜温度作为控制指标，生产工艺要求塔釜温度控制在 ±1.5℃ 范围内。在实际生产过程中，蒸汽压力变化剧烈，而且幅度大（有时从 0.5MPa 突然降到 0.3MPa，压力变化了 40%）。对于如此大的扰动作用，若采用简单控制系统，在达到最好的整定效果时，塔釜温度的最大偏差仍达 10℃ 左右，无法满足生产工艺要求。

若采用如图 6-13 所示的以蒸汽流量为副变量、塔釜温度为主变量的串级控制系统，把蒸汽压力变化这个主要扰动包括在副回路中，充分运用串级控制系统对于进入副回路的扰动具有较强抑制能力的特点，并把副控制器的比例度调到 20%，则实际运行表明，塔釜温度的最大偏差不超过 1.5℃，完全满足了生产工艺要求。

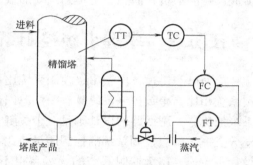

图 6-13 精馏塔塔釜温度与
蒸汽流量串级控制系统

（4）用于具有非线性特性的过程 一般工业过程的静态特性都有一定的非线性，负荷的变化会引起工作点的移动，导致过程静态放大系数发生变化。当负荷比较稳定时，这种变化不大，因此可以不考虑非线性的影响，可使用简单控制系统。但当负荷变化较大且频繁时，就要考虑它所造成的影响了。因负荷变化频繁，显然用重新整定控制器参数来保证系统的稳定性是行不通的。这可通过选择控制阀的特性来补偿，使整个广义过程具有线性特性，但常常受到控制阀种类等各种条件的限制，这种补偿也是很不完全的，此时简单控制系统往往不能满足生产工艺要求。有效的办法是利用串级控制系统对操作条件和负荷变化具有一定自适应能力的特点，将被控对象中具有较大非线性的部分包括在副回路中，当负荷变化而引起工作点移动时，由主控制器的输出自动地重新调整副控制器的设定值，继而由副控制器的控制作用来改变控制阀的开度，使系统运行在新的工作点上。虽然这样会使副回路的衰减比有所改变，但它的变化对整个控制系统的稳定性影响较小。

例 醋酸乙炔合成反应器中部温度与换热器出口温度串级控制系统。

如图 6-14 所示的醋酸乙炔合成反应器，其中部温度是保证合成气质量的重要参数，工艺要求对其进行严格控制。由于在中部温度的控制通道中包括了两个换热器和一个合成反应器，所以当醋酸和乙炔混合气的流量发生变化时，换热器的出口温度随着负荷的减小而显著地升高，并呈明显的非线性变化，因此整个控制通道的静态特性随着负荷的变化而变化。

如果选取反应器中部温度为主变

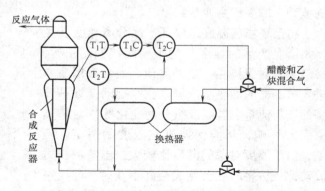

图 6-14 合成反应器中部温度与换热
器出口温度串级控制系统

量，换热器出口温度为副变量构成串级控制系统，将具有非线性特性的换热器包括在副回路中，则由于串级控制系统对于负荷的变化具有一定的自适应能力，从而提高了控制质量，达到了工艺要求。

综上所述，串级控制系统的适用范围比较广泛，尤其是当被控过程滞后较大或具有明显的非线性特性、负荷和扰动变化比较剧烈的情况下，对于单回路控制系统不能胜任的工作，串级控制系统则显示出了它的优越性。但是，在具体设计系统时应结合生产要求及具体情况，抓住要点，合理地运用串级控制系统的优点。否则，如果不加分析地到处套用，不仅会造成设备的浪费，而且也得不到预期的效果，甚至会引起控制系统的失调。

任务二　掌握串级控制系统副回路、副变量的选择原则

前面已经讲过，由于串级控制系统比单回路控制系统多了一个副回路，因此与单回路控制系统相比，串级控制系统具有一些单回路控制系统所没有的优点。然而，要发挥串级控制系统的优势，副回路的设计则是一个关键。副回路设计得合理，串级控制系统的优势会得到充分发挥，串级控制系统的控制质量将比单回路控制系统的控制质量有明显的提高；副回路设计不合适，串级控制系统的优势将得不到发挥，控制质量的提高将不明显，甚至弄巧成拙，这就失去设计串级控制系统的意义了。

所谓副回路的确定，实际上就是根据生产工艺的具体情况，选择一个合适的副变量，从而构成一个以副变量为被控变量的副回路。

6.2.1　串级控制系统中副回路的选择原则

为了充分发挥串级系统的优势，副回路的确定应考虑如下一些原则：

1. 主、副变量间应有一定的内在联系

在串级控制系统中，副变量的引入往往是为了提高主变量的控制质量。因此，在主变量确定以后，选择的副变量应与主变量间有一定的内在联系。换句话说，在串级系统中，副变量的变化应在很大程度上能影响主变量的变化。

选择串级控制系统的副变量一般有两类情况。一类情况是选择与主变量有一定关系的某一中间变量作为副变量；另一类情况是选择的副变量就是操纵变量本身，这样能及时克服它的波动，减少对主变量的影响。

精馏塔塔釜温度是保证产品分离纯度（主要指塔底产品的纯度）的重要间接控制指标，一般要求它保持在一定的数值。通常采用改变进入再沸器的加热蒸汽量来克服扰动（如精馏塔的进料流量、温度及组分的变化等）对塔釜温度的影响，从而保持塔釜温度的恒定。但是，由于温度对象的滞后比较大，当蒸汽压力波动比较厉害时，会造成控制不及时，使控制质量不够理想。所以，为解决这个问题，可以构成如图 6-15 所示的塔釜温度与加热蒸汽流量

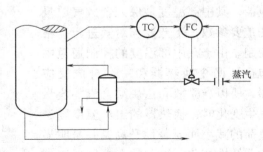

图 6-15　精馏塔塔釜温度与加热蒸汽流量的串级控制系统

的串级控制系统。温度控制器 TC 的输出作为蒸汽流量控制器 FC 的设定值，亦即由温度控制的需要来决定流量控制器设定值的"变"与"不变"，或变化的"大"与"小"。通过这套串级控制系统，能够在塔釜温度稳定不变时，使蒸汽流量保持恒定值；而当塔釜温度在外来扰动作用下偏离设定值时，又要求蒸汽流量能做相应的调整，以使能量的需要与供给之间得到平衡，从而使塔釜温度保持在工艺要求的数值上。在这个例子中，选择的副变量就是操纵变量（加热蒸汽量）本身。这样，当主要扰动来自蒸汽压力或流量的波动时，副回路能及时加以克服，以大大减少这种扰动对主变量的影响，使塔釜温度的控制质量得以提高。

2. 要使系统的主要干扰被包围在副回路内

从前面的分析中已知，串级控制系统的副回路具有反应速度快、抗干扰能力强（主要指进入副回路的干扰）的特点。如果在确定副变量时，一方面能将对主变量影响最严重、变化最剧烈的干扰包围在副回路内，另一方面又使副对象的时间常数很小，这样就能充分利用副环的快速抗干扰性能，将干扰的影响抑制在最低限度。这样，主要干扰对主变量的影响就会大大减小，从而提高了控制质量。

3. 在可能的情况下，应使副环包围更多的次要干扰

如果在生产过程中，除了主要干扰外，还有较多的次要干扰，或者系统的干扰较多且难于分出主要干扰与次要干扰，在这种情况下，选择副变量应考虑使副环尽量多包围一些干扰，这样可以充分发挥副环的快速抗干扰能力，以提高串级控制系统的控制质量。

需要说明的是，在考虑到使副环包围更多干扰时，也应同时考虑到副环的灵敏度，因为这两者经常是相互矛盾的。随着副回路包围干扰的增多，副环将随之扩大，副变量离主变量也就越近。这样一来，副对象的控制通道就变长，滞后也就增大，从而会削弱副回路的快速、有力控制的特性。

因此，在选择副变量时，既要考虑到使副环包围较多的干扰，又要考虑到使副变量不要离主变量太近，否则一旦干扰影响到副变量，很快也就会影响到主变量，这样副环的作用也就不大了。对于加热炉出口温度的控制问题，由于产品质量主要取决于出口温度，而且工艺上对它的要求也比较严格，为此需要采用串级控制方案。现有三种方案可供选择，如下所述。

1）控制方案一是以出口温度为主变量、燃料油流量为副变量的串级控制系统，如图 6-16 所示。该控制系统的副回路由燃料油流量控制回路组成。因此，当燃料油上游侧的压力波动时，因扰动进入副回路，所以，能迅速克服该扰动的影响。但该控制方案因燃料油的黏度较大、导压管易堵而不常被采用。

2）控制方案二以出口温度为主变量、燃料油压力为副变量，组成如图 6-12 所示的加热炉出口温度与燃料油压力串级控制系统。该控制系统的副回路由燃料油压力控制回路组成。因阀后压力与燃料油流量之间有

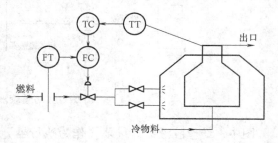

图 6-16　加热炉出口温度与燃料油流量串级控制系统

——对应关系，因此用阀后压力作为燃料油流量的间接变量，组成串级控制系统。同样，该控制方案因燃料油的黏度大、喷嘴易堵，故常用于使用自力式压力控制装置进行调节的场

合，并需要设置燃料油压力的报警联锁系统。这种方案的副对象仅仅是一段管道，时间常数很小，可以更及时地克服燃料油压力的波动。

3）控制方案三是以出口温度为主变量、炉膛温度为副变量的串级控制系统。该控制系统的副回路由炉膛温度控制回路组成，用于克服燃料油热值或成分的变化造成的影响，这是控制方案一和方案二所不及的。但炉膛温度检测点的位置应合适，要能够及时反映炉膛温度的变化。

6.2.2 串级控制系统中副变量的选择原则

1）副变量的选择应考虑到主、副对象时间常数的匹配，以防"共振"的发生。在串级控制系统中，主、副对象的时间常数不能太接近。一方面是为了保证副回路具有快速的抗干扰性能，另一方面是由于串级系统中主、副回路之间是密切相关的，副变量的变化会影响到主变量，而主变量的变化通过反馈回路又会影响到副变量。如果主、副对象的时间常数比较接近，那么主、副回路的工作频率也就比较接近，这样一旦系统受到干扰，就有可能产生"共振"。而一旦系统发生"共振"，轻则会使控制质量下降，重则会导致系统的发散而无法工作。因此，必须设法避免共振的发生。所以，在选择副变量时，应注意使主、副对象的时间常数之比为 3~10，以减少主、副回路的动态联系，避免"共振"。当然，也不能盲目追求减小副对象的时间常数，否则可能使副回路包围的干扰太少，反而减弱了系统抗干扰能力。

2）当对象具有较大的纯滞后而影响控制质量时，在选择副变量时应使副环尽量少包含纯滞后或不包含纯滞后，对于含有大纯滞后的对象，往往由于控制不及时而使控制质量很差，这时可采用串级控制系统，并通过合理选择副变量将纯滞后部分放到主对象中去，以提高副回路的快速抗干扰功能，及时克服干扰的影响，将其抑制在最小限度内，从而可以使主变量的控制质量得到提高。

某化纤厂纺丝胶液压力的工艺流程如图 6-17 所示。

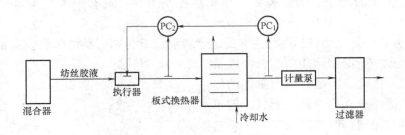

图 6-17 纺丝胶液压力的工艺流程

图中，纺丝胶液由计量泵（作为执行器）输送至板式换热器中进行冷却，随后送往过滤器滤去杂质，然后送往喷丝头喷丝。工艺上要求过滤前的胶液压力稳定在 0.25MPa，因为压力波动将直接影响到过滤效果和后面工序的喷丝质量。由于胶液黏度大，且被控对象控制通道的纯滞后比较大，单回路压力控制方案效果不好，所以为了提高控制质量，可在计量泵与冷却器（板式换热器）之间，靠近计量泵（执行器）的某个适当位置选择一个压力测量点，并以它为副变量组成一个压力与压力的串级控制系统，如图 6-17 所示。当纺丝胶液的黏度发生变化或因计量泵前的混合器有污染而引起压力变化时，副变量可及时得到反映，并通过副回路进行克服，从而稳定了过滤器前的胶液压力。

应当指出，利用串级控制系统克服纯滞后的方法有很大的局限性，即只有当纯滞后环节能够大部分乃至全部都可以被划入到主对象中去时，这种方法才能有效地提高系统的控制质量，否则将不会获得很好的效果。

3）选择副变量时需考虑到工艺上的合理性和方案的经济性。

在选择副变量时，除了必须遵守上述几条原则以外，还必须考虑到控制方案在工艺上的合理性。一方面，主、副变量之间应有一定的内在联系；另一方面，因为自动控制系统是为生产服务的，因此在设计系统时，首先要考虑到生产工艺的要求，考虑所设置的系统是否会影响到工艺系统的正常运行，然后再考虑其他方面的要求，否则将会导致所设计的串级控制系统从控制角度上看是可行的、合理的，但却不符合工艺操作上的要求。基于以上两方面的原因，在选择副变量时，必须考虑副变量的设定值变动在工艺上是否合理。

在选择副变量时，常会出现不止一个可供选择的方案，在这种情况下，可以根据对主变量控制品质的要求及经济性等原则来决定取舍。关于方案的合理性可通过下面的例子予以说明。

对于管式加热炉出口温度控制系统，当燃料油压力或流量是主要扰动时，应选择燃料油压力或流量作为副变量，组成图6-12或图6-16所示的串级控制系统；当生产过程中经常需要更换原料类型、原料的处理量，或燃料油热值波动较大时，应选择炉膛温度作为副变量，组成图6-6所示的出口温度与炉膛温度串级控制系统，这种串级控制系统能够包含原料的扰动和燃料的扰动，可充分发挥串级控制系统的功能。

下面以丙烯冷却器出口温度的两种不同串级控制方案说明控制方案的经济性，丙烯冷却器是以液丙烯汽化需吸收大量热量而使热物料冷却的工艺设备。图6-18所示为丙烯冷却器的两种不同的串级控制方案。两者均以被冷却气体的出口温度为主变量，但副变量的选择却各不相同，方案a是以冷却器液位为副变量，而方案b是以蒸发后的气丙烯压力为副变量。从控制的角度看，以蒸发压力作为副变量的方案b要比以冷却器液位作为副变量的方案a灵敏、快速，但是，假如冷冻机入口压力在两种情况下都相等，那么方案b中的丙烯蒸发压力必须比方案a中的气相压力要高一些，才能有一定的控制范围，这样冷却温差就要减小，使冷却剂利用不够充分。而且方案b还需要另外设置一套液位控制系统，以维持一定的蒸发空

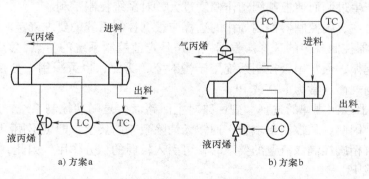

a) 方案a   b) 方案b

图6-18 丙烯冷却器两种不同的串级控制方案

间，防止气丙烯带液进入冷冻机（气体丙烯返回冷冻压缩机冷凝后重复使用）而危及后者的安全，这样方案 b 的仪表投资费用相应地也要有所增加。相比之下，方案 a 虽然较为迟钝一些（因为它是借助于传热面积的改变以达到控制温度的目的的，所以反应比较慢），不如方案 b 灵敏，但是却较为经济，所以，在对出口温度的控制要求不是很高的情况下，完全可以采用方案 a。当然，决定取舍时还应考虑其他各方面的条件及要求。

以上虽然给出了主、副变量选择的基本原则，但是，在一个实际的被控过程中，可供选择的副变量并非都能满足控制要求，必须根据实际情况综合考虑。

任务三　掌握主、副控制器的控制规律及正、反作用的选择

6.3.1　主、副控制器控制规律的选择

串级控制系统有主、副两个控制器，它们在系统中所起的作用是不同的。主控制器起定值控制作用，副控制器起随动控制作用，这是选择控制规律的基本出发点。

从串级控制系统的结构上看，主回路是一个定值控制系统，因此主控制器控制规律的选择与简单控制系统类似。但采用串级控制系统的主变量往往是工艺操作的主要指标，工艺要求较严格，允许波动的范围很小，一般不允许有余差。因此，通常都采用比例积分（PI）控制规律或比例积分微分（PID）控制规律。这是因为比例作用是一种最基本的控制作用；为了消除余差，主控制器必须具有积分作用；有时，过程控制通道的容量滞后比较大（像温度过程和成分过程等），为了克服容量滞后，可以引入微分作用来加速过渡过程。

副回路既是随动控制系统又是定值控制系统。而副变量则是为了稳定主变量而引入的辅助变量，一般无严格的指标要求。为了提高副回路的快速性，副控制器最好不带积分作用，在一般情况下，副控制器只采用纯比例（P）控制规律就可以了。但是在选择流量参数作为副变量的串级控制系统中，由于流量过程的时间常数和时滞都很小，为了保持系统稳定，比例度必须选得较大，这样，比例控制作用偏弱，为了防止同向扰动的积累也适当引入较弱的积分作用，这时副控制器采用比例积分（PI）控制规律。此时引入积分作用的目的不是为了消除余差，而是为了增强控制作用。一般副回路的容量滞后相对较小，所以副控制器无须引入微分控制作用。这是因为副回路本身就起着快速随动作用，如果引入微分规律，当其设定值突变时易产生过调而使控制阀动作幅度过大，对系统控制不利。

综上所述，主、副控制器控制规律的选择应根据控制系统的要求确定。

1）主控制器控制规律的选择。根据主回路是定值控制系统的特点，为了消除余差，应采用积分控制规律；通常串级控制系统用于慢对象，为此，也可采用微分控制规律。据此，主控制器的控制规律通常为 PID 或 PI。

2）副控制器控制规律的选择。副回路对主回路而言是随动控制系统，对副变量而言是定值控制系统。因此，从控制要求看，通常无消除余差的要求，即可不用积分作用；但当副变量是流量并有精确控制该流量的要求时，可引入较弱的积分作用。因此，副控制器的控制规律通常为 P 或 PI。

例如，在加热炉出口温度与炉膛温度控制系统中，主（出口温度）控制器应选 PID 控

制规律，而副控制器只需选择纯比例（P）控制规律就可以了。而在加热炉出口温度与燃料流量控制系统中，副控制器应选择比例积分（PI）控制规律，并且应将比例度选得较大。

6.3.2 控制器正、反作用的选择

串级控制系统中，必须分别根据各种不同情况，选择主、副控制器的作用方向，选择方法如下。

1）串级控制系统中的副控制器作用方向的选择，是根据工艺安全等要求，选定执行器的气开、气关型式后，按照使副控制回路成为一个负反馈系统的原则来确定的。因此，副控制器的作用方向与副对象特性、执行器的气开、气关型式有关，其选择方法与简单控制系统中控制器正、反作用的选择方法相同，这时可不考虑主控制器的作用方向，只是将主控制器的输出作为副控制器的给定就行了。

2）串级控制系统中主控制器作用方向的选择可按下述方法进行：当主、副变量在增加（或减小）时，如果由工艺分析得出，为使主、副变量减小（或增加），要求控制阀的动作方向是一致的时候，主控制器应选反作用；反之，则应选正作用。

从上述方法可以看出，串级控制系统中主控制器作用方向的选择完全由工艺情况确定，与执行器的气开、气关型式及副控制器的作用方向完全无关。因此，串级控制系统中主、副控制器的选择可以按先副后主的顺序，即先确定执行器的开、关型式及副控制器的正、反作用，然后确定主控制器的作用方向；也可以按先主后副的顺序，即先按工艺过程特性的要求确定主控制器的作用方向，然后按一般单回路控制系统的方法再选定执行器的开、关型式及副控制器的作用方向。

下面以管式加热炉出口温度与炉膛温度串级控制系统为例说明主、副控制器的正、反作用方式的确定方法。其选择步骤如下所述。

1）分析主、副变量。

① 主变量：加热炉出口温度。

② 副变量：炉膛温度。

2）确定副控制器的正、反作用。

① 控制阀：从安全角度考虑，选择气开阀，符号为"＋"。

② 副对象：控制阀打开，燃料油流量增加，炉膛温度升高，因此，该环节为"＋"。

③ 副控制器：为保证副回路构成负反馈，应选反作用。

3）确定主控制器的正、反作用。

① 主对象：当炉膛温度升高时，出口温度也随之升高，因此，该环节为"＋"。

② 主控制器：为保证主回路构成负反馈，应选反作用。

4）主控制器方式更换。

由于副控制器是反作用控制器，因此，当控制系统从串级切换到主控时，主控制器的作用方式不更换，保持原来的反作用方式。

精馏塔提馏段塔釜温度与加热蒸汽流量串级控制系统，其主、副控制器正、反作用的选择步骤如下所述。

1）分析主、副变量。

① 主变量：塔釜温度。

② 副变量：加热蒸汽流量。

2）确定副控制器的正、反作用。

① 控制阀：气关阀，符号为" - "。

② 副对象：因加热蒸汽流量既是操纵变量又是副变量，故该环节为" + "。

③ 副控制器：为保证副回路构成负反馈，应选正作用。

3）确定主控制器的正、反作用。

① 主对象：当加热蒸汽流量增加时，塔釜温度随之升高，因此，该环节为" + "。

② 主控制器：为保证主回路构成负反馈，应选反作用。

4）主控制器方式更换。

由于副控制器是正作用，因此，当控制系统从串级切换到主控时，应将主控制器的作用方式从原来的反作用切换到正作用。

任务四　温度串级控制系统的实施与投运

6.4.1　串级控制系统的实施

在主、副变量和主、副控制器的选型确定之后，就可以考虑串级控制系统的构成方案了。由于仪表种类繁多，生产上对系统功能的要求也各不相同，因此对于一个具体的串级控制系统就有着不同的实施方案。究竟采用哪种方案为好，要根据具体的情况和条件而定。

一般来说，在选择具体的实施方案时，应考虑以下几个问题。

1）所选择的方案应能满足指定的操作要求。主要是考虑在串级运行之外，是否需要副回路或主回路单独进行自动控制，然后才能选择相应的方案。

2）实施方案应力求实用，简单可靠。在满足要求的前提下，所需仪表装置应尽可能投资少，这样既可使操作方便，又保证经济性。采用仪表越多，出现故障的可能性也就越大。

3）所选用的仪表信号必须互相匹配。在选用不同类型的仪表组成串级控制系统时，必须配备相应的信号转换器，以达到信号匹配的目的。

4）所选用的副控制器必须具有外给定输入接口，否则无法接受主控制器输出的外给定信号。

5）实施方案应便于操作，并能保证投运时实现无扰动切换。串级控制系统有时要进行副回路单独控制，有时要进行遥控，甚至有时要进行"主控"（即主控制器的输出直接控制控制阀。当有"主控"要求时，需增加一个切换开关，做"串级"与"主控"的切换之用），所有这些操作之间的切换工作要能方便地实现，并且要求切换时应保证无扰动。

为了说明上述原则的应用，下面就常见的用 DDZ- Ⅲ型（或Ⅱ型）单元组合仪表组成的串级控制系统为例进行说明。

例　一般的串级控制方案。如图 6-19 所示。

该方案中采用了两台控制器，主、副变量通过一台双笔记录仪进行记录。由于副控制器的输出信号是 DC 4～20mA，而气动控制阀只能接受 20～100kPa 的气压信号，因此，在副控制器与气动控制阀之间设置了一个电-气转换器，由它将 DC 4～20mA 的电流信号转换成 20～100kPa 的气压信号送往控制阀（也可直接在控制阀上设置一台电-气阀门定位器来完成

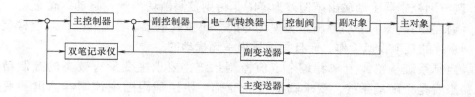

图 6-19　用 DDZ-Ⅲ型或Ⅱ型仪表组成串级控制系统框图

电-气信号的转换工作）。此外，如果副变量是流量参数，而采用孔板作为流量测量元件时，应在副变送器之后增加一台开方器（如果主变量是流量，也需进行如此处理）。

　　本方案可实现串级控制、副回路单独控制和遥控三种操作，比较简单、方便、实用，是使用较为普遍的一种串级控制方案。

　　例　能实现主控-串级切换的主控-串级控制方案。如图 6-20 所示。

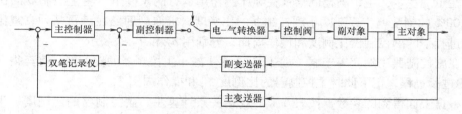

图 6-20　用 DDZ-Ⅲ型或Ⅱ型仪表组成主控-串级控制系统框图

　　本方案的特点是在副控制器的输出端上增加了一个主控-串级切换开关，并且与主控制器的输出相连接。因此，该方案除能进行手动遥控、副回路自控和串级控制外，还能实现主回路直接自控。但是，对这种主回路的直接自控方式应当限制使用，特别是当副控制器为正作用时，只有主控制器改变原作用方式后，方可进行这种主回路的直接自控。当切换回串级控制时，主控制器又要进行换向，否则将会造成严重的生产事故，这一点必须引起重视。因此，在不是特别需要的情况下，建议不要采用这种方案。

6.4.2　串级控制系统的投运

　　选用不同类型的仪表组成的串级控制系统，投运方法也有所不同，但是所遵循的原则基本上都是相同的。其一是投运顺序，串级控制系统有两种投运方式：一种是先投副环后投主环；另一种是先投主环后投副环。目前一般都采用先投副环后投主环的投运顺序；其二和简单控制系统的投运要求一样，在投运过程中必须保证无扰动切换。

　　这里以 DDZ-Ⅲ型仪表组成的串级控制系统的投运方法为例，介绍其投运顺序。具体投运步骤如下所述。

　　1）将主、副控制器的切换开关都置于手动位置，主控制器设置为"内给（定）"，并设置好主设定值，副控制器设置为"外给（定）"，再将主、副控制器的正、反作用开关置于正确的位置。

　　2）在副控制器处于软手动状态下进行遥控操作，使生产处于要求的工况，即使主变量逐步在主设定值附近稳定下来。

3）调整副控制器手动输出至偏差为零时，将副控制器切换到"自动"位置。

4）调整主控制器的手动输出至偏差为零时，将主控制器切入"自动"。这样就完成了串级控制系统的整个投运工作，而且投运过程是无扰动的。

串级控制系统从整体上来看是个定值控制系统，要求主变量有较高的控制精度。但从副回路来看是个随动系统，要求副变量能准确、快速地跟随主控制器输出的变化而变化。只有明确了主、副回路的不同作用和对主、副变量的不同要求后，才能正确地通过参数整定，确定主、副控制器的不同参数，来改善控制系统的特性，获取最佳的控制过程。

串级控制系统主、副控制器的参数整定方法主要有下列两种。

1. 两步整定法

按照串级控制系统主、副回路的情况，先整定副控制器，后整定主控制器的方法叫做两步整定法，整定过程是：

1）在工况稳定，主、副控制器都在纯比例作用运行的条件下，将主控制器的比例度先固定在 100% 的刻度上，逐渐减小副控制器的比例度，求取副回路在满足某种衰减比（如4:1）过渡过程下的副控制器比例度和操作周期，分别用 δ_{2s} 和 T_{2s} 来表示。

2）在副控制器比例度等于 δ_{2s} 的条件下，逐步减小主控制器的比例度，直至得到同样衰减比下的过渡过程，记下此时主控制器的比例度 δ_{1s} 和操作周期 T_{1s}。

3）根据上面得到的参数，按表 6-1 的规定关系计算主、副控制器的比例度、积分时间和微分时间。

4）按先副后主、先比例次积分后微分的整定规律，将计算出的控制器参数加到控制器上。

5）观察控制过程，适当调整，直到获得满意的过渡过程。

如果主、副对象时间常数相差不大，动态联系密切，可能会出现"共振"现象，主、副变量长时间地处于大幅度波动情况，控制质量严重恶化。这时可适当减小副控制器比例度或积分时间，以达到减小副回路操作周期的目的。同理，可以加大主控制器的比例度或积分时间，以期增大主回路操作周期，使主、副回路的操作周期之比加大，避免"共振"。这样做的结果会在一定程度上降低原先期望的控制质量。如果主、副对象特性太接近，则说明确定的控制方案欠妥当，副变量的选择不合适，这时就不能完全靠控制器参数的改变来避免"共振"了。

2. 一步整定法

两步整定法虽能满足主、副变量的要求，但要分两步进行，需寻求两个 4:1 的衰减振荡过程，比较繁琐。为了简化步骤，串级控制系统中主、副控制器的参数整定可以采用一步整定法。

所谓一步整定法，就是根据经验先将副控制器一次放好，不再变动，然后按一般单回路控制系统的整定方法直接整定主控制器参数。

一步整定法的依据是：在串级控制系统中，一般来说，主变量是工艺的主要操作指标，直接关系到产品的质量或生产过程的正常运行，因此，对它的要求比较严格。而副变量的设置主要是为了提高主变量的控制质量，对副变量本身没有很高的要求，允许它在一定范围内变化。因此，在整定时不必把过多的精力花在副环上。只要把副控制器的参数置于一定数值后，集中精力整定主环，使主变量达到规定的质量指标就行了。虽然按照经验一次设置的副控制器参数不一定合适，但是这没有关系，因为副控制器的放大倍数不合适，可以通过调整主控制器的放大倍数来进行补偿，结果仍然可以使主变量呈现4∶1（或10∶1）衰减振荡过程。

经验证明，这种整定方法，对主变量要求较高，而对副变量没有什么要求或要求不严，对允许副变量在一定范围内变化的串级控制系统是很有效的。

人们经过长期的实践，大量的经验积累，总结得出对于在不同的副变量情况下，副控制器参数可按表6-1所给出的数据进行设置。

表6-1 副控制器参数经验数据

副变量类型	副控制器比例度	副控制器比例放大倍数
温度	20～60	5.0～1.7
压力	30～70	3.0～1.4
液位	40～80	2.5～1.25

一步整定法的整定步骤如下：

1）在生产正常、系统为纯比例运行的条件下，按照表6-1所列的经验数据，将副控制器的比例度调到某一适当的数值。

2）将串级控制系统投运后，按简单控制系统的某种参数整定方法直接整定主控制器参数。

3）观察主变量的过渡过程，适当调整主控制器参数，使主变量的品质指标达到规定的质量要求。

4）如果系统出现"共振"现象，可加大主控制器或减小副控制器的比例度值，以消除"共振"。如果"共振"剧烈，可先转入手动，待生产稳定后，再在比产生"共振"时略大的控制器比例度下重新投运和整定，直至达到满意时为止。

思考与练习六

6-1 什么是串级控制系统？试画出其典型框图。图6-21中有哪些串级控制系统？

6-2 与简单控制系统相比，串级控制系统有哪些特点？

6-3 串级控制系统最主要的优点体现在什么地方？试通过一个例子与简单系统作一比较。

6-4 串级控制系统中的副变量如何选择？

6-5 在串级控制系统中，如何选择主、副控制器的控制规律？其参数又如何整定？

6-6 对于图6-4所示的反应釜温度与夹套温度串级控制系统。要求：

1）画出该系统的框图，并说明主变量、副变量分别是什么？主控制器、副控制器分别是哪个控制器？

2）若工艺要求反应釜温度不能过高，试确定控制阀的气开、气关形式。

3）确定主、副控制器的正反作用方式。

4）当进料量突然加大时，简述该控制系统的控制过程。

6-7 试简述串级控制系统的工作原理。

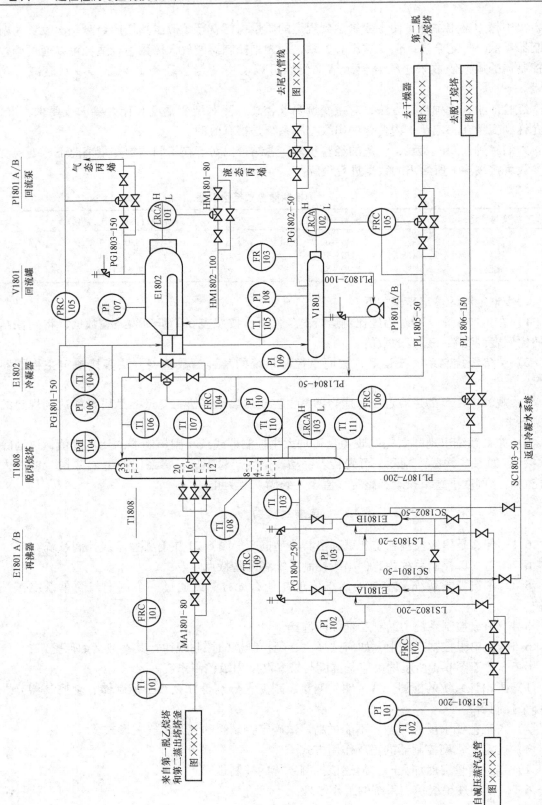

图 6-21 脱丙烷塔带控制点的工艺流程图

6-8　与简单控制系统相比，串级控制系统有哪些主要特点？什么情况下可考虑设计串级控制？

6-9　为什么说串级控制系统的主回路是定值控制系统，而副回路是随动控制系统？

6-10　某加热炉出口温度控制系统，经运行后发现扰动主要来自燃料流量波动，试设计控制系统克服扰动。如果发现扰动主要来自原料流量波动，应如何设计控制系统以控制该扰动？画出带控制点的工艺流程图和控制系统框图。

6-11　为什么说串级控制系统由于副回路的存在提高了系统的控制质量？

6-12　串级控制系统中的主、副变量应如何选择？

6-13　如何选择串级控制系统的副变量，以防止共振现象的产生？若系统已经产生了共振现象，应如何消除？

6-14　在串级控制系统中，如何选择主、副控制器的控制规律？其参数又如何整定？

6-15　如何选择串级控制系统中主、副控制器的的正、反作用？它们与控制阀的开、关形式有无关系？

6-16　为什么说串级控制系统主控制器的正、反作用只取决于主对象放大系数的符号？而与其他环节无关？

6-17　图 6-22 所示为一个蒸汽加热器，物料出口温度需要控制且要求较严格，该系统中加热蒸汽的压力波动较大。试设计该控制系统的控制流程图及框图。

6-18　如图 6-23 所示，为精馏塔塔釜温度与蒸汽流量串级控制系统，工艺要求塔内温度稳定在 ±1℃，一旦发生重大事故应立即关闭蒸汽供应。

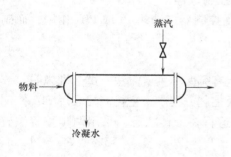

图 6-22　蒸汽加热器

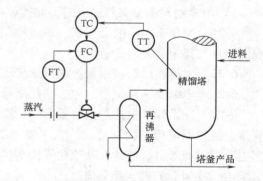

图6-23　精馏塔塔釜温度与蒸汽流量串级控制系统

1）画出该控制系统的控制流程图及框图。

2）试选择控制阀的气开、气关形式。

3）选择主、副控制器的控制规律，并确定其正、反作用方式。

6-19　图 6-24 所示反应釜内进行的是放热化学反应，釜内温度过高会发生事故，因此采用反应釜夹套中的冷却水来进行冷却，以带走反应过程中所产生的热量。由于工艺对该反应过程温度控制精度要求很高，简单控制满足不了要求，需采用串级控制。试问：

1）当冷却水压力波动是主要扰动时，应怎样组成串级控制系统？画出控制流程图和系统框图。

2）当冷却水入口温度波动是主要扰动时，应怎样组成串级控制系统？画出控制流程图和系统框图。

3）对上述两种不同的控制方案，试分别选择控制阀的开、闭形式及控制器的正、反作用。

6-20 对于如图 6-25 所示的加热器串级控制系统，要求：

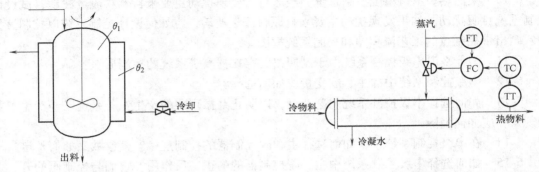

图 6-24 反应釜   图 6-25 加热器串级控制系统

1）画出该系统的框图，并说明主变量、副变量分别是什么参数，主、副控制器分别是哪个控制器？

2）若工艺要求加热器温度不能过高，否则易发生事故，试确定控制阀的气开、气关形式。

3）确定主、副控制器的正、反作用。

4）当蒸汽压力突然增大时，简述该控制系统的控制过程。

5）当冷物料流量突然加大时，简述该控制系统的控制过程。

6-21 为什么在一般情况下，串级控制系统中的主控制器应选择 PI 或 PID 作用，而副控制器却选择 P 作用？

6-22 试简述串级控制系统的投运步骤。

6-23 串级控制系统中，主、副控制器的参数整定有哪两种主要方法？试分别说明。

6-24 在设计某加热炉出口温度与炉膛温度的串级控制方案中，主控制器采用 PID 控制规律，控制器采用 P 控制规律。为了使串级控制系统运行在最佳状态，采用两步整定法整定主、副控器参数，按 4:1 衰减曲线法测得 $\delta_{2S} = 42\%$，$T_{2S} = 25\mathrm{s}$，$\delta_{1S} = 75\%$，$T_{1S} = 11\mathrm{min}$。试求主、控制器的整定参数值。

6-25 某串级控制系统采用两步整定法进行整定，测得 4:1 衰减过程的参数为 $\delta_{1S} = 80\%$，$T_{1S} = 120\mathrm{s}$，$\delta_{2S} = 42\%$，$T_{2S} = 8\mathrm{s}$。若该串级控制系统中主控制器采用 PID 控制规律，副控制器采用 P 控制规律，试求主、副控制器的整定参数值应是多少？

项目七

锅炉三冲量控制系统的设计

项目引入：蒸汽锅炉是化工、炼油、电力等工业生产过程中必不可少的重要能源设备，它的作用是生产出高温高压的蒸汽，给后续工段提供做功和加热用的原料。常见的锅炉设备的主要工艺流程如图 7-1 所示。由图可知，燃料和热空气按一定比例送入燃烧室（炉膛）燃烧，生产的热量传递给蒸汽发生系统，产生饱和蒸汽 D_S。饱和蒸汽经过热器后形成一定气温的过热蒸汽 D，汇集至蒸汽母管。压力为 p_m 的过热蒸汽，经负荷设备控制供给负荷设备用。与此同时，燃烧过程中产生的烟气，除将饱和蒸汽变成过热蒸汽外，还分别经过省煤器和空气预热器对锅炉给水和燃烧用空气进行预热，以充分利用热能，最后经引风机送往烟囱，排入大气。

锅筒是锅炉的重要组成部分，其水位高低会影响整个系统的安全性。如果水位过低，则由于锅筒内的水量较少，而汽化速度快，若控制不及时，就会在很短的时间内使锅筒内的水全部汽化，导致锅炉烧坏和爆炸；水位过高将会影响锅筒的水汽分离效果，产生蒸汽带液现象，会使过热器管壁结垢导致损坏，同时过热蒸汽温度急剧下降，该蒸汽作为汽轮机动力的话，还会损坏汽轮机叶片，如果有大量的水进入蒸汽管道，还会导致蒸汽管道爆管的严重后果。如果外部设备的用汽负荷发生变化，必将会引起锅筒水位、蒸汽压力和过热蒸汽温度等的变化；而燃料量的变化不仅影响蒸汽压力，同时还会影响到锅筒水位、过热蒸汽温度、过剩空气和炉膛负压等参数；给水量的变化将直接影响锅筒水位，同时还对蒸汽压力、过热蒸汽温度等产

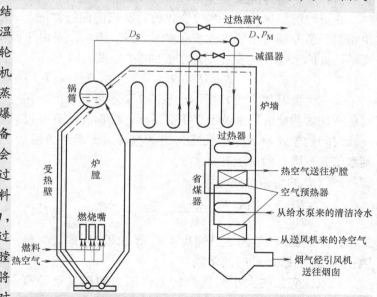

图 7-1　锅炉设备主要工艺流程

生间接影响。可以看出，锅筒的水位直接影响锅炉运行的安全性与经济性，是锅炉运行的一个非常重要的指标，无论过高或过低都会引起极为严重的后果，对它的控制必须是及时而又准确的。

任务一 锅筒水位控制方案的选择

7.1.1 锅筒水位的动态特性

对锅筒水位控制的研究已经经历了很长时间，逐渐形成了一套行之有效的控制方法。之所以对它进行大量的研究，不仅是由于它的重要性，还在于它的对象特性具有很强的特殊性，主要表现在其水位在外界扰动作用下的变化过程与一般液位对象存在明显区别，需要进行特殊的分析。锅筒内的水位高低与蒸汽负荷量、补充给水量、补充水温、锅筒蒸汽压力等参数都有关系，而其中影响作用比较大的主要是蒸汽负荷和给水量。一般而言，通常用给水量来直接影响水位，所以把给水量对水位的影响称为控制通道影响，把蒸汽负荷对水位的影响称为干扰通道影响。

1. 干扰通道的动态特性

蒸汽负荷（向外提供的蒸汽流量）对水位的影响主要指在燃料量不变的前提下，蒸汽流量突然变化导致的水位变化情况。假设给水量没有同时变化，如果按照常规的物料平衡原则来考虑，必然是物料流出量大于流入量，水位应该随之下降。但是锅筒是一个特殊对象，水位的变化情况远比常规对象来得复杂。由于蒸汽流量突然增加，就使短时间内锅筒内饱和蒸汽压力迅速下降，造成锅筒内水的沸点突然降低，汽化过程加剧，水面以下气泡不仅数量迅速增加而且体积增大，将水位整体抬高，形成虚假的水位上升现象，与一般对象的水位变化恰恰相反，这种现象被称为假水位现象。

在蒸汽流量扰动下，水位变化的阶跃响应曲线如图 7-2 所示。当蒸汽流量突然增加时，由物料平衡原理得出的水位变化如曲线 H_1 所示，而由于假水位导致的水位变化如曲线 H_2 所示，整体水位 H 的变化则为二者的叠加，即

$$H = H_1 + H_2 \qquad (7-1)$$

其变化情况如曲线 H 所示。从图 7-2 中可以看出，在水位变化的初始阶段水位不仅不会下降，反而先上升，过一段时间后才开始下降（反之，当蒸汽流量突然减少时，则水位先下降，然后上升）。

曲线 H 的传递函数为

$$\frac{H(s)}{D(s)} = \frac{H_1(s)}{D(s)} + \frac{H_2(s)}{D(s)} = \frac{\varepsilon_t}{s} + \frac{K_2}{T_2 s + 1} \qquad (7-2)$$

式中，ε_t 是曲线 H_1 的飞升速度；K_2 是曲线 H_2 的放大倍数；T_2 是曲线 H_2 的时间常数。

假水位变化的大小与锅炉的工作压力和蒸发量等有关，一般蒸发量为 $100 \sim 300 \text{t/h}$ 的中高压锅炉在负荷突然变化 10% 时，假水位可达 $30 \sim 40 \text{mm}$。对于这种假水位现象，在设计控制方案时必须加以重视。

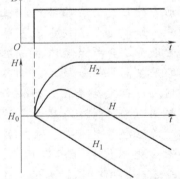

图 7-2 蒸汽流量扰动下水位的阶跃响应曲线

2. 控制通道的动态特性

在给水流量作用下，锅筒也不能仅仅当作常规单容对象来考虑，其阶跃响应曲线如图

7-3 所示。对于常规单容无自衡对象而言，水位响应曲线
如图 7-3 中曲线 H_1 所示；但由于给水温度要大大低于锅
筒内饱和水的温度，所以给水量增加后，锅筒内的水温
必然随之下降，导致水中气泡含量减少、体积下降，引
起水位下降。因此实际的水位响应曲线如图中曲线 H 所
示，即当突然加大给水量后，锅筒水位并不立即增加，
而要呈现出一段起始惯性段。用传递函数来描述时，它
相当于一个积分环节和一个纯滞后环节的串联，可表示为

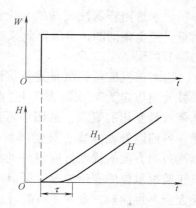

$$\frac{H(s)}{W(s)} = \frac{\varepsilon_0}{s} e^{\tau s} \qquad (7\text{-}3)$$

式中，ε_0 是曲线 H_1 的飞升速度；τ 是纯滞后时间。

图 7-3　给水流量作用下
水位的阶跃响应曲线

一般而言，纯滞后时间 τ 与给水温度相关，水温越
低，滞后时间越长。一般 τ 在 $15 \sim 100\text{s}$ 之间。如采用省
煤器，则由于省煤器本身的延迟，会使 τ 增加到 $100 \sim 200\text{s}$。

3. 其他干扰因素的影响

除了上述两个比较主要的影响之外，给水温度变化、锅炉排污、吹灰等过程也会对锅筒
水位造成影响。给水温度会影响水面下的气泡数量和体积；锅炉排污则要排出锅筒的部分陈
水；吹灰时要使用锅炉自身的蒸汽，这些都对水位有影响，但都属于短时间的扰动，可以很
快被抑制下来，无须做特殊处理。

7.1.2　锅筒水位的控制方案

1. 单冲量控制系统

控制锅筒水位时常选给水量作为操作变量，由此可组成图 7-4 所示的普通单冲量控制系
统。这里指的单冲量即锅筒水位。这种控制系统是典型的单回路控制系统。对于部分自动化
仪表小型锅炉来说，由于蒸发量少，水在锅筒内停留时间较长，所以在蒸汽负荷变化时，假
水位的现象并不显著，如果使用单冲量控制系统配用联锁报警装置，也能够保证系统的安全
性操作，满足生产的要求。而大中型锅炉的蒸发量相当
大，当蒸汽负荷突然大幅度增加时，假水位现象比较明
显，调节器收到错误的假水位信号后，不但不开大给水阀
增加给水量，以维持锅炉的物料平衡，满足蒸汽量增大的
要求，反而关小调节阀的开度，减少给水量。这种情况被
称为调节器的误动作，是由假水位引起的。等到假水位消
失后，由于蒸汽量增加而送水量减少，将使水位显著下
降，严重时甚至会使锅筒水位降到危险程度以致发生事
故。因此单冲量系统不能胜任对大中型锅炉的控制，水位
得不到保证。

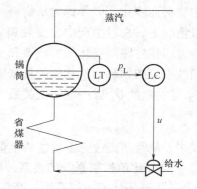

图 7-4　单冲量控制系统

2. 比值控制系统

从物料平衡的角度来看，只要保证任一时刻蒸汽流出量与给水流入量之间是等量关系，
就能够保证水位的恒定，如图 7-5 所示的比值控制系统就是建立在这样的控制思想上的。这

样，给水量随着蒸汽负荷的变化而变化，而且变化方向和数量是完全相同的，可以以此来避免在单冲量方案中出现的调节器误动作。

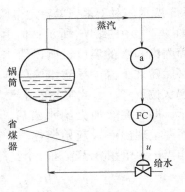

图 7-5　比值控制系统

当对蒸汽流量的测量是直接测量质量时，图中的比值系数 α 可以定为 1 或稍大于 1，此时就可以满足给水量跟随蒸汽量变化的要求。从图中可以看出，这种方案也可视为一种前馈补偿方案，补偿器就是比值器 a。此方案对于蒸汽负荷方面的扰动具有很好的抑制作用，但是由于没有真正监视水位的变化情况，所以由其他扰动引起的水位变化完全不得而知，也就不可能对其他的扰动影响进行调节，所以只能是一种探讨型方案，不能应用在实际系统中。但是比值控制在有些地方还是有实用之处，下面来深入了解比值控制系统。

（1）概述　在化工、炼油及其他工业生产过程中，工艺上常需要将两种或两种以上的物料保持一定的比例关系，如比例一旦失调，将影响生产或造成事故。

例如，在造纸生产过程中，必须使浓纸浆和水以一定比例混合，才能制造出一定浓度的纸浆，显然这个流量比对于产品质量有密切关系。在重油汽化的造气生产过程中，进入气化炉的氧气和重油流量应保持一定的比例，若氧油比过高，会因炉温过高而使喷嘴和耐火砖烧坏，严重时甚至会引起炉子爆炸；如果氧量过低，则生成的炭黑增多，还会发生堵塞现象。所以保持合理的氧油比，不仅为了使生产能正常进行，且对安全生产来说具有重要意义。再如在锅炉燃烧过程中，需要保持燃料量和空气按一定的比例进入炉膛，才能提高燃烧过程的经济性。这样类似的例子在各种工业生产中是大量存在的。

实现两个或两个以上参数符合一定比例关系的控制系统，称为比值控制系统。以保持两种或几种物料的流量为一定比例关系的系统，称为流量比值控制系统。

在需要保持比值关系的两种物料中，必有一种物料处于主导地位，这种物料称之为主物料，表征这种物料的参数称之为主动量，用 Q_1 表示。由于在生产过程控制中主要是流量比值控制系统，所以主动量也称为主流量；而另一种物料按主物料进行配比，在控制过程中随主物料而变化，因此称为从物料，表征其特性的参数称为从动量或副流量，用 Q_2 表示。一般情况下，总以生产中主要物料定为主物料，如上例中的浓纸浆、重油和燃料油均为主物料，而相应跟随变化的水、氧和空气则为从物料。在有些场合，以不可控物料作为主物料，用改变可控物料即从物料的量来实现它们之间的比值关系。比值控制系统就是要实现副流量 Q_2 与主流量 Q_1 成一定比值关系，满足如下关系式：

$$K = \frac{Q_2}{Q_1} \tag{7-4}$$

式中，K 为副流量与主流量的流量比值。

（2）比值控制系统的类型　比值控制系统主要有以下几种类型。

1）开环比值控制系统。开环比值控制系统是最简单的比值控制方案，图 7-6 是其原理图。图中 Q_1 是主流量，Q_2 是副流量。当 Q_1 变化时，通过控制器 FC 及安装在从物料管道上的执行器，来控制 Q_2，以满足 $Q_2 = KQ_1$ 的要求。

图 7-7 是该系统的框图。从图中可以看到，该系统的测量信号取自主物料 Q_1，但控

器的输出却控制从物料的流量 Q_2，整个系统没有构成闭环，所以是一个开环系统。

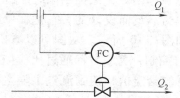

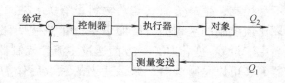

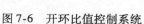

图 7-6　开环比值控制系统　　　　　　　　　　图 7-7　开环比值控制系统框图

这种方案的优点是结构简单，只需一台纯比例控制器，其比例度可以根据比值要求来设定。但是如果仔细分析一下这种开环比值系统，其实质只能保持执行器的阀门开度与 Q_1 之间成一定比例关系。因此，当 Q_2 因阀门两侧压力差发生变化而波动时，系统不起控制作用，此时就保证不了 Q_2 与 Q_1 的比值关系了。也就是说，这种比值控制方案对副流量 Q_2 本身无抗干扰能力。所以这种系统只能适用于副流量较平稳且比值要求不高的场合。实际生产过程中，Q_2 本身常常要受到干扰，因此生产上很少采用开环比值控制方案。

2）单闭环比值控制系统。单闭环比值控制系统是为了克服开环比值控制方案的不足，在开环比值控制系统的基础上，通过增加一个副流量的闭环控制系统而组成的，如图 7-8 所示。图 7-9 是该系统的框图。

从图中可以看出，单闭环比值控制系统与串级控制系统具有相类似的结构形式，但两者是不同的。单闭环比值控制系统的主流量 Q_1 相似于串级控制系统中的主变量，但主流量并没有构成闭环系统，Q_2 的变化并不影响到 Q_1。尽管它亦有两个控制器，但只有一个闭合回路，这就是两者的根本区别。

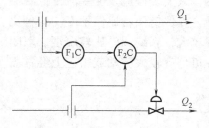

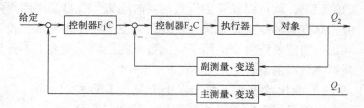

图 7-8　单闭环比值控制　　　　　　　　图 7-9　单闭环比值控制系统框图

在稳定情况下，主、副流量满足工艺要求的比值，$Q_2/Q_1 = K$。当主流量 Q_1 变化时，经变送器送至主控制器 F_1C（或其他计算装置）。F_1C 按预先设置好的比值使输出成比例地变化，也就是成比例地改变副流量控制器 F_2C 的给定值，此时副流量闭环系统为一个随动控制系统，从而 Q_2 跟随 Q_1 变化，使得在新的工况下，流量比值 K 保持不变。当主流量没有变化而副流量由于自身干扰发生变化时，此副流量闭环系统相当于一个定值控制系统，通过控制克服干扰，使工艺要求的流量比值仍保持不变。

单闭环比值控制系统的优点是它不但能实现副流量跟随主流量的变化而变化，而且还可以克服副流量本身干扰对比值的影响，因此主、副流量的比值较为精确。另外，这种方案的结构形式较简单，实施起来也比较方便，所以得到广泛的应用，尤其适用于主物料在工艺上不允许进行控制的场合。单闭环比值控制系统，虽然能保持两物料量比值一定，但由于主流量是不受控制的，当主流量变化时，总的物料量就会跟着变化。

3）双闭环比值控制系统。双闭环比值控制系统是为了克服单闭环比值控制系统主流量不受控制，生产负荷（与总物料量有关）在较大范围内波动的不足而设计的。它是在单闭环比值控制的基础上，增加了主流量控制回路而构成的，如图 7-10 所示。从图可以看出，当主流量 Q_1 变化时，一方面通过主流量控制器 F_1C 对它进行控制，另一方面通过比值控制器 K（可以是乘法器）乘以适当的系数后作为副流量控制器的给定值，使副流量跟随主流量的变化而变化。

图 7-11 是双闭环比值控制系统的框图。由图可以看出，该系统具有两个闭合回路，分别对主、副流量进行定值控制。同时，由于比值控制器 K 的存在，使得主流量由受到干扰作用开始到重新稳定在给定值这段时间内，副流量能跟随主流量的变化而变化。这样不仅实现了比较精确的流量比值，而且也确保了两物料总量基本不变，这是它的一个主要优点。

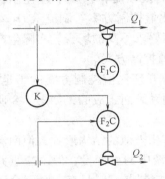

图 7-10　双闭环比值控制

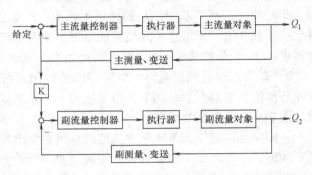

图 7-11　双闭环比值控制系统框图

双闭环比值控制系统的另一个优点是提降负荷比较方便，只要缓慢地改变主流量控制器的给定值，就可以提降主流量，同时副流量也自动跟踪提降，并保持两者比值不变。这种比值控制方案的缺点是结构比较复杂，使用的仪表较多，投资较大，系统调整比较麻烦。双闭环比值控制系统主要适用于主流量干扰频繁、工艺上不允许负荷有较大波动或工艺上经常需要提降负荷的场合。

4）变比值控制系统。以上介绍的几种控制方案都是属于定比值控制系统。控制过程的目的是要保持主、从物料的比值关系为定值。但有些化学反应过程，要求两种物料的比值能灵活地随第三变量的需要而加以调整，这样就出现一种变比值控制系统。

图 7-12 是变换炉的半水煤气与水蒸气的变比值控制系统的示意图。在变换炉生产过程中，半水煤气与水蒸气的量需保持一定的比值，但其比值系数要能随一段触媒层的温度变

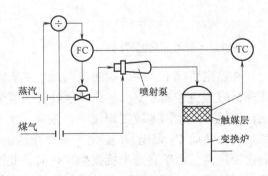

图 7-12　变比值控制系统

化而变化，才能在较大负荷变化下保持良好的控制质量。在这里，蒸汽与半水煤气的流量经测量变送后，送往除法器，计算得到它们的实际比值，作为流量比值控制器 FC 的测量值。而 FC 的给定值来自温度控制器 TC，最后通过调整蒸汽量（实际上是调整了蒸汽与半水煤

气的比值）来使变换炉触媒层的温度恒定在规定的数值上。图 7-13 是该变比值控制系统的框图。

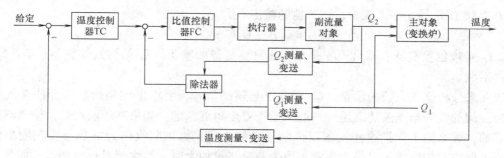

图 7-13　变比值控制系统框图

由图 7-13 可见，从系统的结构上来看，系统是通过改变蒸汽/半水煤气的比值来使变换炉触煤层的温度恒定在给定值上的，实际上是变换炉触媒层温度与蒸汽/半水煤气比值的串级控制系统。系统中控制器的选择，温度控制器 TC 按串级控制系统中主控制器要求选择，比值系统按单闭环比值控制系统来确定。

3. 双冲量控制系统

综合单冲量控制系统和比值控制系统的特点，不难设计出如图 7-14 所示的双冲量控制系统。这里的双冲量是指液位信号和蒸汽流量信号。该系统是在单冲量控制系统的基础上适当引入了对蒸汽流量的监视，起到对水位的补充校正作用，大大减弱假水位引起的调节器误动作。图 7-14a 是双冲量控制系统的原理图，图 7-14b 是其框图。由图知，这其实是一个前馈与单回路的复合控制系统。其控制思路是：测量出蒸汽负荷的大小，根据物料平衡原理，只要给水量与蒸发量完全相等，那么水位将保持不变，从而克服假水位的影响，也就是利用前馈控制抑制负荷扰动；其他干扰因素引起的水位变化则由反馈控制来克服。这样的设计思路不仅能削弱调节器的误动作，还能使调节阀动作及时、水位波动减弱，起到改善控制品质的作用。调节阀气开与气关的选用，一般从生产安全角度考虑。如果高压蒸汽是供给蒸汽透平压缩机或汽轮机，那么为保护这些设备选用气开阀为宜；如果蒸汽仅用作加热剂，为保护锅炉采用气关阀为宜。

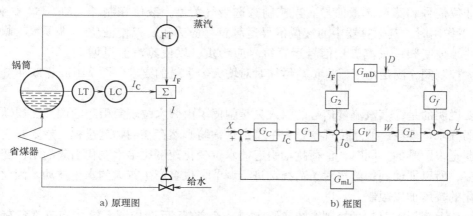

a) 原理图　　　　　　　b) 框图

图 7-14　双冲量控制系统原理图与框图

这里的前馈仅为静态前馈，若需要考虑两条通道在动态上的差异，需引入动态补偿环节。

图 7-14 所示的连接方式中，加法器的输出 I 是

$$I = C_1 I_C \pm C_2 I_F \pm I_0$$

式中，I_C 是液位控制器的输出；I_F 是蒸汽流量变送器的输出；I_0 是初始偏置值；C_1、C_2 是加法器系数。

现在来分析这些系数的设置。C_2 项取正号还是负号，要根据控制阀是气开还是气关而定。控制阀的气开与气关的选用，一般从生产安全角度考虑。如果高压蒸汽是供给蒸汽透平压缩等的，那么为了保护这些设备以选用气开阀为宜；如果蒸汽作为加热及工艺物料使用时，为了保护锅炉以采用气关阀为宜。因为在蒸汽量加大时，给水流量也要加大，如果采用气关阀，I 应减小即应该取负号；如果采用气开阀，I 应增加，即应该取正号。

C_2 的数值应考虑达到静态补偿。如果在现场调试，那么应在只有负荷干扰的条件下，调整到水位基本不变。如果有阀门特性数据，设阀门的工作特性是线性的，C_2 可以通过如下公式计算来获得：

$$C_2 = a D_{max} / K_v (Z_{max} - Z_{min})$$

式中，a 是一个大于 1 的常数，$a = \Delta W / \Delta D$；W 是给水流量；D 是蒸汽流量；D_{max} 是蒸汽流量变送器的量程（从零开始）；K_V 是阀门的增益；$Z_{max} - Z_{min}$ 是变送器输出的变化范围。

C_1 的设置比较简单，可取 1，也可以小于 1。不难看出 C_1 与控制器的放大倍数的乘积相当于简单控制系统中控制器的放大倍数的作用。

I_0 的设置目的是使正常负荷下，控制器和加法器的输出都能有一个适中的数值。最好是在正常负荷下，I_0 值与 $C_2 I_F$ 项能恰好抵消。

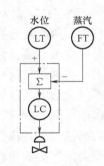

图 7-15　双冲量控制系统其他接法

在有些装置中，采用另一种接法，即将加法器放在控制器之前，如图 7-15 所示。因为水位上升与蒸汽流量增加时，阀门的动作方向相反，所以一定是信号相减。这样的接法好处是使用仪表比较少，因为一个双通道的控制器就可以实现加减和控制的功能。假设水位控制器采用单比例作用，则这种接法与图 7-15 的接法可以等效转换，差别不大。

图 7-16a 是锅炉液位的双冲量控制系统简化示意图。这里的双冲量是指液位信号和蒸汽流量信号。当控制阀选为气关型，液位控制器 LC 选为正作用时，其运算器中的液位信号运算符号应为正，以使液位增加时关小控制阀；蒸汽流量信号运算符号应为负，以使蒸汽流量增加时开大控制阀，满足由于蒸汽负荷增加时对增大给水量的要求。图 7-16b 是双冲量控制系统的框图。

需要说明的是，蒸汽流量信号的引入只是削弱了由假水位现象引起的调节器误动作，并没有削弱假水位现象，假水位现象是大中型锅炉锅筒必然存在的物理过程，想要对它进行限制或削弱是很困难的。同时，负荷扰动引起的水位变化速度比给水变化引起的水位变化速度要快得多，所以即使利用给水对负荷扰动进行调节，也会产生较大的水位波动，因此必须对符合变化的幅度加以限制。

从结构上来说，双冲量控制系统实际上是一个前馈-反馈控制系统。当蒸汽负荷的变化引起液位大幅度波动时，蒸汽流量信号的引入起着超前的作用（即前馈作用），它可以在液

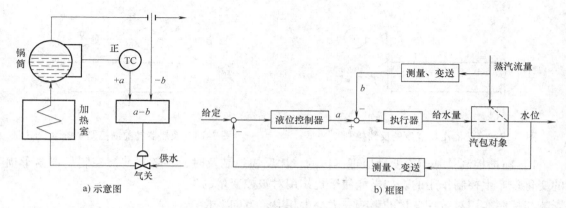

图 7-16　双冲量控制系统简化示意图与框图

位还未出现波动时提前使控制阀动作，从而减少因蒸汽负荷量的变化而引起的液位波动，改善了控制品质。

　　影响锅炉锅筒液位的因素还包括供水压力的变化。当供水压力变化时，会引起供水流量变化，进而引起锅筒液位变化。双冲量控制系统对这种干扰的克服是比较迟缓的。它要等到锅筒液位变化以后再由液位控制器来调整，使进水阀开大或关小。所以，当供水压力扰动比较频繁时，双冲量液位控制系统的控制质量较差，这时可采用三冲量液位控制系统。

　　下面就来深入了解前馈控制原理并学习三冲量液位控制系统的工作原理。

4. 前馈控制系统

　　前馈的概念很早就已产生了，由于人们对它认识不足和自动化工具的限制，致使前馈控制发展缓慢。近 30 年来，新型仪表和电子计算机的出现和广泛应用，为前馈控制创造了有利条件，前馈控制又重新被重视。目前前馈控制已在锅炉、精馏塔、换热器和化学反应器等设备上获得成功的应用。

　　（1）前馈控制系统及其特点　在大多数控制系统中，控制器是按照被控变量相对于给定值的偏差而进行工作的。控制作用影响被控变量，而被控变量的变化又返回来影响控制器的输入，使控制作用发生变化。这些控制系统都属于反馈控制。不论什么干扰，只要引起被控变量变化，都可以进行控制，这是反馈控制的优点。例如在图 7-17 所示的换热器出口温度的反馈控制中，所有影响被控变量的因素，如进料流量、温度的变化，蒸汽压力的变化等，它们对出口物料温度的影响都可以通过反馈控制来克服。但是，在这样的系统中，控制信号总是要在干扰已经造成影响，且被控变量已偏离给定值以后才能产生的，控制作用总是不及时。特别是在干扰频繁，对象有较大滞后时，控制质量的提高将会受到很大的限制。

　　如果已知影响换热器出口物料温度变化的主要干扰是进口物料流量的变化，为了及时克服这一干扰对被控变量 θ 的影响，可以测量进料流量，根据进料流量大小的变化直接去改变加热蒸汽量的大小，这就是所谓的前馈控制。图 7-18 是换热器的前馈控制系统示意图。当进料流量变化时，通过前馈控制器 FC 去开大或关小加热蒸汽阀，以克服进料流量变化对出口物料温度的影响。

　　为了对前馈控制有进一步的认识，下面仔细分析一下前馈控制的特点，并与反馈控制作一简单的比较。

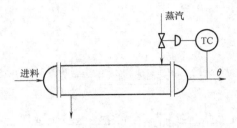

图 7-17　换热器出口温度的反馈控制

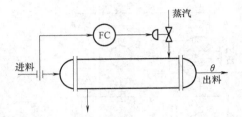

图 7-18　换热器的前馈控制系统示意图

1）前馈控制是基于不变性原理工作的，比反馈控制及时、有效。前馈控制是根据干扰的变化来产生控制作用的。如果能使干扰作用对被控变量的影响与控制作用对被控变量的影响在大小上相等、方向上相反的话，就能完全克服干扰对被控变量的影响。图 7-19 就可以充分说明这一点。

在图 7-18 所示的换热器前馈控制系统中，当进料流量突然阶跃增加 $\Delta\theta_1$ 后，就会通过干扰通道使换热器出口物料温度 θ 下降，其变化曲线如图 7-19 中曲线 1 所示。与此同时，进料流量的变化经检测变送后，送入前馈控制器 FC，按一定的规律运算后输出去开大蒸汽阀。由于加热蒸汽量增加，通过加热器的控制通道会使出口物料温度 θ 上升，如图 7-19中曲线 2 所示。由图可知，干扰作用使温度 θ 下降，控制作用使温度 θ 上升。如果控制规律选择合适，可以得到完全的补偿。也就是说，当进口物料流量变化时，可以通过

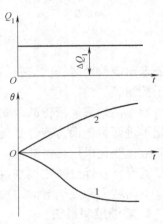

图 7-19　前馈控制系统的补偿过程

前馈控制，使出口物料的温度完全不受进口物料流量变化的影响。显然，前馈控制对于干扰的克服要比反馈控制及时得多。干扰一旦出现，不需等到被控变量受其影响产生变化，就会立即产生控制作用，这个特点是前馈控制的一个主要优点。

图 7-20a、b 分别表示反馈控制与前馈控制的框图。由图 7-20 可以看出，反馈控制的依据是被控变量与给定值的偏差，检测的信号是被控变量，控制作用发生时间是在偏差出现以后。前馈控制的依据是干扰的变化，检测的信号是干扰量的大小，控制作用的发生时间是在干扰作用的瞬间而不需等到偏差出现之后。

2）前馈控制属于开环控制系统。反馈控制系统是一个闭环控制系统，而前馈控制是一个开环控制系统，这也是它们两者的基本区别。由图 7-20b 可以看出，在前馈控制系统中，被控变量根本没有被检测。

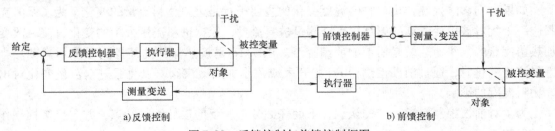

图 7-20　反馈控制与前馈控制框图

当前馈控制器按扰动量产生控制作用后，对被控变量的影响并不返回来影响控制器的输入信号——扰动量，所以整个系统是一个开环系统。

前馈控制系统是一个开环系统，这一点从某种意义上来说是前馈控制的不足之处。反馈控制由于是闭环系统，控制结果能够通过反馈获得检验，而前馈控制其控制效果并不通过反馈来加以检验。如上例中，根据进口物料流量变化这一干扰施加前馈控制作用后，出口物料的温度（被控变量）是否达到所希望的温度是不得而知的。因此，要想综合包含一个合适的前馈控制作用，必须对被控对象的特性作深入的研究和彻底的了解。

3）前馈控制使用的是视对象特性而定的专用控制器。一般的反馈控制系统均采用通用类型的 PID 控制器，而前馈控制要采用专用前馈控制器（或前馈补偿装置）。对于不同的对象特性，前馈控制器的控制规律将是不同的。为了使干扰得到完全克服，干扰通过对象的干扰通道对被控变量的影响，应该与控制作用（也与干扰有关）通过控制通道对被控变量的影响大小相等、方向相反。所以，前馈控制器的控制规律取决于干扰通道的特性与控制通道的特性。对于不同的对象特性，就应该设计具有不同控制规律的控制器。

4）一种前馈作用只能克服一种干扰。由于前馈控制作用是按干扰进行工作的，而且整个系统是开环的，因此根据一种干扰设置的前馈控制就只能克服这一干扰对被控变量的影响，而对于其他干扰，由于这个前馈控制器无法感受到，也就无能为力了。而反馈控制只用一个控制回路就可克服多个干扰，所以说这一点也是前馈控制系统的一个弱点。

（2）前馈控制的主要形式

1）单纯的前馈控制形式。前面列举的图 7-18 所示的换热器出口物料温度控制就属于单纯的前馈控制系统，它是按照干扰的大小来进行控制的。根据对干扰补偿的特点，可分为静态前馈控制和动态前馈控制。

① 静态前馈控制系统。在图 7-18 中，前馈控制器的输出信号是按干扰大小随时间变化的，它是干扰量和时间的函数。而当干扰通道和控制通道动态特性相同时，便可以不考虑时间函数，只按静态关系确定前馈控制作用。静态前馈是前馈控制中的一种特殊形式。如当干扰阶跃变化时，前馈控制器的输出也为一个阶跃变化。图 7-18 中，如果主要干扰是进料流量的波动 ΔQ_1，那么前馈控制器的输出 Δm_f 为

$$\Delta m_f = K_f \cdot \Delta Q_1$$

式中，K_f 是前馈控制器的比例系数。这种静态前馈实施起来十分方便，用常规仪表中的比值器或比例控制器即可作为前馈控制器使用，K_f 为其比值或比例系数。

在有条件列写各参数的静态方程时，可按静态方程式来实现静态前馈。图 7-21 是蒸汽加热的换热器，冷物料进入量为 Q_1，进口温度为 θ_1，出口温度 θ_2 是被控变量。分析影响出口温度 θ_2 的因素：进料 Q_1 增加，使 θ_2 降低；入口温度 θ_1 提高，使 θ_2 升高；蒸汽压力下降，使 θ_2 降低。假若这些干扰当中，进料量 Q_1 变化幅度大而且频繁，现在只考虑对干扰 Q_1 进行静态补偿的话，可利用热平衡原理来分析，近似的平衡关系是蒸汽冷凝放出的热量等于进料流体获得的热量

$$Q_2 L = Q_1 c_p (\theta_2 - \theta_1) \tag{7-5}$$

式中，L 是蒸汽冷凝热；c_p 是被加热物料的比热容；Q_1 是进料流量；Q_2 是蒸汽流量。当进料增加后为 $Q_1 + \Delta Q_1$，为保持出口温度 θ_2 不变，则需要 Q_2 相应地变化到 $Q_2 + \Delta Q_2$，列出这时的静态方程为

$$(Q_2 + \Delta Q_2)L = (Q_1 + \Delta Q_1)c_p(\theta_2 - \theta_1) \tag{7-6}$$

式（7-6）减去式（7-5），可得

$$\Delta Q_2 \cdot L = \Delta Q_1 c_p(\theta_2 - \theta_1)$$

即

$$\Delta Q_2 = \Delta Q_1 c_p(\theta_2 - \theta_1)/L \tag{7-7}$$

因此，若能使 Q_2 与 Q_1 的变化量保持

$$\Delta Q_2 / \Delta Q_1 = K \tag{7-8}$$

的关系（K 为常数），就可以实现静态补偿。根据静态控制方程式（7-8），构成换热器静态前馈控制实施方案如图 7-21 所示。

此方案将主、次干扰 θ_1、Q_1、Q_2 等都引入系统，控制质量大有提高。换热器是应用前馈控制较多的场合，具有滞后大、时间常数大、反应慢的特性，前馈控制就是针对这种对象特性设计的，故能很好发挥作用。图 7-21 中虚线框内的环节，就是前馈控制所应该起的作用，可用前馈控制器，也可用单元组合仪表来实现。

② 动态前馈控制系统。静态前馈控制只能保证被控变量的静态偏差接近或等于零，并不能保证动态偏差达到这个要求。故必须考虑对象的动态特性，从而确定前馈控制器的规律，才能获得动态前馈补偿。现在图 7-21 的静态前馈控制基础上加个动态前馈补偿环节，便构成了图 7-22 的动态前馈控制实施方案。

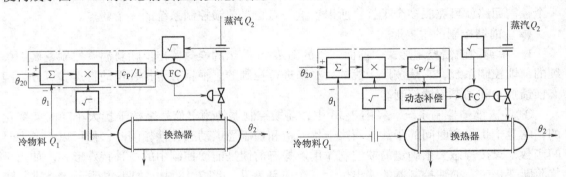

图 7-21　静态前馈控制实施方案　　　　图 7-22　动态前馈控制实施方案

图中的动态补偿环节的特性，应该是针对对象的动态特性来确定的。但是考虑到工业对象的特性千差万别，如果按对象特性来设计前馈控制器的话，将会花样繁多，一般都比较复杂，实现起来比较困难。因此，可在静态前馈控制的基础上，加上延迟环节或微分环节，以达到干扰作用的近似补偿。按此原理设计的一种前馈控制器，有三个可以调整的参数 K、T_1、T_2。K 为放大倍数，是为了静态补偿用的；T_1、T_2 是时间常数，都有可调范围，分别表示延迟作用和微分作用的强弱。相对于干扰通道而言，控制通道反应快的给它加强延迟作用，反应慢的给它加强微分作用。根据两通道的特性适当调整 T_1、T_2 的数值，使两通道反应合拍便可以实现动态补偿，消除动态偏差。

2）前馈-反馈控制。前面已经谈到，前馈与反馈控制的优缺点是相对应的。若把其组合起来，取长补短，使前馈控制用来克服主要干扰，反馈控制用来克服其他的多种干扰，两者协同工作，一定能提高控制质量。

图 7-18 所示的换热器前馈控制系统，仅能克服由于进料量变化对被控变量 θ 的影响。如果还同时存在其他干扰，例如进料温度、蒸汽压力的变化等，它们对被控变量 θ 的影响，

通过这种单纯的前馈控制系统是得不到克服的。因此，往往用"前馈"来克服主要干扰，再用"反馈"来克服其他干扰，组成如图7-23所示的前馈-反馈控制系统。

图中的控制器 FC 起前馈作用，用来克服由于进料量波动对被控变量 θ 的影响，而温度控制器 TC 起反馈作用，用来克服其他干扰对被控变量 θ 的影响，前馈和反馈控制作用相加，共同改变加热蒸汽量，以使出料温度 θ 维持在给定值上。

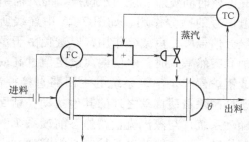

图 7-23　换热器的前馈-反馈控制

图 7-24 是前馈-反馈控制系统的框图。从图可以看出，前馈-反馈控制系统虽然也有两个控制器，但在结构上与串级控制系统是完全不同的。串级控制系统是由内、外（或主、副）两个反馈回路所组成；而前馈-反馈控制系统是由一个反馈回路和另一个开环的补偿回路叠加而成的。

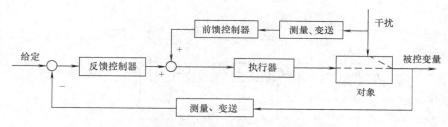

图 7-24　前馈-反馈控制系统框图

（3）前馈控制的应用场合

前馈控制主要的应用场合有下面几种。

1）干扰幅值大而频繁，对被控变量影响剧烈，仅采用反馈控制达不到要求的对象。

2）主要干扰是可测而不可控的变量。所谓可测，是指干扰量可以运用检测变送装置将其在线转化为标准的电或气的信号。但目前对某些变量，特别是某些成分量还无法实现上述转换，也就无法设计相应的前馈控制系统。所谓不可控，主要是指这些干扰难以通过设置单独的控制系统予以稳定，这类干扰在连续生产过程中是经常遇到的，其中也包括一些虽能控制但生产上不允许控制的变量，例如负荷量等。

3）当对象的控制通道滞后大，反馈控制不及时，控制质量差，可采用前馈或前馈—反馈控制系统，以提高控制质量。

5. 三冲量控制系统

在双冲量控制系统中，还存在一些问题，如：对蒸汽流量的测量不可能完全准确；给水流量是否与蒸汽流量相等无法得知；控制阀的工作特性不一定成为线性，对蒸汽负荷变化要做到静态补偿比较困难；不能克服给水扰动等。所以，就需要在双冲量方案的基础上再引入给水流量信号，构成三冲量控制系统，三冲量控制系统的实施方案较多，图7-25 所示为其中的典型控制方案之一。

从该图可以看出，这是前馈控制与串级控制组成的复合控制系统。其中，锅筒水位是主冲量（主变量），蒸汽、给水流量为辅助冲量。在锅筒停留时间较短、虚假水位严重时，需引入蒸汽流量信号的微分作用，如图7-25中虚线所示。这种微分信号应是负微分作用，以避免由于负荷突然增加和突然减少时，水位偏离设定值过高或过低而造成锅炉停车。串级系统的主回路直接控制水位，用于抑制除负荷扰动之外的其他扰动；副回路是流量随动系统，与蒸汽流量的静态前馈系统一起控制负荷扰动。与一般的串级控制系统类似，主回路采用比例积分调节规律，副回路采用纯比例或比例积分调节规律。在这样的三冲量复合控制系统中，串级控制和前馈控制组成了一个完善的整体，能够比

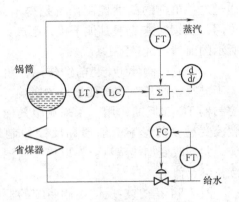

图 7-25　三冲量控制系统

较全面、准确地完成控制任务。图7-26所示为三冲量控制系统的框图。加法器的运算关系与双冲量控制时相同，各系数设置如下：

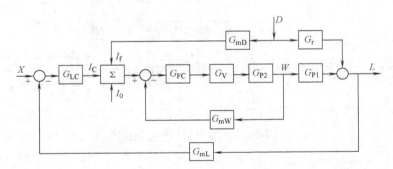

图 7-26　三冲量控制系统框图

1）系数 C_1 通常可取 1 或稍小于 1 的数值。

2）假设采用气开阀时，C_2 就取正值，其值的计算相当简单，按物料平衡的要求，当变送器采用开方器时

$$C_2 = \alpha_1 D_{max}/W_{max}$$

式中，α_1 是一个大于 1 的常数，$\alpha_1 = \Delta W/\Delta D$；$D_{max}$ 是蒸汽流量变送器的量程（从零开始）；W_{max} 是给水流量变送器的量程（从零开始）。

3）I_0 的设置和取值仍与双冲量控制系统相同。

在三冲量控制系统中，水位控制器和流量控制器参数整定方法与一般串级控制系统相同。

在有些装置中，采用了比较简单的三冲量控制系统，只包含一台控制器及一台加法器，加法器可接在控制器之前，如图7-27a所示；也可接在控制器之后，如图7-27b所示。图中加法器的正负号是针对采用气关阀及正作用控制器的情况。图7-27a接法的优点是使用仪表最少，只要一台多通道的控制器即可实现。但如果系数设置不能确保物料平衡，则当负荷变化时，水位将有余差。图7-27b的接法，水位无余差，但使用仪表较前者多，在投运及系数

设置等方面较前者麻烦一些。

无论是双冲量控制方案还是三冲量控制方案，都利用了蒸汽负荷作为前馈控制信号，所以，对蒸汽流量的检测成为非常重要的环节。一般地，对蒸汽流量的检测可以采用测体积或者测质量两种方式，从保持物料平衡的角度来看，采用测质量的方法相对好一些。由于目前大多数场合下测量蒸汽流量都是使用孔板式差压流量计测体积，所以可以在孔板后再增加一个测量蒸汽密度的装置，利用体积流量和蒸汽

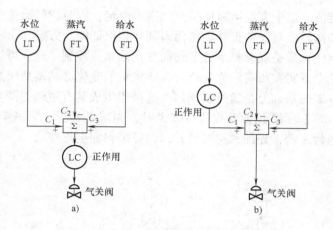

图 7-27 三冲量控制系统的简化接法

密度计算出蒸汽的质量流量，将它作为前馈信号来使用。如果不增加密度计，也可利用过热蒸汽的压力和温度查出当前状态下饱和蒸汽的密度，把它作为系数与蒸汽体积流量相乘得到质量流量。这两个方案中，前者的实时性较好，能比较及时地反应蒸汽质量流量的变化；而后者的投资较小，但不能保证蒸汽质量流量的瞬时准确性。由于蒸汽流量的检测精度对锅筒水位的控制有着特殊意义，所以应该在允许的情况下尽可能地提到蒸汽流量的检测精度。

任务二　锅炉燃烧系统控制方案的确定

锅炉燃烧系统的控制与燃料种类、燃烧设备及锅炉的型式等有密切关系。现侧重以燃油锅炉为例来讨论燃烧过程的控制。

燃烧过程自动控制的任务很多，其基本要求有三个：

1）保证出口蒸汽压力稳定，能按负荷要求自动增、减燃料量。

2）燃烧良好，供气适宜，既要防止由于空气不足使烟囱冒黑烟，也不要因空气过量而增加热量损失。

3）保证锅炉安全运行。保持炉膛一定的负压，以免负压太小，甚至为正，造成炉膛内的烟气往外冒出，影响设备和工作人员的安全；如果负压过大，会使大量冷空气漏进炉内，从而使热量损失增加。此外，还需防止燃烧嘴背压（对于气相燃料）太高时脱火、燃烧嘴背压（对于气相燃料）太低时回火的危险。

7.2.1　蒸汽压力控制和燃料与空气比值控制系统

蒸汽压力的主要扰动是蒸汽负荷的变化与燃料流量的波动。当蒸汽负荷及燃料流量波动较小时，可以采用蒸汽压力来控制燃料流量的单回路控制系统；而当燃料流量波动较大时，可以采用蒸汽压力对燃料流量的串级控制系统。

燃料流量是随蒸汽负荷而变化的，所以作为主流量（主动量），与空气流量组成单闭环比值控制系统，以使燃料与空气保持一定比例，获得良好的燃烧效果。图 7-28 所示是燃烧过程的基本控制方案。方案 a 中蒸汽压力控制器的输出同时作为燃料和空气流量控制器的设

定值。这个方案可以保持蒸汽压力恒定，同时燃料流量和空气流量的比例是通过燃料控制器和送风控制器的正确动作而得到间接保证的。方案 b 是蒸汽压力对燃料流量的串级控制，而空气流量是随燃料量的变化而变化的比值控制，这样可以确保燃料量与空气量的比例。但是这个方案在负荷发生变化时，空气量的变化必然落后于燃料量的变化。为此，可在基本控制方案的基础上，通过增加两个选择器组成具有逻辑提降功能的燃烧过程改进控制方案，如图7-29 所示。该方案在负荷减少时，先减燃料量，后减空气量；而当负荷增加时，在增加燃料量之前，先加大空气量，以保证燃料完全燃烧。

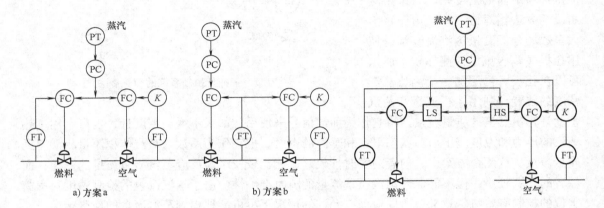

图 7-28　燃烧过程的基本控制方案　　　　图 7-29　燃烧过程的改进控制方案

7.2.2　燃烧过程的烟气氧含量闭环控制

前面介绍的锅炉燃烧过程的燃料流量与空气流量的比值控制存在两个不足之处。首先不能保证两者的最优比，这是由于流量测量的误差及燃料的质量（水分、灰分等）的变化所造成的；另外，锅炉负荷不同时，两者的最优比也应有所不同。为此，要有一个检验燃料流量与空气流量适宜配比的指标，作为送风量的校正信号。通常用烟气中的氧含量作为送风量的校正信号。

对于锅炉的热效率（经济燃烧），最简便的检测方法是用烟气中的氧含量来表示。根据燃烧方程式，可以计算出燃料完全燃烧时所需的氧量，从而可得出所需的空气量，这个空气量称为理论空气量。但是，实际上完全燃烧所需的空气量要超过理论空气量，即需有一定的空气过剩量。当过剩空气量增多时，不仅使炉膛温度下降，而且也使最重要的烟气热损失增加。因此，对不同的燃料，过剩空气量都有一个最优值，即所谓最经济燃烧。图 7-30 示出了过剩空气量与烟气中氧含量及锅炉热效率之间的关系。

根据上述可知，只要在图 7-29 的控制方案中，对进风量用烟气氧含量加以校正，就可构成如图 7-31 所示的烟气中氧含量的闭环控制方案。在此烟气氧含量闭环控制系统中，只要把氧含量成分控制器的设定值，按正常负荷下烟气氧含量的最优值设定，就能保证锅炉燃烧最经济，热效率最高。

7.2.3　炉膛负压控制与有关安全保护系统

图 7-32 所示是一个典型的锅炉燃烧过程的炉膛负压控制与有关安全保护系统。在这个

控制方案中，共有三个控制系统，分别叙述如下。

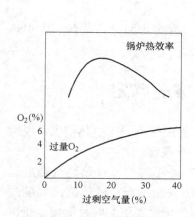

图 7-30 过剩空气量与 O_2 及锅炉热效率间的关系

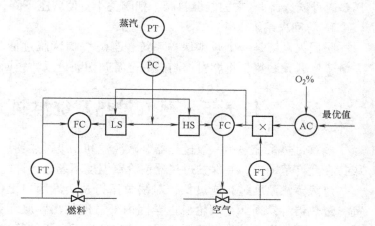

图 7-31 烟气中氧含量的闭环控制方案

1. 炉膛负压控制系统

炉膛负压控制系统是一个前馈-反馈控制系统，一般可通过控制引风量来实现，但当锅炉负荷变化较大时，采用单回路控制系统较难控制。因为负荷变化后，燃料及送风控制器控制燃料量和送风量与负荷变化相适应。由于送风量变化时，引风量只有在炉膛负压产生偏差时，才能由引风控制器去调节，这样引风量的变化落后于送风量，必然造成炉膛负压的较大波动。为此，用反映负荷变化的蒸汽压力作为前馈信号，组成前馈-反馈控制系统。图中，K 为静态前馈放大系数。通常把炉膛负压控制在 $-20 \sim -80Pa$ 左右。

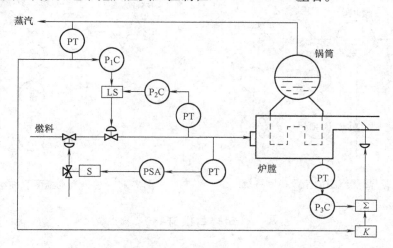

图 7-32 炉膛负压控制与有关安全保护系统

2. 防脱火系统

防脱火系统是一个选择性控制系统，在燃烧嘴背压（燃料控制阀阀后压力）正常的情况下，由蒸汽压力控制器控制燃料阀，维持锅炉出口蒸汽压力的稳定。如果燃烧嘴背压过高，可能会使燃料流速过高，从而造成脱火危险。为避免造成脱火危险，此时由背压控制器 P_2C 通过低选器 LS 来控制燃料阀，把阀关小，使背压下降，以防脱火的产生。

3. 防回火系统

防回火系统是一个联锁保护系统，当燃烧嘴背压过低时，为防止回火的危险，由 PSA 系统带动联锁装置，将燃料控制阀的上游阀切断，以防止回火。

任务三　蒸汽过热系统控制方案的确定

蒸汽过热系统包括一级过热器、减温器和二级过热器。其控制任务是使过热器出口温度维持在允许范围内，并保护过热器使管壁温度不超过允许的工作温度。

过热蒸汽温度过高或过低，对锅炉运行及蒸汽用户设备都是不利的。过热蒸汽温度过高，过热器容易损坏，汽轮机也会因内部过度的热膨胀而无法安全运行；过热蒸汽温度过低，一方面使设备的效率降低，同时使汽轮机后几级的蒸汽湿度增加，引起叶片磨损。所以必须把过热器出口的蒸汽温度控制在工艺规定的范围内。

目前广泛选用减温水流量作为控制汽温的手段，但由于该控制通道的时间常数及纯滞后均较大，如果以汽温作为被控变量，控制减温水流量组成单回路控制系统，往往不能满足生产的要求。因此，常采用如图 7-33 所示的串级控制系统。这是以减温器出口温度为副被控变量的串级控制系统，对于提前克服扰动因素是有利的，这样可以减少过热蒸汽温度的动态偏差，提高对过热蒸汽温度的控制质量，以满足工艺要求。过热蒸汽温度的另一种控制方案是双冲量控制系统，如图 7-34 所示。这种控制方案实际上是串级控制系统的变形，把减温器出口温度经微分器作为一个冲量，其作用与串级的副被控变量相似。

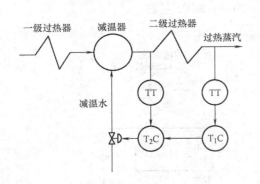

图 7-33　过热蒸汽温度串级控制系统

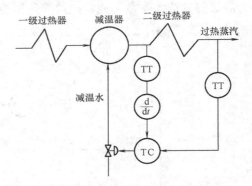

图 7-34　过热蒸汽温度双冲量控制系统

思考与练习七

7-1　什么叫比值控制系统？

7-2　画出单闭环比值控制系统的原理图，并分析说明为什么单闭环比值控制系统的主回路是不闭合的。

7-3　与开环比值控制系统相比，单闭环比值控制系统有什么优点？

7-4　试画出双闭环比值控制系统的原理图。与单闭环比值控制系统相比，它有什么特点？使用在什么场合？

7-5 什么是变比值控制系统？

7-6 前馈控制系统有什么特点？应用在什么场合？

7-7 在什么情况下要采用前馈-反馈控制系统，试画出它的方块图，并指出在该系统中，前馈和反馈各起什么作用？

7-8 锅炉设备的主要控制系统有哪些？

7-9 锅炉锅筒水位三冲量液位控制系统的特点和使用条件是什么？

7-10 锅炉锅筒水位的假液位现象是什么？它是在什么情况下产生的？其具有什么危害性？能够克服假水位影响的控制方案有哪几种？

7-11 锅炉锅筒水位有哪三种控制方案？说明它们分别适用在何种场合？

7-12 如图 7-35 所示为某工厂辅助锅炉燃烧系统的控制方案，试分析该方案的工作原理及控制阀的开闭形式、控制器正反作用以及控制信号进加法器的符号。

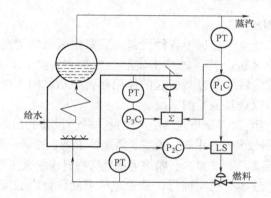

图 7-35 习题 7-12 图

项目八

学习其他控制系统

任务一　学习均匀控制系统

8.1.1　均匀控制系统的基本原理

1. 均匀控制问题的提出

均匀控制系统是在连续生产过程中各种设备前后紧密联系的情况下提出来的一种特殊的液位（或气压）流量控制系统。其目的在于使液位保持在一个允许的变化范围，而流量也保持平稳。均匀控制系统是就控制方案所起的作用而言，从结构上看，它可以是简单控制系统、串级控制系统，也可以是其他控制系统。

石油、化工等生产过程绝大部分是连续生产过程，一个设备的出料往往是后一个设备的进料。例如，为了将石油裂解气分离为甲烷、乙烷、丙烷、丁烷、乙烯、丙烯等，前后串联了若干个塔，除产品塔将产品送至储罐外，其余各精馏塔都是将物料连续送往下一个塔进行再分离。

为了保证精馏塔生产过程的稳定进行，总希望尽可能保证塔底液位比较稳定，因此考虑设计液位控制系统；同时又希望能保持进料量比较稳定，因此又考虑设置进料流量控制系统。对于单个精馏塔的操作，这样考虑是可以的，但对于前后有物料联系的精馏塔就会出现矛盾。现以图 8-1 所示的前后两个塔为例加以说明。

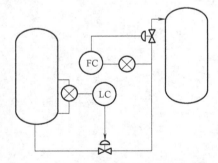

由图 8-1 可见，前塔液位的稳定是通过控制塔的出料量来实现的，因此，前塔的出料量必然不稳定。而前塔的出料量正好是后塔的进料量，在保证前塔液位稳定时，后塔的进料量不可能稳定。反之，如果保证了后塔进料量的稳定，势必造成前塔的液位不稳定。这就是说，前塔液位稳定和后塔进料量稳定的要求发生了矛盾。解决这一矛盾的方法之一是在前、后两塔之间增设

图 8-1　精馏塔间相互冲突的控制方案

一个中间储罐。但增加一套容器设备就增加了流程的复杂性，加大了投资，增加了占地面积和流体输送能耗。另外，有些生产过程连续性要求较高，不宜增设中间储罐。尤为严重的是，某些中间产品停留时间一长，会产生分解或自聚等，更限制了这一方法的使用。

在理想状态不能实现的情况下，只有冲突的双方各自降低要求，才能共存。均匀控制系统就是在这样的应用背景下提出来的。

为使前后工序的生产都能正常运行，就需要进行协调，以缓和矛盾。通过分析可以看

到，这类控制系统的液位和流量都不是要求很高的被控变量，可以在一定范围内波动，这也是可以采用均匀控制的前提条件。据此，工艺上要对前塔液位和后塔进料量的控制精度要求适当放宽一些，允许两者都有一些缓慢变化。这对生产过程来讲虽然是一种扰动，但由于这种扰动幅值不大，变化缓慢，所以在工艺上是可以接受的。显然，控制方案的设计要着眼于物料平衡的控制，让这一矛盾的过程限制在一定范围内渐变，从而满足前、后两塔的控制要求。在上例中，可让前塔的液位在允许的范围内波动，同时进料量做平稳缓慢地变化。

均匀控制系统的名称来自系统所能完成的特殊控制任务。均匀控制系统是指两个工艺参数在规定的范围内能缓慢地、均匀地变化，使前后设备在物料供求上相互均匀、协调，是统筹兼顾的控制系统。在具体实现时要根据生产的实际情况，哪一项指标要求高，就多照顾一些，而不是绝对平均的意思。

均匀控制通常是对液位和流量两个参数同时兼顾，通过均匀控制，使这两个相互矛盾的参数达到一定的控制要求。

2. 均匀控制的特点及要求

1）结构上无特殊性。同样一个单回路液位控制系统，由于控制作用强弱不一，它可以是一个单回路液位定值控制系统，也可以是一个简单均匀控制系统。因此，均匀控制是指控制目的而言，而不是由控制系统的结构来决定的。均匀控制系统在结构上无任何特殊性，它可以是一个单回路控制系统的结构形式，也可以是一个串级控制系统的结构形式，或者是一个双冲量控制系统的结构形式。所以，一个普通结构形式的控制系统，能否实现均匀控制的目的，主要在于系统控制器的参数整定如何。可以说，均匀控制是通过降低控制回路的灵敏度来获得的，而不是靠结构变化得到的。

2）两个参数在控制过程中都应该是变化的，而且应是缓慢地变化。因为均匀控制是指前后设备的物料供求之间的均匀，所以表征前后供求矛盾的两个参数都不应该稳定在某一固定的数值。如图8-2所示，图8-2a中把液位控制成比较平稳的直线，因此下一设备的进料量必然波动很大。这样的控制过程只能看作液位定值控制而不能看作均匀控制。反之，图8-2b中把后一设备的进料量调成平稳的直线，那么前一设备的液位就必然波动得很厉害，所以，它只能被看作流量的定值控制。只有图8-2c所示的液位和流量的控制曲线才符合均匀控制的要求，两者都有一定的波动，但波动很均匀。

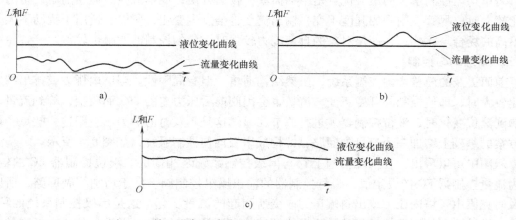

图 8-2　前一设备的液位和后一设备的进料量之间的关系

需要注意的是，在有些场合均匀控制不是简单地让两个参数平均分摊，而是视前后设备的特性及重要性等因素来确定均匀的主次。这就是说，有时应以液位参数为主，有时则以流量参数为主，在均匀方案的确定及参数整定时要考虑到这一点。

3）前后相互联系又相互矛盾的两个参数应限定在允许范围内变化。图 8-1 中，前塔液位的升降变化不能超过规定的上下限，否则就有淹过再沸器蒸汽管或被抽干的危险。同样，后塔进料量也不能超越它所能承受的最大负荷或低于最小处理量，否则就不能保证精馏过程的正常进行。所以，均匀控制的设计必须满足这两个限制条件。当然，这里的允许波动范围比定值控制的允许偏差范围要大得多。

8.1.2 均匀控制方案

实现均匀控制的方案主要有三种结构形式，即简单均匀控制、串级均匀控制和双冲量均匀控制。

1. 简单均匀控制

简单均匀控制系统采用单回路控制系统的结构形式，如图 8-3 所示。从系统结构形式上看，它与简单的液位定值控制系统是一样的，但系统设计的目的却不相同。定值控制系统是通过改变出料量而将液位保持在设定值上，而简单均匀控制是为了协调液位与出料量之间的关系，允许它们都在各自许可的范围内缓慢地变化。因其设计目的不同，因此在控制器的参数整定上有所不同。

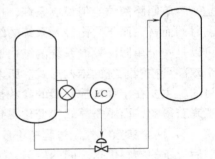

图 8-3 简单均匀控制系统

通常，简单均匀控制系统的控制器整定在较大的比例度和积分时间上，一般比例度要大于 100%，以较弱的控制作用达到均匀控制的目的。控制器一般采用纯比例作用，而且比例度整定得很大，以便当液位变化时，排出的流量只作缓慢的改变。有时为了克服连续发生的同一方向扰动所造成的过大偏差，防止液位超出规定范围，则引入积分作用，这时比例度一般大于 100%，积分时间也要放大一些。至于微分作用，是和均匀控制的目的背道而驰的，故不采用。

简单均匀控制系统的最大优点是结构简单，投运方便，成本低廉。但当前后设备的压力变化较大时，尽管控制阀的开度不变，输出流量也会发生变化，所以它适用于扰动不大、要求不高的场合。此外，在液位对象的自衡能力较强时，均匀控制的效果也较差。

2. 串级均匀控制

前面提及的简单均匀控制系统，虽然结构简单，但有局限性。当塔内压力或排出端压力变化较大时，即使控制阀开度不变，流量也会因阀前后压力差的变化而改变，等到流量改变影响到液位变化时，液位控制器才进行调节，显然这是不及时的。为了克服这一缺点，可在原方案的基础上增加一个流量副回路，即构成串级均匀控制系统，如图 8-4 所示。

从图中可以看出，在系统结构上它与串级控制系统是相同的。液位控制器 LC 的输出，作为流量控制器 FC 的设定值，流量控制器的输出操纵控制阀。由于增加了副回路，所以可以及时克服由于塔内压力或出料端压力改变所引起的流量变化，这是串级控制系统的特点。但是，设计这一控制系统的目的是为了协调液位和流量两个参数的关系，使之在规定的范围内做缓慢地变化，所以其本质上是均匀控制。

串级均匀控制系统，之所以能够使两个参数间的关系得到协调，也是通过控制器参数的整定来实现的。这里参数整定的目的不是使参数尽快地回到设定值，而是要求参数在允许的范围内做缓慢地变化。参数整定的方法也与一般的串级控制系统不同，一般串级控制系统的比例度和积分时间是由大到小地进行调整，串级均匀控制系统则与之相反，是由小到大地进行调整。串级均匀控制系统的控制器参数数值都很大。

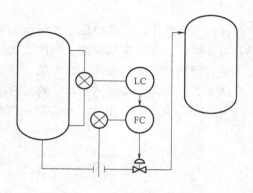

图 8-4　串级均匀控制系统

串级均匀控制系统的主、副控制器一般都采用纯比例作用，只有在要求较高时，为防止因偏差过大而超过允许范围，才适当引入积分作用。

串级均匀控制方案能克服较大的扰动，适用于系统前后压力波动较大的场合，但与简单均匀控制方案相比，使用仪表较多，投运较复杂，因此在方案选定时要根据系统的特点、扰动情况及控制要求来确定。

3. 双冲量均匀控制系统

这种控制系统是串级控制系统的变型，它将两个需兼顾被控变量的差（或和）作为被控变量。图 8-5 是双冲量控制系统的两种结构图。

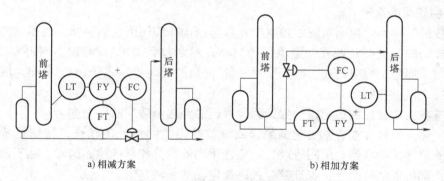

a) 相减方案　　　　　　　　　　b) 相加方案

图 8-5　双冲量均匀控制系统

1）被控变量的差作为被控变量。当控制阀安装在出口时，液位偏高或流量偏低时，都应开大控制阀，因此，应取液位和流量信号之差作为测量值。如图 8-5a 所示。正常情况下，该差值可能为零、负值或正值，因此，在加法器 FY 引入偏置值，用于降低零位，使正常情况下加法器的输出维持在量程的中间值。为调整两个信号的权重，可对这两个信号进行加权，即

$$I_y = c_1 I_L - c_2 I_F + I_B \tag{8-1}$$

式中，I_y 为流量控制器的测量信号；I_L 为液位变送器输出电流；I_F 为流量变送器输出电流；I_B 为偏置值；c_1 和 c_2 为加权系数，它们在电动加法器中可方便地实现。

2）被控变量的和作为被控变量。当控制阀安装在入口时，如图 8-5b 所示，均匀控制系统的测量值应是液位和流量信号之和减去偏置值。即

$$I_y = c_1 I_L + c_2 I_F - I_B \tag{8-2}$$

该控制系统中，当液位偏低或流量偏低时，都应打开控制阀，因此取两个信号之和作为测量值，同样，应设置偏置值，但因正常时，两个信号都为正，因此应减去偏置值，正常情况下使差值维持在量程范围的中间值。

图 8-6 是双冲量相减控制系统的框图。相加方案的框图可类似画出。流量控制器偏差为 $e = R - c_1 I_L + c_2 I_F - I_B$，其中，$R$ 为设定值。可以看到，双冲量均匀控制系统的液位有余差。

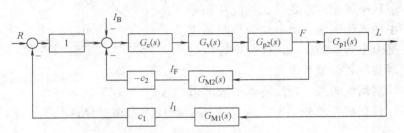

图 8-6 双冲量相减控制系统的框图

双冲量均匀控制系统是串级均匀控制系统的变型。其主控制器是 1:1 比例环节，副控制器是流量控制器。双冲量均匀控制系统具有类似串级均匀控制系统的结构，其控制效果比简单均匀控制系统要好，但不及串级均匀控制系统。

8.1.3 均匀控制系统控制规律的选择及参数的整定

1. 控制规律的选择

对一般的简单均匀控制系统的控制器，都可以选择纯比例控制规律。这是因为：均匀控制系统所控制的变量都允许有一定范围的波动且对余差无要求。而纯比例控制规律简单明了，整定简单便捷，响应迅速。例如，对液位-流量的均匀控制系统，K_c 增加，液位控制作用加强，反之液位控制

作用减弱而流量控制稳定性加强，因此根据需要选择适当的比例度。

对一些输入流量存在急剧变化的场合或液位存在"噪声"的场合，特别是希望正常稳定工况下液位能保持在特定值附近时，则应选用比例积分控制规律。这样，在不同的工作负荷情况下，都可以消除余差，保证液位最终稳定在某一特定值。

2. 参数的整定

均匀控制系统的控制器参数的整定具体做法如下：

（1）纯比例控制规律

1）先将比例度放置在不会引起液位超值但相对较大的数值，如 $\delta = 200\%$ 左右。

2）观察趋势，若液位的最大波动小于允许的范围，则可增加比例度。

3）当发现液位的最大波动大于允许范围，则减小比例度。

4）反复调整比例度，直至液位的波动小于且接近于允许范围为止。一般情况 $\delta = 100\% \sim 200\%$。

（2）比例积分控制规律

1）按纯比例控制方式进行整定，得到所适用的比例度 δ 值。

2）适当加大比例度值，然后投入积分作用。由大至小逐渐调整积分时间，直到记录趋

势出现缓慢的周期性衰减振荡为止。大多数情况 T_i 在几分到十几分之间。

任务二　学习选择性控制系统

8.2.1　选择性控制系统的基本原理

现代工业生产过程中，越来越多的生产装置要求控制系统既能在正常工艺状态下发挥控制作用，又能在非正常工况下仍然起到控制作用，使生产过程迅速恢复到正常工况，或者至少是有助于工况恢复正常。这种非正常工况时的控制系统属于安全保护措施。安全保护措施有两类：一是硬保护；二是软保护。

硬保护措施就是联锁保护控制系统。当生产过程工况超出一定范围时，联锁保护系统采取一系列相应的措施，例如报警、由自动切换到手动、联锁动作等，使生产过程处于相对安全的状态。但这种硬保护措施经常使生产停车，造成较大的经济损失。相比之下，采取软保护措施可减少停车所造成的损失，更为经济安全。

所谓软保护措施，就是当生产工况超出一定范围时，不是消极地进入联锁保护状态甚至停车状态，而是自动切换到另一个被控变量的控制中，用新的控制目标取代了原控制目标对生产过程进行控制，当工况安全恢复到工艺要求范围时，又自动切换回原控制目标的运行中。因要对工况是否属于正常进行判断，同时还要在两个控制目标中进行选择，因此，这种控制被称为选择性控制，有时也称为取代控制或超驰控制。

选择性控制系统有两个被控变量（或者说两个被控对象）和一个操纵变量，该系统在自动化装置的结构上的最大特点是有一个选择器，通常选择器有两个输入信号和一个输出信号，如图 8-7 所示是选择性控制系统中的高选器和低选器。对于高选器，输出信号 Y 为 X_1 和 X_2 中数值较大的一个，例如当 $X_1 = 5\text{mA}$，$X_2 = 4\text{mA}$ 时，$Y = 5\text{mA}$。对于低选器，输出信号 Y 为 X_1 和 X_2 中数值较小的一个。

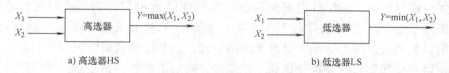

a) 高选器HS　　　　　　　　　　　　　b) 低选器LS

图 8-7　选择性控制系统的高选器和低选器

对于高选器，正常工艺情况下参与控制的信号应该比较强，如设为 X_1，则 X_1 应明显大于 X_2。出现不正常工况时，X_2 变得大于 X_1，高选器输出 Y 转而等于 X_2。待工艺设备运行安全恢复正常后，X_2 又下降到小于 X_1，Y 又恢复为选择 X_1。选择性控制出自于此。

选择性控制系统属于工艺生产自动操作和自动保护综合性系统，其设计思路是把特殊场合下工艺安全操作所要求的控制逻辑关系叠加到正常工艺运行的自动控制中。当生产过程趋向于危险区域而未达危险区域时，通过选择器，把一个适用于安全保障的控制器投入运行以控制另一个被控变量，来自动取代正常工况下工作的控制器所控制的被控变量，待工艺过程脱离危险区域，恢复到安全的工况后，控制器自动脱离系统，正常工况下工作的控制器自动接替为生产安全设置的控制器重新工作。选择性控制系统在生产中起着软限保护的作用，应用相当广泛。

8.2.2　选择性控制系统的类型

1. 开关型选择性控制系统

在这一类选择性控制系统中，一般有 A、B 两个可供选择的变量。其中一个变量 A 假定是工艺操作的主要技术指标，它直接关系到产品的质量或生产效率；另一个变量 B，工艺上对它只有一个限值要求，只要不超出限值，生产就是安全的，一旦超出这一限值，生产过程就有发生事故的危险。因此，在正常情况下，变量 B 处于限值以内，生产过程就按照变量 A 来进行连续控制。一旦变量 B 达到极限值时，为了防止事故的发生，所设计的选择性控制系统将通过专门的装置（电接点、信号器、切换器等）切断变量 A 控制器的输出，而将控制阀迅速关闭或打开，直到变量 B 回到限值以内时，系统才自动重新恢复到按变量 A 进行连续控制。

开关型选择性控制系统一般都用做系统的限值保护。图 8-8 所示的丙烯冷却器控制可作为一个应用的实例。

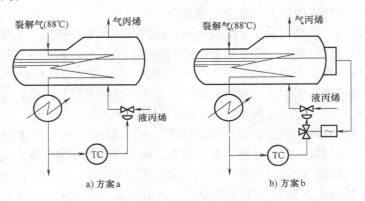

图 8-8　丙烯冷却器的两种控制方案

在乙烯分离过程中，裂解气经五段压缩后其温度已达 88℃。为了进行低温分离，必须将它的温度降下来，工艺要求降到 15℃ 左右。为此，工艺上采用了丙烯冷却器这一设备。在冷却器中，利用液态丙烯低温下蒸发吸热的原理，达到降低裂解气温度的目的。

为了使得经冷却器后的裂解气达到一定温度，一般的控制方案是选择经冷却后的裂解气温度为被控变量，以液态丙烯流量为操纵变量，组成如图 8-8a 所示的温度控制系统。

图 8-8a 所示的方案实际上是通过改变换热面积的方法来达到控制温度的目的。当裂解气出口温度偏高时，控制阀开大，液态丙烯流量就随之增大，冷却器内丙烯的液位将会上升，冷却器内列管被液态丙烯淹没的数量则增多，换热面积随之增大，于是，被丙烯汽化所带走的热量将会增多，因而裂解气温度就会下降。反过来，当裂解气出口温度偏低时，控制阀关小，丙烯液位则下降，换热面积就减小，丙烯汽化带走热量也减小，裂解气温度则上升。因此，通过对液态丙烯流量的控制就可以达到维持裂解气出口温度不变的目的。

然而，有一种情况必须加以考虑。当裂解气温度过高或负荷量过大时，控制阀将要大幅度地被打开。当冷却器中的列管全部为液态丙烯所淹没，而裂解气出口温度仍然降不到希望的温度时，就不能再一味地使控制阀开度继续增加了。因为，一来这时液位继续升高已不能再继续增加换热面积，换热效果也不能够再提高，再增加控制阀的开度，冷剂量液态丙烯将得不到充分的利用；二来液位的继续上升，会使冷却器中的丙烯蒸发空间逐渐减小，甚至会完全没有蒸发空间，以至于使气相丙烯会出现滞液现象，气相丙烯滞液进入压缩机将会损坏压缩机，这是不允许的。为此，必须对图 8-8a 所示的方案进行改造，即需要考虑到当丙烯液位上升到极限情况时的防护性措施，于是就构成了如图 8-8b 所示的裂解气出口温度与丙烯冷却器液位的开关型选择性控制系统。

　　方案 b 是在方案 a 的基础上增加了一个带上限节点的液位变送器（或报警器）和一个连接于温度控制器 TC 与执行器之间的电磁三通阀。上限节点一般设定在液位总高度的 75% 左右。在正常情况下，液位低于 75%，节点是断开的，电磁阀失电，温度控制器的输出可直通执行器，实现温度自动控制。当液位上升达到 75% 时，这时保护压缩机不受损坏已变为主要矛盾。于是液位变送器的上限节点闭合，电磁阀得电而动作，将控制器输出切断，同时使执行器的膜头与大气相通，使膜头压力很快下降为零，控制阀将很快关闭（对气开阀而言），这就终止了液态丙烯继续进入冷却器。待冷却器内液态丙烯逐渐蒸发，液位缓慢下降到低于 75% 时，液位变送器的上限节点又断开，电磁阀重新失电，于是温度控制器的输出又直接送往执行器，恢复成温度控制系统。

　　此开关型选择性控制系统的框图如图 8-9 所示。图中的方框"开关"实际上是一只电磁三通阀，可以根据液位的不同情况分别让执行器接通温度控制器或接通大气。

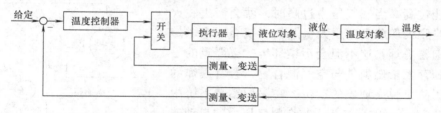

图 8-9　开关型选择性控制系统框图

　　上述开关型选择性控制系统也可以通过图8-10所示的方案来实现。该系统中采用了一台信号器和一台切换器。

　　信号器的信号关系是：

　　当液位低于 75% 时，输出 $p_2 = 0$。

　　当液位达到 75% 时，$p_2 = 0.1\text{MPa}$。

　　切换器的信号关系是：

　　当 $p_2 = 0$ 时，$p_y = p_x$。

　　当 $p_2 = 0.1\text{MPa}$ 时，$p_y = 0$。

　　在信号器与切换器的配合作用下，当液位低于

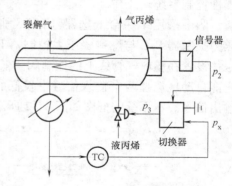

图 8-10　开关型选择性控制系统

75% 时，执行器接收来自温度控制器的控制信号，实现温度的连续控制；当液位达到 75% 时，执行器接收的信号为零，于是控制阀全关，液位则停止上升并缓慢下降，这就防止了气丙烯滞液现象的发生，对后续的压缩机起着保护作用。

2. 连续型选择性控制系统

连续型选择性控制系统与开关型选择性控制系统的不同之处就在于：当取代作用发

生后，控制阀不是立即全开或全关，而是在阀门原来的开度基础上继续进行连续控制。因此，对执行器来说，控制作用是连续的。在连续型选择性控制系统中，一般具有两台控制器，它们的输出通过一台选择器（高选器或低选器）后，送往执行器。这两台控制器，一台在正常情况下工作，另一台在非正常情况下工作。在生产处于正常情况下，系统由用于正常情况下工作的控制器进行控制；一旦生产出现不正常情况时，用于非正常情况下工作的控制器将自动取代正常情况下工作的控制器对生产过程进行控制；直到生产恢复到正常情况，正常情况下工作的控制器又取代非正常情况下工作的控制器，恢复对生产过程的控制。

下面举一个连续型选择性控制系统的应用实例。

在大型合成氨工厂中，蒸汽锅炉是一个很重要的动力设备，它直接担负着向全厂提供蒸汽的任务。它正常与否，将直接关系到合成氨生产的全局。因此，必须对蒸汽锅炉的运行采取一系列保护性措施。锅炉燃烧系统的选择性控制系统就是这些保护性措施项目之一。

蒸汽锅炉所用的燃料为天然气或其他燃料气。在正常情况下，根据产汽压力来控制所加的燃料量。当用户所需蒸汽量增加时，蒸汽压力就会下降。为了维持蒸汽压力不变，必须在增加供水量（供水量另有其他系统进行控制，这里暂不研究）的同时相应地增加燃料气量。当用户所需蒸汽量减少时，蒸汽压力就会上升，这时就得减少燃料气量。对于燃料气压力对燃烧过程的影响，经过研究发现：进入炉膛燃烧的燃气压力不能过高，当燃气压力过高时，就会产生脱火现象。一旦脱火现象发生，大量燃料气就会因未燃烧而导致烟囱冒黑烟，这不但会污染环境，更严重的是燃烧室内积存大量燃料气与空气混合物，会有爆炸的危险。为了防止脱火现象的产生，在锅炉燃烧系统中采用了图 8-11 所示的蒸汽压力与燃料气压力的自动选择性控制系统。

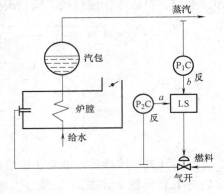

图中采用了一台低选器（LS），通过它选择蒸汽压力控制器 P_1C 与燃料气压力控制器 P_2C 之一的输出送往设置在燃料气管线上的控制阀。低选器的特性是：它能自动地选择两个输入信号中较低的一个作为它的输出信号。本系统的框图如图 8-12 所示。

图 8-11　蒸汽压力与燃料气压力
的自动选择性控制系统

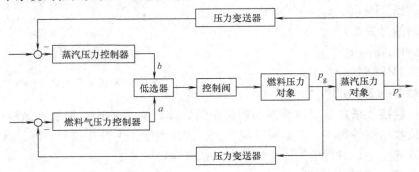

图 8-12　蒸汽压力与燃料压力的自动选择性控制系统框图

现在来分析一下该选择性控制系统的工作情况：在正常情况下，燃料气压力低于给定值，燃料气压力控制器 P_2C 所感受到的是负偏差，由于 P_2C 是反作用（根据系统控制要求决定的）控制器，因此它的输出口将呈现为高信号。而与此同时蒸汽压力控制器 P_1C 的输出 b 则呈现为低信号。这样，低选器 LS 将选中 b 作为输出，也即此时执行器将根据蒸汽压力控制器的输出而工作，系统实际上是一个以蒸汽压力作为被控变量的单回路控制系统。当燃料气压力升高（由于控制阀开大引起的）到超过给定值时，由于燃料气压力控制器 P_2C 的比例度一般都设置得比较小，一旦出现这种情况时，它的输出口将迅速减小，这时将出现 $b>a$，于是低选器 LS 将改选 a 信号作为输出送往执行器。因为此时防止脱火现象产生已经上升为主要矛盾，因此系统将改为以燃料气压力为被控变量的单回路控制系统。待燃料气压力下降到低于给定值时，a 又迅速升高成为高信号，此时蒸汽压力控制器 P_1C 的输出 b 又成为低信号了，于是蒸汽压力控制器将迅速取代燃料气压力控制器的工作，系统又将恢复以蒸汽压力作为被控变量的正常控制了。

值得注意的是：当系统处于燃料气压力控制时，蒸汽压力的控制质量将会明显下降，但这是为了防止事故发生所采取的必要的应急措施，这时的蒸汽压力控制系统实际上停止了工作，被属于非正常控制的燃料气压力控制系统所取代。

3. 混合型选择性控制系统

混合型选择性控制系统中既包含有开关型选择的内容，又包含有连续型选择的内容。例如锅炉燃烧系统既考虑脱火又考虑回火的保护问题就可以通过设计一个混合型选择性控制系统来解决。

关于燃料气管线压力过高会产生脱火的问题前面已经作了介绍。然而当燃料气管线压力过低时又会出现什么现象和产生什么危害呢？

当燃料气压力不足时，燃料气管线的压力就有可能低于燃烧室压力，这样就会出现危险的回火现象，危及燃料气罐使之发生燃烧和爆炸。因此，回火现象和脱火现象一样，也必须设法加以防止。为此，可在图 8-11 所示的蒸汽压力与燃料气压力连续型选择性控制系统的基础上增加一个防止燃料气压力过低的开关型选择的内容，如图 8-13 所示。

在本方案中增加了一个带下限节点的压力控制器 P_3C 和一台电磁三通阀。当燃料气压力正常时，下限节点是断开的，电磁阀失电，此时系统的工作与图8-11没有什么两样，低选器 LS 的输出可以通过电磁阀送往执行器。

一旦燃料气压力下降到极限值时，为防止回火的产生，下限节点接通，电磁阀通电，于是便切断了低选器 LS 送往执行器的信号，并同时使控制阀膜头与大气相通，膜头内压力迅速下降到零，于是控制阀将关闭（气开阀），回火事故将不致发生。当燃料气压力上升达到正常

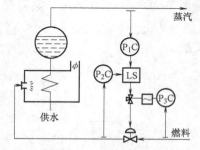

图 8-13　混合型选择性控制方案

时，下限节点又断开，电磁阀中失电，于是低选器的输出又被送往执行器，恢复成图 8-11 所示的蒸汽压力与燃料气压力连续型选择性控制方案。

4. 其他分类

（1）被控变量的选择性控制　在控制器与控制阀之间引入选择单元的称为被控变量选择性控制。图 8-14 为液氨蒸发器的选择性控制系统，液氨蒸发器是一个换热设备，在工业

生产上用得很多。液氨的气化，需要吸收大量的气化热，因此，可以用来冷却流经管内的被冷却物料。

在正常工况下，控制阀由温度控制器 TC 的输出来控制，这样可以保证被冷却物料的温度为设定值。但是，蒸发器需要有足够的气化空间，来保证良好的气化条件以及避免出口氨气带液，为此又设计了液面选择性（超驰）控制系统。当液面达到高限的工况时，即便被冷却物料的温度高于设定值，也不再增加液氨量，而由液位控制器 LC 取代温度控制器 TC 进行控制。这样，既保证了必要的汽化空间，又保证了设备安全，实现了选择性控制。该系统中控制阀选用气开阀，温度控制器 TC 选用正作用特性，液位控制器 LC 选用反作用特性，LS 为低选控制规律。

（2）操纵变量的选择性控制　在控制器与检测元件或变送器之间引入选择单元的称为操纵变量的选择性控制。

加热炉燃料有低价燃料 A 和补充燃料 B，最大供应量分别为 F_{Amax} 和 F_{Bmax}，温度控制器 TC 的输出为 m，低价燃料 A 足够时，组成以温度为主被控变量、低价燃料量为副被控变量的串级控制系统，调节 V_A 控制温度；当低价燃料 A 不足时，控制阀 V_A 全开，低价燃料量达到 F_{Amax}，组成以温度为主被控变量、补充燃料量为副被控变量的串级控制系统，调节 V_B 来控制温度。

为此，设计图 8-15 所示的控制系统。图中，$F_A Y$、$F_B Y$、$F_C Y$ 是乘法器，$F_D Y$ 是加法器，LS 是低选器，$F_A C$ 和 $F_B C$ 是控制器，$F_A T$ 和 $F_B T$ 是变送器。工作原理如下。

1）低价燃料 A 足够：即 $m[1 + F_{Bmax}/F_{Amax}] < F_{Amax}$ 时，低选器 LS 输出选中 $m[1 + F_{Bmax}/F_{Amax}]$，并作为 $F_A C$ 的设定值，组成温度与低价燃料量的串级控制系统。

补充燃料控制器 $F_B C$ 的设定是

$$F_{ASP} = m[1 + F_{Amax}/F_{Bmax}] - m[1 + F_{Amax}/F_{Bmax}]F_{Amax}/F_{Bmax} = 0$$

即控制阀 V_B 全关，根据温度调节控制阀 V_A 的开度。

2）低价燃料供应不足：即 $m[1 + F_{Bmax}/F_{Amax}] > F_{Amax}$ 时，低选器 LS 选中 F_{Amax}，使低价燃料控制阀全开，燃料量达到 F_{Amax}，相应地，补充燃料控制器的设定为 $F_{ASP} = m[1 + F_{Amax}/F_{Bmax}] - F_{Amax}^2/F_{Bmax}] = 0$，组成温度 TC 和补充燃料量 $F_B C$ 的串级控制系统。

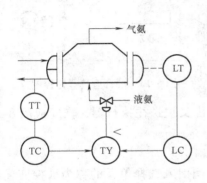

图 8-14　液氨蒸发器选择性控制系统

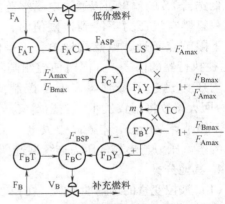

图 8-15　燃料燃烧的选择性控制系统

8.2.3 选择性控制系统设计和工程应用中的问题

1. 选择器类型的选择

超驰控制系统的选择器位于两个控制器输出和一个执行器之间。选择器类型的选择可根据下述步骤进行:

1) 从安全角度考虑,选择控制阀的气开和气关类型。

2) 确定被控对象的特性,应包括正常工况和取代工况时的对象特性。

3) 确定正常控制器和取代控制器的正反作用方式。

4) 根据超过安全软限时,取代控制器输出是增大还是减小,确定选择器是高选器还是低选器。

5) 当选择高选器时,应考虑事故时的保护措施。

用于仪表竞争系统和冗余系统时,应根据控制要求设置选择器的类型。

2. 控制器的选择

超驰控制系统的控制要求是超过安全软限时能够迅速切换到取代控制器。因此,取代控制器应选择比例度较小的比例或比例积分控制器,正常控制器与单回路控制系统的控制器选择相同。控制器的正反作用可根据负反馈准则,如上述进行选择。

3. 防积分饱和

(1) 积分饱和的产生及其危害性 一个具有积分作用的控制器,当其处于开环工作状态时,如果偏差输入信号一直存在,那么,由于积分作用的结果,将使控制器的输出不断增加或不断减小,一直达到输出的极限值为止,这种现象称之为"积分饱和"。由上述定义可以看出,产生积分饱和的条件有三个,其一是控制器具有积分作用;其二是控制器处于开环工作状态,其输出没有被送往执行器;其三是控制器的输入偏差信号长期存在。

在选择性控制系统中,任何时候选择器只能选中两个控制器的其中一个,被选中的控制器其输出送往执行器,而未被选中的控制器则处于开环工作状态。这个处于开环工作状态下的控制器如果具有积分作用,在偏差长期存在的条件下,就会产生积分饱和。

当控制器处于积分饱和状态时,它的输出将达到最大或最小的极限值,该极限值已超出执行器的有效输入信号范围。对于气动薄膜控制阀来说,有效输入信号范围为 20 ~ 100kPa,也就是说,当输入由 20kPa 变化到 100kPa 时,控制阀就可以由全开变为全关(或由全关变为全开),当输入信号在这个范围以外变化时,控制阀将停留在某一极限位置(全开或全关)不再变化。由于控制器处于积分饱和状态时,它的输出已超出执行器的有效输入信号范围,所以当它在某个时刻重新被选择器选中,需要它取代另一个控制器对系统进行控制时,它并不能立即发挥作用。这是因为要它发挥作用,必须等它退出饱和区,即输出慢慢返回到执行器的有效输入范围以后,才能使执行器开始动作,因而控制是不及时的。这种取代不及时(或者说取代虽然及时,但真正发挥作用不及时)有时会给系统带来严重的后果,甚至会造成事故,因而必须设法防止和克服。

(2) 防积分饱和措施 前面已经分析过,产生积分饱和有三个条件:即控制器具有积分作用、偏差长期存在和控制器处于开环工作状态。需要指出的是,除选择性控制系统会产生积分饱和现象外,只要满足产生积分饱和的这三个条件,其他系统也会产生积分饱和问题。如用于控制间歇生产过程的控制器,当生产停下来而控制器未切入手动,在重新开车时，控制器就会有积分饱和的问题，其他如系统出现故障、阀芯卡住、信号传送管线泄漏等都会造成控制器的积分饱和问题。目前防止积分饱和的措施主要有以下两种。

1）限幅法。这种方法是通过一些专门的技术措施对积分反馈信号加以限制，从而使控制器输出信号被限制在工作信号范围之内。在气动和电动Ⅱ型仪表中有专门的限幅器（高值限幅器和低值限幅器），在电动Ⅲ型仪表中则有专门设计的限幅型控制器。采用这种专用控制器后就不会出现积分饱和的问题。

2）积分切除法。这种方法是当控制器处于开环工作状态时，就将控制器的积分作用切除掉，这样就不会使控制器输出一直增大到最大值或一直减小到最小值，当然也就不会产生积分饱和问题了。

在电动Ⅲ型仪表中有一种 PI-P 型控制器就属于这一类型。当控制器被选中处于闭环工作状态时，就具有比例积分控制规律；而当控制器未被选中处于开环工作状态时，仪表线路具有自动切除积分作用的功能。结果控制器就只具有比例控制作用，这样就不能向最大或最小两个极端变化，积分饱和问题也就不存在了。

任务三　学习分程控制系统

在反馈控制系统中，通常是一台控制器的输出只控制一个控制阀，这是最常见也是最基本的控制形式。然而在生产过程中还存在另一种情况，即由一台控制器的输出信号，同时控制两个或两个以上的控制阀的控制方案，这就是分程控制系统。"分程"的意思就是将控制器的输出信号分割成不同的量程范围，去控制不同的控制阀。

设置分程控制的目的包含两方面的内容。一是从改善控制系统的品质角度出发，分程控制可以扩大控制阀的可调范围，使系统更为合理可靠；二是为了满足某些工艺操作的特殊要求，即出于工艺生产实际的考虑。

8.3.1　分程控制系统的组成及工作原理

一个控制器同时带动几个控制阀进行分程控制动作，需要借助于安装在控制阀上的阀门定位器来实现。阀门定位器分为气动阀门定位器和电-气阀门定位器。控制器的输出信号被分成几段信号区间，不同区间内的信号变化分别通过阀门定位器去驱动各自的控制阀。例如，有 A 和 B 两个控制阀，要求控制器输出信号在 DC 4~12mA 变化时，A 阀作全行程动作。这就要求调整安装在 A 阀上的电-气阀门定位器，使其对应的输出信号压力为 20~100kPa。而控制器输出信号在 DC 12~20mA 变化时，通过调整 B 阀上的电-气阀门定位器，使 B 阀也正好走完全行程，即在 20~100kPa 全行程变化。按照以上条件，当控制器输出在 DC 4~20mA 变化时，若输出信号小于 DC 12mA。则 A 阀在全行程内变化，B 阀不动作；而当输出信号大于 DC 12mA 时，则 A 阀已达到极限，B 阀在全行程内变化，从而实现分程控制。

就控制阀的开闭形式，分程控制系统可以划分为两种类型。一类是阀门同向动作，即随着控制器的输出信号增大或减小，阀门都逐渐开大或逐渐关小，如图 8-16 所示。另一种类型是阀门异向动作，即随着控制器的输出信号增大或减小，阀门总是按照一个逐渐开大而另一个逐渐关小的方向进行，如图 8-17 所示。分程阀同向或异向的选择问题，要根据生产工艺的实际需要来确定。

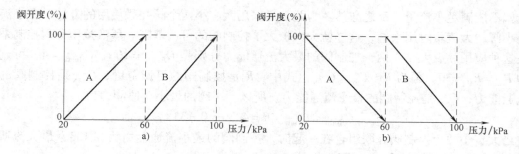

图 8-16 控制阀分程动作同向

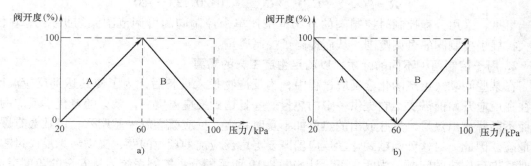

图 8-17 控制阀分程动作异向

8.3.2 分程控制的应用场合

1. 扩大控制阀的可调范围，改善控制质量

现以某厂蒸汽压力减压系统为例。锅炉产汽压力为 10MPa，是高压蒸汽，而生产上需要的是 4MPa 平稳的中压蒸汽。为此，需要通过节流减压的方法，将 10MPa 的高压蒸汽节流减压成 4MPa 的中压蒸汽。在选择控制阀口径时，如果选用一台控制阀，为了适应大负荷下蒸汽供应量的需要，控制阀的口径要选择得很大。然而，在正常负荷下所需蒸汽量却不大，这就需要将控制阀控制在小开度下工作。因为大口径控制阀在小开度下工作时，除了阀特性会发生畸变外，还容易产生噪声和振荡，这样就会使控制效果变差，控制质量降低。所以为解决这一矛盾，可选用两只同向动作的控制阀构成分程控制方案，如图 8-18 所示。

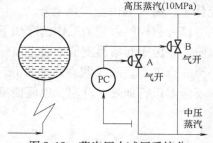

图 8-18 蒸汽压力减压系统分程控制方案

在该分程控制方案中采用了 A、B 两只同向动作的控制阀（根据工艺要求均选择为气开式），其中 A 阀在控制器输出信号压力为 0.02~0.06MPa 时从全闭到全开，B 阀在控制器输出信号压力为 0.06~0.10MPa 时从全闭到全开，见图 8-16a。这样，在正常情况下，即小负荷时，B 阀处于关闭状态，只通过 A 阀开度的变化来进行控制；在大负荷时，A 阀已经全开，但仍不能满足蒸汽量的需求，这时 B 阀也开始打开，以弥补 A 阀全开时蒸汽供应量的不足。

在某些场合，控制手段虽然只有一种，但要求操纵变量的流量有很大的可调范围，如流量可调范围大于 100 以上。而国产统一设计的控制阀的可调范围最大也只有 30，满足了大流量就不能满足小流量，反之亦然。为此，可采用大、小两个阀并联使用的方法，在小流量时用小阀，大流量时用大阀，这样就大大扩大了控制阀的可调范围。蒸汽减压分程控制系统就是这种应用。设大、小两个控制阀的最大流通能力分别是 $C_{Amax} = 100$，$C_{Bmax} = 4$，可调范围为 $R_A = R_B = 30$。因为 $R = C_{max}/C_{min}$，式中，R 是控制阀的可调范围；C_{max} 是控制阀的最大流通能力；C_{min} 是控制阀的最小流通能力。所以，小阀的最小流通能力为

$$C_{Bmin} = C_{Bmax}/R = 4/30 \approx 0.133$$

当大、小两个控制阀并联组合在一起时，控制阀的最小流通能力为 0.133，最大流通能力为 104，因而控制阀的可调范围为

$$R = (C_{Amax} + C_{Bmin})/C_{Bmin} = 104/0.133 \approx 780$$

可见，采用分程控制时控制阀的可调范围比单个控制阀的可调范围大约扩大了 26 倍，大大扩展了控制阀的可调范围，从而提高了控制质量。

2. 用于控制两种不同的介质，以满足生产工艺的需要

在某些间歇式生产的化学反应过程中，当反应物投入设备后，为了使其达到反应温度，往往在反应开始前需要给它提供一定的热量。一旦达到反应温度后，就会随着化学反应的进行而不断释放出热量，这些放出的热量如不及时移走，反应就会越来越剧烈，以致会有爆炸的危险。因此，对这种间歇式化学反应器既要考虑反应前的预热问题，又需考虑反应过程中及时移走反应热的问题。为此，可设计如图 8-19 所示的分程控制系统。从安全的角度考虑，图中冷水控制阀 A 选用气关型，蒸汽控制阀 B 选用气开型，控制器选用反作用的比例积分控制器 PI，用一个控制器带动两个控制阀进行分程控制。这一分程控制系统，既能满足生产上的控制要求，也能满足紧急情况下的安全要求，即当出现突然供气中断时，B 阀关闭蒸汽，A 阀打开冷水，使生产处于安全状态。

A 与 B 两个控制阀的关系是异向动作的，它们的动作过程如图 8-20 所示。当控制器的输出信号在 DC 4 ~ 12mA 变化时，A 阀由全开到全关。当控制器的输出信号在 DC 12 ~ 20mA 变化时，则 B 阀由全关到全开。

该分程控制系统的工作情况如下。当反应器配料工作完成以后，在进行化学反应前的升温阶段，由于起始温度低于设定值，因此反作用的控制器输出信号将逐渐增大，A 阀逐渐关小至完全关闭，而 B 阀则逐渐打开，此时蒸汽通过热交换器使循环水被加热，再通过夹套对反应器进行加热、升温，以便使反应物温度逐渐升高。当温度达到反应温度时，化学反应

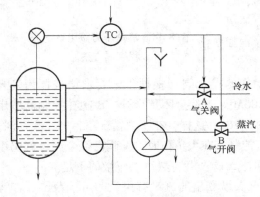

图 8-19　反应器温度分程控制系统

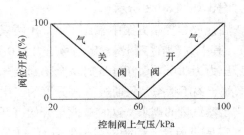

图 8-20　反应器温度控制分程阀动作图

发生，于是就有热量放出，反应物的温度将继续升高。当反应温度升高至超过给定值后，控制器的输出将减小，随着控制器输出的减小，B 阀将逐渐关闭，而 A 阀则逐渐打开。这时反应器夹套中流过的将不再是热水而是冷水，反应所产生的热量就被冷水带走，从而达到维持反应温度的目的。

3. 用作生产安全的防护措施

在各炼油或石油化工厂中，有许多存放各种油品或石油化工产品的储罐。这些油品或化工产品不宜与空气长期接触，因为空气中的氧气会使其氧化而变质，甚至会引起爆炸。为此，常采用在储罐罐顶充以惰性气体（氮气）的方法，使油品与外界空气隔离。这种方法通常称之为氮封。为了保证空气不进入储罐，一般要求储罐内的氮气压力保持为微正压。当由储罐中向外抽取物料时，氮封压力则会下降，如不及时向储罐中补充氮气，储罐将会变形，甚至会有被吸瘪的危险；而当向储罐中注料时，氮封压力又会逐渐上升，如不及时排出储罐中的部分氮气，储罐又有被鼓坏的危险。显然，这两种情况都不允许发生，于是就必须设法维持储罐中氮封的压力。为了维持储罐中氮封的压力，当储罐内的液面上升时，应将压缩的氮气适量排出。反之，当储罐内的液面下降时，应及时补充氮气。只有这样才能做到既隔绝空气，又保证储罐不变形。

为了达到这种控制目的，可采用如图 8-21 所示的储罐氮封分程控制系统。本方案中，氮气进气阀 B 采用气开式，而氮气排放阀 A 采用气关式。控制器选用反作用的比例积分（PI）控制规律。两个分程控制阀的动作特性如图 8-22 所示。

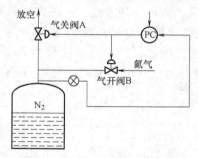

图 8-21　储罐氮封分程控制系统

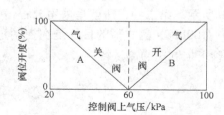

图 8-22　分程控制阀动作特性

对于储罐氮封分程控制系统，由于对压力的控制精度要求不高，不希望在两个控制阀之间频繁切换动作，所以通过调整电-气阀门定位器，使 A 阀接受控制器的 DC 4～11.6mA 信号时，能做全范围变化，而 B 阀接受 DC 12.4～20mA 信号时，做全范围变化。控制器在输出 DC 11.6～12.4mA 信号时，A、B 两个控制阀都处于全关位置不动，因此将两个控制阀之间存在的这个间隙区称为不灵敏区。这样做对于储罐这样一个空间较大因而时间常数较大，且控制精度要求又不是很高的具体压力对象来说，是有益的。因为留有这样一个不灵敏区，将会使控制过程的变化趋于缓慢，使系统更为稳定。

以上几种分程控制系统的典型框图如图 8-23 所示。

8.3.3　分程控制系统的实施

分程控制系统本质上属于单回路控制系统。因此，单回路控制系统的设计原则完全适用于分程控制系统的设计。但是，与单回路控制系统相比，分程控制系统的主要特点是分程和

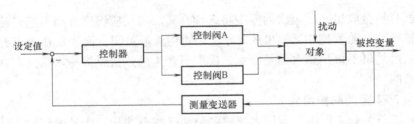

图 8-23　分程控制系统框图

控制阀多，所以，在系统设计方面也有一些不同之处。

（1）分程信号的确定　在分程控制中，控制器输出信号的分段是由生产工艺要求决定的。控制器输出信号需要分成几个区段，哪一个区段控制哪一个控制阀，完全取决于生产工艺要求。

（2）分程控制系统对控制阀的要求

1）控制阀类型的选择。控制阀类型的选择即根据生产工艺要求选择同向或异向规律的控制阀。控制阀的气开、气关形式的选择是由生产工艺决定的，即从生产安全的角度出发，决定选用同向还是异向规律的控制阀。

2）控制阀流量特性的选择。控制阀流量特性的选择会影响分程点的特性。因为在两个控制阀的分程点上，控制阀的流量特性会产生突变，特别是大、小阀并联时更为突出。如果两个控制阀都是线性特性，情况会更严重，如图 8-24a 所示。这种情况的出现对控制系统的控制质量是十分不利的。为了减小这种突变特性，可采用两种处理方法：一种方法是采用两个对数特性的控制阀，这样从小阀向大阀过渡时，控制阀的流量特性相对平滑一些，如图 8-24b 所示；第二种方法就是采用分程信号重叠的方法，例如，两个信号段分为 20 ~ 65kPa 和 55 ~ 100kPa，这样做的目的是在控制过程中，不等小阀全开时，大阀就已经开小了，从而改善了控制阀的流量特性。

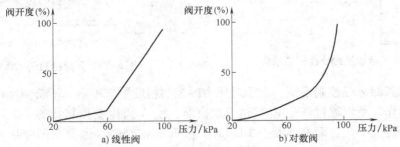

图 8-24　分程控制时的流量特性

3）控制阀的泄漏问题。在分程控制系统中，应尽量使两个控制阀都无泄漏，特别是当大、小控制阀并联使用时，如果大阀的泄漏量过大，小阀就不能正常发挥作用，控制阀的可调范围仍然得不到增加，达不到分程控制的目的。

4）控制器参数的整定。在分程控制系统中，当两个控制阀分别控制两个操纵变量时，这两个控制阀所对应的控制通道特性可能差异很大，即广义对象特性差异很大。这时，控制器的参数整定必须注意，需要兼顾两种情况，选取一组合适的控制器参数。当两个控制阀控制一个操纵变量时，控制器参数的整定与单回路控制系统相同。

思考与练习八

8-1　均匀控制系统的目的和特点是什么？

8-2　图 8-25 是串级均匀控制系统示意图，试画出该系统的框图，并分析这个方案与普通串级控制系统的异同点。

8-3　图 8-25 中，如果控制阀选择为气开式，试确定 LC 和 FC 控制器的正、反作用。

8-4　选择性控制系统的特点是什么？

8-5　选择性控制系统有哪几种类型？

8-6　什么是控制器的"积分饱和"现象？产生积分饱和的条件是什么？

8-7　积分饱和的危害是什么？有哪几种主要的防积分饱和的措施？

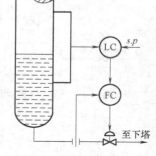

图 8-25　串级均匀控制系统

8-8　从系统的结构上来说，分程控制系统与连续型选择性控制系统的主要区别是什么？分别画出它们的框图。

8-9　分程控制系统主要应用在什么场合？

8-10　采用两个控制阀并联的分程控制系统为什么能扩大控制阀的可调范围？

8-11　图 8-26 所示为一脱乙烷塔塔顶的气液分离器。由脱乙烷塔塔顶出来的气体经冷凝器进入分离器，由分离器出来的气体去加氢反应器。分离器内的压力需要比较稳定，因为它直接影响精馏塔的塔顶压力。为此通过控制出来的气相流量来稳定分离器内的压力，但出来的物料是去加氢反应器的，也需要平稳。所以设计如图 8-26 所示的压力-流量串级均匀控制系统。试画出该系统的框图，说明它与一般串级控制系统的异同点。

8-12　上题图 8-26 所示的串级均匀控制系统中，如已经确定控制阀为气关阀，试确定控制器的正、反作用并简述系统的工作过程。

8-13　如何设计简单结构的均匀控制系统？调节器参数整定时，被控变量有什么要求？

8-14　分程控制的目的是什么？分程控制阀的开、闭类型有哪几种基本情况？

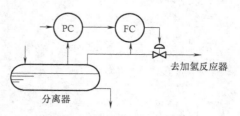

图 8-26　分离器的压力-流量串级均匀控制系统

8-15　图 8-27 所示为一个在进行气相反应的反应器，两控制阀 PV_1、PV_2 分别控制进料流量和反应生成物的流量。为控制反应器的压力，两阀门应协调工作，例如 PV_1 打开时，PV_2 关闭，则反应器压力上升，反之亦然。试设计该压力控制方案。

8-16　何种情况下应设计联锁系统？

8-17　设置选择性控制系统的目的是什么？可能的选择性控制系统有哪些种类？在控制方案中如何表示？

8-18　自动选择性控制系统中，为何会产生积分饱和现象？在氨液蒸发冷却过程的选择性控制系统中，是否会产生积分饱和？如何防止积分饱和？

8-19　图 8-28 为一精馏塔的釜液位与流出流量的串级均匀控制系统。试画出它的框图，并说明它与一般的串级控制系统的异同点。如果塔釜液体不允许被抽空，试确定控制阀的气开、气关型式及控制器的正、反作用。

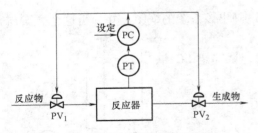

图 8-27 进行气相反应的反应器

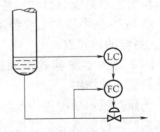

图 8-28 精馏塔的釜液位与流出
流量的串级均匀控制系统

项目九

学习安全检测与控制

任务一 了解功能安全技术

工业的飞速发展在给人类带来巨大利益的同时，也带来了灾难。全世界每年死于工伤事故（火灾、爆炸等）和职业病危害的人数约为 200 万，是人类最严重的死因之一。为了使工业生产更加安全可靠，越来越多的安全保护系统被选择、设计、安装在工业生产现场，保护人员免受伤害，保证工厂的安全运转。安全保护系统虽然降低了工业生产灾难的发生频率，却无法保证工业生产的绝对安全，有些时候，正是由于安全保护系统发生失效，在需要它执行安全功能时无法正确执行应有的操作，从而导致灾难的发生。以常见的高压锅的减压阀门为例，它的功能是当高压锅内的压力超出一定范围时开启阀门，释放一定量的气体。如果这个减压阀被堵塞，从而导致减压功能失效，压力达到危险值时阀门没有开启，就会导致锅内压力不停升高，直至发生爆炸，人员和财产就会受到损害。在这个高压锅减压系统中，安全依赖于系统执行正确的功能。这种安全依赖于系统执行正确功能的情况，就称为"功能安全"。

随着安全保护系统日益普遍的应用，功能安全已经作为一门独立的学科受到了广泛的关注。功能安全为系统安全的实现带来了一系列好处。首先，通过将系统安全问题的焦点集中到功能安全的实现上来，使得安全系统的实现更加直观，更有目的性。安全工程师不用再将精力分散在整个系统的各个环节，可以集中精力负责安全保护安全功能的设计、测试和维护等工作，从而更为有效地实现整个系统的安全。其次，通过将安全系统和受控对象严格区分，使得各个系统的分工更加的明确，从而使得不同系统的设计和实现能够各自独立，互不干扰，有效减少了系统的耦合度。另外，通过功能安全来实现整个系统的安全性，逐渐形成了一些标准的功能，如安全仪表系统、紧急停车系统、火灾燃气系统等等，这些功能可以被统一的规范，从而使得在设计安全系统的时候直接采用这些标准的安全功能，减少了系统设计、实现和测试的难度。

9.1.1 安全的定义

安全的概念是动态的。安全这一概念的含义随着社会的文明进步而不断丰富和发展。安全与危险是相对的概念，它的基本含义包括两方面：预知危险和消除危险，两者缺一不可。广义的安全，是预知人类活动的各个领域里所采取的或潜在的危险，并且为消除这些危险所采取的各种方法、手段和行动的总称。

"安全"的科学定义具有两层含义：一是说明了损害（即意外事故）是一种随机事件；二是说明了安全状态是人们对这种随机事件的容忍程度。显然，前者是客观存在，后者是对这种客观存在的主观认识。

作为客观存在的,具有一定可能性的随机事件,不安全的事件(意外事故)何时、何地、以何种程度发生,需要一定的条件,有一定的随机性。人们虽然难以从根本上杜绝事故,但是完全可以通过控制事故发生的条件来减少事故发生的概率和损害程度。

作为客观存在的主观认识,人们对安全状态的理解,是主观和客观的统一,既反映着各类事故的实际发生频率和损害程度,也包含着人们内心对危险(即事故)的容忍程度。事故的实际发生频率和损害程度或人们内心对事故的容忍程度降低都会产生不安全的感觉。因此安全状态是一个相对的、发展的概念。

9.1.2 风险的定义

风险通常是指出现危害的概率及该危害严重性的组合。其有两种涵义:风险表现为不确定性;风险表现为损失的不确定性。若风险表现为不确定性,说明风险产生的结果可能带来损失、获利或是无损失也无获利,属于广义风险,金融风险属于此类。而风险表现为损失的不确定性,说明风险只能表现出损失,没有从风险中获利的可能性,属于狭义风险。在工业过程中提到的风险,主要是狭义风险范畴。

按风险出现的概率不同,风险可以被定性的划分为频繁发生、很可能发生、偶尔发生、极小可能发生、不可能发生和难以相信会发生等六个等级。按危害所产生的后果不同,被定性划分为大灾难、严重、不严重和可忽略四个等级。意外事件的风险等级示例如表 9-1 所示。

表 9-1　意外事件的风险等级示例

频率	后果			
	大灾难	严重	不严重	可忽略
频繁发生	1	1	1	2
很可能发生	1	1	2	2
偶尔发生	1	2	3	3
极小可能发生	2	3	3	4
不可能发生	3	3	4	4
难以相信发生	4	4	4	4

9.1.3 安全完整性等级的定义

安全相关系统的安全功能是针对特定的危险事件,为了达到或保持受控设备的安全状态,由电气/电子/可编程序电子安全相关系统、其他技术安全相关系统或外部风险降低设备实现的功能。

功能安全则指安全功能本身的安全性,用于描述安全相关系统执行其功能的能力。它通过合适的技术与管理措施,把安全系统的整体风险控制在要求的目标之内。

安全完整性是指在规定的时间周期内,在规定的条件下,安全相关系统成功地实现所要求安全功能的概率。安全完整性就是安全功能能够有效被执行的能力。

安全完整性等级是对安全保护系统运行水平的一种衡量。它用一种离散的 4 级安全完整性水平(SIL)来衡量系统实现风险降低的能力。SIL1 表示能将风险降低一级,相当于系统能将原来一年出一次事故的危险改变为十年一次事故；SIL4 表示能将风险降低 4 级，相当于系统能将原来一年出一次事故改变为一万年出一次事故。SIL 级别越高，出错概率越低，系统结构越复杂，对系统中各子系统、器件、人员的要求越高。安全完整性等级与安全功能失效率的对应关系如表 9-2 所示。

表 9-2　安全完整性等级与安全功能失效率的对应关系

安全完整性等级	安全功能失效率	安全完整性等级	安全功能失效率
SIL4	$>=10^{-5}\cdots<10^{-4}$	SIL2	$>=10^{-3}\cdots<10^{-2}$
SIL3	$>=10^{-4}\cdots<10^{-3}$	SIL1	$>=10^{-2}\cdots<10^{-1}$

安全完整性等级的确定方法，是指在设计安全保护系统时，根据风险分析方法得到的系统必须达到的风险降低程度，确定安全系统的期望等级的方法，而非确定安全保护系统实际达到的 SIL 等级的方法。SIL 等级现有三种技术方法来确定：定性风险评估技术、半定量风险评估技术及定量风险评估技术。

9.1.4　风险降低同安全完整性的关系

风险降低指通过电气/电子/可编程序电子安全相关系统、其他技术安全相关系统或外部风险降低设备实现的风险的下降。风险降低涉及以下 4 个的指标，它们的关系如图 9-1 所示。

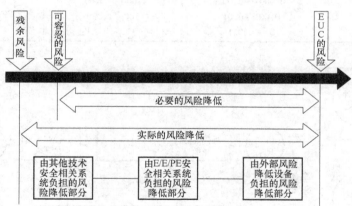

图 9-1　风险降低与指标示意

1）受控装置（EUC）的风险指由受控装置或受控装置与受控装置控制系统相互作用而产生的风险。

2）可容忍的风险指在以现行社会标准为基础的给定情景下可被接受的风险。

3）残余风险指在采取了防护措施以后仍然保留的风险。

4）必要风险降低是通过外部风险降低设备、电气/电子/可编程电子（E/E/PE）安全相关系统、其他技术安全系统实现的风险降低，以确保不超过可容忍的风险。

对于一个安全相关系统而言，风险来源于发生危险时的要求时失效，即风险概率 = 危险事件发生概率 × 安全系统 "要求时失效" 概率。风险概率是低于危险事件发生概率的，"要求时失效" 概率可以反映安全系统带来的整体风险概率的降低。"要求时失效" 是指在出现危险事件时要求安全系统执行其正确的安全功能时，安全系统出现失效的现象。通常安全完整性水平是按照"要求时失效"的概率来划分的。通常把要求安全功能动作的频率低于每年一次的称为低要求操作模式；对安全功能的要求动作频率高于每年一次称为高要求（连续）操作模式。低要求操作模式是过程工业中最普遍的模式；高要求操作模式在制造加工业和航空工业中比较普遍。两种操作模式下的安全完整性水平如表 9-3 所示，安全完整性等级与典型应用如表 9-4 所示。因此，安全完整性等级反映了整体风险水平的降低。风险降低与安全完整性的关系如图 9-2 所示。

表 9-3　两种操作模式下的安全完整性水平

低要求操作模式的安全完整性水平			高要求操作模式的安全完整性水平	
安全完整性水平	平均要求时失效概率	风险降低因子	安全完整性水平	每小时失效概率
4	$10^{-5} \sim 10^{-4}$	$10000 \sim 100000$	4	$10^{-9} \sim 10^{-8}$
3	$10^{-4} \sim 10^{-3}$	$1000 \sim 10000$	3	$10^{-8} \sim 10^{-7}$
2	$10^{-3} \sim 10^{-2}$	$100 \sim 1000$	2	$10^{-7} \sim 10^{-6}$
1	$10^{-2} \sim 10^{-1}$	$10 \sim 100$	1	$10^{-6} \sim 10^{-5}$

表 9-4　安全完整性等级与典型应用

安全完整性等级 SIL	在危险状态上的平均故障率 PFD_{avg}	风险降低因数 RRF	典型应用
4	< 0.0001	>10,000	铁路运输系统
3	0.0001 ~ 0.001	1,000 ~ 10,000	核能工业
2	0.001 ~ 0.01	100 ~ 1,000	公用锅炉 工业锅炉
1	0.01 ~ 0.1	10 ~ 100	化工过程

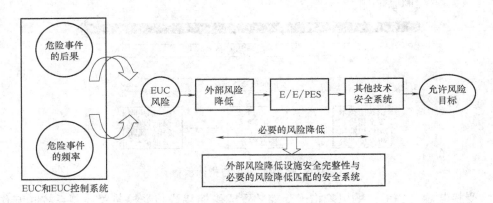

图 9-2　风险降低与安全完整性的关系

9.1.5　安全生命周期的定义

安全生命周期是指从方案的确定阶段开始到所有的电气/电子/可编程电子安全相关系统、其他技术安全相关系统或外部风险降低设备等不再可用时为止，在这个时间周期内发生为实现安全相关系统所必需的活动。

安全生命周期是用系统的方式建立的一个框架，用以指导过程风险分析、安全系统的设计和评价。安全生命周期（见图 9-3）包括了系统的概念、定义、分析、安全要求、设计、实现、验证计划、安装、验证、操作、维护、停用等各个阶段。通过这种一环扣一环的安全框架，安全生命周期中的各项活动紧密地联系在一起。又因为对于每一环节都有十分明确的要求，使得各个环节的实现又相对独立，可以由不同的人负责，各环节间只有时序方面的互相依赖。由于每一个阶段都是承上启下的环节，因此如果某一个环节出了问题，其后所进行的阶段都要受到影响，所以当某一环节出了问题时或者外部条件发生了变化时，整个安全生命周期的活动就要回到出问题的阶段，评估变化造成的影响，对该环节的活动进行修改，甚至重新进行该阶段的活动。因此，整个安全系统的实现活动往往是一个渐进的、迭代的过程。

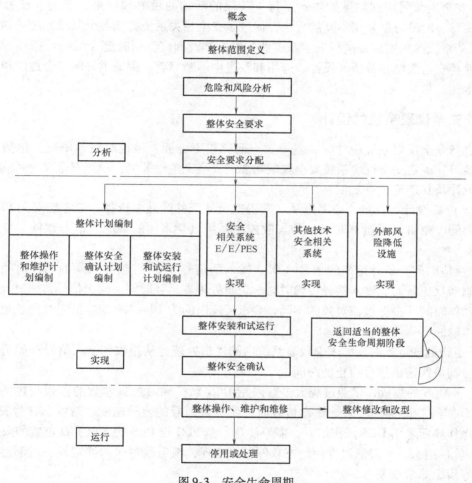

图 9-3　安全生命周期

安全系统从无到有整个过程的始终，都不能忽视其中任何一个环节。比如说，如果在系统设计时出现了疏漏，那么根据这种有缺陷的设计所实现、安装的安全系统，即使实现的水平再高、再可靠，也无法保障系统安全的实现。因此，只有在安全系统概念提出开始直到系统停用的整个生命周期内，每一步都按照标准要求严格去做，才能提高所有的操作条件和失效模式下的安全置信度。安全问题必须从系统的角度，在生命周期的所有阶段中综合考虑。

综上，安全生命周期带来的好处可以归结如下：

1）有效避免安全系统的系统失效。系统失效与质量管理条件、安全管理条件及技术安全条件相关。安全生命周期管理模型，为控制系统的安全生命周期内，配备了一套完整的管理制度与程序，保证了安全系统的功能安全。

2）为安全相关系统的实现提供了一个良好的结构化开发框架，使得安全相关系统的开发可以按部就班地进行，并且可以保证系统的质量和可靠性。

3）能够按照不同阶段更加明确地为安全系统的开发应用建立文档、规范，为整个安全系统提供结构化的分析、设计和实现方案。

4）与传统非安全系统开发周期类似，已有的开发、管理的经验和手段都能够被应用。

5）安全生命周期框架虽然规定了每一阶段的活动的目的和结果，但是并没有限制过程，实现每一阶段可以采用不同的方法，促进了安全相关系统实现各个阶段方法的创新。

6）从系统的角度出发进行安全系统的开发，涉及面广，同时蕴含了一种循环、迭代的理念，使得安全系统在分析、设计、应用和改进中不断完善，保证更好的安全性能和更高的投入成本比。

9.1.6 安全仪表系统的设计

在进行安全仪表系统设计时，需要重点研究以下方面：被控对象的研究，包括工艺流程、设备等；确定安全仪表系统安全仪表功能的安全完整性等级；设置安全仪表系统时安全PLC的设计及其选定。

安全PLC设计与选定，要考虑从已获得安全认证的产品中选择。应考虑安全PLC的信号反应时间、逻辑处理运算时间、与集散控制系统（DCS）的集成、组态软件、自诊断功能等。

1）反应时间，从外部来的信号（DI）输入到信号（DO）输出之间的动作时间。其中包括传感器反应时间、输入信号传输时间、逻辑处理器运算时间、输出信号传输时间以及最终元件动作时间。根据被控对象的不同，要求反应时间为 $10 \sim 200\text{ms}$。反应时间越短，安全PLC性能越好。

2）逻辑处理运算时间，安全仪表系统内的逻辑处理器从接收到输入信号开始进行逻辑运算起，到最终输出信号为止的时间。

3）与DCS的集成，工业过程大多数采用DCS来实现对过程参数的监视与控制。如果安全PLC需与DCS共用输入、输出信号时，要考虑信号的传输速度、精度。有些安全PLC的显示操作界面采用DCS操作站时，需要注意安全PLC与DCS的通讯I/O点数的限制。

4）软件组态，一般通过专用组态软件包来实现，组态软件包的稳定性、可靠性以及易修改性等指标非常重要。

5）自诊断功能，安全PLC的CPU的自诊断以及输入输出信号的在线测试功能是重要审查项目。一旦安全仪表系统被启动，自诊断功能就应该在指定的周期内进行。

以上所述的各个项目根据各个安全PLC厂家及型号不同而不同，所以在设计安全仪表系统时需要给以关注。

9.1.7 安全仪表系统的结构设计

在工业现场，安全仪表系统的各个部分常采用不同的逻辑结构。常见的逻辑结构包括：

（1）1oo1结构（一选一） 仅由一个通道组成，如图9-4所示。该通道发生危险故障则直接导致系统安全功能失效。

（2）1oo1D 结构（带自诊断的一选一）　该系统具有一个诊断通道，如图 9-5 所示，可以检测系统发生的部分危险故障，执行相应动作后使其转换为故障安全。

（3）1oo2 结构（二选一）　此结构由两个并联的通道组成，如图 9-6 所示。无论哪一个通道都能处理安全仪表功能。单一通道发生安全故障不会导致系统的安全仪表功能失效，但任一通道发生危险故障都会导致系统发生危险故障。

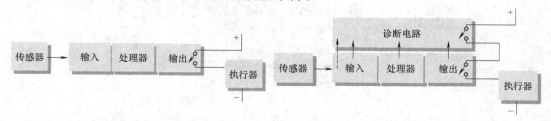

图 9-4　1oo1 结构（一选一）　　　　　图 9-5　1oo1D 结构（带自诊断的一选一）

（4）1oo2D 结构（带完全自诊断的二选一）　此结构由并联的两个通道构成，如图 9-7 所示，正常工作期间，两个通道都能实现要求时安全仪表功能。此外，如果任一通道中被诊断测试检测到一个故障，则将采用输出表决，因此整个输出状态为另一通道给出的输出状态。如果诊断测试在两个

图 9-6　1oo2 结构（二选一）

通道中同时检测到故障，或者检测到两个通道间存在差异时，输出则转为安全状态。为了检测两个通道间的差异，采用一种与另一通道无关的方法，使得无论其中哪个通道都能确定另一通道的状态。

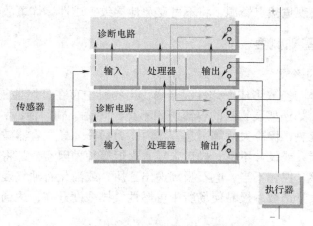

图 9-7　1oo2D 结构（带完全自诊断的二选一）

（5）2oo2 结构（二选二）　此结构由并联的两个通道构成，单一通道发生安全故障不会导致系统的安全仪表功能失效，但任一通道的危险故障都会导致系统的危险故障失效，故一般不单独使用。

（6）2oo3 结构　此结构由 3 个并联通道构成，如图 9-8 所示。其结合了 1oo2、2oo2 两种结构的优点，输出信号具有多数表决安排，这样，如果仅其中一个通道的输出与其他两个通道的输出状态不同时，输出状态不会因此而改变。

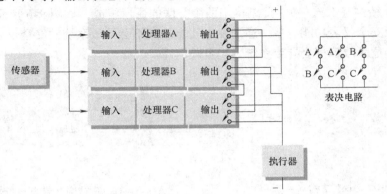

图 9-8　2oo3 结构

任务二　掌握防爆安全技术

据资料介绍，煤矿井下约有三分之二的场所属于爆炸性危险场所；石油开采现场和炼油厂约 60% ~ 80% 的场所属于易燃易爆危险区域；在化学工业中约 80% 以上的生产车间为易燃易爆危险区域。按国际电工委员会的定义，涉及防爆安全问题的场所有：炼油企业、化工企业、燃油燃气充装业、制药业、气体管线和输配、分析实验室、表面喷涂工业、印刷工业、电子器件制造业、煤矿、污水处理厂、医院手术室、制糖业、木材加工业、粮食处理与储存、金属表面研磨等。

在这些场所中，爆炸性危险物质的泄漏是不可避免的，它与空气混合将形成爆炸性混合物，生产现场一旦出现危险点燃源，将不可避免地导致灾难性爆炸事故。

9.2.1　防爆知识基础概要

1. 爆炸性环境的形成

（1）可燃性气体与空气形成爆炸性混合物　当物料中存在可燃性气体（如氢气、乙炔、乙烯、丙烷等）时，如遇盛装物料的容器密闭不良，管道、阀门泄漏；或安全阀、排气阀、呼吸阀等动作；或受热、保冷失效等引起容器内压力猛升，导致容器破裂或爆破片冲破；或使用不当、控制不严；或设计不良，排气未导入火炬等种种因素，都将致使可燃气体逸散到生产场所中。或储存、保管不当，电石吸潮逸出乙炔，或液化石油气残液随便倾倒等等，也会导致可燃性气体大量逸散，极易使场所中可燃性气体浓度升高，达到爆炸极限而产生爆炸危险。

（2）易燃液体蒸气与空气形成爆炸性混合物　在某一标准条件下，使液体释放出一定量的蒸气而形成可点燃的蒸气与空气混合物的液体的最低温度叫作该液体的闪点。不同的可燃性液体具有不同的闪点，例如汽油的闪点约为 - 43℃，柴油为 - 20℃，乙醇的闪点为 11℃。可燃性液体的闪点低，表示可燃性液体在低温下易形成爆炸性混合物，其危险程度高；反之，可燃性液体的闪点高，则在常温下不易形成爆炸性混合物，其危险程度也相对低一些。

在工程上将闪点小于等于28℃的可燃性液体（包括液化石油气）称为甲类液体，闪点介于28～60℃的可燃性液体称为乙类液体，闪点大于等于60℃的可燃性液体称为丙类液体。对于环境中存在闪点小于等于环境温度的可燃性液体，或物料操作温度高于可燃性液体闪点的情况，当可燃性液体有可能泄漏时，其周围环境应考虑为爆炸危险环境。

（3）易燃固体蒸气与空气形成爆炸性混合物　有些易燃固体（如萘）易升华。若遇通风不良，遇热升温，温度超过闪点，其升华的蒸气与空气能形成爆炸性混合物。

（4）可燃性粉尘与空气形成爆炸性混合物　可燃性粉尘如淀粉、硫磺粉等，与空气混合达到一定比例时，能形成爆炸性混合物。一般情况下，可燃性粉尘的爆炸下限较高，有利于安全。某些金属如镁、铝、钛等呈固体块状时不易燃烧，但细粉状的金属粉尘是可燃的，它们与空气混合也能形成爆炸性混合物。特别需要说明的是，由于镁、铝、钛等粉尘系导电粉尘，粉尘一旦进入仪表或电气设备外壳内部就会严重影响产品的电气安全性能，更重要的是因为导电粉尘的进入有可能引起电路直接短路而产生火花，从而大大增加了产生爆炸的可能性。

2. 爆炸的原因

可燃气体、易燃液体蒸气、易燃固体蒸气、可燃性粉尘等与空气形成的爆炸性混合物的燃烧速度很快，为每秒数米至千米，大范围的强烈爆震速度可高达每秒数万米。这类燃烧的反应时间大多为 $10^{-3}\sim10^{-2}$ s。反应产物是大量气体，并放出大量热量，由于反应速度较快，产生的热量来不及散失冷却，于是温度迅速升高，达摄氏几百度到上千度，使气体膨胀、压力猛升，进而发生爆炸。可见，爆炸是快速燃烧的结果。因此，采取措施消除包括自动化仪表在内的电气设备的电火花和危险高温，将有利于防止燃烧，避免爆炸的形成。

3. 爆炸三角形原理

具有潜在爆炸危险的环境产生爆炸必须具有点燃源（电火花、热表面等）、爆炸性物质（可燃性气体或粉尘等）、空气（氧气）三个条件，如图9-9所示。当上述三个条件同时存在，而且当爆炸性物质与空气的混合浓度处于爆炸极限范围内（即处于爆炸下限和爆炸上限之间）时，将不可避免地产生爆炸。

因此，在工程实践中，为了有效地防止爆炸事故的发生，人们总是设法避免上述三个条件同时存在，以达到防爆的目的。其中，最基本的技术应是将所有可能存在或产生点燃源（电火花和热表面等）的电气设备安装在不具有爆炸危险的场所（即安全场所），或者设法使安装电气设备的场所不会形成爆炸性环境。这是着手进行工艺设计或设备设计时首先应该考虑到的方面。但是，许多工业生产现场的实际情况和具体应用要求，决定了相当一部分过程测量与控制用电气设备必须安装在爆炸危

图9-9　爆炸三角形示意图

险场所。此时，必须选用具有特定防爆技术措施的电气设备来保证工业生产现场的安全，避免灾难性爆炸事故的发生。

涉及爆炸的点燃源大致可分为电气设备相关的点燃源和非电气设备相关的点燃源两个方

面。电气设备相关的主要点燃源有：电火花、高温、电气设备的热表面、电弧、无线电电磁波辐射。非电气设备相关的主要点燃源有：机械火花（撞击/摩擦）、热表面、火焰及热气体、化学热、静电、光辐射、离子辐射、超声波、雷电、绝热压缩和冲击波、放热反应及粉尘自燃、明火等。

4. 爆炸性混合物主要特性参数

（1）引燃温度 在没有明火等点火源的情况下，可燃性气体混合物的温度达到某一温度时，由于其内部氧化反应放热的加剧而自动引燃着火，即产生自燃。这一温度叫作引燃温度，有时也称之为自燃温度。表 9-5 给出了典型可燃性气体或蒸气的引燃温度。

表 9-5　典型可燃性气体或蒸气的引燃温度

气体名称	引燃温度/℃	气体名称	引燃温度/℃
二硫化碳	102	乙烯	425
乙醚	170	环氧丙烷	430
乙醛	140	乙炔	305
辛烷	210	环丙烷	495
戊烷	285	苯	498
汽油	约280	丙烷	466
乙醇（酒精）	363	甲烷	537
丁烷	365	氢	560
甲胺	430	氨	630

（2）最大试验安全间隙 在标准规定的试验条件下，一个外壳内所有被试气体或蒸气与空气的混合物点燃后，通过 25mm 长的接合面均不能点燃壳外爆炸性气体混合物的外壳空腔两部分之间的最大间隙称为最大试验安全间隙（MESG）。表 9-6 列出了一些典型可燃性气体或蒸气的最大试验安全间隙（MESG）。

（3）最小点燃电流及最小点燃电流比（MICR） 最小点燃电流是指在规定的试验条件下，采用火花试验装置，由电阻电路或电感电路引起最易点燃混合物点燃的最小电流。最小点燃电流比是指相应气体的最小点燃电流相对于甲烷最小点燃电流之比。通常，可燃性气体或蒸气被电阻电路或电感电路的电火花点燃的难易程度可以用一定电压下的电流值来表示。例如，对于电压为 24V 和电感为 95mH 的电感性电路，甲烷的最小点燃电流为 110mA、氢气为 30mA。在实际电路设计时，通常需要用电压和电流来表征电路的参数；在防爆检验实践中，常利用最小点燃电压和最小点燃电流来判断电路的安全性能。

表 9-6　典型可燃性气体或蒸气的最大试验安全间隙（MESG）

气体名称	MESG	气体名称	MESG
氨	3.17	氰化氢	0.80
甲烷	1.14	丙烯腈	0.87
异丙醇	0.99	环氧丙烷	0.70
醋酸甲酯	0.99	二甲醚	0.86
醋酸戊酯	0.99	丙烯酸甲酯	0.85
丁醇	0.94	丁二烯	0.79
甲醇	0.92	乙烯	0.65
丙酮	1.02	二硫化碳	0.34
丁烷	0.98	乙炔	0.37
丙烷	0.92	氢	0.29

9.2.2 爆炸性物质的分类与危险场所的区域划分

1. 爆炸性物质的分类、分级和分组

（1）爆炸性物质的分类　根据国家的相关规定，爆炸性物质通常可分为三类：

Ⅰ类：矿井甲烷；Ⅱ类：爆炸性气体混合物（含蒸气、薄雾）；Ⅲ类：爆炸性粉尘和纤维。

Ⅰ类爆炸性物质是指矿井甲烷，俗称"瓦斯"气体。造成煤矿爆炸的主要原因是矿井中甲烷气体浓度达到爆炸极限，遇点燃源引起爆炸。由于煤矿井下环境特殊，故把甲烷专门列为Ⅰ类。

Ⅱ类爆炸性物质包括爆炸性气体和爆炸性蒸气。所谓爆炸性气体是指可燃气体，即氢、一氧化碳、环氧乙烷等与空气混合，浓度达到爆炸极限时的气体混合物。所谓爆炸性蒸气是指易燃液体（丙酮、汽油等）的蒸气或细小液滴与空气混合，浓度达到爆炸极限的气体混合物或薄雾。需要指出的是，相互接触能自动发生爆炸的气体、蒸气不在此列。例如氟与氢、氯与乙炔、臭氧与乙醇蒸气等形成的爆炸性气体不属Ⅱ类，因为这些爆炸性气体相遇引起爆炸的原因与前述不同。

Ⅲ类爆炸性物质包括爆炸性粉尘和纤维。它是指能产生爆炸的粉尘、纤维，包括可燃性粉尘或纤维（如棉花纤维）与空气混合，浓度达到爆炸极限的混合物。由于导电粉尘具有更大的危险性，因此爆炸性粉尘按其导电性能，分为导电粉尘（如铝粉等）和非导电粉尘（如淀粉等）。

（2）爆炸性气体的分级　通常爆炸性气体按其最大试验安全间隙（MESG）和最小点燃电流比（MICR）进行分级。

1）按最大试验安全间隙（MESG）分级。经实验测定，Ⅰ类甲烷气体的 MESG = 1.14mm。

Ⅱ类爆炸性气体的分级限值规定如下：

A 级：0.9mm < MESG < 1.14mm。

B 级：0.5mm ≤ MESG ≤ 0.9mm。

C 级：MESG < 0.5mm。

因此，A 级隔爆型电气设备其隔爆间隙必须小于 1.14mm，而 C 级必须小于 0.5mm，两者是不同。可见适用于 A 级爆炸性物质的隔爆型电气设备不适用于 B 级或 C 级爆炸性物质的场所。如果设备选型不当，就可能失去防爆作用。

2）按最小点燃电流比（MICR）分级。实验表明，在规定的标准试验条件下，不同物质产生点燃所需的电流大小各不相同。所谓最小点燃电流比是指用甲烷的最小点燃电流（MIC）为参考，以气体的最小点燃电流除以甲烷的最小点燃电流，即：$MICR_{某物质} = MIC_{某物质}/MIC_{甲烷}$

实验结果显示，所有爆炸性气体、蒸气的最小点燃电流都比甲烷小，所以 MICR < 1.0。本质安全型电气设备的设计就是以 MICR 为基础的。

根据 MICR 定义可知，甲烷的最小点燃电流比为 1.0，其他Ⅱ类气体的分级限值规定如下：

A 级：0.8 < MICR < 1.0；B 级：0.45 ≤ MICR ≤ 0.8；C 级：MICR < 0.45。

分析表明，爆炸性气体、蒸气的最大试验安全间隙（MESG）越小，最小点燃电流也越小。若按最小点燃电流分档归纳分级，与按最大安全间隙分级，两者结果十分相似。

（3）爆炸性气体的分组 IEC 标准将爆炸性气体按其引燃温度分为 T1～T6 六个组别。表 9-7 给出了温度组别与引燃温度的关系。

表 9-7 温度组别与引燃温度的关系

组别	引燃温度 $t/℃$	组别	引燃温度 $t/℃$
T1	$450 < t$	T4	$135 < t \leqslant 200$
T2	$300 < t \leqslant 450$	T5	$100 < t \leqslant 135$
T3	$200 < t \leqslant 300$	T6	$85 < t \leqslant 100$

从表 9-7 可以看出，不同爆炸性气体的引燃温度不同。温度组别 T1 的气体引燃温度最高，而温度组别为 T6 的气体则最易被点燃。在实践中，为了防止因电气设备发热导致爆炸性环境引爆，应严格控制电气设备的最高表面温度，并确保设备的最高表面温度不超过设备可能接触到的气体的引燃温度。因此，就电气设备的最高表面温度而言，凡满足 T6 温度组别气体环境用的电气设备，也必能满足 T1～T5 组别的气体环境应用的要求。

（4）可燃性粉尘分类和分组 可燃性粉尘（爆炸性粉尘）按其导电特性，可分为导电粉尘和非导电粉尘两种类型。凡电阻系数小于或等于 $1 \times 10^3 Ω \cdot m$ 的粉尘、纤维或飞扬（絮）物可认定为导电粉尘，否则可认定为非导电粉尘。所有爆炸性粉尘和纤维细分为ⅢA、ⅢB 和ⅢC 三个级。其中，ⅢA 为爆炸性纤维，ⅢB 为非导电粉尘，ⅢC 为导电性粉尘。很显然，ⅢC 物质最危险，而ⅢB 次之。

关于可燃性粉尘的分组，依据现行国家标准的规定，可燃性粉尘按其最低点燃温度进行分组，分成 T1～T6 六个温度组别。具体分组方法同爆炸性气体引燃温度分组。

2. 危险场所的区域划分

在生产、处理、使用、储存、运输易燃易爆危险物品的场所，通常有产生爆炸事故的危险。在具体的实践中，由于爆炸性物质的物理性质、出现的方式、涉及的范围、存在的概率和持续的时间各不相同，发生爆炸的可能性及危害程度也都不一样。因此，可根据爆炸性物质出现的频繁程度和持续时间正确划定爆炸危险场所区域，这将有助于防爆电气设备的选型，并采取其他必要的安全技术措施（例如，安装换气排风扇、安装可燃性气体检测报警装置、使用无火花工具、控制其他危险点燃源、实施安全管理措施等），实现最经济的安全生产。

划分危险区域的因素主要包括：存在危险介质的可能性；爆炸性物质的物理特性；通风条件；设备、装置的结构和配置情况；离释放源的距离。

爆炸危险场所按爆炸性物质的物态，可分为爆炸性气体危险场所和可燃性粉尘危险场所两种场所。根据现行国家标准 GB 3836.14—2000《爆炸性气体环境用电气设备 第 14 部分：危险场所分类》规定，按照爆炸性气体环境出现的频率和持续时间，把爆炸性气体危险场所分为 0 区、1 区和 2 区三个区域（zone）。0 区是指爆炸性气体环境连续出现或长时间存在的场所，即在正常情况下，爆炸性气体混合物，连续地、短时间频繁地出现或长时间存在的场所。一般情况下，除了封闭的空间，如密闭的容器、储油罐等内部气体空间外，很少存在 0 区场所。这里，虽然高于爆炸上限的混合物不能作为爆炸性混合物，但是对于有可能进入空气而使其达到爆炸极限范围以内的情况仍应划为 0 区。如固定顶盖的易燃液体储罐，当液面以上空间未充惰性气体时，应划为 0 区。1 区是指在正常运行时，可能出现爆炸性气体环境的场所。正常运行指设备的正常启动、停止、正常运行和维修，且所有设备都在其设计参数范围内工作；不正常运行是指有可能发生的设备故障或误操作。2 区是指在正常运行时，不可能出现爆炸性气体环境，如果出现也是偶尔发生且仅是短时间存在的场所。

根据现行国家标准 GB 12476.3—2007《可燃性粉尘环境用电气设备 第 3 部分：存在或可能存在可燃性粉尘的场所分类》规定，按照可燃性粉尘/空气混合物出现的频率和持续时间及粉尘层厚度，可燃性粉尘危险场所可分为 20 区、21 区和 22 区三个区域。20 区是指在正常运行过程中可燃性粉尘连续出现或经常出现，其数量足以形成可燃性粉尘与空气混合物和/或可能形成无法控制和极厚的粉尘层的场所及容器内部。21 区是指在正常运行过程中，可能出现粉尘数量足以形成可燃性粉尘与空气混合物但未划入 20 区的场所。该区域包括，与充入或排放粉尘点直接相邻的场所、出现粉尘层和正常操作情况下可能产生可燃浓度的可燃性粉尘与空气混合物的场所。22 区是指在异常条件下，可燃性粉尘云偶尔出现并且只是短时间存在、或可燃性粉尘偶尔出现堆积或可能存在粉尘层并且产生可燃性粉尘空气混合物的场所。如果不能保证排除可燃性粉尘堆积或粉尘层时，则应划分为 21 区。

非爆炸危险场所是指正常情况下或非正常情况下，均不能产生爆炸性混合物的场所。根据有关标准，符合下列条件之一时，可划为非爆炸危险区域：①没有释放源并不可能有易燃物质侵入的区域；②易燃物质可能出现的最大体积浓度不超过爆炸下限值的 10%；③在生产过程中使用明火的设备或炽热部件，其表面温度超过该区域易燃物质引燃温度的设备附近；④在生产装置区外，露天或开敞安装的输送爆炸危险物质的架空管道地带（但其阀门处须按具体情况另行考虑）。

判定非危险场所时，还须注意研究有无可能出现其他微量爆炸性粉尘所产生的爆炸危险性的叠加效应，必须考虑到有可能产生的各种因素，并经充分分析后慎重研究其存在的可能性。

9.2.3 仪表防爆技术基础

基于爆炸三角形原理，人们在实践中逐渐找到了许多有效的工业防爆原理和方法，主要有以下几种：①间隙防爆，②减小点燃能量，③阻止点火源与爆炸性混合物相接触，④特定条件下提高电气安全措施。

为合理经济地设计和安全可靠地使用电气设备，按照国家有关标准，防爆电气设备分成三类：Ⅰ类，适用于煤矿井下的防爆电气设备；Ⅱ类，适用于工厂爆炸性气体混合物场所的防爆电气设备；Ⅲ类，适用于工厂爆炸性粉尘和纤维混合物场所的防爆电气设备。Ⅰ类电气设备只适用在煤矿井下甲烷气体环境，不再分级和分组。Ⅱ类电气设备根据使用场所的可燃性气体不同，按最大试验安全间隙和最小点燃电流比分成 ⅡA、ⅡB、ⅡC 三级。由于分级原则是根据隔爆型和本质安全型原理引导出来，所以，分级只对隔爆型、本质安全型有效。其他增安型、正压外壳型、油浸型、充砂型、无火花型根据原理不需要再分级。而电气设备的最高表面温度分组相同于可燃性气体的温度分成 T1 ~ T6 共 6 组。其中：设备最高表面温度 = 实测最高表面温度 − 实测时环境温度 + 规定最高环境温度。表 9-8 所示为电气设备温度组别、电气设备允许最高表面温度与使用气体引燃温度的对应关系。

表 9-8　设备温度组别、允许最高表面温度与气体引燃温度

温度组别	最高表面温度/℃	引燃温度/℃
T1	<450	≥450
T2	<300	≥300
T3	<200	≥200
T4	<135	≥135
T5	<100	≥100
T6	<85	≥85

电气设备防爆技术措施都是基于设法排除爆炸三要素中的一个或多个要素，使产生爆炸的危险减少到一个可接受的程度。表 9-9 所示为目前国际上普遍采用的防爆型式及其标准体系。

表 9-9　防爆型式及其标准体系

序号	防爆型式	代号	标准体系 中国	标准体系 欧洲①	标准体系 IEC	技术措施
1	通用要求		GB 3836.1	EN 50014	IEC 60079-0	
2	隔爆型	d	GB 3836.2	EN 50018	IEC 60079-1	隔离存在的点火源
3	增安型	e	GB 3836.3	EN 50019	IEC 60079-7	防止产生点火源
4	本质安全型	ia, ib	GB 3836.4	EN 50020	IEC 60079-11,25,27	限制点火源能量
5	正压外壳型	p	GB 3836.5	EN 50016	IEC 60079-2	隔开危险物质与点火源
6	油浸型	o	GB 3836.6	EN 50015	IEC 60079-6	隔开危险物质与点火源
7	充砂型	q	GB 3836.7	EN 50017	IEC 60079-5	隔开危险物质与点火源
8	"n"型	nA, nC, nL, nR, nZ	GB 3836.8	EN 50021	IEC 60079-15	减少能量或防止产生点火源
9	浇封型	ma, mb	GB 3736.9	EN 50028	IEC 60079-18	隔开危险物质与点火源
10	粉尘防爆型	DIPA/B	GB 12476.1		IEC 61241-1-1	外壳防护、限制表面温度

① 最新的欧洲标准与 IEC 标准完全对应。如，通用要求为 EN 60079-0；防爆型为 EN 60079-1。

9.2.4　防爆电气设备的选型

防爆标志是防爆电气设备所适用的爆炸性危险场所的代号。通常一个爆炸性危险场所需用三个参量来定义，如下所示：

1）危险场所的区域，即产生爆炸的危险程度，反映可能出现危险气体的频度或持续时间；

2）危险性气体的种类，即气体组别，考虑可能出现的危险气体的点燃能量；

3）危险气体的引燃温度，即气体温度组别，考虑可能出现的危险气体的点燃温度。

所以，防爆电气设备的防爆标志也必须在"Ex"防爆标记后，依次表达出可适用的区域、气体和温度组别三个参量。防爆标志由下列几个部分组成：

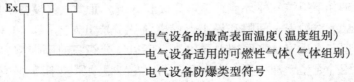

第一个框表示防爆类型符号，一般只标一种类型，若采用复合型式，就需标出二个符号，对本质安全型的关联设备须在符号外加［　］表示。第二个框表示防爆电气设备是按适用在这种级别要求下制造的。第三个框表示防爆电气设备可能达到的最高表面温度。常用防

爆标志举例如下：Ⅰ类隔爆型——ExdⅠ；ⅡB类隔爆型T3组——ExdⅡBT3；ⅡA类本质安全型ia等级T5组——ExiaⅡAT5；既适用于Ⅰ类又适用于ⅡB类T4组的隔爆性——ExdⅠ/ⅡBT4。

可燃性粉尘环境用电气设备的防爆标志与爆炸性气体环境用电气设备的防爆标志的表示方法有所不同。可燃性粉尘环境用电气设备的防爆标志依次为防粉尘点燃符号"DIP"、设备类型A或B、使用区域（20、21或22）、温度组别符号TA或TB以及具体的温度组别（T1～T6）或直接标明最高表面温度值。如，DIP A21 TA，T3或DIP B21 TB 135℃。

在进行电气设备选型设计前，首先应根据电气设备预计的使用条件确定所需设备的防爆标志。它是确保电气设备设计经济、合理性指标的关键。通常，防爆标志的确定需要考虑下列因素以使确定出的防爆标志更趋经济和合理。

1）应考虑生产现场的安装位置是0区还是1区，以确定防爆等级是ia还是ib。它与气体种类和气体温度组别无关。

2）考虑安装位置的生产现场可能出现的气体种类，按照其中最易点燃的一种气体，查GB 3836.1—2000附录表B"可燃性气体、蒸气、级别、温度组别举例"，确定是ⅡA、ⅡB还是ⅡC。它与气体浓度或出现频度无关。例如，在实践中不能因为含氢气的危险场所中氢气的出现概率很小而将其气体组别定为ⅡB。

3）考虑安装位置的生产现场可能出现气体中的最低温度组别，查GB 3836.1—2000附录表B"可燃性气体、蒸气、级别、温度组别举例"，确定T1、T2、T3、T4、T5或T6。

9.2.5 本质安全基本知识

电火花和热效应是引起爆炸性危险气体爆炸的主要点燃源，本安防爆系统就是通过限制电火花和热效应两个可能的点燃源的能量来实现的。试验表明，对于各种爆炸性危险气体都有其最小点燃能量（例如，氢气19μJ、甲烷280μJ），在正常工作和故障状态下，当仪表可能产生的电火花或热效应的能量小于这个能量时，仪表将不可能点燃相应的爆炸性危险气体而产生爆炸。与其他任何防爆型式相比，采用本安防爆技术可给工业自动化仪表带来以下技术和商务上的特点。

1）本安仪表具有结构简单、体积小、重量轻和造价低的特点，建立一个本安型和隔爆型开关传输回路的费用之比约为1:4。

2）可在带电工况下进行维护、标定和更换仪表的部分零件等。

3）安全可靠性高，本安仪表不会因为紧固螺栓的丢失或外壳接合面锈蚀、划伤等人为原因而降低仪表的安全可靠性。

4）由于本安防爆技术是一种"弱电"技术，因此，本安仪表的使用可以避免现场工程技术人员的触电伤亡事故的发生。

5）适用范围广，本安技术是唯一可适用于0区危险场所的防爆技术。

6）对于像热电偶等简单设备，不需特别认证即可接入本安防爆系统。

综上所述，对于自动化仪表而言，本安防爆技术是一种比较理想的防爆技术。基于国家标准GB 3836.1—2000《爆炸性气体环境用电气设备 第1部分：通用要求》规定的电气设备分类原则，本安仪表可分为Ⅰ类煤矿用和Ⅱ类工厂用本安仪表两类。对于Ⅱ类工厂用本安仪表，与气体分组一样，可进一步分为A、B、C三级。适用于爆炸性粉尘和纤维环境的Ⅲ

类防爆电气设备，暂无本安防爆形式。

本安仪表及关联设备按其使用场所或相邻场所的安全程度可分为 ia 和 ib 两个级别。安全系数可以清晰地表明这两种级别的差异。通常 ia 级是指在正常工作、一个计数故障和两个计数故障情况下均不能点燃爆炸性气体混合物；ib 级是指在正常工作和一个计数故障情况下不能点燃爆炸性气体混合物。ib 级本安仪表的安全程度要比 ia 级仪表差，它与隔爆和增安等防爆型式的仪表一样只适用于 1 区和 2 区危险场所。相应地，ib 级本安关联设备可与 1 区和 2 区危险场所的本安仪表或设备相连接。而 ia 级本安仪表可用于危险等级最高的 0 区危险场所；ia 级本安关联设备可与 0 区危险场所的本安仪表或设备相连接。

1. 本安系统设计

本安系统是通过限制电气能量而实现电气防爆的电路系统，且不限制使用场所（其中 ia 等级在 0 区、1 区和 2 区危险场所均适用）和爆炸性气体混合物的种类（即包括所有可燃性气体），具有高度的安全性、维护性和经济性。本安系统的基本配置如图 9-10 所示。

（1）现场本安设备　从现场设备的储能元件角度考虑，使处于气体爆炸危险环境中的现场设备按照本安防爆要求设计，对其中包含的电感和电容等储能元件回路采取相应措施，并使其尽可能减少的同时，考虑回路元件的功耗及温升问题，以保证该设备不论

图 9-10　本安系统的基本配置

是正常工作还是事故状态，均不会产生由火花和热源引起的点燃。即现场设备必须是本安设备。

（2）连接电缆　由于连接电缆存在分布电容和分布电感，连接电缆成为储能元件。一旦当线路出现开路或短路时，信号传输过程中的储能就会以电火花或热效应的形式释放出来，影响系统的本安性能。因此既要保证连接传输电缆不会受到外界电磁场干扰影响及与其他回路混触，又要限制布线长度和感应电动势所带来的附加非本安能量，依此来确定电缆的允许分布电容和允许分布电感。

（3）关联设备（安全栅）　从控制室设备配置角度考虑，该部分电气回路必须具备无论系统处于正常工作状态还是事故状态，均能够将从安全场所的非本安回路传到危险场所的本安设备的能量抑制在点火极限（最小点燃能量）以下的保护功能。

2. 本安系统检定认可

本安系统的检定认可涉及到现场本安设备、关联设备及其布线。目前，国际上对本安防爆系统的认可没有严格的规定，但是归纳起来主要有两种认可方式，即系统认可和参量认可。

（1）本安系统系统认可　系统认可是将特定的现场仪表认定与特定的安全栅配套，同时将电缆的分布电容和分布电感以集中参数的方式给出的认可方式。这种认可工作往往基于对电路分析验证或必要的火花点燃试验，对由特定本安设备与关联设备组合而成的系统进行合理性和安全性确认，并由检验机构出具防爆合格证或其他形式等相关书面文件。图 9-11 为系统认可框图。

（2）本安系统参量认可　参量认可是一种对要认可的本安设备和关联设备，分别规定其安全参数，然后对其单独评价安全性能，最后根据安全参数匹配的原则，将本安设备与关

联设备相连接的认可方式。

3. 本安电气设备的选用原则

1）简单设备：按照 GB 3836.4—2010 防爆标准规定，对于电压不超过 1.5V、电流不超过 0.1A，且其能量不超过 20μJ 或功率

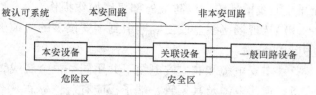

图 9-11　本安系统系统认可框图

不超过 25mW 的电气设备可视为简单设备，其中最常见的仪表设备有热电偶、热电阻、pH 电极、应变片和开关等，它们的典型特点是仪表设备的内部等效电感为 0，内部等效电容为 0。

2）本安电气设备：安装于危险场所的现场设备，必须明确是否已按照 GB 3836.1—2010 和 GB 3836.4—2010 要求设计并已被国家防爆检验机构认可的本安电气设备；防爆标志规定的等级是否适用危险场所的安全要求；明确各相关参数；本安电路是否接地或接地部分的本安电路是否与安全接口部分的电路加以有效隔离；信号传输是以何种方式进行；本安电气设备的最低工作电压及回路正常工作电流。在上述问题明确的基础上，选择与之对应的安全栅。

4. 关联设备的选用原则

1）关联设备的防爆标志等级必须不低于本安现场设备的防爆标志的等级。

2）确定关联设备的端电阻及回路电阻，使工作电压满足本安现场设备的最低工作电压。

3）关联设备的本安端安全参数能够满足 $U_o \leqslant U_i$、$I_o \leqslant I_i$、$P_o \leqslant P_i$、$c_o \geqslant c_c$ 和 $L_o \geqslant L_c$ 参数的要求。

4）确定关联设备类型。如若本安电路不带现场接地或接地部分的本安电路并未与安全栅接口部分加以有效隔离，同时电路与仪表机壳间具有 500V 绝缘耐压，则可以优先采用成本较低的齐纳式安全栅。反之，若本安电路本身是接地的或可能会产生接地（如一体化接壳式热电阻或热电偶温度变换器和电容式液位计）且电路内部未采取隔离措施，则应选用隔离型安全栅，以防止可能存在的两个接地点产生的地电位差所形成的地电流。

5）根据本安现场仪表的电源极性及信号传输方式选择与之相匹配的关联设备。

6）避免关联设备的漏电流影响本安现场设备的正常工作。

5. 连接电缆的选用原则

用于本安系统中连接本安现场设备与安全栅的连接电缆，其分布参数在一定程度上决定了本安系统的合理性及使用范围。因此，必须符合以下条件。

1）连接电缆规格：连接电缆为铜芯绞线，且每根芯线的截面积不小于 0.5mm²；介电强度应能承受 2 倍本安电路的额定电压，但不低于 500V 的耐压试验。

2）连接电缆长度的限制：在本安系统中，现场本安仪表和连接电缆同为安全栅的负载，当安全栅与现场本安仪表选定后，也就决定了连接电缆的长度。

6. 本安系统现场布线原则

1）整个系统的接线必须按检验机构认可的系统组成，且按认可的接线图接线。

2）慎防本安回路与非本安回路混触。

3）从控制室到现场的本安电缆与非本安电缆分别敷设在各自的汇线槽内，中间用隔板

分开，汇线槽带盖，以防被外部机械操作损伤。

4）从现场接线盒或汇线槽引到本安仪表的电缆敷设在钢管内。以防机械损伤及电磁感应引起的危险。

5）本安电缆和非本安电缆不共用同一根金属线管和同一个现场接线盒。

6）连接电缆及其钢管、端子板应有蓝色标志（或缠上蓝色胶带）以便识别。

7）齐纳式安全栅的接地汇流条及接地装置须满足安全栅的使用说明及国家有关电气安全规程的要求。

8）多个本安电路或关联电路不应共用同一电缆（电缆线芯分别屏蔽者除外）或共处同一钢管内（用屏蔽导线除外）。

9.2.6　现场总线本安防爆技术

总线技术的数字化通信方式不仅能够实现自控系统更全面、更迅捷的操作功能，而且可明显降低系统总成本。因此，将总线技术运用于自控系统已成为广大工程设计人员的设计方向。鉴于使用本安技术制造的电气设备不仅具有重量轻、体积小、成本低的特点，而且还可实现带电维护和 0 区危险场所的应用。因此，本安防爆技术已被越来越多的防爆仪器仪表制造厂商和用户所选用，这对于需要使用在爆炸性气体危险场所的现场总线系统也不例外。

就现场总线本身而言，希望其可挂接的负载数越多越好，但就本安防爆而言，向挂接负载供电的关联设备的输出电压和电流必须控制在一个安全的水平上，因而又必将牵制总线系统可挂接负载数的增加。此外，由于关联设备允许外接的等效电容和电感是非常有限的，按照参量认可技术，这些参数扣除了总线电缆的分布参数后，留给本安现场设备的已经不多。但是为了满足电磁兼容性要求，现场本安设备的输入电容和电感也必然会增大，若要挂接多台设备则关联设备输出的电流与电压就更大，从而必然导致总线系统可挂接的负载数大大减少，牵制了总线自控系统"多负载"特征的体现。

跟传统的"点到点"式模拟回路本安系统一样，本安现场总线系统的电源必须由一个安全栅接口供给。而现场总线设备本身则可以是总线供电，必要时也可以是独立供电。

通常情况下，一些具有较低功率的现场设备可由总线本身的电源供给，然而对于像分析仪和电磁流量计等设备，需要远高于本安现场总线可供功率的电源。因此，它们必须采用独立供电电源。图 9-12 所示是通信频率为 31.25kbit/s 的本安现场总线系统的典型结构。

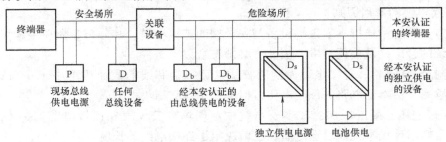

图 9-12　本安现场总线系统典型结构

为了简化系统认证，确保独立供电设备仍能连接到本安现场总线，最重要的是应保证供电电源与本安现场总线电路的完全隔离，实现本安总线系统的"单一"供电。因此，从广义上讲，影响现场总线系统本安防爆性能的仍将是关联设备、本安现场设备和系统传输电缆三个部分。所不同的是本安现场总线系统具有"多负载"特征,而且要求满足"可互换性"和"可互操作性"的要求,即允许不同制造厂商生产的总线设备自由地挂接在同一总线上,并实现相互通信。不过,也正是这些由总线技术引出的特征与要求,将给现场总线系统的本安设计与认证带来许多新的变化。

思考与练习九

9-1 安全与风险相辅相存,其异同点各是什么?

9-2 功能安全与安全功能的区别是什么?

9-3 安全相关系统包括哪些系统与设备?

9-4 安全生命周期是一种新的安全管理方法。其主要包括哪些阶段?

9-5 什么是故障安全原则?它与安全故障与危险故障有什么关系?

9-6 简述功能安全评估的意义。

9-7 爆炸性环境主要分为哪几类环境?

9-8 产生燃烧的根本原因包括哪些?产生爆炸的原因又包括哪些?

9-9 何为爆炸三要素?简述爆炸物质的分类、分级、分组。

9-10 简述爆炸性气体危险场所的区域划分。简述可燃性粉尘危险场所的区分。并举例说明。

9-11 工业防爆原理与方法主要包括哪几种?简述防爆电气设备选型的原则。

9-12 什么是本质安全?本安系统设计中要重点关注哪些?

参 考 文 献

[1] 齐志才，刘红丽. 自动化仪表 [M]. 北京：中国林业出版社，2006.

[2] 齐卫红，林春丽. 过程控制系统 [M]. 北京：电子工业出版社，2007.

[3] 厉玉鸣. 化工仪表及自动化 [M]. 北京：化学工业出版社，2011.

[4] 王爱广，黎洪坤. 过程控制技术 [M]. 北京：化学工业出版社，2012.

[5] 李国勇. 过程控制系统 [M]. 北京：电子工业出版社，2009.

[6] 《工业自动化仪表与系统手册》编辑委员会. 工业自动化仪表与系统手册：上册 [M]. 北京：中国电力出版社，2008.

[7] 《工业自动化仪表与系统手册》编辑委员会. 工业自动化仪表与系统手册：下册 [M]. 北京：中国电力出版社，2008.

[8] 莫正康，电力电子应用技术 [M]. 3 版. 北京：机械工业出版社，2013.

[9] 徐英华，杨有涛. 流量及分析仪表 [M]. 北京：中国计量出版社，2008.

[10] 蔡武昌，孙淮清，纪纲. 流量测量方法和仪表的选用 [M]. 北京：化学工业出版社，2001.

[11] 丁宝苍，张寿明，过程控制系统与装置 [M]. 2 版. 重庆：重庆大学出版社，2012.

[12] 李小玉，周寅飞. 化工检测及过程控制 [M]. 北京：化学工业出版社，2012.

[13] 王克华. 过程检测仪表 [M]. 北京：电子工业出版社，2013.

[14] 武平丽. 过程控制及自动化仪表 [M]. 北京：化学工业出版社，2007.

[15] 王永红. 过程检测仪表 [M]. 北京：化学工业出版社，2006.

[16] 王正林，郭阳宽. 过程控制与 Simulink 应用 [M]. 北京：电子工业出版社，2006.